“十三五”职业教育系列教材

U0924762

电机运行与维护

主　编　吕　军
副主编　黄晓彤　陈宇莹　徐建军
参　编　范明树　余红梅　吴卫华　何毅廷
主　审　张秀阁

中国电力出版社
CHINA ELECTRIC POWER PRESS

内 容 提 要

全书共五个模块，主要介绍电气工程中常用的直流电机、变压器、同步电机、异步电机的基本结构、基本原理、特性及其运行操作要求与基本维护内容；较全面地阐述了电机的基本理论和基本分析、使用方法，让学生基本了解电机的操作、维护项目和故障处理原则；考虑到新能源发电相关专业的需要，用一个模块对风力发电机进行介绍。各模块的内容以项目课程的形式进行介绍，由浅入深、循序渐进。本书对应参考教学时数为98学时，部分内容用“*”标出，可根据具体专业要求来决定教学内容和配套学时。为了便于教学，本书配有相应的课件。

本书可作为高职高专院校电力技术类发电厂及电力系统、供用电技术、电力系统自动化技术等，热能与发电工程类核电站动力设备运行与维护，新能源发电工程类风力发电工程技术、风电系统运行与维护，建筑设备类建筑电气工程技术，机电设备类新能源装备技术，自动化类机电一体化技术、电气自动化技术等相关专业的教学用书，也可供有关工程技术人员和技术工人的学习参考。

图书在版编目（CIP）数据

电机运行与维护/吕军主编．—北京：中国电力出版社，2018.2（2023.11 重印）
“十三五”职业教育规划教材
ISBN 978-7-5198-1675-9

Ⅰ.①电…　Ⅱ.①吕…　Ⅲ.①电机—运行—职业教育—教材②电机—维修—职业教育—教材　Ⅳ.①TM30

中国版本图书馆 CIP 数据核字（2018）第 000623 号

出版发行：中国电力出版社
地　　址：北京市东城区北京站西街 19 号（邮政编码 100005）
网　　址：http://www.cepp.sgcc.com.cn
责任编辑：吴玉贤（010-63412540）
责任校对：闫秀英
装帧设计：张　娟
责任印制：吴　迪

印　　刷：北京雁林吉兆印刷有限公司
版　　次：2018 年 2 月第一版
印　　次：2023 年 11 月北京第六次印刷
开　　本：787 毫米×1092 毫米　16 开本
印　　张：15.75
字　　数：383 千字
定　　价：48.00 元

版 权 专 有　侵 权 必 究
本书如有印装质量问题，我社营销中心负责退换

本书以技能培养和工程应用能力的培养为出发点，以培养高级应用型人才为目标，加强基本知识和操作实践，突出内容的实用性、职业技能的训练，重点进行了各电机的运行操作、故障的排除和维修能力的培养，努力培养学生解决生产实际问题的能力。

全书共分五个模块，主要介绍电气工程中常用的直流电机、变压器、同步电机、异步电机的基本结构、基本原理、特性及其运行操作要求与基本维护内容。本书遵循社会经济与企业发展需求，编写以发电企业和电网企业相关运行、检修规程为依据，加强实践技能培养，培养学生分析与解决问题能力。符合教育部关于职业教育工学结合的要求，切实体现了高职教育的特点。

本书可作为高职高专院校发电厂及电力系统、供用电技术、电力系统自动化技术、高压输配电线路施工运行与维护、电力系统继电保护与自动化技术、水电站机电设备与自动化、水电站与电力网、农业电气化技术、分布式发电与微电网技术、核电站动力设备运行与维护、风力发电工程技术、风电系统运行与维护、建筑电气工程技术、新能源装备技术、机电一体化技术、电气自动化技术等专业的教学用书，同时也可作为相关工程技术人员的参考书。参考教学时数为 98 学时，也可根据具体专业要求来决定教学内容和配套学时，标 * 的部分为参考内容。

本书由广东水利电力职业技术学院吕军主编，南方电网公司黄晓彤、广东水利电力职业技术学院陈宇莹、中广核风力发电有限公司徐建军副主编，广东水利电力职业技术学院范明树、余红梅、吴卫华、何毅廷参编。模块一的项目一、二由范明树编写；模块一的项目三、模块二的项目六、模块三的项目三由黄晓彤编写；模块一～三中各“项目对应思考与练习”由何毅廷编写；模块二的项目一～五和模块三的项目二由吕军编写；模块三的项目一由余红梅编写；模块四的项目一～三由陈宇莹编写；模块五的项目一、二由徐建军编写；“项目对应技能训练”部分由吴卫华编写。本书由吕军负责内容的组织与统稿工作。

本书由郑州电力高等专科学校张秀阁老师主审，张老师对全书进行了十分认真的审阅和修改，并提出了许多宝贵意见，在此表示衷心的感谢！

限于编者水平，书中难免存在不足与不妥之处，敬请读者指正。

编　者

2018 年 1 月

目　　录

模块一 直 流 电 机

项目一 认 识 直 流 电 机

（1）掌握直流电动机和直流发电机的工作原理。

（2）了解直流电机的主要结构和各部分的主要作用。

（3）了解直流电机的类型。

（4）看懂直流电机铭牌中主要的额定数据及其含义。

一、直流电动机和发电机概念、作用、工作原理

直流电机是关于机械能和直流电能转换的机电设备，因为它通过转动来体现机械能，所以属于旋转电机。根据其能量的转换方向不同分两大类：输入机械能送出直流电能的旋转电机，称为直流发电机；输入直流电能送出机械能的旋转电机，称为直流电动机。多年来，直流发电机一直是工业上的主要直流电源之一，提供恒定的大功率直流电能，广泛应用在电解、充电设备及作为同步发电机的励磁机等方面。近年来，由于可控硅电力电子应用技术的日益发展，可控硅直流电源正逐步替代直流发电机。同样，直流电动机多年来以其优良的调速性能和可控性，一直大量用于自控设备和电拖设备，近年随着异步电动机调速技术的不断进步，直流电动机的市场也在缩小。在本模块中，将对直流发电机和直流电动机的工作原理、结构等基本知识进行简要介绍。

（一）直流发电机的基本工作原理

直流发电机是通过电磁感应作用将机械能转换成电能的。如图 1 - 1 所示，一台两极直流发电机，与所有的旋转电机一样，其基本构成部件是定子（工作时静止的）和转子（工作时旋转的），定子的主要构成是两个固定的主磁极，由它们产生主磁场，沿圆周为接近正弦分布；转子（电枢）主要由圆柱形铁芯和绕组构成，转子转轴连接原动机，设转子绕组仅是一匝线圈 abcd，线圈的两个端头 a、d 分别连接到两片圆弧形的铜片（称换向片）1、2 上，换向片之间相互绝缘并构成一个整体，称为换向器，它固定在转子轴上，并与转子轴绝缘。A 和 B 为两个固定在定子上的碳质电刷，它们分别与换向片接触，同时外接用电负载，用于从换向片导出电动势和电流。

电机发电的物理过程也可利用工作原理图来表示，如图 1 - 1（a）所示，当发电机转子在原动机驱动下逆时针转动时，线圈的有效边 ab 和 cd 分别切割主磁场（由定子主磁极生产），当 ab 处于主磁极 N 极下，dc 处于主磁极 S 极下时，根据电磁感应定律，它们分别产生感应电动势，其电动势大小可由式（1 - 1）计算，即

$$e = Blv \tag{1-1}$$

式中：e 为导体感应电动势；B 为磁场磁感应强度；l 为导体有效切割长度；v 为切割速度。

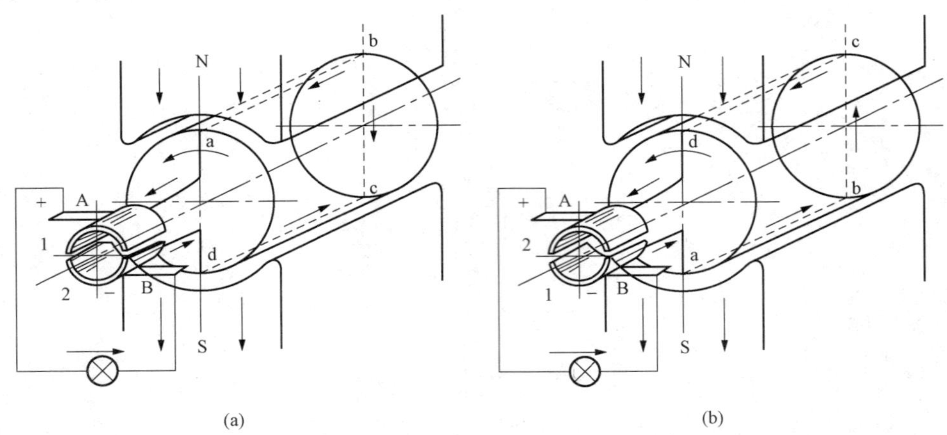

图 1-1　直流发电机工作原理示意

电动势方向可用右手定则判断，在图中所示瞬间的电动势方向分别是：b→a、d→c。而在此瞬时，换向片 1 与电刷 A 相接，换向片 2 与电刷 B 相接。对用电负载构成的外电路来说，电刷 A 是电流流出点，电位极性是“+”；电刷 B 是电流流入点，电位极性为“−”。随着时间的推移，在原动机驱动下，线圈 abcd 随转子继续转动，当转过 180°［见图 1-1（b)］时，线圈 abcd 的有效边 ab 处于 S 极下，dc 处于 N 极下，用右手定则可判断其感应电动势方向分别为 a→b、c→d、线圈电动势方向较前改变了，但由于随着转子转动，这时固定在转子上的换向片 2 改为与电刷 A 相接，换向片 1 改为与电刷 B 相接，所以，对外电路来说，电刷的电动势极性始终不变，电刷 A 为“+”，电刷 B 为“−”。线圈 abcd 随转子再转过 180°时，又重复图 1-1（a）的情况。所以，如果在原动机驱动下，线圈 abcd 不停转动，电刷 A、B 就可不断为外电路输出方向不变的电流。

从以上分析可知，直流发电机中线圈的感应电动势是交变的，如图 1-2 中虚线所示，但经过换向片与电刷配合的“机械整流”作用，使电刷引出的电动势方向始终不变，即为脉动直流电动势，如图 1-2 中实线所示。由图可知，从一个线圈所获得的直流电动势，虽然方向不变，但其数值是变化的，这种电动势称为脉动电动势。实际上直流发电机的转子绕组是由许多的线圈组成的，电刷间获得的是许多线圈合成的较为平稳的电动势，电刷间电动势计算式为

$$E_a = \frac{pN}{60a}\Phi n = C_e n\Phi \tag{1-2}$$

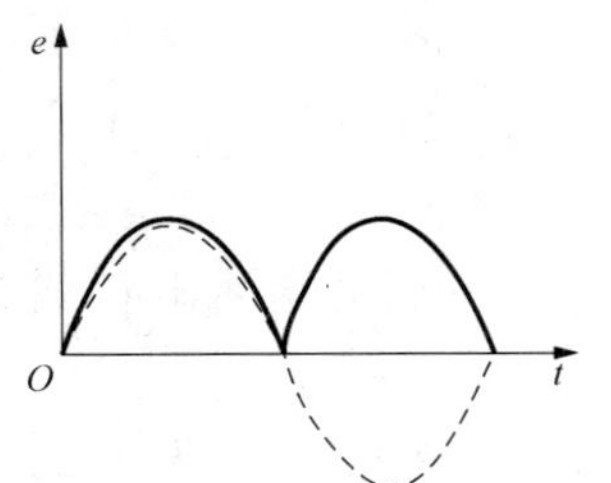

图 1-2　一个线圈的感应电动势和电刷间电动势

式中：E_a 为电枢电动势（电刷间电动势）；p 为磁极对数；N 为绕组每条支路串联总匝数；a 为绕组支路对数；ϕ 为电机每极磁通；n 为电机转子转速；C_e 为电动势常数。

（二）直流电动机的基本工作原理

直流电动机是通过电磁力作用将直流电能转换成机械能的。如图 1-3 所示，一台两极直流电动机，与直流发电机一样，其基本构成部件是定子和转子，定子的主要构成是两个固定的主磁极，由它们产生主磁场，其磁感应强度沿圆周为正弦分布；转子（电枢）主要由圆柱形铁芯和绕组构成，转子

转轴连接机械负载，设转子绕组仅是一匝线圈 abcd，线圈的两个端头 a、d 分别连接到两片圆弧形的铜片（称换向片）1、2 上，换向片之间相互绝缘并构成一个整体，称为换向器，它固定在转子轴上随转子转动，并与转子轴绝缘。A 和 B 为两个固定在定子上的炭质电刷，电刷 A 外接直流电源正极，电刷 B 外接直流电源负极，同时它们分别与换向片接触，用于将外电源电流导入线圈。

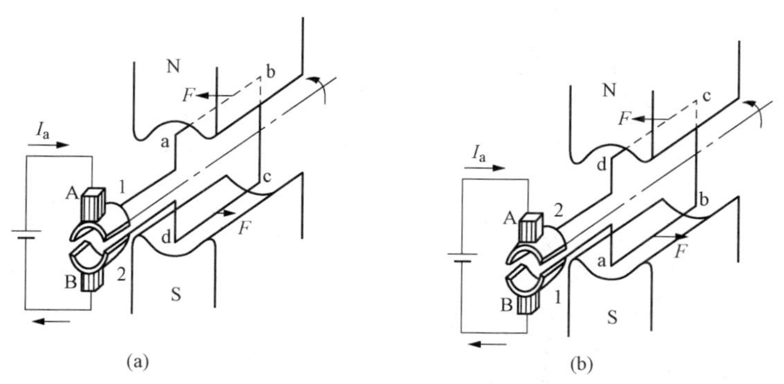

图 1-3 直流电动机工作原理示意

电动机运行的物理情况如图 1-3（a）所示，此刻线圈有效边 ab 处于主磁极 N 极下，dc 处于主磁极 S 极下，电刷 A 与换向片 1 相接，电刷 B 与换向片 2 相接。外电源通过电刷 A、换向片 1、线圈 abcd、换向片 2 及电刷 B 构成了电回路，并向线圈提供电流 I_a，此时线圈有效边的电流方向是：a→b、c→d，根据电磁力定理，线圈有效边 ab 和 cd 分别会受到电磁力 F 作用，其电磁力大小可由式（1-3）计算，即

$$F = Bli \tag{1-3}$$

式中：F 为导体所受的电磁力；i 为流过导体的电流。

电磁力方向可用左手定则判断，在图中所示分别是该瞬间的有效边 ab 和 cd 所受电磁力 F 的方向。这一对电磁力所形成的电磁转矩 T，使电动机电枢逆时针方向旋转。

随着时间推移，通过分析可知：只要导体 ab 在磁极 N 下，导体电流方向是 a→b，所产生的电磁转矩方向就是逆时针方向；导体 cd 在磁极 S 下，导体电流方向是 c→d，所产生的电磁转矩方向也是逆时针方向。因此，在电磁转矩 T 驱动下，转子（线圈 abcd）持续转动。当转过 180°时，如图 1-3（b）所示，这时线圈 abcd 的有效边 ab 处于 S 极下，dc 处于 N 极下，电刷 A 与换向片 2 相接，电刷 B 与换向片 1 相接。外电源通过电刷 A、换向片 2、线圈 dcba、换向片 1 及电刷 B 构成了电回路，并向线圈提供电流 I_a，此时线圈有效边的电流方向是 d→c、b→a，线圈有效边 ab 和 cd 同样分别会受到电磁力 F 作用，电磁力方向通过左手定则判断，图 1-3 中所示分别为该瞬间的有效边 ab 和 cd 所受电磁力 F 的方向。这一对电磁力所形成逆时针方向的电磁转矩 T，也使电动机电枢逆时针方向旋转。所以，只要主磁极磁场和外电源存在，电机转子就会不断地旋转。

通过左手定则可以知道：当线圈的有效边从主磁极的 N 极下转到 S 极下时，如果有效边所流过的电流方向不变，则它所受的电磁力方向就会改变，所形成的转矩也与原来相反，这样的话，转子就转不下去了。在直流电动机里，由于换向片（器）随同转子线圈一起旋转，使得电刷 A 总是接触 N 极下的导线，而电刷 B 总是接触 S 极下的导线，故线圈有效边的电流方向不断随着转动而发生改变，以保持电磁转矩方向不变。实际上，直流电动机接的是直流电源，转子线圈里流的是交流电流，换向片与电刷配合起到“机械逆变”的作用。

二、直流电机结构

任何旋转电机的结构一方面要考虑满足电磁作用、转矩传递、能量转换；另一方面要考虑保持坚固稳定、散热良好、节约材料、便于维护。图 1 - 4 所示为直流电机剖面结构。在讨论直流电机的基本工作原理的时已知道，直流发电机与直流电动机的结构是基本相似的，一台直流电机可作发电机运行，也可作电动机运行。所以下面主要以直流发电机为对象来介绍结构。直流电机主要由固定不动的定子和旋转的转子两部分组成，在这两部分之间的间隙称为气隙。

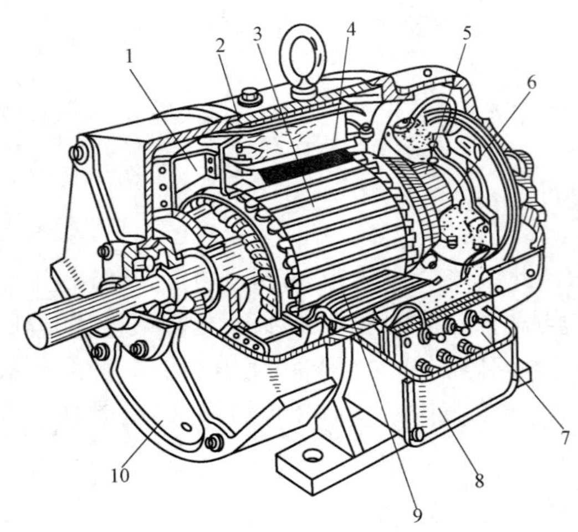

图 1 - 4 直流电机剖面结构

1—风扇；2—机座；3—电枢；4—主磁极；5—刷架；6—换向器；7—接线板；8—出线盒；9—换向极；10—端盖

（一）定子

定子的作用是产生磁场和作为电机机械支撑。它由主磁极、换向磁极、电刷、机座、端盖和轴承等组成。

1. 主磁极

主磁极的作用是产生电机运行所需的主磁场。容量较小的直流电机是用永久磁铁做主磁极的。容量较大的直流机的主磁场是由直流电流通过绕在磁极铁芯上的励磁绕组产生的，此主磁极铁芯用 1～1.5mm 的钢板冲片叠成，它包括极身和极靴两部分，极身上套有励磁绕组，其作用是通入励磁电流 I_f 产生主磁势，形成主磁场。小型发电机励磁绕组一般用绝缘铜线绕制；大、中型发电机励磁绕组采用扁铜线绕制，各主磁极上的励磁绕组相互间一般串联。直流电机的主磁极如图 1 - 5 所示，极靴的作用是通过其外形影响气隙中磁感应强度分布。改变励磁电流 I_f 的方向，就可改变主磁极极性，也就改变了主磁场方向；调节励磁电流 I_f 的大小，可以起到调节主磁场强弱的作用。

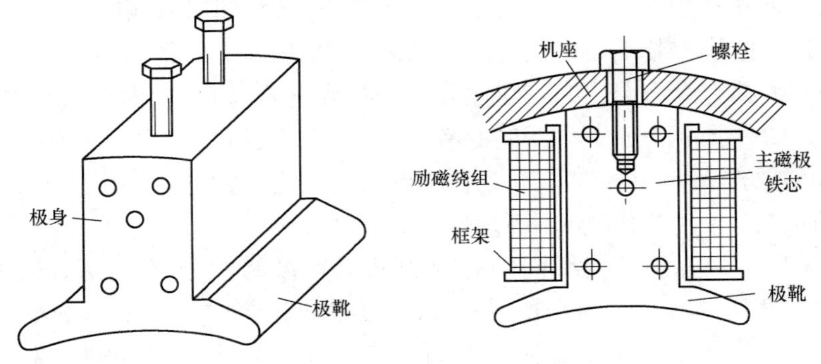

图 1 - 5 主磁极

2. 换向磁极

换向磁极与主磁极相比是小磁极，一般安装在两个相邻的主磁极之间几何中性线处，产生附加磁场，以改善电机的换向，减小运行时电刷与换向器之间的火花，避免换向器烧坏，其磁极数一般与主磁极数相同。

主磁极中性面内的磁感应强度应为零，进行换向的线圈元件的感应电动势为零。但由于电枢电流通过电枢绕组时所产生的电枢磁场，使主磁极中性面的磁感应强度不为零，于是使转到中性面内进行电流换向的绕组元件产生感应电动势，使得换向时电刷与换向器之间产生较大的火花。考虑用换向磁极产生的附加磁场来抵消电枢磁场，使主磁极中性面内的磁感应强度回到接近于零，这样就改善了电枢绕组的电流换向条件，减小电刷与换向器之间的火花。

如图 1-6 所示，换向极的构造与主磁极相似，通常也是由铁芯和绕组构成，铁芯一般是由整块钢制成，换向极绕组一般用圆铜线或扁铜线绕制而成，套装在换向极铁芯上。它与电枢绕组串联连接，通入直流电流以产生换向极磁场。

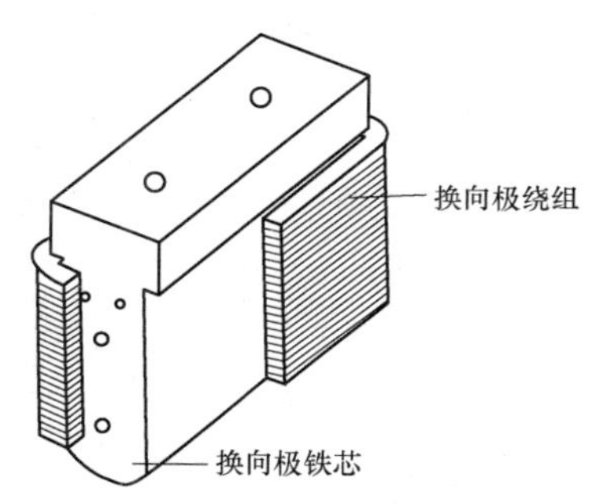

图 1-6 换向极

3. 电刷装置

电刷装置是直流电机的重要组成部分。电刷装置与换向器一起完成机械整流或机械逆变，即把电枢中的交变电流变成电刷上的直流或把外部电路中的直流变换为电枢中的交流。电刷装置一般固定在机座上（小容量电机装在端盖上），不随转子转动。图 1-7 所示为小容量直流电机的电刷装置，其构成主要有电刷、刷握、刷杆、加压弹簧和刷杆座等。电刷是由既具有良好的导电性能、又有较好耐磨性的石墨制成的导电块，置于刷握中，其上压加压弹簧，使电枢转动时电刷与换向器表面保持一定的接触压力。刷握固定在刷杆上，刷杆装在刷杆座上，彼此之间绝缘，刷杆座装在端盖上，可移动调整电刷位置。电刷借铜辫线与刷杆连接，再用导线引出。借助于加压弹簧的压力与旋转的换向器保持滑动接触，使电枢绕组与外电路接通。

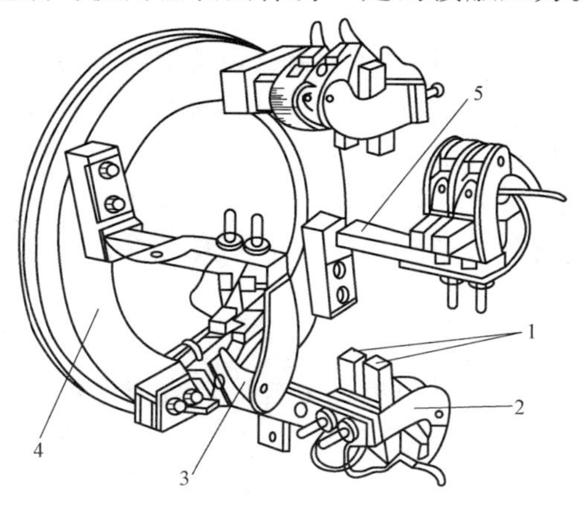

图 1-7 电刷装置

1—电刷；2—刷握；3—加压弹簧；4—刷杆座；5—刷杆

电刷装置数一般等于主磁极数，各同极性的电刷经软线汇在一起，再引到接线盒内的接线板上，作为电枢绕组的引出端。

4. 机座

机座是用来固定主磁极、换向磁极和端盖的（见图 1-4），是整个电机的机械支撑，也是电机磁路的一部分。为了有足够的机械强度，一般机座都用导磁效果较好的铸钢材料制成，小型发电机机座也有的用厚钢板制成。机座上的接线盒有励磁绕组和电枢绕组的接线端，用于与外电路连接。另外，机座也是发电机的外壳，所以它同时也起保护电机内的部件和便于固定、安装电机的作用。

5. 端盖

端盖的作用是支撑直流电机转轴旋转。通常端盖由铸钢或铸铁制成，用螺钉固定在底座的两端，盖内有轴承用于支撑旋转的电枢，方便转轴平滑转动。

（二）转子

转子又称电枢，是电机主要进行机电能量转换的部分，正常运行时转子是旋转的。如图 1-8（a）所示，转子由电枢铁芯、绕组、换向器和转轴等组成。

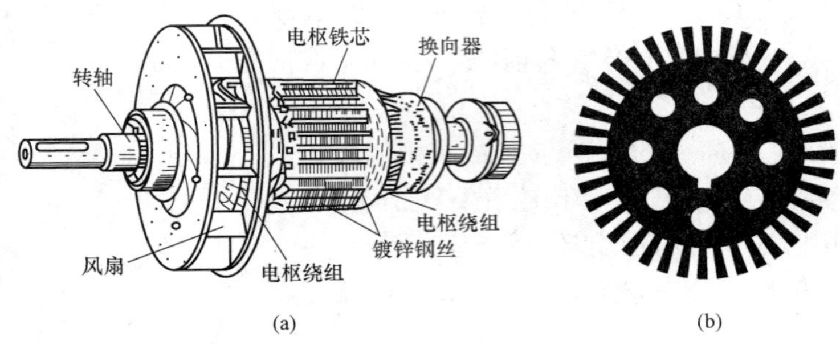

图 1-8 直流电机电枢

1. 转轴

转轴起传送机械能的作用，并承担对旋转转子的支撑。所以需要有一定的机械强度和刚度，一般用锻钢加工而成，它通过轴承安装在电机的端盖上。

2. 电枢铁芯

电枢铁芯是电机磁路的一部分。如图 1-8（b）所示，为了利于导磁和减少损耗，电枢铁芯一般用 0.5mm 厚且表面经过绝缘处理的硅钢片冲制叠压而成，在外圆上有分布均匀的槽，用来嵌放电枢绕组。

3. 电枢绕组

电枢绕组是产生感应电动势或电磁转矩并实现能量转换的主要部件。电枢绕组的类型主要有单叠绕组和单波绕组两种，它们是由绝缘导线绕制成的绕组元件（又称线圈）构成，每个元件两个有效边分别嵌放到电枢铁芯槽中，绕组元件相互按一定规律连接，并与换向器中对应的换向片相连，使各支路线圈的电动势相加。绕组端部用镀锌钢丝箍住，防止绕组因离心力而发生径向位移。

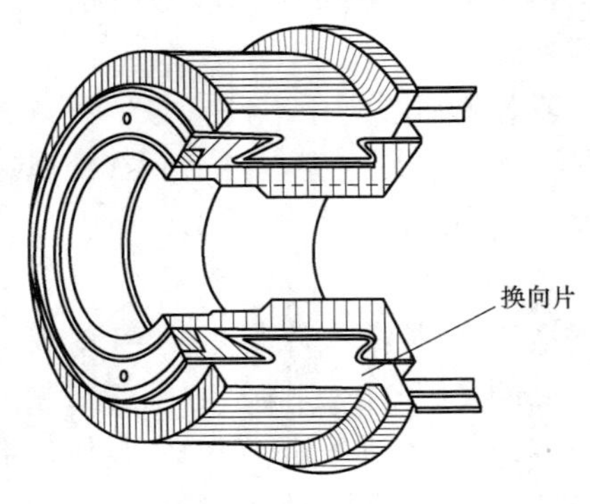

图 1-9 换向器构造

4. 换向器

换向器的作用是与电刷配合，将直流电动机输入的直流电流转换为电枢绕组内的交变电流，或是将直流发电机电枢绕组中的交变电动势转换成输出的直流电压。如图 1-9 所示，换向器由许多铜制换向片组成，外形呈圆柱形，片与片之间用云母绝缘，它套装在转轴上，随转轴一起旋转。

三、直流电机类型、铭牌数据

（一）直流电机类型

从不同的角度，直流电机有不同的分类，见表 1 - 1。

表 1 - 1　　直流电机分类

<table>
<tr><td rowspan="2">按能量传输方向分</td><td colspan="3">直流电动机</td></tr>
<tr><td colspan="3">直流发电机</td></tr>
<tr><td rowspan="2">按结构及工作原理划分</td><td colspan="3">无刷直流电机</td></tr>
<tr><td colspan="3">有刷直流电机</td></tr>
<tr><td rowspan="7">按主磁场的产生划分</td><td rowspan="3">永磁直流电机（按主磁极材料不同划分）</td><td colspan="2">稀土永磁直流电动机</td></tr>
<tr><td colspan="2">铁氧体永磁直流电动机</td></tr>
<tr><td colspan="2">铝镍钴永磁直流电动机</td></tr>
<tr><td rowspan="4">电磁直流电机（按励磁电流的获取方式划分）</td><td colspan="2">他励式直流电机</td></tr>
<tr><td rowspan="3">自励式直流电机（按励磁绕组与电枢绕组连接的方式划分）</td><td>串励直流电机</td></tr>
<tr><td>并励直流电机</td></tr>
<tr><td>复励直流电机</td></tr>
</table>

1. 有刷直流电机

有刷直流电机即有电刷的直流电机，其原理和结构特点前面已介绍。

2. 无刷直流电机

无刷直流电机即没有电刷的直流电机，它主要用于电动机。其结构特点是将普通直流电动机的定子与转子进行了互换。其转子为永久磁铁产生气隙磁通；定子为电枢，由多相交流绕组组成（一般是三相），绕组可接成星形或三角形，并分别与逆变器的各功率管相连，直流电能经逆变器转换为交流电，交流电输入定子交流绕组产生旋转磁场，带动转子磁极转动。由于电动机本体为永磁电机，所以习惯上把无刷直流电动机也称为永磁无刷直流电动机。

3. 他励式直流电机

如图 1 - 10（a）所示，他励式直流电机的励磁电流是由独立的直流电源给励磁绕组供电。自励式直流电机的励磁绕组与电枢绕组连接一起，或者由电枢绕组提供励磁电流（发电机），或者与电枢绕组一起从相同的电源获取电流（电动机）。

4. 并励直流电机

电枢绕组和励磁绕组并联连接的电机称为并励直流电机，如图 1 - 10（b）所示。对于并励发电机，励磁电源由电机电枢自身产生的端电压为励磁绕组提供；对于并励电动机，电枢和励磁绕组共同一个电源。从性能上来说，并励电机和他励直流电机很多地方相似。

5. 串励直流电机

电枢绕组和励磁绕组串联连接的电动机称为串励直流电机，如图 1 - 10（c）所示。这类型直流电机的励磁电流 I_f 等于电枢电流 I_a。

6. 复励直流电机

有串励和并励两个绕组的电动机称为复励直流电机，如图 1 - 10（d）所示。如两个励磁绕组的磁势方向相同，称为积复励；如两个励磁绕组的磁势的方向相反则称为差复励。

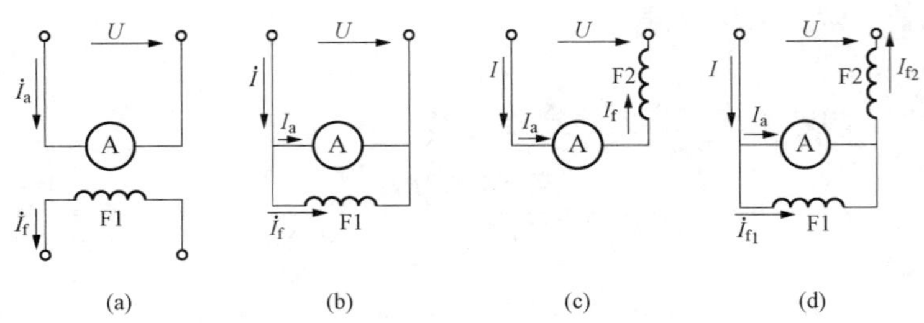

图 1-10　直流电机励磁方式

A—电枢绕组；F1—他励励磁绕组或并励励磁绕组；F2—串励励磁绕组

直流电机采用不同的励磁方式，可以获得不同的性能特性。一般直流电机都设有并励绕组和串励绕组供选择使用，用户可根据不同的生产机械要求选用相应的励磁方式。当采用他励方式时，用并励绕组作为励磁绕组。

（二）直流电机的铭牌

所有正规生产的直流电机上都附有铭牌，铭牌上标明了直流电机的型号、额定值和使用规定等信息，为用户选择直流电机提供一定的依据。

1. 型号

目前我国生产的直流电机系列和型号很多，各有不同的结构和性能特点。型号一般由汉语拼音字母和阿拉伯数字组成，图 1-11 所示为某一直流电机的型号。型号的第一部分用大写的拼音表示“产品代号”；第二部分用阿拉伯数字表示“设计序号”，第三部分用阿拉伯数字表示“机座代号”，第四部分用阿拉伯数字表示“电枢铁芯长度代号”。其中第一部分“产品代号”的字符的含义如下：

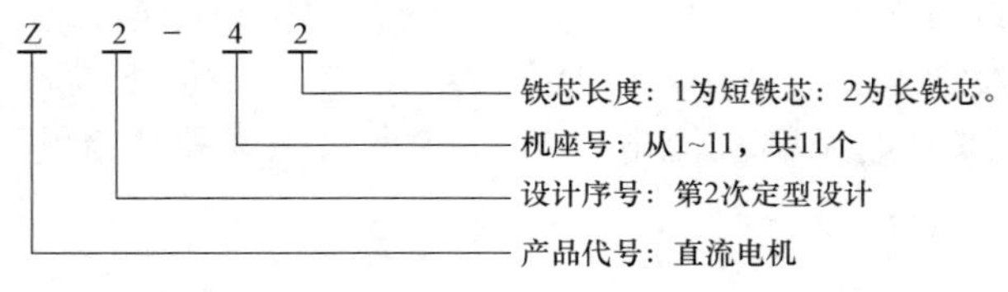

图 1-11　直流电机型号

Z 系列：一般用途的直流电动机（如 Z2、Z3、Z4 等系列）。

ZJ 系列：精密机床用的直流电动机。

ZT 系列：调速直流电动机。

ZQ 系列：直流牵引电动机。

ZH 系列：船用直流电动机。

ZA 系列：防爆安全型直流电动机。

ZKJ 系列：挖掘机用直流电动机。

ZZJ 系列：冶金起重机用直流电动机。

2. 额定值

额定值是指直流电机处于理想运行状态——额定运行状态时各运行量对应的数值。

（1）额定功率（容量）P_N：对于发电机来说，额定功率是指正负电刷之间输出的电功率；对于电动机，则是指轴上输出的机械功率，单位为 W 或 kW。

（2）额定电压 U_N：在额定运行状态下，直流发电机的输出电压值或直流电动机的输入电压值，单位为 V 。

（3）额定电流 I_N：在额定情况下，电机流出或流入的电流值，单位为 A 。

直流发电机额定电流 $I_N = P_N/U_N$，直流电动机额定电流 $I_N = P_N/(U_N \eta_N)$。

（4）额定效率的表达式为

$$\eta_N = \frac{P_N}{P_1} \times 100\%$$

式中：P_N 为额定输出功率；P_1 为输入功率。

(5) 额定转速 n_N：在额定功率、额定电压、额定电流时电机转子的转速，单位为 r/min。

(6) 额定励磁电压 U_{fN}：在额定情况下，励磁绕组所加的电压，单位为 V。

(7) 额定励磁电流 I_{fN}：在额定情况下，通过励磁绕组的电流，单位为 A。

(8) 额定温升：发电机在额定工作状态运行时，各部分的允许最高温升（发电机各发热部分的温度与周围环境温度之差）。

项目对应技能训练（直流电机认识实验）

一、实验目的

(1) 了解实验室电源状况及具体布置。

(2) 熟悉直流电机运行前的一般性检查。

(3) 认识电机机组及常用测量仪器、仪表等组件。

二、实验步骤

(1) 了解实验室基本状况。

(2) 直流电机运行前的一般性检查。

三、实验方法

1. 了解实验室基本状况

(1) 听取指导教师讲解电机实验的基本要求、实验规则及安全措施。

(2) 熟悉实验室电源、开关及设备等的容量及布置。

2. 直流电机运行前的一般性检查

(1) 用手转动直流电动机转轴，检查电机转动是否灵活、电机内有无摩擦和撞击声响。

(2) 观察电机换向器表面，检查表面是否清洁光滑、换向片之间沟槽内的云母绝缘有无凸出现象。

(3) 观察电刷装置的结构，电刷在刷握中不应太紧，弹簧压力应适当、电刷应与换向器表面保持良好的接触。

(4) 选用合适的绝缘电阻表测出电机每个绕组对外壳的绝缘电阻以及各绕组间的绝缘电阻，并记入表 1-2 中。常温下绕组应具有的绝缘电阻值没有具体的规定，但对额定电压在 500V 以下的电机，一般不应低于 0.5MΩ。在工作温度下的绝缘电阻值 R_s，一般要求为

$$R_s \geqslant \frac{U_N}{100 + \frac{P_N}{100}} (\mathrm{M\Omega}) \tag{1-4}$$

表 1-2　　实 验 记 录

绕组名称	绝缘电阻值（MΩ）		
	对地（外壳）	对电枢绕组	对励磁绕组
电枢绕组			
励磁绕组			

(5) 利用伏-安法（见图1-12）测出电机电枢绕组的电阻。实验时直流电源电压应保持稳定，调节电阻器R使电枢电流不大于额定电流的20%，以免电机因存在剩磁而转动。测出电枢两端电压U_a和电枢电流I_a，计算出电枢电阻$R_a=U_a/I_a$。

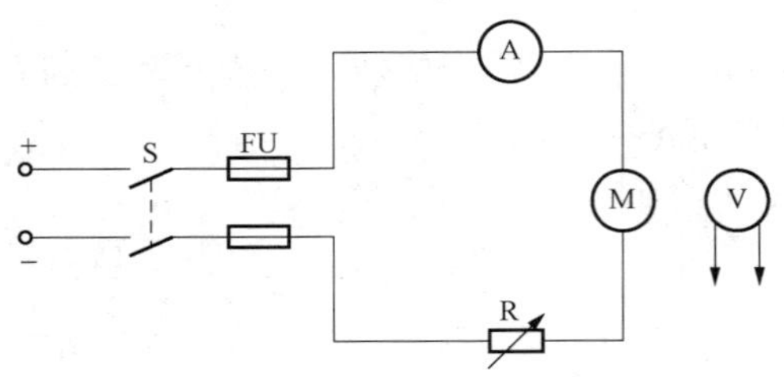

图1-12 电机电枢绕阻电阻的测试

实验时，如果从电枢的接线端子上测量电压，则计算出的电阻包括电枢绕组电阻、换向器绕组电阻、其他串联绕组的电阻以及电刷与换向器之间的接触电阻。

为避免测量误差和电枢绕组不对称的影响，可以将电枢转到三个不同的位置，每个位置测量一次，将数据记入表1-3中，然后求取三次测量的算术平均值，并按式（1-5）求出折合到75℃时的电阻值。

$$R_{75}=R_{a\theta}\frac{235+75}{235+\theta}(\Omega) \tag{1-5}$$

式中：$R_{a\theta}$为室温下测得的电阻值；θ为室温,℃。

表1-3　实验记录　U_a=（V）θ=（℃）

电枢位置	电枢电流（A）	电枢电阻（Ω）
第一位置		
第二位置		
第三位置		
计算值		

项目小结

(1) 直流电机的基本原理建立在电和磁相互作用的基础上，可应用电磁基本定律结合换向器和电刷的作用来理解。

(2) 直流电机由定子和转子两部分组成，直流电动机与直流发电机结构基本相同。一台直流电机既可作发电机运行，也可作电动机运行，这就是电机运行的可逆性。

(3) 直流电机的换向器与电刷配合起到“机械整流”或“机械逆变”的作用。

(4) 直流电机的主磁场一般都是在励磁绕组中通以直流电流建立的。直流电机的励磁方式可分为他励、并励、串励和复励四种，励磁功率仅占电机额定功率的1%～3%，但对电机性能的影响很大。

项目对应思考与练习

一、填空题

1. 并励直流发电机励磁绕组与电枢绕组的连接关系是（　　）。

2. 可用端电压与电枢电流的关系来判断直流电机的运行状态，当（　　）时为电动机状态，当（　　）时为发电机状态。

3. 直流发电机的绕组常用的两种形式为（　　）和（　　）。

4. 直流发电机电磁转矩的方向和电枢旋转方向（　　），直流电动机电磁转矩的方向和电枢旋转方向（　　）。

5. 直流电机的电磁转矩是由（　　）和（　　）共同作用产生的。

6. 直流发电机主磁极磁通产生感应电动势存在于（　　）绕组中。

二、判断题

1. 一台并励直流发电机，不需要励磁电源。（　　）

2. 一台直流发电机，若把电枢固定，而电刷与磁极同时旋转，则在电刷两端仍能得到直流电压。（　　）

3. 一台并励直流电动机，若改变电源极性，则电机转向也改变。（　　）

4. 直流电动机的电磁转矩是驱动性质的，直流发电机的电磁转矩是制动性质的。（　　）

5. 一台接到直流电源上运行的直流电动机，换向情况是良好的，若改变电枢两端的极性来改变转向，换向极线圈不改接，则换向情况变坏。（　　）

三、简答题

1. 直流电动机的励磁方式有哪几种？试画图说明。

2. 一台并励直流发电机并联于电网上，若原动机停止供给机械能，将发电机过渡到电动机状态工作，此时电磁转矩方向是否改变？旋转方向是否改变？

项目二　直流电机运行分析

（1）理解直流发电机和直流电动机中电枢电动势和电磁转矩的性质及其计算公式。

（2）掌握他励直流电动机的机械特性及其起动方法。

（3）了解直流电动机各种调速方法的优缺点以及各种制动方法的特点。

（4）理解并励直流发电机的自励建压过程。

直流电机中要实现机电能量转换，其必要条件之一是必须具有主磁通。通常是在直流电机主磁极的励磁绕组中通以励磁电流来产生励磁磁势即主磁势，以形成气隙磁通，使电枢绕组切割气隙磁通而感应电动势或者由电枢电流与气隙磁通相互作用而产生电磁转矩。

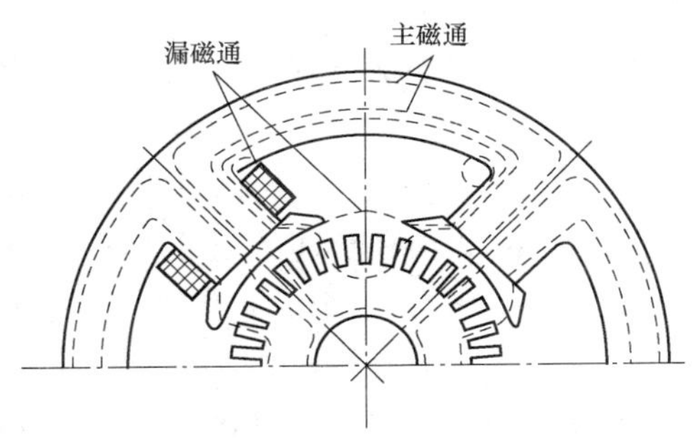

图 1 - 13　直流电机的磁路和磁分布

直流电机空载时，电枢电流为零，只有励磁绕组中存在电流。因此，空载时电机的气隙磁场完全由励磁绕组的电流所产生。励磁绕组中通入励磁电流 I_f 后，各主磁极依次为 N 极和 S 极，由于电机磁路对称，不论极数多少，每对极下的磁通分布是相同的，所以下面以最简单的二极电机来讨论。图 1 - 13 所示为直流电机空载磁场的磁路和磁分布，主磁通中由 N 极出来，经气隙和电枢铁芯，在电枢铁芯里分左右两路经气隙进入相邻的S极，然后从定子磁轭回到N极而自成闭路。主磁通中同时交链着励磁绕组和电枢绕组，是实现能量转换的关键。在N极和S极之间，还存在着一小部分磁通，它们不进入电枢铁芯，不与电枢绕组交链，称为主极漏磁通。

主磁通磁路的气隙较薄，磁阻较小；漏磁通磁路的空气隙较厚，磁阻较大，所以，在同样的磁势作用下，漏磁通要比主磁通小得多。一般电机的主极漏磁通不超过主磁通的20%。

主磁势与励磁电流是线性关系，即 $F_f=NI_f$，而电机中主磁通 ϕ 所经过的路径绝大部分由铁磁材料构成，当铁磁材料磁化时具有饱和现象，导磁系数不为常数，磁阻是非线性的，这使主磁势 F_f 与主磁通 ϕ 的关系是非线性的，所以，$\phi=f\ (I_f)$ 曲线与铁磁材料的 $B-H$ 曲线相似，也是非线性的。图1-14所示为电机磁化曲线。

根据磁路欧姆定律，气隙某处磁通或磁密的大小，取决于该处的磁势和磁路磁阻的大小。如忽略铁芯材料磁阻，可认为磁势全部消耗在气隙中，直流电机的主极气隙是不均匀的，极下部分气隙大小相等且很薄，因此在极下部分磁密的大小相等且数值较大。靠近极尖处气隙逐渐增厚，磁密明显减小，在两极之间的几何中性线上，磁密等于零。忽略电枢表面齿和槽的影响，在一个极距范围内，电枢各点垂直分量的磁密分布为近似梯形，如图1-15所示。主极磁场在主极轴线两侧对称分布，因此主极磁场的轴线为主极轴线。

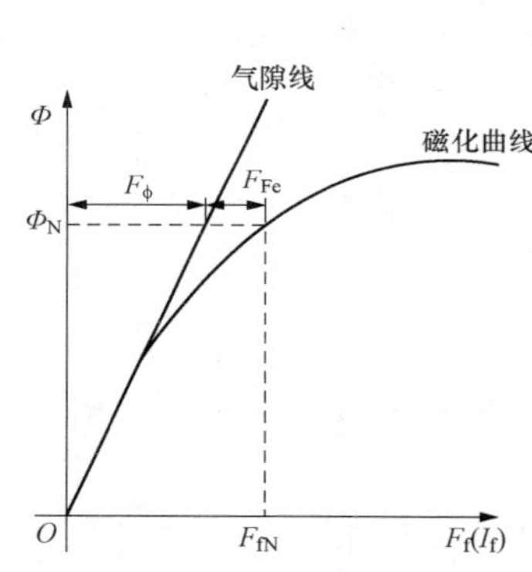

图1-14　电机的磁化曲线

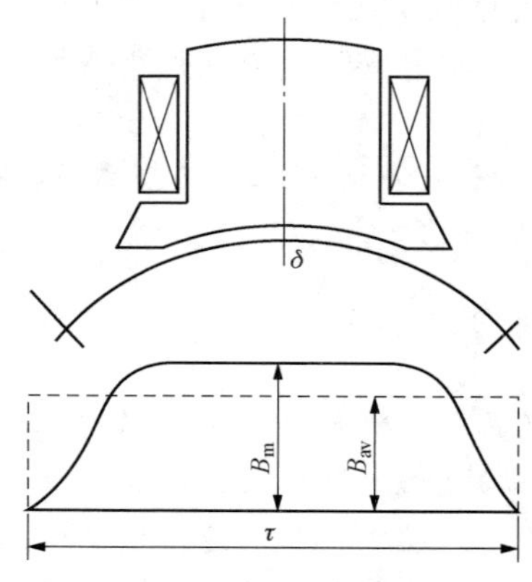

图1-15　气隙磁密的分布

一、直流发电机运行分析

直流发电机在实现机械能转换为电能过程中，都伴有感应电动势、电流、电磁转矩产生，其中最为主要的是电机正负电刷间的电动势，它符合电磁感应定理。电机稳态运行时，即电机的负载、励磁电流以及转速达到稳定值时，各种电压、转矩和功率之间存在的平衡关系，称为电机的平衡方程式。该平衡关系应分别符合电学、力学及能量守恒定律。

（一）直流发电机的感应电动势

当直流发电机电枢旋转时，电枢绕组切割磁力线产生正负电刷间的电动势大小，不仅取决于磁通量的大小和转速的高低，还和绕组的导体数和连接方法有关。从电刷看进去，电枢绕组由 $2a$ 条并联支路组成，电刷间电动势即为一支路电动势，而支路电动势等于支路中各串联导体的感应电动势之和，因为每线圈由两圈边连接而成，设电枢绕组线圈数为 Z，一个线圈圈边的导体数为 N_c，则电枢导体总数为 $N=2ZN_c$，每一支路中串联的导体数为 $N/2a$。电机空载运行时，气隙磁密分布如图1-16（a）所示。设磁密和导体感应电动势的平均值分

别为 B_{av} 和 e_{av}，则平均气隙磁密为

$$B_{av} = \frac{\Phi}{l\tau} \tag{1-6}$$

式中：ϕ 为每极磁通；l 为导体在磁场中轴向有效长度；τ 为主极极距。

导体的平均电动势为

$$e_{av} = B_{av} l v \tag{1-7}$$

式中：v 为电枢表面线速度。

当电枢直径为 D_a 时，电枢表面周长 $\pi D_a = 2p\tau$，则

$$v = \frac{2\tau p n}{60} \tag{1-8}$$

式中：p 为主磁极对数；n 为电机转速。

支路电动势即电机的感应电动势为

$$E_a = \frac{N}{2a} e_{av} = \frac{N}{2a} \times \frac{2\tau p n}{60} \times \frac{\Phi}{\tau l} = \frac{pn}{60a} \times \Phi \times n = C_e \Phi n \tag{1-9}$$

式中：C_e 为电机常数（当 p、N、a 均为定值时）$C_e = pn/(60a)$。

以上分析是建立在电刷处于几何中心线时进行的，即如图 1-16（a）所示。当电刷偏离几何中心线时，即如图 1-16（b）所示，则电刷间所包含的总磁通量会有所减少，使感应电动势相应减少。

（二）电动势平衡方程式

直流发电机运行时，电枢绕组接负载，形成电回路，感应电动势由驱动电流形成，所以电枢电流与感应电动势方向相同，如图 1-17 所示。设 U 为直流电机的端电压，设 U 为直流电机的端电压，取 U、E_a、I_a 的实际方向作为正方向，可得电枢回路的电动势平衡方程式为

$$U = E_a - I_a R_a \tag{1-10}$$

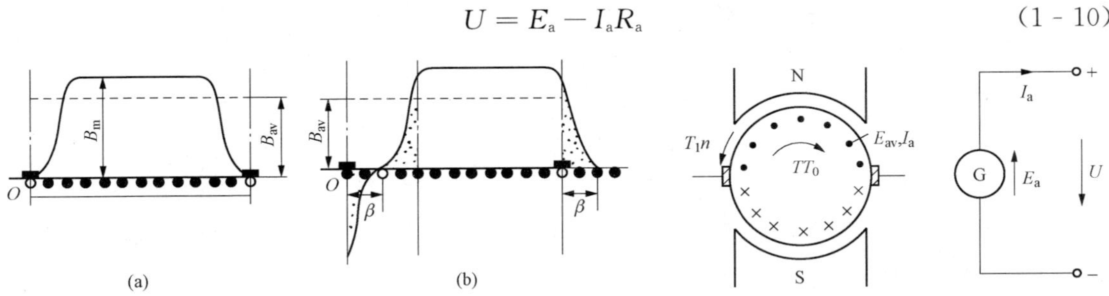

图 1-16 支路内各导体在气隙磁场中的位置

（a）电刷在几何中心线时；（b）电刷移过 β 角时

图 1-17 直流发电机的电势、转矩平衡关系

（三）转矩平衡方程

如图 1-17 所示，原动机提供驱动转矩 T_1 使直流发电机电枢旋转，当直流发电机带负载运行时，电枢绕组有电流流过，电枢电流和磁场相互作用都产生电磁转矩，其大小为 $T = C_T \phi I_a$，即电磁转矩 T 与转矩常数 C_T、每极磁通 Φ 和电枢电流 I_a 的乘积成正比，方向可用左手定则判定。电磁转矩 T 与 T_1 转向相反为制动转矩，同时还存在电机的空载制动转矩 T_0。电机的转速恒定时，加在电机轴上的驱动转矩应与制动转矩相等，所得转矩平衡方程式为

$$T_1 = T + T_0 \qquad (1-11)$$

式（1-11）表明：在发电机稳定运行时，电磁转矩和外转矩都同时存在并达到平衡。$T_1 > T$，电机的转向取决于作为驱动转矩的是输入转矩 T_1 的方向，电磁转矩是阻力转矩，起平衡外转矩的作用，原动机通过输入驱动转矩 T_1，克服电磁转矩 T 带动电枢旋转，从而把机械能转化为电能。

（四）功率平衡方程

直流发电机运行过程中，存在输入功率、输出功率和各种损耗，它们之间应满足能量守恒定律。图 1-18 所示为他励直流发电机功率流程，从原动机输入的机械功率 P_1 等于输入转矩 T_1 乘以旋转角速度 Ω；向用电负载输出的电功率 P_2 等于输出电压 U 乘以电枢电流 I_a；经磁场转换的功率称为电磁功率 P_{em}，等于电磁转矩 T 乘以旋转角速度 Ω，同时也等于电枢电动势 E_a 乘以电枢电流 I_a。

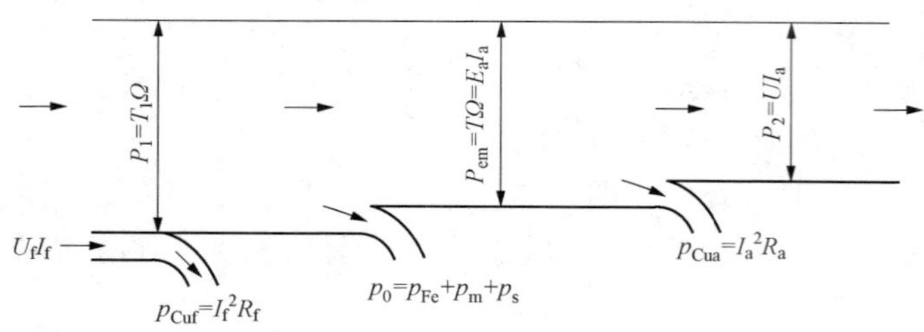

图 1-18 他励直流发电机功率流程

图 1-18 中，U_f 为他励直流发电机励磁电压，I_f 为他励直流发电机励磁电流，R_f 为他励直流发电机励磁回路电阻，p_{Cuf} 为他励直流发电机励磁回路损耗，$p_{Cuf}=I_f^2R_f$，因为数值小，通常计算时忽略；p_0 为他励直流发电机空载损耗（又称为不变损耗）；p_{Fe} 为他励直流发电机磁路损耗（又称铁耗）；p_m 为他励直流发电机机械损耗；p_s 为他励直流发电机附加损耗（附加损耗成分较复杂，主要对应：电枢反应使气隙磁场畸变而引起铁耗的增加、电枢表面电流分布不均而引起铜耗的增加、均压电流造成的损耗等），$p_0 = p_{Fe} + p_m + p_s$；p_{Cua} 为他励直流发电机电枢电路损耗（电枢铜耗）；R_a 为他励直流发电机电枢回路电阻，$p_{Cua} = I_a^2 R_a$。

从图 1-18 中可归纳得出他励直流发电机的功率平衡关系式为

$$\left.\begin{aligned} P_1 &= P_2 + \sum p \\ P_{em} &= P_1 - p_0 = E_a I_a \\ P_2 &= P_{em} - p_{Cua} = U I_a \end{aligned}\right\} \qquad (1-12)$$

电机传送能量的重要经济指标是效率，电机的效率是指电机输出功率 P_2 输入功率 P_1 之比的百分数，即

$$\eta = \frac{P_2}{P_1} \times 100\% \qquad (1-13)$$

（五）他励直流发电机的运行特性

直流发电机的运行特性是指发电机在转速为某一定值运行时，端电压 U、负载电流 I、励磁电流 I_f 这三个基本物理量之间的关系，主要有空载特性 $U_0 = f(I_f)$、负载特性 $U = f(I_f)$、外特性 $U = f(I)$、调整特性 $I_f = f(I)$。下面主要讨论他励直流发电机的空载特性 $U_0 = f(I_f)$ 和外特性 $U = f(I)$。

他励发电机接线如图 1-19 所示。励磁电流 I_f 大小和方向取决于独立直流励磁电源的励磁电压 U_f 和励磁回路总电阻 R_f。电枢电流 I_a 与电枢电动势 E_a 同方向，其大小等于负载电流 I。

1. 空载特性 $U_0=f(I_f)$

空载特性是指负载开路、电枢电流为零、转速为额定转速时，发电机的空载电压 U_0 随励磁电流 I_f 变化的关系。他励发电机空载时，因为电枢电流为零，电枢回路电阻压降也为零，发电机空载端电压 $U_0=E_a=C_e\phi n$ ，因为转速 n 为常数，所以 $U_0\propto\phi$。又因为励磁磁势 $F_f\propto I_f$，因此空载特性曲线 $U_0=f(I_f)$ 与电机的磁化曲线形状完全相同，如图 1-20 所示，空载特性也表征了电机磁路的饱和程度。因为通常电机都存在一些剩磁，所以当 $I_f=0$ 时，电枢两端仍有不大的剩磁电压 U_0'。

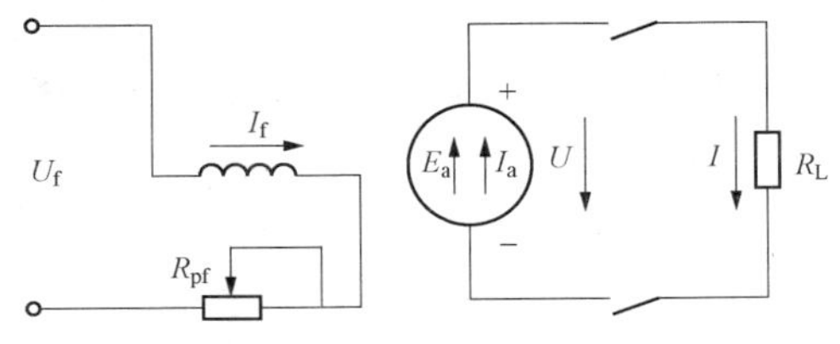

图 1-19 他励发电机接线图

额定电压对应于空载特性刚饱和的部位，若额定工作点选在未饱和部分，电机铁芯没得到充分利用，不经济，而且当励磁电流稍有变化时，就会引起端电压的较大变动。反之，若工作点选在过度饱和部分，要得到额定电压就需要有较多的励磁安匝，用钢量和铜耗相应增加，也不经济。

另外，还可以通过实验证明并励发电机的空载特性和他励发电机相同。

2. 外特性 $U=f(I)$

外特性是指电机转速为额定转速、励磁电流为额定励磁电流时，发电机的输出端电压随负载电流变化的关系。如图 1-19 所示，负载 R_L 的接入使电枢回路通过电流，当 n=常数、I_f=常数时，负载 R_L 会引起端电压 U 的变化。随着负载的增加，发电机的端电压逐渐下降，外特性曲线如图 1-21 所示。当负载电流 I 增加时，电压 U 下降有两个原因：①由于 I_a 增加，电枢电阻压降 I_aR_a 随之增大，使端电压 U 下降；②I_a 增大时，引起电枢磁场对主磁场的去磁作用增大，使每极磁通减小，所以 E_a 减小，而使端电压 U 进一步下降。

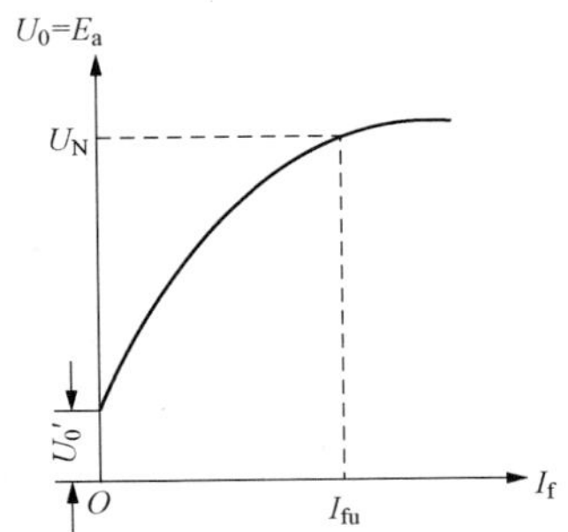

图 1-20 他（并）励发电机空载特性

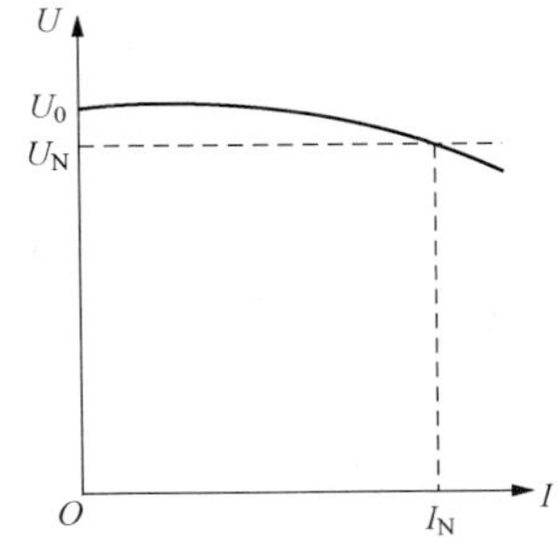

图 1-21 他励发电机外特性

发电机的端电压随负载变化的程度，可用电压调整率 ΔU 表示。电压调整率是指电机转速、励磁电流都为额定值时，发电机从额定负载（$U=U_N$、$I=I_N$）到空载（$U=U_0$、$I=0$）时，端电压升高的数值与额定电压比值的百分数，即

$$\Delta U=\frac{U_0-U_N}{U_N}\times 100\% \tag{1-14}$$

一般他励发电机的 ΔU 为 5%～10%，基本可看成是恒压电源。

他励发电机在额定励磁下若发生短路时，由于电枢电动势为额定值，而电机的电枢回路电阻很小，这将产生最高可达额定电流几十倍的短路电流而损坏电机。为保护电机不受短路电流的危害，必须在外电路加装如熔断器等保护装置。

（六）并励发电机自励建压

并励发电机接线如图 1 - 22 所示。励磁绕组并联在电枢的两端，励磁电流 I_f 由发电机本身供给，属“自励电机”。I_f 的大小和方向由电枢端电压 U 及励磁回路总电阻 R_f 决定。电枢电流 I_a 等于负载电流 I 和励磁电流 I_f 之和，即 $I_a=I+I_f$。

通常 I_f 只有额定电流的 1%～3%，I_f 对电路和电磁作用的影响很小，并励发电机的空载特性和他励发电机相同。由图 1 - 22 可见，并励发电机建立主磁场的励磁电流由电枢电动势供给，而电枢电动势又是通过电枢绕组切割主磁场而产生的。当并励发电机刚开始运行时，励磁绕组并没有获得励磁电流供给，必须利用剩磁。剩磁就是指受到磁场作用的铁磁物质在磁场离开后仍留有少量剩余磁性。通过旋转的电枢绕组切割剩磁磁通，感应剩磁电动势（为额定电压的 2%～4%），这个电动势加到励磁绕组上使励磁电流从零开始增加，产生一个微小的励磁磁场。若新产生的励磁磁场与剩磁方向相同，相互叠加，可使电动势继续上升；若方向互为相反，则剩磁被削弱，发电机电压将不能建立。励磁电流所产生的磁场是增强或削弱剩磁，和电枢绕组与励磁绕组的相对连接及电枢的旋转方向有关。

以上分析得出：只要并励直流发电机的主磁极铁芯有剩磁，电枢绕组与励磁绕组的相对连接正确，发电机的电枢电压可以从零建立并逐渐增大，并励发电机（见图 1 - 23）在建立电压的过程中，负载开关应打开，即发电机为空载状态 $I_a=I_f$。从电枢回路看，空载电压 U_0 为励磁电流 I_f 的函数即空载特性 $U_0=f(I_f)$，如图 1 - 23 中曲线 1 所示。$R_f=R_{pf}+r_f$ 为励磁回路总电阻，从励磁回路看，当电阻 R_f 不变时，励磁回路电阻压降 $U'_0=I_fR_f$ 随 I_f 正比变化，即 $U'_0=f(I_f)$ 的关系为一条通过原点的直线，称为场阻线，如图 1 - 22 中曲线 2 所示。场阻线的斜率为

$$\tan\alpha=\frac{I_fR_f}{I_f}=R_f \tag{1 - 15}$$

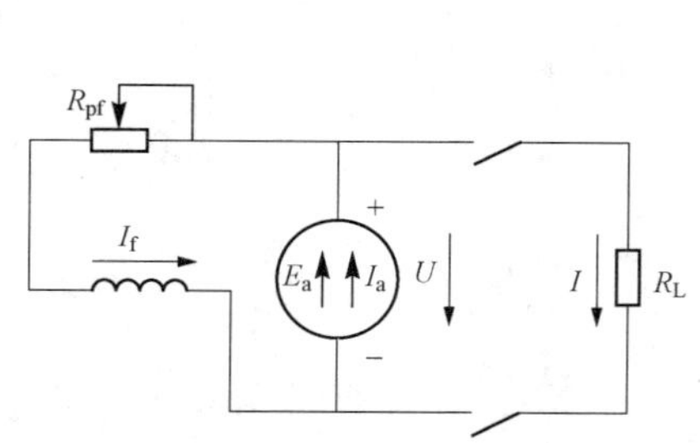

图 1 - 22 并励发电机接线图

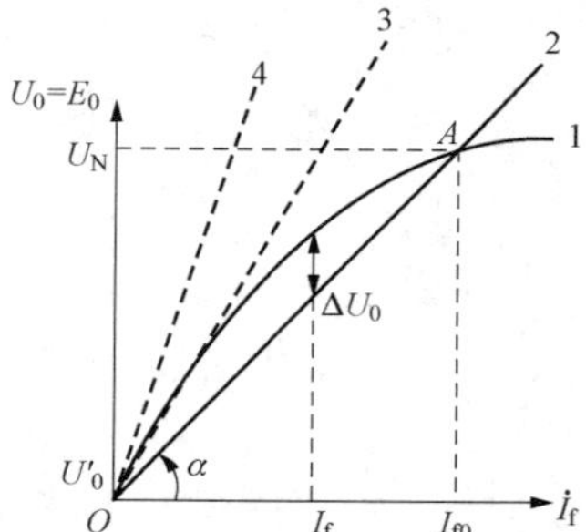

图 1 - 23 建压过程分析

在图 1 - 23 中，曲线 1 和曲线 2 交于 A 点。在 A 点的左侧，在该区域感应电动势产生的端电压 U_0 大于磁场电阻上所需要的压降 U'_0，产生了剩余电压 $\Delta U=U_0-U'_0$，ΔU 作用在励磁回路上，使 I_f 上升，U_0 就随之上升。由于空载特性具有饱和特性，ΔU 会逐渐减小，U_0 上升速度也逐渐缓慢，到达 A 点时，励磁电流产生的空载电压等于励磁回路的电阻压降，剩余电压 $\Delta U=0$，励磁电流和感应电动势失去增长动力，电机进入空载稳定状态，端电压便稳定在某一数值上，自励过程结束。

交点 A 的位置是随着励磁回路的电阻值 R_f 而变化，若 R_f 增大，场阻线的斜率增大，直线变陡，则交点将沿着曲线 1 向左移动，稳定电压值就降低，所以改变 R_f 可调节发电机的空载电压。当场阻线在图 1-23 中曲线 3 的位置，与空载特性的直线部分相切时，因为曲线 1 和曲线 3 没有固定的交点，发电机的电压将不稳定，该状态称为临界状态，对应励磁回路电阻称为建压临界电阻。当励磁回路电阻大于建压临界电阻时，场阻线处图 1-23 中曲线 4 的位置，与空载特性的交点很低，此时空载电压约等于剩磁电压，发电机不能自励。

综合以上分析，并励发电机建立稳定电压的必要条件如下：

（1）电机有剩磁并具有饱和特性；

（2）励磁绕组与电枢绕组的连接正确，使励磁电流产生的磁通与剩磁同方向；

（3）励磁回路的总电阻要小于建压临界电阻。

二、直流电动机运行分析

（一）电动势平衡方程

因为直流电动机与直流发电机结构基本相同，所以它们的磁场及电磁作用很相似，甚至其分析手段、分析结果都可以相互引用，例如：直流电动机的电枢绕组切割磁场产生的电枢电动势 E_a 就可以用式（1-9）进行计算，电枢电动势 E_a 在发电机是作为电源输出的主电动势，在电动机中，电枢绕组经电刷接外电源，外加电压是驱动电枢电流流动的原因，$U>E_a$，电枢电流 I_a 的方向与 U 的方向一致，E_a 表现为反电动势，如图 1-24 所示。而直流电机中当电枢绕组通过电流，与磁场作用会产生电磁力并形成电磁力矩，所以电枢电流与电源电压同方向。设 U 为直流电动机的电源端电压，取 U、E_a、I_a 的实际方向作为正方向，可得电枢回路的电动势平衡方程式为

$$U = E_a + I_aR_a \tag{1-16}$$

（二）直流电动机的电磁转矩

通过电流的电枢绕组，在磁场中将受到电磁力的作用，如电磁力不经过转轴，就会形成电磁转矩。如图 1-25 所示，根据电磁力定律可求电枢绕组的支路电流为 i_a 时，作用在任一根有效切割长度为 L 导体上的平均电磁力 $f_{av}=B_{av}Li_a$，B_{av} 为平均磁感应强度。导体产生的平均电磁转矩为

$$T_{av} = f_{av}\frac{D_a}{2} \tag{1-17}$$

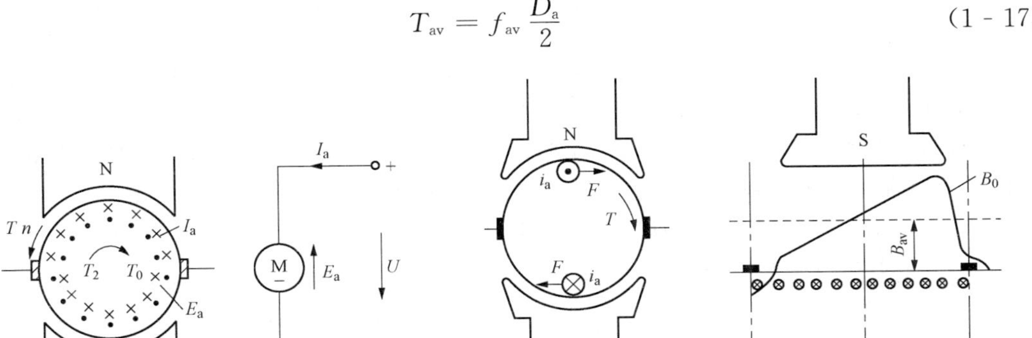

图 1-24 直流电动机的电动势、转矩平衡关系

图 1-25 直流电动机的电磁转矩

因为同性极下导体的电流方向相同，异性极下导体的电流方向互为相反，故各导体产生的电磁转矩方向相同。因此，电机电磁转矩 T 应为电枢表面所有导体产生的电磁转矩 T_{av} 之和，即

$$T = f_{av}\frac{D_A}{2}N = B_{av}li_a\frac{D_a}{2}N = \frac{pN}{2\pi a}I_a\Phi = C_T\Phi I_a \qquad (1-18)$$

式中：I_a 为电枢电流；C_T 为转矩常数，$C_T=(pN)/(2\pi a)$；N 为电枢绕组每支路的总导体数。

（三）转矩平衡方程

在电动机（见图 1-24）里，电磁转矩 T 作为驱动转矩使电枢转动，电磁转矩 T 方向与电动机转向相同，此时轴上的负载转矩（输出转矩）T_2 和空载阻力转矩 T_0 均为阻力转矩。电动机的转速恒定时，加在电机轴上的驱动转矩应与阻力转矩相等，所得转矩平衡方程式为

$$T = T_2 + T_0 \qquad (1-19)$$

式（1-19）表明，在电动机稳定运行时，电磁转矩与各转矩都同时存在并达到平衡。其中 $T>T_2$，电磁转矩 T 作为驱动转矩带动电机转子旋转，电机的转向取决于电磁转矩 T 的方向，电磁转矩克服制动转矩带动电枢及负载转动，从而把电能转化为机械能。

（四）功率平衡方程

直流电动机运行过程中，存在输入功率、输出功率和各种损耗，它们之间应满足能量守恒定律。图 1-26 所示为他励直流电动机功率流程图，从电源输入的电功率 P_1 等于电源电压 U 乘电枢电流 I_a；从转轴向机械负载输出的机械功率 P_2 等于输出转矩 T_2 乘以旋转角速度 Ω；经磁场转换的功率称为电磁功率 P_{em} 等于电磁转矩 T 乘以旋转角速度 Ω，同时也等于电枢电动势 E_a 乘以电枢电流 I_a。

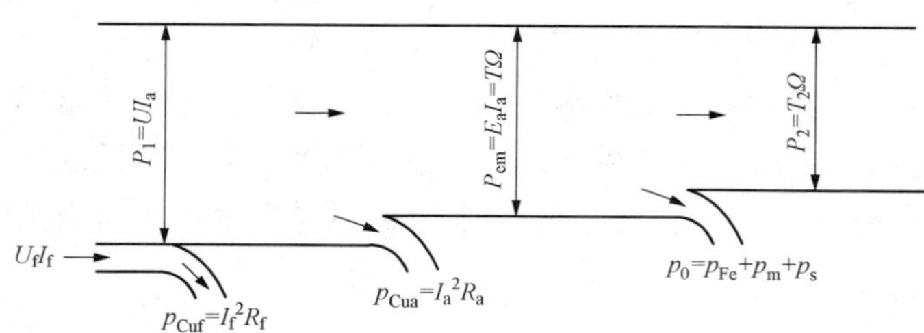

图 1-26　他励直流电动机功率流程

图 1-26 中，U_f 为他励直流电动机励磁电压，I_f 为他励直流电动机励磁电流，R_f 为他励直流电动机励磁回路电阻，p_{Cuf} 为他励直流电动机励磁回路损耗，$p_{Cuf}=I_f^2R_f$，因为数值小，通常计算时忽略；p_0 为他励直流电动机空载损耗（又称不变损耗），p_{Fe} 为他励直流电动机磁路损耗（又称铁耗），p_m 为他励直流电动机机械损耗，p_s 为他励直流电动机附加损耗，p_0 为直流电动机空载损耗，$p_0=p_{Fe}+p_m+p_s$；p_{Cua} 为他励直流电动机电枢电路损耗（电枢铜耗），R_a 为他励直流电动机电枢回路电阻，$p_{Cua}=I_a^2R_a$。

从图 1-26 中可归纳得出他励直流电动机的功率平衡关系式为

$$\left.\begin{aligned} P_1 &= P_2 + \sum p \\ P_{em} &= P_2 + p_0 = E_aI_a \\ P_1 &= P_{em} + p_{Cua} = UI_a \end{aligned}\right\} \qquad (1-20)$$

式中：$\sum p$ 为直流电动机总损耗，$\sum p=p_0+p_{Cua}$。

与发电机一样，电动机的效率也是指电机输出功率 P_2 输入功率 P_1 之比的百分数，即

$$\eta = \frac{P_2}{P_1} \times 100\% \tag{1-21}$$

【例 1-1】 一台他励直流电动机 $p_N=13kW$，$U_N=20V$，$I_N=69.5A$，$n_N=1500r/min$，电枢电阻 $R_a=0.28\Omega$，额定励磁电压 $U_{fN}=110V$，励磁回路电阻 $R_f=142\Omega$。电动机在额定状态下运行。试求（1）额定励磁电流 I_{fN}；（2）励磁铜损耗 p_{Cuf}；（3）电枢回路铜损耗 p_{Cua}；（4）空载损耗 p_0；（5）额定电磁转矩 T。

解：（1）额定励磁电流：$I_{fN}=\frac{U_{fN}}{R_f}=\frac{110}{142}=0.775$（A）

（2）励磁铜损耗：$p_{Cuf}=U_{fN}I_{fN}=110\times0.775=85.3$（W）

（3）电枢回路铜损耗：$p_{Cua}=I_N^2R_a=69.5^2\times0.28=1352.5$（W）

（4）空载损耗：$p_0=p_1-p_{Cua}-p_2=220\times69.5-1352.5-13\ 000=937.5$（W）

（5）额定电磁转矩及额定输出转矩：

$$T=\frac{P_N}{\Omega_N}=9.55\frac{P_N}{n_N}=9.55\frac{P_1-p_{Cua}}{n_N}=9.55\times\frac{220\times69.5-1352.5}{1500}=88.75(N\cdot m)$$

（五）他励直流电动机机械特性

电动机的机械特性是指电动机在电流和转速都不随时间变化而变化的状态下其转子转速与电磁转矩之间的关系。下面以电枢支路与励磁支路互不关联的他励直流电动机为对象进行机械特性分析。

由他励电动机的电枢电动势满足式（1-9），可得

$$n=\frac{E_a}{\Phi C_e} \tag{1-22}$$

从他励电动机的电动势平衡方程式（1-16）可得

$$E_a=U-I_aR_a \tag{1-23}$$

又从式（1-18）可得

$$I_a=\frac{T}{\Phi C_T} \tag{1-24}$$

将式（1-23）和式（1-24）代入式（1-22）中可得他励直流电动机机械特性方程，即

$$n=\frac{U}{\Phi C_e}-\frac{R_a}{\Phi^2 C_e C_T}T=n_0-\beta T=n_0-\Delta n \tag{1-25}$$

式中：n_0 为电动机空载转速；β 为机械特性斜率；Δn 为转速降落。

从式（1-25）可见，当电源电压 U=常数、励磁电流 I_f=常数、电枢回路电阻 R_a=常数时，转速 n 与电磁转矩 T 呈线性关系，即机械特性为一条下斜的直线，如图 1-27 所示。

对于并励电动机，其励磁电压 U_f 与电枢电压 U 为同一电源，因为和他励电动机一样，励磁电流 I_f 的大小均与电枢电流 I_a 无关，因此他励和并励电动机的机械特性基本一样。

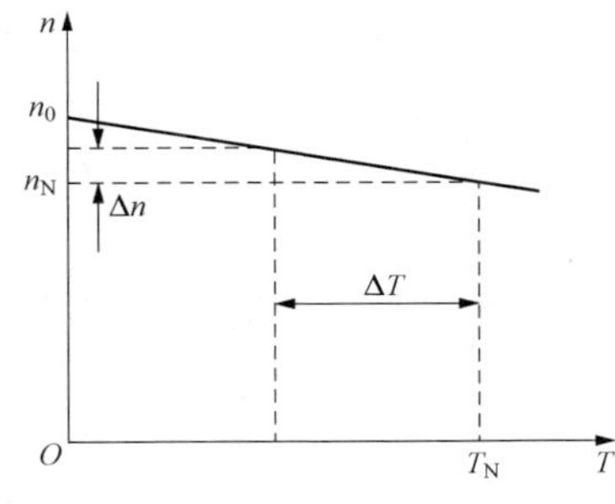

图 1-27 他励直流电动机机械特性

1. 固有机械特性

固有机械特性又称固有特性，是指在额定电压 U_N 和额定磁通 ϕ_N 下，电枢回路内不外接任何电阻时的机械特性 $n=f(T)$，其方程为式（1-26），曲线如图 1-27 所示。通常他励和并励直流电动机的固有机械特性曲线

斜率 β 都较小，被称为硬特性。

$$n=\frac{U_{\rm N}}{\Phi_{\rm N}C_{\rm e}}-\frac{R_{\rm a}}{\Phi_{\rm N}^2C_{\rm e}C_{\rm T}}T \tag{1-26}$$

2. 人为机械特性

人为机械特性是指由于人为改变使供电电压 U 或磁通 Φ 不是额定值、电枢回外接电阻时的机械特性。如图 1-28 所示，其中图（a）为电枢回路串电阻的人为机械特性，图中 $R_1>R_2>R_{\rm a}$，从图可知，电枢回路串接电阻后空载转速 n_0 不变、机械特性曲线斜率变大即机械特性变软；图（b）为电枢电压降低的人为机械特性，图中 $U_{\rm N}>U_1>U_2$，从图可知，电枢电压减小使空载转速 n_0 随之减小、机械特性曲线斜率 k 保持不变即机械特性硬度不变；图（c）为减小励磁电流的人为机械特性，图中 $I_{\rm fN}>I_{\rm f2}>I_{\rm f1}$，从图可知，随着励磁电流的减小空载转速 n_0 会增加、机械特性曲线斜率 k 会变大，即特性变软。操作时注意不能过分削弱磁通，如果负载转矩不变而磁通过弱，电动机电流将大大增加，并可能造成飞车。因此，直流他励电动机一般设有“失磁”保护，而且起动前必须先加励磁电流，在运行过程中决不允许励磁电路断开或励磁电流为零。

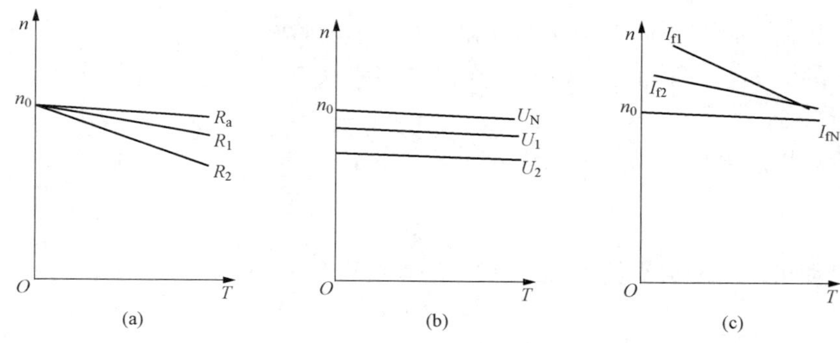

图 1-28 他励直流电动机人为机械特性

三、起动、调速、制动

（一）他励直流电动机起动

电动机起动过程是指电动机轴上空载或带一定负载，从静止起动加速到某一转速稳定运行的过程。起动性能指标主要有起动电流倍数和起动转矩倍数，起动电流越小越好，起动转矩要足够大。下面以他励直流电动机为对象进行起动方法讨论，其分析结果可以推广到并励电动机。

1. 直接起动

在不采取任何措施，将励磁电流为额定值的他励电动机电枢直接接额定电压的直流电源进行起动称为直接起动。电机对应电动势方程是 $U_{\rm N}=E_{\rm a}+I_{\rm a}R_{\rm a}$。因为起动瞬间转速 $n=0$，电枢电动势 $E_{\rm a}=C_{\rm e}\phi n=0$，所以起动电流 $I_{\rm st}=I_{\rm a}=U_{\rm N}/R_{\rm a}$。因为 $R_{\rm a}$ 很小而导致 $I_{\rm st}$ 很大，可达（10～20）$I_{\rm N}$，这样起动会损坏电机，因此一般不允许直接起动。

2. 电枢回路里串附加起动电阻起动

因为直接起动的起动电流很大，考虑在电枢回路串入附加电阻来降低起动电流，这种起动方法为电枢回路里串附加起动电阻起动。该起动方法具体是：起动时，在电动机电枢回路串入附加起动电阻 $R_{\rm st}$ 以降低起动电流的冲击，$I_{\rm st}=U_{\rm N}/(R_{\rm a}+R_{\rm st})$，在转速升到一定值起动接近结束时，切除起动电阻 R_{st}，让电动机在低损耗下运行。实际操作时，为减小切除电阻时产生的冲击力矩，保持起动过程中的电磁力矩足够大，通常附加起动电阻 R_{st} 为多段电阻，如图 1-29（a）电枢回路串附加电阻起动接线图所示，$R_{st}=R_1+R_2+R_3$，在起动过程中通过触点 KM_1、KM_2 和 KM_3 先后切除 R_1、R_2 和 R_3。图 1-28（b）所示为对应的起动特性曲线，图中有电动机对应电枢回路电阻分别为 $R_a+R_1+R_2+R_3$、$R_a+R_1+R_2$、R_a+R_1 以及 R_a 的机械特性曲线，电动机电枢开始以最大电阻 $R_a+R_1+R_2+R_3$ 对应工作点 1 起动，转速 n 从零开始上升，到 $n=n_1$ 时（对应工作点 2），触点 KM_1 闭合，切除 R_1，机械特性也切换，工作点从 2 切换到 3，电机继续加速；当 $n=n_2$ 时（对应工作点 4），触点 KM_2 闭合，又切除 R_2，机械特性也切换，工作点从 4 切换到 5，电机继续加速；当 $n=n_3$ 时（对应工作点 6），触点 KM_3 闭合，又切除 R_3，机械特性也切换，工作点从 6 切换到 7，电机沿固有机械特性继续加速到工作点 8，起动结束，电磁转矩与阻碍转矩达到平衡进入稳定运行。在起动过程中，电磁力矩保持为 $T_1 \sim T_2$。

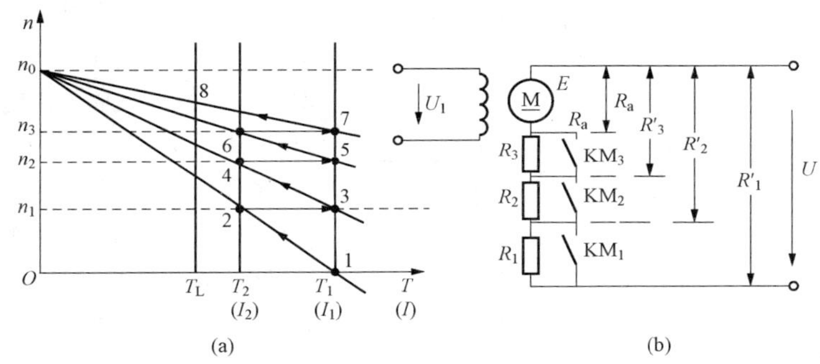

图 1-29 有三段起动电阻的他励直流电动机

3. 降压起动

在前面分析中已了解：电动机直接起动时的起动电流大，而起动电流 $I_{st}=U/R_a$。降低起动电流的方法除了前面介绍的电枢回路串附加电阻外，还可以通过降低电枢电源电压来达到目的。起动时，控制电枢电源电压 U 的大小使它按一定速度增长，这样，既可完成起动过程，又避免大的起动冲击电流。该起动方法的优点是起动过程能耗小；缺点是需要电压可调的直流电源，设备成本较高。

（二）调速方法

直流电动机调速是指电动机在一定负载的条件下，根据需要，人为地使电动机从某一稳定转速过渡到另一稳定转速运行。直流电动机调速性能好，有较宽的调速范围，可以在重负载条件下，实现均匀、平滑的调速。下面以他励直流电动机为对象介绍调速方法，并励电动机的调速方法基本相似。

由式（1-25）可知，对于一台结构稳定的他励直流电动机，调速的方法主要有：改变电枢电压调速；改变电枢回路电阻调速；改变励磁电流调速。图 1-30 所示为以上调速方法对应的机械特性曲线图，图中曲线①为负载特性曲线（假设为恒转矩负载）；曲线②为电动机固有机械特性曲线；曲线③为调速后对应的人为机械特性曲线；工作点 A 为调速前工作点；工作点 B 为调速后工作点；n_1 为调速前转速；n_2 为调速后转速。

1. 改变电枢电压调速

对应机械特性如图 1-30（a）所示，连续改变电枢供电电压，可以使直流电动机在很宽的范围内实现无级调速，调速时机械特性斜率（硬度）不变，电流不变，转矩不变，是直流电机调速系统中应用最广的一种调速方法。因为电枢电压只能在额定电压以下调整，所以该调速方法属额定转速 n_N 以下调速。

2. 改变电枢回路电阻调速

对应机械特性如图 1-30（b）所示，当电枢电压、励磁不变，负载一定时，随着串入的外接电阻 R 的增大，电枢回路总电阻 $R=R_a+R$ 增大，电动机转速就降低，机械特性斜率变陡。因为通常外接电阻是分级接入，所以这种调速方法为有级调速，调速比一般为 2∶1，转速变化率大，轻载下很难到低速，且外接电阻使损耗增加，故现在已较少采用。

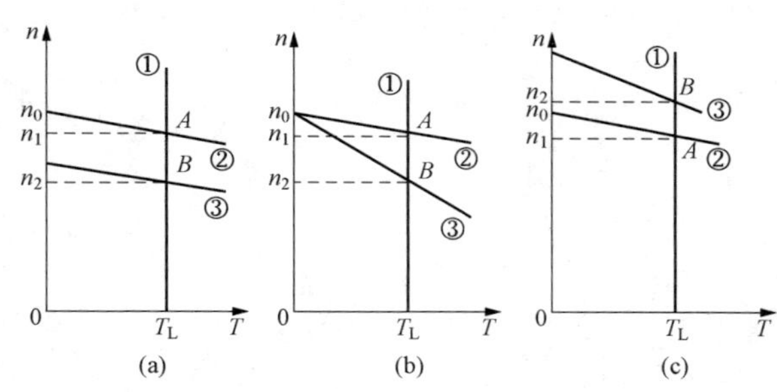

图 1-30 他励直流电动机调速时机械特性

3. 改变励磁电流调速

对应机械特性如图 1-30（c）所示，由式（1-25）可看出，当电枢电压、电阻 R_a 不变，通过调节励磁电流使磁通减小时，转速 n 升高，机械特性斜率变陡；反之，则 n 降低。磁通平滑调整，转速也平滑变化。由于额定状态对应磁路饱和情况，所以只能在 n_0 以上进行无级调速，即弱磁调速。操作时注意磁通不能过低，否则可能造成飞车，在运行过程中决不允许励磁回路断开或励磁电流为零。

【例 1-2】 有一台他励电动机，$P_N=22kW$，$U_N=220V$，$I_N=115A$，$n_N=1500r/min$，电枢电阻 $R_a=0.1\Omega$，电动机拖动恒转矩额定负载。

求：要得到 900r/min 的运行速度，采用降压调速方式，电枢电压应降至多少伏？

解： 根据 $E_a=U-I_aR_a$ 和 $E_a=C_e\phi n$ 得

$$K_e\phi_N=\frac{U_N-I_NR_a}{n_N}=\frac{220-115\times0.1}{1500}=0.139$$

故 $U=K_e\phi_Nn+I_NR_a=0.139\times900+115\times0.1=136.6$（V）

（三）制动方法

制动就是人为地在电动机转轴上施加一与转子转向相反的转矩（制动转矩）。在实际生产中，当需要电动机较快地减速或停车，甚至紧急停车，或为了限制电动机转速的升高（例如起重机下放重物），这时就需要对电动机进行制动。通常电动机制动的方法主要分机械制动（如抱闸）和电磁制动两大类。电磁制动是通过使电动机生产的电磁转矩与转子转向相反而形成的。下面我们就他励电动机的几种制动方法进行讨论。

1. 能耗制动

图 1-31 所示为他励电动机电压能耗制动接线图，图中双向闸开关 K 为控制开关。当开关 K 上接电源时，电机处于电动运行。进行能耗制动操作是保持电动机的励磁电流不变，将 K 断开电源，并下接制动触点，即电枢回路串入电阻 R（能耗电阻 R），因为这时电机气隙仍有磁场，转子因惯性而继续转动，电机进入他励发电机运行状态，其生产的电能主要输至能耗电阻 R 上，转化为热能消耗掉，电流在电枢绕组形成的电磁力矩与转子转向相反，

是制动力矩。R 主要起限制电流、影响制动力矩的作用。

能耗制动的优点是制动减速是平稳可靠，控制线路较简单，当转速减到零时，电枢支路电动势、电流以及制动转矩都为零，便于实现准确停车。

能耗制动的缺点是制动力矩随着转速降低成比例地减小，影响了制动效果。

2. 他励电机电压反接制动

图 1-32 所示为他励电动机电压反接制动接线图。当 K 上接电动触点时，电机处于电动状态，电磁转矩为驱动性质；当 K 下接制动触点时，电枢回路经电阻 R 反接到电源上，则其所加电压方向与“电动”时相反，电机转速不能突变，对应电路方程为

$$-U = E_a + I_a(R_a + R) \tag{1-27}$$

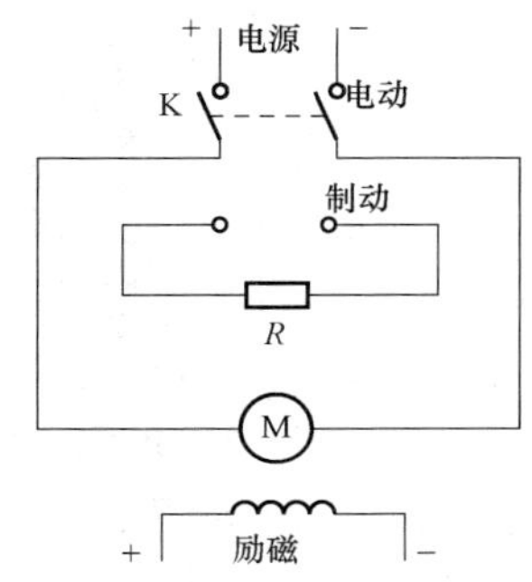

图 1-31 他励电动机能耗制动接线图

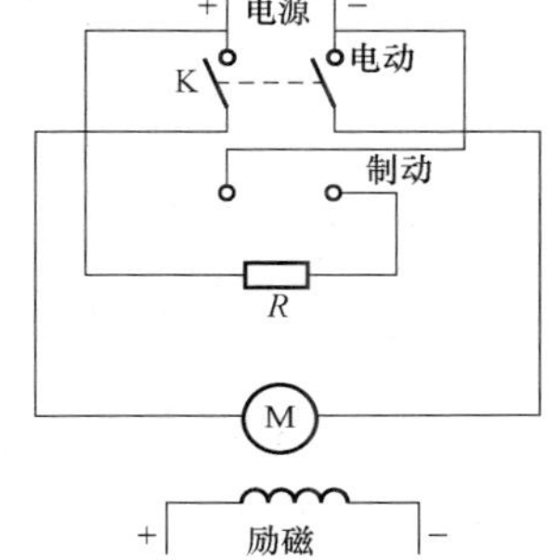

图 1-32 他励电动机反接制动接线图

这时电枢电流与电动状态时方向相反，又因为主极磁场并无改变，所以电机的电磁转矩方向与电动状态时相反，是制动转矩。从式（1-27）可知，这时电机的电枢电流比能耗制动时大很多，所以必须同时在电枢支路串入限流电阻 R，以限制电枢电流不超过允许值。

电压反接制动的优点是制动力矩强，制动过程中制动力矩随转速降低的变化小；缺点是需从电网吸取大量电能，当制动到转速为零时，如不及时切断电源，会自行反向起动并加速。

3. 回馈制动

回馈制动又称再生制动（或发电制动）。制动时，电机实际运行在发电状态，通过电磁力矩来限制电机的转速升高。电机原处电动状态（$U>E_a$），当电机转子在外力作用下，转速不断升高（如起重机下放重物时），当转子转速 n 高于理想空载转速 n_0 时，电枢电动势 $E_a = C_e\phi n$ 会大于电源电压 U，从而使电枢电流 $I_a=(U-E_a)/R_a$ 方向发生改变，与原来反向，电磁力矩方向也随之改变，从原来驱动转矩变为制动转矩，起制动作用，限制转子转速（起重机下放重物速度）。这时电机吸取机械能，向直流电网回馈电能。

项目对应技能训练（他励直流电动机）

一、实验目的

熟悉他励电动机的接线、起动、改变电机转向与调速的方法。

二、实验内容

直流他励电动机的起动、调速及改变转向。

三、实验步骤

1. 直流仪表、转速表和变阻器的选择

直流仪表、转速表量程是根据电机的额定值和实验中可能达到的最大值来选择，变阻器根据实验要求来选用，并按电流的大小选择串联、并联或串并联的接法。

（1）电压量程的选择。如测量电动机两端为 220V 的直流电压，选用直流电压表为 1000V 量程挡。

（2）电流量程的选择。如直流电动机的额定电流为 1.2A，测量电枢电流的电表 A3 可选用直流电流表的 5A 量程档；额定励磁电流小于 0.16A，电流表 A1 选用 200mA 量程挡。

（3）电机额定转速为 1600r/min，转速表选用 1800r/min 量程档。

（4）变阻器的选择。变阻器选用的原则是根据实验中所需的阻值和流过变阻器最大的电流来确定。

2. 直流他励电动机的起动准备

按图 1-33 接线。图中直流他励电动机 M（通常直流电动机的并励绕组按他励方式用），额定功率 $P_N=185$W，额定电压 $U_N=220$V，额定电流 $I_N=1.2$A，额定转速 $n_N=1600$r/min，额定励磁电流 $I_{fN}<0.16$A。直流发电机 MG 作为机械负载使用，TG 为测速发电机。他励直流电动机励磁回路串接的变阻器阻值为 $R_{f1}=1800\Omega$；直流发电机 MG 励磁回路串接的变阻器阻值为 $R_{f2}=1800\Omega$。$R_1=180\Omega$ 作为他励直流电动机的起动电阻，$R_2=1000\Omega$ 变阻器作为 MG 的负载电阻。接好线后，检查 M、MG 及 TG 之间是否用联轴器直接连接好。

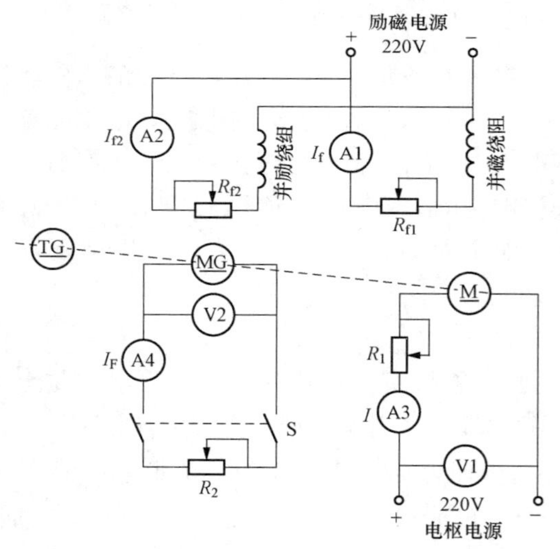

图 1-33 直流他励电动机接线图

3. 他励直流电动机起动

（1）检查按图 1-33 的接线是否正确，电表的极性、量程选择是否正确，电动机励磁回路接线是否牢靠。然后，将电动机 M 电枢串联起动电阻 R_1、发电机 MG 的负载电阻 R_2 及 MG 的磁场回路电阻 R_{f2} 调到阻值最大位置，M 的磁场调节电阻 R_{f1} 调到最小位置，断开开关 S，并断开电枢电源开关，做好起动准备。

（2）开启电源总开关，接通励磁电源开关，观察 M 及 MG 的励磁电流值，调节R_{f2}使 I_{f2}等于校正值（100mA）并保持不变，再接通电枢电源开关，使 M 起动。

（3）M 起动后观察转速表指针偏转方向，应为正向偏转 ，若不正确，可拨动转速表上正、反向开关来纠正。调节电枢电源电压，使电动机端电压为 220V。减小起动电阻 R_1 阻值，直至 $R_1=0$。

（4）合上 MG 的负载开关 S，调节 R_2 阻值，使 MG 的负载电流 I_F 改变，即直流电动机 M 的输出转矩 T_2 改变［按不同的 I_F 值，查对应于 $I_{f2}=100$mA 时的校正曲线 $T_2=f(I_F)$，可得到 M 不同的输出转矩 T_2 值］。

4. 调节他励电动机的转速

分别改变电阻 R_1 和电阻 R_{f1}，观察转速变化情况。

5. 改变电动机的转向

(1) 直流电机无论运行在电动状态还是发电状态都同时产生感应电动势 E_a 和电磁力矩 T，发电运行时，E_a 是正电动势，$E_a > U$ ，T 是制动转矩；电动运行时，E_a 是反电动势，$E_a < U$ ，T 是驱动转矩。

(2) 并励发电机自励建压时必须满足三个条件。

(3) 直流电动机机械特性是指稳态运行时的转速 n 与电磁力矩 T 的关系，它反映了稳态转速随转矩的变化规律。

(4) 直流电动机直接起动时，因电枢电阻很小，会产生很大的起动电流，所以必须采用电枢串电阻或降低电压起动的方法来减小起动电流。

(5) 直流电动机通常调速时考虑采用的方法有电枢回路串电阻调速、弱磁调速、调压调速。

(6) 电磁制动是指电机利用电磁转矩 T 与转速 n 的方向相反来降低电机转速或阻碍电机转速上升的运行方式，按能量转换关系的不同，电磁制动可分为三种，即能耗制动、反接制动、回馈制动。

项目对应思考与练习

一、填空题

1. 他励直流电动机的固有机械特性是指在（　　　）条件下，（　　　）与（　　　）的关系。

2. 直流电动机的起动方法有（　　　　　　　　）。

3. 如果不串联制动电阻，反接制动瞬间的电枢电流大约是电动状态运行时电枢电流的（　　　　　）倍。

4. 当电动机的转速超过（　　　　　　）时，出现回馈制动。

5. 拖动恒转负载进行调速时，应采用（　　　　　）调速方法，而拖动恒功率负载时应采用（　　　　）调速方法。

二、判断题

1. 直流电动机的人为特性都比固有特性软。（　　）

2. 直流电动机串多级电阻起动。在起动过程中，每切除一级起动电阻，电枢电流都将突变。（　　）

3. 提升位能负载时的工作点在第一象限内，而下放位能负载时的工作点在第四象限内。（　　）

4. 他励直流电动机的降压调速属于恒转矩调速方式，因此只能拖动恒转矩负载运行。（　　）

5. 他励直流电动机降压或串电阻调速时，最大静差率数值越大，调速范围也就越大。（　　）

三、计算题

一台并励直流发电机，铭牌数据如下：$P_N = 23\text{kW}$，$U_N = 230\text{V}$，$n_N = 1500\text{r/min}$，电枢

电阻 $R_a=0.1\Omega$，不计电枢反应。现将这台电机改为并励直流电动机运行，把电枢两端和励磁绕组两端都接到220V的直流电源，求：(1) 转速 n；(2) 电磁转矩；(3) 电磁功率。

项目三　直流电动机使用与维护

学习目标

(1) 明确直流电动机的选用原则。

(2) 了解直流电动机投运前的准备工作事项。

(3) 认识直流电动机在运行中的巡查、维护内容。

(4) 了解直流电动机检修内容、周期及典型检修项目。

一、直流电动机的选用

因为直流电机中电动机的使用量相对较多，所以这里就以直流电动机的选用进行讨论。

(一) 直流电动机选择原则

1. 类型的选择

宜优先选用效率高、价格便宜、温升低的铁氧体永磁直流电动机。只有当对性能要求严格、体积小、环境温度较高时才考虑选用铝镍钴永磁直流电动机或稀土永磁直流电动机。

2. 规格选择

在选择电机规格时可考虑：在电源电压可调的场合，可按实际需要选择转矩、转速与电机相应的额定值接近的规格，通过改变电压得到所需转速；在电源电压固定的场合，如果没有适当规格的电机可供选用时，可先按转矩选择适当规格，而电机的电压与转速之间可作适当调整。

3. 合理选择电动机的功率

直流电动机输出的最大功率是有限的，如电动机的功率选择过小，当负载超过了电动机的额定输出功率就使电动机处于过载运行，电动机过载运行时会出现发热、振动、转速下降、声音异常等现象，甚至会烧毁电动机。而电动机的功率选择过大，会造成运行经济性差。因此合理选择电动机的功率是很重要的。

(二) 直流电动机验收

修复或新到货的直流电动机通常要进行以下内容的验收检查：

(1) 对电机出厂检测报告、技术资料、合格证进行验收。

(2) 检查包括电机表面漆面、结构件、紧固件、电缆及温度传感器接线引入装置，以及直流电机绝缘等。

(3) 对直流电机进行通电情况下性能试验。

(4) 验收和通电试验完毕后，做好记录，并由通电试验单位出具试验报告。

(三) 直流电动机使用前的检查

超过3个月停止运行的直流电动机，使用前都要进行如下检查：

(1) 用压缩空气或手动吹风机吹净电动机内部灰尘、电刷粉末等，清除污垢杂物。

(2) 拆除与电动机连接的一切接线，用绝缘电阻表测量绕组对机座的绝缘电阻。若小于

1MΩ 时，应进行烘干处理，测量合格后再将拆除的接线恢复。

（3）检查换向器的表面是否光洁，如发现有机械损伤或火花灼痕应进行必要的处理。

（4）检查电刷是否严重损坏，刷架的压力是否适当，刷架的位置是否位于标记的位置。

（5）根据电动机铭牌检查直流电动机各绕组之间的接线方式是否正确，电动机额定电压与电源电压是否相符，电动机的起动设备是否符合要求，是否完好无损。

（6）检查轴承润滑脂是否洁净、适量，润滑脂占轴承室体积的三分之二为宜。

（7）用手转动电枢，检查是否阻塞或在转动时是否有撞击或摩擦声。

（8）检查接地装置是否良好。

（四）直流电动机的使用时注意事项

（1）直流电动机在直接起动时因起动电流很大，这将对电源及电动机本身带来极大的影响。因此，除功率很小的直流电动机可以直接起动外，一般的直流电动机都要采取减压措施来限制起动电流。

（2）当直流电动机采用减压起动时，要掌握好起动过程所需的时间，不能起动过快，也不能过慢，并确保起动电流不能过大（一般为额定电流的 1～2 倍）。

（3）在电动机起动时就应做好相应的停车准备，一旦出现意外情况时应立即切除电源，并查找故障原因。

（4）在直流电动机运行时，应观察电动机转速是否正常；有无噪声、振动等；有无冒烟或发出焦臭味等现象，如有应立即停机查找原因。

（5）注意观察直流电动机运行时电刷与换向器表面的火花情况。在额定负载工况下，一般直流电动机只允许有不超过 $1\frac{1}{2}$ 级的火花，火花的等级情况见表 1-4。

表 1-4　电刷下火花的等级

火花等级	电刷下火花程度	换向器及电刷的状态	允许运行方式
1	无火花	换向器上没有黑痕；电刷上没有灼痕	允许长期连续运行
$1\frac{1}{4}$	电刷边缘仅小部分有微弱的点状火花或有非放电性的红色小火花		
$1\frac{1}{2}$	电刷边缘大部分或全部有轻微的火花	换向器上有黑痕出现，用汽油可以擦除；在电刷上有轻微灼痕	
2	电刷边缘大部分或全部有较强烈的火花	换向器上有黑痕出现，用汽油不能擦除；电刷上有灼痕。短时出现这一级火花，换向器上不出现灼痕，电刷不致烧焦或损坏	仅在短时过载或有冲击负载时允许出现
3	电刷的整个边缘有强烈的火花，即环火，同时有大火花飞出	换向器上有黑痕且相当严重；用汽油不能擦除；电刷上有灼痕。如在这一级火花短时运行，则换向器上将出现灼痕，电刷将被烧焦或损坏	仅在直接起动或逆转的瞬间允许出现，但不得损坏换向器及电刷

二、直流电动机的运行维护

（一）电机运行期间的经常性一般检查

（1）保持电机外表及其周围环境的清洁，在电机上或电机内部不得放置外物。

（2）电机底脚是否紧固于地基，运转时是否有异声或振动情况。

（3）通风窗是否空气畅通。

（4）是否经常运行在过载状态。

（5）接地装置是否可靠。

（二）电机运行的定期保养检查

经常运转的直流电机，需定期检查，每月不得少于一次。检查中应根据电机状况，进行相应的维修保养。

1. 定期检查项目

（1）在额定负载下换向器上不得有大于1级的火花出现。

（2）检查换向器表面是否光洁，如发现有机械损伤或火花灼痕，应按“换向器的保养”标准进行处理。

（3）检查电刷是否磨损过甚，刷握压力是否适当。

（4）用不大于2个大气压的压缩空气吹净电机内部灰尘、电刷粉末等，并拭净外表的灰尘和积垢。

（5）拆除与电机连接的切接线，用500V绝缘电阻表测量绕组对机壳之绝缘电阻，如小于1MΩ则须按“绝缘的干燥”处理。

（6）在电机运转时，测量轴承温度，并倾听其转动的声音，如有异声或温升超过则按“轴承的保养”标准处理。

（7）如电机较长时间的停止，则须用纸将换向器包好，并用帆布将整个电机盖好，保证电机存放地点的温度不低于5℃且不高于40℃，相对湿度不高于90%，并不得有水蒸气及腐蚀气体侵入。

2. 换向器的保养

换向器呈正圆柱形光洁的表面，不应有机械损伤和烧焦的痕迹，在负载下经长期无火花运转后，在表面产生一层暗褐色有光泽的坚硬氧化薄膜，这是正常现象，它能保护换向器的磨损，这层薄膜必须保持，不能用砂布摩擦。具体的保养事项如下：

（1）换向器表面应保持光滑，若换向器表面沾有碳粉、油污，应用手风机吹扫干净或用柔软的布沾酒精清擦拭表面，保证清洁。

（2）发现换向器表面状态恶化，火花较大，有粗糙不圆、烧伤等缺陷时应考虑停车，用0号细砂纸打磨其表面，使之重新建立起氧化膜。如若换向器表面出现过度的粗糙不平、不圆或有部分磨损过大，则应重新车削换向器。车削时应用纸将电枢绕组端部及接头片包住，以免金属屑末溅入，切削速度为2m/s，切削深度及进给量均不大于0.1mm。切削完毕，换向片片间应倒角，必要时还应下刻片间云母，以免云母片高出换向片。

（3）检查云母槽是否清洁，换向片棱角应光滑无毛刺。

（4）在保证换向器表面质量的条件下，还需要在日常运行中，仔细地观察和监视换向火花。通常情况下，点状、粒状火花（呈白色或微带蓝色和黄色）稀疏而均匀地分布在大部分电刷上，属于正常换向火花。而响声状、火球或飞溅状火花（呈暗黄色、红色或绿色）属于有害火花。当环火状火花发生时，电机不宜继续运行。

3. 电刷的维护

电刷与换向器工作面应有良好的接触，电刷正常压力为15～25kPa。电刷在刷握内应能滑动自如，其与刷盒之间间隙应适量（0.15mm左右）。电刷磨损或损坏时，应尽量选择同一制造厂同一型号，最好是同一时间生产的电刷来更替，以防止由于电刷性能上的差异造成并联电刷电流分布的不平衡，影响电机的正常运行。通常直流电机电刷的维护事项如下：

（1）用压缩空气吹净电刷、刷盒和换向器上的碳粉。

（2）检查电刷接触弧面是否有烧灼点，接触面是否均匀、光滑，如有缺陷应立即更换。

（3）检查电刷在刷盒内是否浮动灵活。

（4）检查电刷的压力大小是否均匀适当。通常情况下，电刷正常压力为15～25kPa，根据电刷的截面积算出每个电刷压力，再与实际测出的压力进行比较。无论电刷长短，其压力都应达到要求。

（5）检查电刷的磨损高度。当电刷磨损到原高度的1/3时应予更换。需要注意：电刷一次性更换数量不宜过多，成批更换电刷易破坏原换向器表面的氧化膜。只需将磨短的或有问题的电刷换下即可。在同一台电机上，绝不允许使用不同牌号的电刷，即使同一牌号的电刷，因制造时间不同，性能也有明显差异，所以也不允许使用。新电刷装好后，需用0号砂布，背面紧贴换向器，随电刷旋转方向研磨电刷，以获得与换向器表面有良好的接触面。研磨完毕，去除碳粉，并使电机在1/4～1/3额定负载下运行0.5～1h，然后增加负载。

（6）检查刷辫的固定是否可靠，电刷振动和压力不均都容易引起各电刷电流分配不均。

（7）检查刷盒压脚和弹簧是否软化或断裂。

4. 轴承保养

轴承在运转时温度太高或夹有不均匀有害杂声时，说明轴承可能损坏或有外物侵入，应拆下轴承清洗检查，当发现钢珠、钢粒或滑圈有裂纹损坏或轴承经清洗后使用情况仍未改变时，必须更换新轴承。用拉杆在冷态时从转轴上取下不良的轴承，新轴承要用汽油洗净，放在油槽内预热到80～90℃，然后套入转轴。轴承安装后，在轴承盖油室内填入约等于2/3空间的润滑脂。轴承工作2000～2500h后应更换新的润滑脂，且每年不得少于一次，同时应防止异物夹入润滑脂。轴承在运转时须防止灰尘及潮气侵入，并严禁对轴承内圈或外圈的任何冲击。

5. 直流电机的绝缘干燥

直流电机的绝缘电阻不应该小于1MΩ，如低于这一数值时，需进行干燥，如没有专用的烘箱设备，建议采用以下三种方法：

（1）热空气干燥。电机进行干燥时，应该打开电机的各通风窗，用干燥的热空气连续向绕组部分鼓吹，最初2～3h内，绕组温度不应该超过50℃；在开始干燥后的6～8h内，不应超过70℃。电机在开始干燥时，绝缘电阻先是下降，然后开始升高，最后趋于稳定，在绝缘电阻稳定4～5h后，如绝缘电阻变化已不显著，则可认为干燥已经完成。温度测量可用温度计以腻子固着干绕组来进行；测量绝缘电阻时，如额定低压在500V以下绕组用500V绝缘电阻表检测，额定低压高于500V以上时绕组用1000V绝缘电阻表检测。

（2）电流干燥。打开电机的各通风窗，将电枢、串励，换向极及补偿绕组接成串接，卡住电机的电枢，通入低压直流电流，电流宜控制在50%～60%额定电流值，加热温度也不应超过70℃，其余过程与上类同。

（3）用红外线灯泡烘烤。

三、直流电动机的常见故障及检修

（一）直流电动机的常见故障及排除（见表1-5）

表1-5 直流电动机的常见故障及排除

故障现象	可能原因	排除方法
不能起动	①电源无电压； ②励磁回路断开； ③电刷回路断开； ④有电源但电动机不能转动	①检查电源及熔断器； ②检查励磁绕组及起动器； ③检查电枢绕组及电刷换向器接触情况； ④负载过重或电枢被卡死或起动设备不合要求，应分别进行检查
转速不正常	①转速过高； ②转速过低	①检查电源电压是否过高，主磁场是否过弱，电动机负载是否过轻； ②检查电枢绕组是否有断路、短路、接地等故障；检查电刷压力及电刷位置；检查电源电压是否过低及负载是否过重；检查励磁绕组回路是否正常
电刷火花过大	①电刷不在中性线上； ②电刷压力不当或与换向器接触不良或电刷磨损或电刷牌号不对； ③换向器表面不光滑或云母片凸出； ④电动机过载或电源电压过高； ⑤电枢绕组或磁极绕组或换向极绕组故障； ⑥转子动平衡未校正好	①调整刷杆位置； ②调整电刷压力、研磨电刷与换向器接触面、调换电刷； ③研磨换向器表面、下刻云母槽； ④降低电动机负载及电源电压； ⑤分别检查原因； ⑥重新校正转子动平衡
过热或冒烟	①电动机长期过载； ②电源电压过高或过低； ③电枢、磁极、换向极绕组故障； ④起动或正、反转过于频繁	①更换功率较大的电动机； ②检查电源电压； ③分别检查原因； ④避免不必要的正、反转
机座带电	①各绕组绝缘电阻太低； ②出线端与机座相接触； ③各绕组绝缘损坏造成对地短路	①烘干或重新浸漆； ②修复出线端绝缘； ③修复绝缘损坏处

（二）维修直流电动机时注意事项

在维修直流电动机时，应注意以下事项：

（1）电机接地保护必须符合要求，严禁甩掉接地保护作业。

（2）轴承装配严禁使用火焊加热，尽量使用轴承加热器加热，通常加热温度设定为80～90℃。

（3）检测电机绝缘时，额定低压在500V以下绕组用500V绝缘电阻表检测，额定低压高于500V以上绕组用1000V绝缘电阻表检测。检测到绝缘值低于规定值时，建议申请更换直流电机。

（4）直流电机换向器积尘、积碳可用擦机布沾乙醇擦拭，但须等乙醇挥发后方可起动。

（5）只允许使用按标准要求的润滑脂润滑电机轴承，不许混用两种或两种润滑脂。

（6）电机绕组烧毁原因多为端部绝缘老化所致，大修时必须按标准予以拆检，检测匝间绝缘。

（7）研磨碳刷及处理换向器表面只允许用 0 号砂布，不许用金钢砂布。

（8）每次更换碳刷完毕后，必须先轻载 5min，方可重载作业，避免因为新更换碳刷接触面不符合要求造成的电机损伤。每次更换碳刷完毕后，必须进行刷盘中性点复位。

（9）直流电机在大修时必须将刷盘固定螺栓进行更换。

项目对应技能训练（直流电动机的拆装）

以常用的 Z 系列直流电动机为例进行介绍。在拆卸前首先应在前端盖与机座、后端盖与机座的连接处做好标记，还应在刷架处做好标记，以便于将来的装配，其拆卸顺序如下：

（1）拆除直流电动机接线盒内的连接线。

（2）拆下通风窗螺栓，打开通风窗，从刷握中取出电刷，拆除刷杆上的连接线。

（3）拆下换向器端盖的螺栓、轴承盖螺栓，并取下轴承外盖。

（4）拆卸换向器端盖。

（5）拆下轴伸出端端盖上的螺栓，抽出电枢，注意不要碰伤电枢绕组、换向器及磁极绕组。

（6）用纸将换向器包好，并用纱带扎紧。

（7）拆下前端盖上的轴承盖螺栓，并取下轴承外盖。

（8）将电枢连同前端盖一起放置在木架上或木板上，并用纸或布包好。

电动机保养或修复后的装配顺序与拆卸顺序相反，并按所做标记矫正电刷的位置。

项目小结

（1）主要从类型、规格及功率来进行直流电动机的选择。

（2）新到货或超过 3 个月停止运行的直流电动机都要进行使用前的检查。

（3）在额定负载工况下，一般直流电动机只允许有不超过 $1\frac{1}{2}$级的火花。

（4）电刷、换向器和轴承的保养是直流电动机维护工作中的重点。

项目对应思考与练习

简答题

1. 直流电动机通常要进行验收检查的内容有哪些？

2. 超过 3 个月停止运行的直流电动机，使用前都要进行哪些检查？

3. 经常运转的直流电机，需做定期检查的周期是多长时间？定期检查项目有哪些？

4. 直流电机过热的原因有哪些？

5. 直流电机电刷磨损过快的原因是什么？

6. 直流电机机壳漏电的原因是什么？

7. 一台直流电动机起动工作十几分钟后出现过热现象。试对故障现象进行分析和检测，并提出故障处理方案。

8. 一台小型直流电机，必须用手拧动转轴，才能起动，但转动无力。试对故障现象进行分析和检测，并提出故障处理方案。

模块二　变　压　器

项目一　认 识 变 压 器

(1) 认识变压器及其功能，掌握其基本工作原理。

(2) 了解电力变压器的结构。

(3) 能区别不同类型的变压器。

(4) 看懂变压器铭牌中的额定数据及其含义。

(5) 了解变压器的解体、装配步骤。

一、变压器的概念、作用和工作原理

(一) 变压器的概念、作用

变压器是一种静止的电机，它通过绕组间的电磁感应作用，将某一等级的交流电压转换为同频率的另一等级的交流电压。也就是说变压器主要是用来传送交流电能的，在传送电能过程中改变了电能的电压等级，但不改变电能的性质和频率。

变压器是电力系统的重要设备，在电力系统中，由于从发电厂到用户的距离较远，当发电厂利用输电线路传输一定的功率 $P=\sqrt{3}UI\cos\varphi$ 到用电区时，输电电压越高，输电电流就越小，则输电线的截面要求就越小，线路的用铜量、电压降和电能损耗就越小，因此要采用高压输电。而发电机受绝缘等级限制，端电压并不高，所以需要用变压器升高电压。当电能送到用户时，考虑到安全用电和降低用电设备的绝缘等级及成本，又需要用变压器降低电压。

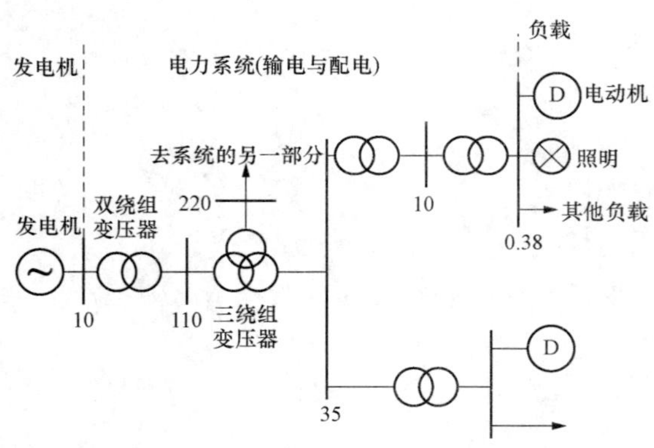

图 2-1　电力系统示意（电压单位：kV）

目前，电力系统主要由发电厂（发电机）、输电线路（主网和配网）与电力用户组成（见图 2-1）。我国的电力系统中发电机的输出电压有 10.5、18、20、24、27kV 等；用于输电的主网、配网的电压等级有 1000、500、220、110、35、10kV 等；在用电方面，大部分的电器所需电压是 380、220V。所以在电力系统中电能从发电厂到用户的传送、分配过程中，往往要经过多次的电压等级变换，这需要大量电力变压器。因此，变压器在电力系统中不仅是重要设备，而且是用量很大的设备，通常电力系统中变压器的总容量是发电设备总容量的 7～8 倍。除电力系统外，变压器还广泛应用于国民经济其他部门，如冶金、焊接、测量和控制系统等方面。

（二）变压器的基本工作原理

前面已介绍变压器是利用电磁感应原理工作的。如图 2-2 所示，一台单相双绕组变压器的基本构成是一个闭合的铁芯和套在铁芯上的两个相互绝缘的绕组。这两个绕组具有不同的匝数且互不相连，两绕组间只有磁的耦合而没有电的联系。其中绕组 1（匝数N_1）接交流电源，作为变压器的电能输入部件，称为原绕组、一次绕组或一次侧；绕组 2（匝数N_2）接负载，作为变压器的电能输出部件，称为副绕组、二次绕组或二次侧。

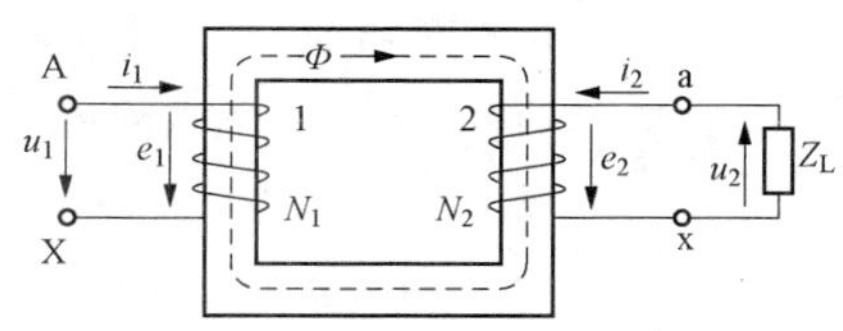

图 2-2　变压器工作原理示意

当一次侧接到交流电源时，获得交流电压u_1，绕组中便有交流电流 i_1 流过，在铁芯中产生与外加电压频率相同的交变磁通 Φ。这个交变磁通同时交链着一、二次侧绕组。根据电磁感应定律，交变磁通 Φ 分别在一、二次侧绕组中感应出同频率的电动势 e_1 和 e_2，其感应电动势的大小为

$$\left.\begin{aligned} e_1 &= -N_1 \frac{d\Phi}{dt} \\ e_2 &= -N_2 \frac{d\Phi}{dt} \end{aligned}\right\} \tag{2-1}$$

式中：N_1 为一次侧绕组匝数；N_2 为二次侧绕组匝数。

二次侧绕组有了电动势，对负载来说也就是电源，便向负载输出电能。如果忽略变压器一、二次侧绕组的阻抗压降，则 $e_1 \approx u_1$、$u_2 \approx e_2$，由于感应电动势的大小与绕组的匝数成正比，即 $e_1 \propto N_1$、$e_2 \propto N_2$，因此只要 $N_1 \neq N_2$ 会使 $e_1 \neq e_2$，则 $u_1 \neq u_2$。所以当变压器的一次侧电源电压是某一值时，可通过改变变压器一、二次侧绕组的匝数即可改变二次侧的输出电压，也就实现了改变电压等级并传送电能的功能，这就是变压器的变压原理。

通过上述分析可知，变压器的核心构件是铁芯和绕组，变压器能够变压的关键是交链一、二次绕组的磁通必须是交变的；一、二次侧绕组的匝数不能相等。

根据式（2-1）可以推导归纳出式（2-2），即

$$k = \frac{e_1}{e_2} = \frac{N_1}{N_2} \approx \frac{u_1}{u_2} \tag{2-2}$$

式中：k 为变比，是变压器的重要参数，它反映了变压器改变电压的程度；e_1 和 e_2 为变压器一、二次侧绕组电动势，如果是三相变压器它们是指相电动势；u_1 和 u_2 为变压器一、二次侧绕组电压，如果是三相变压器它们是指相电压。

（三）变压器分类

变压器的分类方法很多，从不同的角度有不同的分类，下面分别按用途、容量、绕组数目、结构、相数、调压方式和冷却方式等来进行分类。

1. 按用途分类

（1）电力变压器：主要用在输配电系统中，又分为升压变压器、降压变压器、联络变压器和配电变压器。

（2）仪用互感器：是一种特殊的变压器，主要作用不是传送电能，是传递信息供给测量仪器、仪表和保护、控制装置。它包括分电压互感器和电流互感器。

（3）特种变压器：如调压变压器、试验变压器、电炉变压器、整流变压器和电焊变压器等。

2. 按容量大小分类

(1) 小型变压器：容量为 10～630kVA。

(2) 中型变压器：容量为 800～6300kVA。

(3) 大型变压器：容量为 8000～63 000kVA。

(4) 特大型变压器：容量在 90 000kVA 及以上。

3. 按容量系列分

有 R8 容量系列和 R10 容量系列两类。

(1) R8 容量系列：指容量等级是按 R8≈1.33 倍数递增的。我国前期生产的变压器容量等级采用此系列，如：100、135、180、240、320、420、560、750、1000kVA 等。

(2) R10 容量系列：指容量等级是按 R10 ≈ 1.26 倍数递增的。R10 系列的容量等级较密，便于合理选用，是 IEC（国际电工委员会）推荐采用的。我国新的变压器容量等级采用此系列，如：100、125、160、200、250、315、400、500、630、800、1000kVA。

4. 按绕组数目分类

(1) 双绕组变压器：对每相交流电有两个绕组，分别对应两个电压等级的电路。

(2) 三绕组变压器：对每相交流电有三个绕组，分别对应三个电压等级的电路。

(3) 多绕组变压器：对每相交流电有三个以上的绕组，分别对应三个以上电压等级的电路。

(4) 自耦变压器：对每相交流电只有一个绕组，其中一部分是公共部分，分别对应两个电压等级的电路。

5. 按铁芯结构分类

芯式变压器和壳式变压器。

6. 按铁芯形式分类

叠积式铁芯变压器和卷铁芯变压器。

7. 按相数分类

单相变压器、三相变压器和多相变压器。

8. 按调压方式分类

无励磁调压变压器和有载调压变压器。

9. 按绕组导体材质分

铜线绕组变压器和铝线绕组变压器，还有箔式绕组变压器。

10. 按冷却介质和冷却方式分类

可分为油浸式变压器（包括油浸自冷式、油浸风冷式、油浸强迫油循环式）、干式变压器和充气式变压器。

二、变压器的结构

在基本原理分析中已经了解到变压器的主要构件是绕组和铁芯，它们也构成了变压器的器身（芯体），变压器的结构除了器身还有很多构件，而且不同种类的变压器，其结构也有所不同。下面以电力系统中最常见的油浸式变压器为例，介绍变压器的基本结构。图 2-3 所示为小型油浸式电力变压器结构示意，变压器一般由器身、油箱、引线及一系列的外围安全附件组成，油箱内充满变压器油，器身浸在油箱内，下面对各构件逐一讨论。

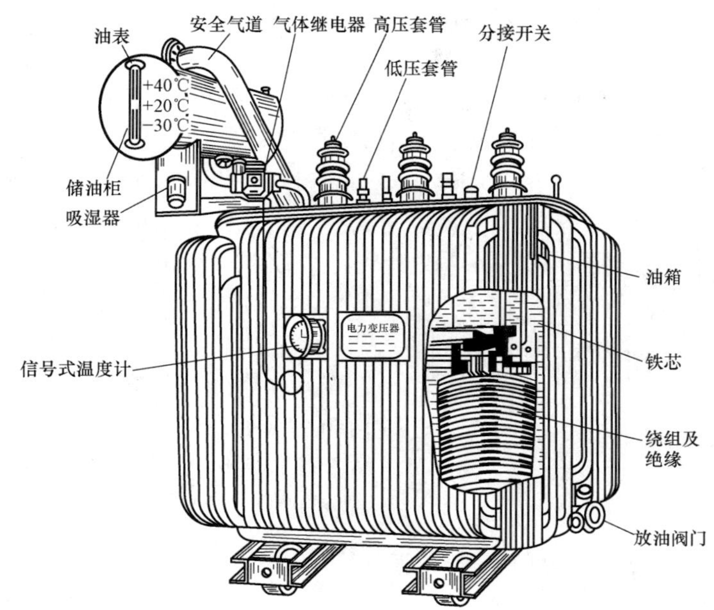

图 2-3 油浸式电力变压器结构示意

（一）铁芯

铁芯在电力变压器中是重要的组成部件之一。它一般由高导磁的硅钢片叠积和钢夹件夹紧而成，根据不同部位它又分铁芯柱和铁轭两部分，铁芯柱上套绕组，铁轭将铁芯柱连接起来形成闭合磁路。铁芯具有两个方面的功能：在原理上，铁芯是构成变压器的磁路，它把一次电路的电能转化为磁能，又把该磁能转化为二次电路的电能，因此，铁芯是能量传递的媒介体；在结构上，它构成变压器的机械骨架。在其铁芯柱上套上带有绝缘的绕组，并且牢固地进行支撑和压紧。

1. 铁芯材料

铁芯作为变压器的磁路，工作时通过的是交变磁通，会引起磁滞、涡流损耗，所以提高磁路的导磁性能和减少铁芯中的磁滞、涡流损耗是选择铁芯材料的主要因素。

（1）硅钢片。之前的变压器一般都采用叠积式铁芯，铁芯用高导率的磁性材料——硅钢片叠成。硅钢片厚度通常为 0.5～0.35mm，某些变压器为节能需要，硅钢片厚度会降到 0.35～0.18mm 甚至更低，但会增加成本和工艺难度。硅钢片两面涂以厚 0.01～0.13mm 的特殊的绝缘涂层，使片与片之间绝缘，以达到减少涡流的目的。硅钢片有热轧和冷轧两种，冷轧硅钢片又分为有取向和无取向两类，通常变压器铁芯采用有取向的冷轧硅钢片，这种硅钢片沿辗轧方向有较高的导磁性能和较小的损耗。

（2）非晶合金。通常金属分子是结晶态的，分子呈晶格整齐排列，当将金属熔化后让其快速冷却，来不及结晶排列，便成了分子排列杂乱无章的非晶态，形成非晶合金。后来发现其铁损耗很低，将其做成变压器铁芯，便成了一种新颖的节能变压器即非晶合金铁芯变压器。

薄的硅钢片厚度为 0.18～0.30mm，通常非晶合金片厚度为 0.025～0.030mm，所以大约 10 张非晶合金片才能抵一张薄的硅钢片。因非晶合金片太薄，如用叠积式来叠片，会因刚性不够而难以自我支撑，故一般只宜采用卷铁芯结构。

2. 铁芯形式

变压器铁芯的结构有叠积式和卷铁芯两类。叠积式适用于材质较厚的硅钢片铁芯，卷铁芯适用于片厚度小于 0.30mm 的硅钢片铁芯和非晶合金铁芯。

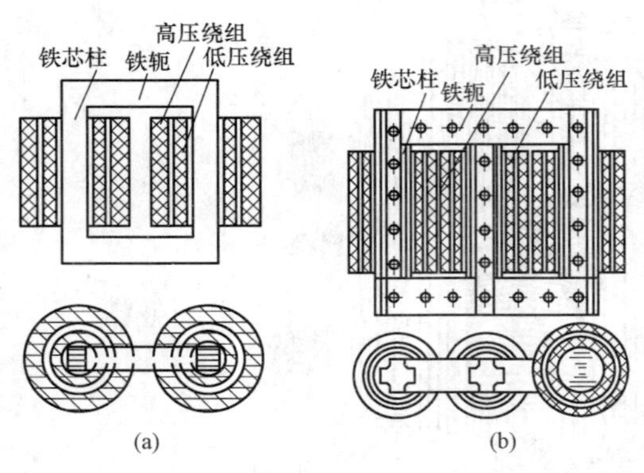

图 2-4 芯式变压器铁芯和绕组装配
(a) 单相两柱式；(b) 三相三柱式

(1) 叠积式铁芯。变压器叠积式铁芯的结构可分壳式和芯式两种。壳式结构的特点是铁芯包围绕组，绕组外围的顶面、底面和侧面都是铁芯，壳式结构的机械强度较好，但制造复杂，铁芯用材较多，也不便于散热，只在一些特殊变压器（如电炉变压器）中采用。芯式结构的特点是铁芯柱被绕组包围，如图 2-4 所示。芯式结构比较简单，投资成本较低，绕组的装配及绝缘比较容易，其结构也易于散热。因此，电力变压器的铁芯主要采用芯式结构。其中图（a）中为单相两柱式叠铁芯，两柱均套绕组，结构简单而紧凑，工艺装备少，但硅钢片叠积工作量大，它是广泛采用的单相铁芯基本结构。图（b）中为三相三柱式叠铁芯，在结构上与单相两柱式叠铁芯是同一类型，只是多了一个铁芯柱，三柱均套绕组，它是三相变压器最广泛应用的典型结构。

另外，还有单相单柱旁轭式叠铁芯、单相两柱旁轭式叠铁芯、三相五柱旁轭式叠铁芯等类型的铁芯，它们分别适用于某些高压、超大容量的变压器。

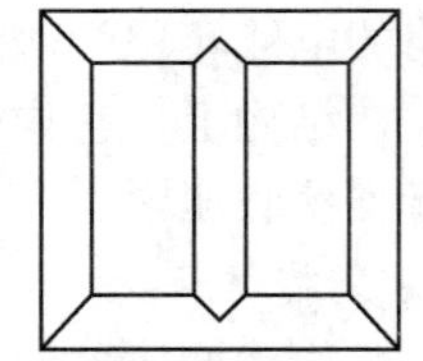

图 2-5 叠积式铁芯装配示意

叠积式铁芯制作时将已纵向剪切成一定宽度的硅钢带横剪成一定形状和尺寸的硅钢片，再将硅钢片叠积起来组成变压器铁芯。为了充分发挥晶粒取向的硅钢片的优良性能，目前的铁芯都采用全斜接缝结构，使磁通在铁芯内的流通方向与硅钢片的晶粒取向一致，如图 2-5 所示。但铁芯在叠积时，每一层都有一定数量的斜接缝，所以，铁芯必须交错叠积才能组成一个整体。在铁芯的接缝处，铁芯磁通穿越相邻硅钢片形成闭合磁路，但因为接缝区产生的磁通发生畸变，所以接缝处局部的铁芯损耗会增大。

如图 2-6 所示，铁芯柱截面与铁轭截面的类型有多级圆形截面（广泛用于现代的各种变压器）、多级椭圆形截面（用于旁轭截面为椭圆形的旁轭式铁芯变压器）、倒 T 形截面（多用于以前的中小型变压器）、倒多级 T 形截面（可用于斜接缝的中型变压器）、正 T 形截面和正多级 T 形截面（分别用于直、斜接缝的高电压、大容量变压器）。

(2) 卷铁芯。卷铁芯变压器要求其铁芯片要非常薄，非晶合金片或厚度小于 0.3mm 的冷轧硅钢片纵剪成不同宽度的条料，在铁芯卷制机上连续不断卷制（中间没有接头）而形成阶梯圆形铁芯（闭铁芯）或单一长方形框状铁芯（开铁芯）。它最早应用于电子变压器，特别适用于单相变压器。采用晶粒取向的硅钢带卷制成的单相卷铁芯，能保证磁通流通方向与硅钢带的晶粒取向一致，使材料的优良性能得到完全发挥，将卷铁芯技术推广到三相变压器，可制成三相三柱式变压器平面卷铁芯，它由两个相同的内框和一个外框组成，如图 2-7 所示。

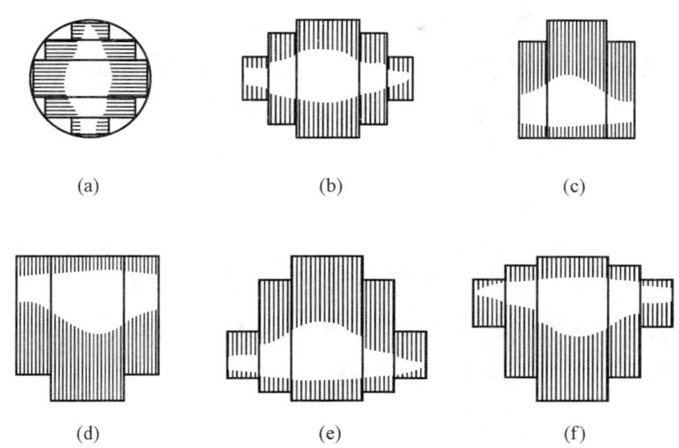

图 2-6　叠积式铁芯的铁芯柱截面与铁轭截面结构示意

(a) 多级圆形截面；(b) 多级椭圆形截面；(c) 倒 T 形截面；(d) 正 T 形截面；(e) 倒多级 T 形截面；(f) 正多级 T 形截面

另外，一般的三相变压器铁芯柱中心线在一个平面内，这样有利于硅钢片的叠积，但这种铁芯的两个边相磁路较长，材料、损耗增加，且三相空载电流不平衡。为此可将 3 个铁芯柱竖着呈等边三角形排列，三条芯柱中心线不在一个平面上，而呈立体状排列，称为立体铁芯变压器。立体铁芯变压器可做成叠铁芯、渐开线式铁芯（已较少用）和卷铁芯，一般采用立体卷铁芯变压器较多，如图 2-8 所示，立体卷铁芯变压器由 3 个独立的“口”字形框状铁芯组装而成，但每框中的硅钢片与框平面相垂直，以便卷绕，可以是半圆形阶梯截面，也可以是半圆形 R 形截面（无级截面）。

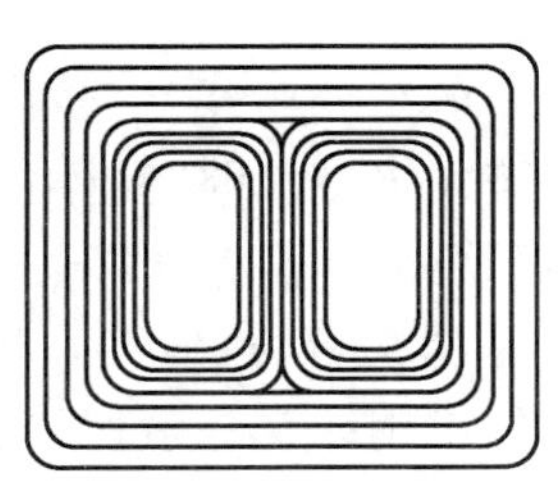

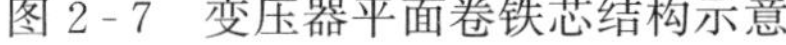

图 2-7　变压器平面卷铁芯结构示意

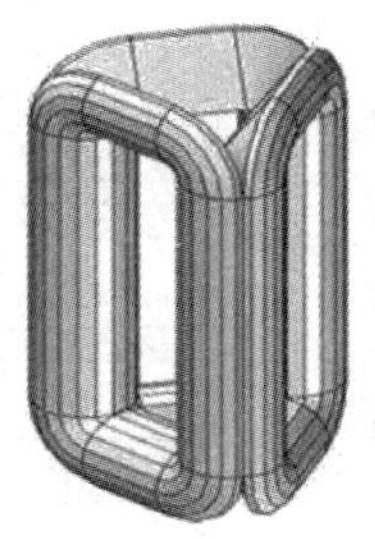

图 2-8　变压器立体卷铁芯结构示意

（3）叠积式铁芯变压器和卷铁芯变压器的性能比较。

1）在变压器的运行噪声方面，卷铁芯变压器要优于叠积式铁芯变压器。

2）在影响产品运行可靠性的抗短路能力方面，叠积式铁芯变压器比卷铁芯变压器强。

3）在过负载能力方面，叠积式铁芯变压器比卷铁芯变压器强。

4）在 S11 系列变压器制造成本方面，对小容量变压器，采用卷铁芯结构具有成本优势，容量越小，此优势就越明显；对较大容量的变压器，叠积式铁芯变压器具有一定的成本优势。

5）从技术及经济角度分析，单相变压器和小容量的三相变压器宜采用卷铁芯变压器，而对中型及以上容量的变压器，为了保证变压器的抗短路能力和过负荷能力，宜选用叠积式铁芯变压器。

（二）绕组

绕组是变压器的核心组成构件，它与铁芯合称电力变压器器身，是变压器中建立磁场和传输电能的电路部分，它由铜或铝绝缘导线绕制而成。电力变压器绕组由高压绕组、低压绕组构成。变压器高、低压绕组的排列方式，是由多种因素决定的。但就大多数变压器来讲，是把低压绕布置在高压绕组的里边靠近铁芯。这主要是从绝缘方面考虑的。理论上，不管高压绕组或低压绕组怎样布置，都能起变压作用。但因为变压器的铁芯是接地的，由于低压绕组靠近铁芯，从绝缘角度容易做到。如果将高压绕组靠近铁芯，则由于高压绕组电压很高，要达到绝缘要求，就需要很多的绝缘材料和较大的绝缘距离。这样不但增大了绕组的体积，而且浪费了绝缘材料，增加制造成本。

不同容量、不同电压等级的电力变压器，绕组形式也不一样。一般电力变压器中常采用同芯式和交叠式两种结构形式。

同芯式绕组是把高压绕组与低压绕组套在同一个铁芯上，为便于绝缘，一般是将低压绕组放在里边，高压绕组套在外边（见图 2 - 4）。但大容量输出电流很大的电力变压器，低压绕组引出线的工艺复杂，往往把低压绕组放在高压绕组的外面。同芯式绕组结构简单、绕制方便，故被广泛采用。按照绕制方法的不同，同芯式绕组又可分为圆筒式、螺旋式、连续式、纠结式等几种。因为同芯式绕组结构简单，制造方便，所以电力变压器多采用该形式。

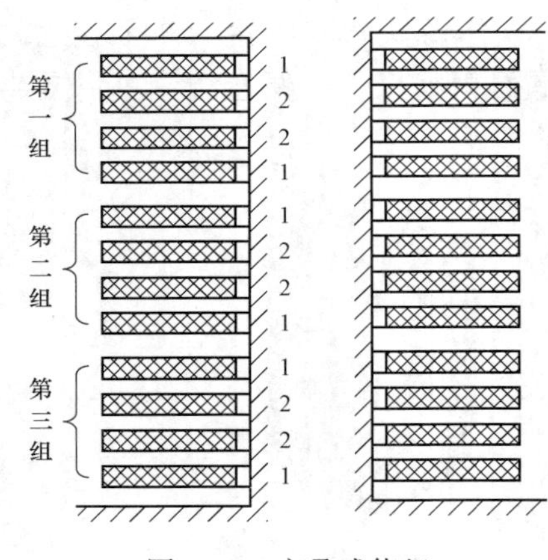

图 2 - 9　交叠式绕组

交叠式绕组又称为交错式绕组，如图 2 - 9 所示，在同一铁芯上，高压绕组、低压绕组交替排列、绝缘较复杂、包扎工作量较大。为减小绝缘距离，通常低压绕组靠近铁轭。它的优点是力学性能较好，引出线的布置和焊接比较方便、漏电抗较小，一般用于低电压大电流的电焊、电炉变压器及壳式变压器中。

另外，还有箔式绕组，即绕组用铜或铝箔绕制造（基本上是指低压绕组，不过国内也有干式变压器厂家的高压绕组也是用箔带绕制的），因为低压绕组的电流通常较大，如果用线绕要多根并联，在绕制时候如果采用层式绕法会产生很大的螺旋角，当变压器发生短路时候在线圈的垂直方向会产生很大的机械力，导致线圈的损坏。而铜或铝箔的端部是平的，故其短路时候的轴向力只是线绕结构的几分之一，它具有更强的抗短路能力。以低压为 400V 的变压器为例，干式变压器通常是 400kVA 以上低压采用箔式绕组（国内大部分厂家的干式变压器已经在低压采用箔式绕组），变压器箔式绕组的绕制必须用专用设备——箔式绕线机。

（三）变压器油和油箱

通常油浸变压器的器身浸在变压器油里。变压器油是从原油中经过蒸馏、精炼而获得的一种矿物油，其纯净稳定、黏度小、绝缘性和冷却性好。在我国，变压器油主要有石蜡基油、环烷基油，石蜡基油主要产于大庆，环烷基油主要产于新疆克拉玛依。

变压器油的主要作用如下：

（1）在运行时主要通过流动起散热冷却作用；

（2）对绕组等起绝缘和绝缘保养作用；

（3）在高压引线处和分接开关接触点起消弧作用，防止电晕和电弧放电的产生。

良好的变压器油应该是清洁而透明的液体，没有沉淀物、机械杂质悬浮物及棉絮状物质。当变压器油受污染和氧化时，会产生树脂和沉淀物，颜色会逐渐变为浅红色，情况严重会时变为深褐色的液体。变压器油中如含有水分，表现为浑浊乳状、油色发黑、发暗。变压器油绝缘老化，表现为油色发暗。如果油色发黑，甚至有焦臭味，则可能变压器内部有故障。所以，通常变压器油呈浅褐色时就不宜再用了。

油浸变压器的油箱是盛装变压器器身和变压器油的容器，也是整台变压器外部构件的装配骨架，所以必须有足够的机械强度，通常油箱用钢板焊成。油箱的外形由变压器器身形状决定，一般做成椭圆形或矩形，油箱类型的选用与变压器的容量、发热情况密切相关。容量很小的变压器采用平板式油箱；中、小型变压器为增加散热表面采用管式油箱（见图 2-3）；大容量变压器采用散热器式油箱。油箱按结构分箱式和钟罩式两种，箱式即将箱壁与箱底制成一体，器身置于箱中，上置油箱盖与箱体用螺栓密封连接，当进行器身检查时，必须通过吊芯才能进行，所以不适合大容量变压器；钟罩式即将箱盖和箱体制成一体，罩在铁芯和绕组上，钟罩式油箱与箱底用螺栓密封连接，如果吊开钟罩，则器身完全暴露。当变压器器身质量大于 15t 时，为了检修方便，通常做成钟罩式油箱，检修时只需把上部分油箱吊起，避免必须使用大型起重设备。

（四）绝缘套管

油浸式变压器电路部分是器身的绕组，油箱内的绕组必须要与油箱外的电源、负载连接，为使连接线与油箱绝缘，连接线从油箱内部引到箱外时必须经过绝缘套管，同时绝缘套管起到固定连接线的作用。绝缘套管一般是瓷质的，其结构取决于电压等级。1kV 以下采用实心瓷套管，10～35kV 采用空心充气或充油式套管，110kV 及以上采用电容式套管。为了增大外表面放电距离，高压绝缘套管外形做成多级伞形。电压越高，级数就越多。图 2-10 所示为 35kV 充油式绝缘套管结构示意。

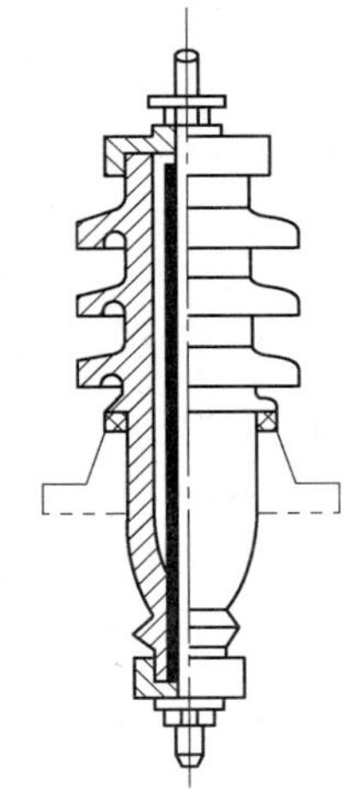

图 2-10　充油式绝缘套管结构示意

（五）储油柜

储油柜又称为油枕，它装在油箱上部的筒形储油箱（见图 2-3），用联通管与油箱接通，油枕起储油和补油作用。当变压器油的体积随着油的温度膨胀或减小时，油枕起着调节油量，保证变压器油箱内经常充满油的作用。

如没有油枕，油箱内的油面波动就会带来以下不利因素：

（1）油面降低时露出铁芯和线圈部分会影响散热和绝缘。

（2）随着油面波动，空气从箱盖缝里排出和吸进，而由于上层油温很高，使油很快地氧化和受潮。油枕的油面比油箱的油面要小，这样，可以减少油和空气的接触面，防止油被过速地氧化和受潮。

（3）油枕的油在平时几乎不参加油箱内的循环，其温度要比油箱内的上层油温低很多，油的氧化过程也相对慢多了。因此，通过设置油枕，可以减缓变压器油的氧化。

变压器油枕有波纹式、胶囊式、隔膜式三种形式。

（六）气体继电器

在储油柜与油箱的连接管道中装有气体继电器（见图 2-3）。当变压器内部发生故障产生气体或油箱漏油使油面下降过多时，它可以发出报警信号或自动切断变压器电源。

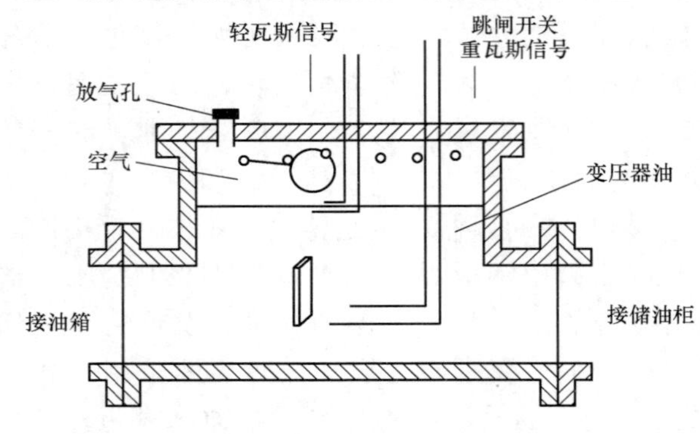

图 2-11 气体继电器结构示意

气体继电器是油浸式变压器上的重要安全保护装置，又称瓦斯继电器。如图 2-11 所示，在气体保护继电器内，上部一个密封的浮子，下部是一块金属挡板，两者都装有密封的水银接点。浮筒和挡板可以围绕各自的轴旋转。在正常运行时，继电器内充满油，浮筒浸在油内，处于上浮位置，水银接点断开（常开）。气体继电器是利用变压器内故障时产生的热油流和热气流推动其动作的元件，如果充油的变压器内部发生放电故障，放电电弧使变压器油发生分解，产生乙炔、甲烷、一氧化碳、氢气、二氧化碳、乙烯、乙烷等多种气体，故障越严重，气体的量就越大，这些气体的密度比油小，产生后从变压器内部上移到油枕的过程中，流经气体继电器；若气体量较少，则气体在气体继电器上部空间内聚积，使油面下降，浮筒随之下降而使水银接点闭合，发出“轻瓦斯”保护警告信号；当变压器内部发生严重故障时，则产生强烈的气体，油箱内压力瞬时突增，产生很大的油流向油枕方向冲击，因油流冲击挡板，挡板克服弹簧的阻力，使另一组常开水银接点闭合，这就是所谓的重瓦斯，重瓦斯则直接启动继电保护跳闸，断开断路器，切除故障变压器。

（七）吸湿器

吸湿器又称为呼吸器。吸湿器的作用是提供变压器在温度变化时内部气体出入的通道，解除正常运行中因温度变化产生对油箱的压力。常用吸湿器为吊式吸湿器结构（见图 2-3）。吸湿器内装有吸湿剂（硅胶或氧化钙等）。油枕内的绝缘油通过吸湿器与大气连通，吸湿器内硅胶是在变压器温度下降时对吸进的空气进行干燥，吸收空气中的水分，以保持绝缘油的良好性能。硅胶等吸湿剂吸入潮气或水分饱和时，会使自己变质而失去吸湿能力，所以要定期检查和更换。为了显示硅胶受潮情况，一般采用变色硅胶。变色硅胶原理是利用二氯化钴（$CoCl_2$）所含结晶水数量不同而有几种不同颜色做成，二氯化钴含六个分子结晶水时，呈粉红色；含有两个分子结晶水时呈紫红色；不含结晶水时呈蓝色。硅胶可重复使用，水分饱和的硅胶可通过热脱附的方式将水分除去。

（八）安全气道

安全气道又称为防爆管，它装在油箱的顶盖上（见图 2-3）。当变压器发生严重故障（如突然短路）时，变压器绕组将会发生电弧和火花，使变压器油在瞬间产生大量气体，使油箱内的压力迅速增大，油流和气体将冲破气道上端的玻璃板向外喷出，以免油箱受到强大压力而破裂。现在生产的电力变压器，安全气道很多已经被压力释放阀所替代了。

（九）分接开关

使用变压器的目的就是为了获取某一电压等级的电能，当电源电压发生波动时，变压器的输出电压也随之波动，这就会影响用电负载的运行，因此在电力变压器中装分接开关来起调压作用。当电网电压高于或低于正常电压时，通过调节分接开关抽头的连接，使变压器的输出电压保持正常值。变压器分接开关的调压原理是通过改变一、二次绕组的匝数比来改变电压的变比，从而达到改变输入电压与输出电压关系的目的。分接开关的抽头一般都是装在变压器绕组的高压侧。这是因为高压绕组一般都装在低压绕组的外侧，容易连接抽头和引出线，且高压绕组较低压绕组电流小、导线细，分接头截面可做得小一些。

电力变压器分接开关分为有载调压分接开关和无励磁调压分接开关。前者用于带电情况下电动操作，后者用于停电后手动操作。有载分接开关是一种为变压器在负载变化时提供恒定电压的开关装置，它在保证不中断负载电流的情况下，实现变压器绕组中分接头之间的切换，从而改变绕组的匝数，即变压器的变比，最终实现调压的目的。目前输变电行业中，大型变压器都广泛地安装了有载调压开关，其对保证系统和用户的供电质量起到了重要作用。

无载分接开关一般有3～5个分头。分接开关的触头由镀镍的黄铜制作，具有耐磨和导电良好的特点。触头结构常用的有环形触头（定触头为圆柱形）、夹片式触头（定触头做成刀形）。有载分接开关一般有7～15个分头。它由调换开关（带快速机构）、选择开关、范围开关和操作机构等部分组成。

（十）净油器

净油器又称为热虹吸器，是用来改善运行中的变压器油的特性，延缓其老化的装置。净油器的主要部分是用钢板焊成的圆筒形净油罐，安装于变压器油箱的一侧，罐内充满硅胶、活性氧化铝等吸附剂。在运行中，变压器油经过净油器时，通过与吸附剂接触，油中的水分、游离酸和加速油老化的氧化物等被其吸收，使油得到净化，长时间保持合格状态，延长了油的使用期限。

根据净油器内油的循环流通的方式不同，净油器可分为温差环流法和强制环流法两类。变压器运行时，由于上下层油存在温差，于是变压器油从上至下经过净油器，这种方式称为温差环流法，常用于油浸自冷或油浸风冷变压器。强制环流法净油器需有强迫油循环的机械力（如油泵）作为油流动的动力，适用于强迫油循环冷却的变压器。

（十一）散热器

变压器工作时由于电路、磁路的损耗产生大量的热量，使器身温度升高，如温度过高，不但影响变压器运行甚至会损坏变压器，所以电力变压器都有冷却装置。油浸式变压器冷却装置包括散热器和冷却器，不带强油循环的称为散热器，带强油循环的称为冷却器。

1. 散热器分类

散热器分为片式散热器和扁管散热器。

片式散热器是用板料厚度为1mm的波形冲片，靠上下集油盒或油管焊接组成。20kVA以下的油浸式电力变压器，平顶油箱的散热面已足够，50～200kVA的油浸式电力变压器可采用固定式散热器；200～6300kVA油浸式电力变压器，可采用可拆式片式散热器，散热器通过法兰盘固定在油箱壁上。

扁管散热器分为自冷式和风冷式两种，自冷式散热器只在集油盒单面焊接扁管，风冷式散热器有 88 管、100 管、120 管三种。扁管在集油盒两侧焊接，为了加强冷却，每只散热器下安装两台电风扇，不吹风时，散热能力为额定散热量的 60%左右。

当变压器上层油温与下部油温产生温差时，通过散热器形成油温对流，经散热器冷却后流回油箱，起到降低变压器温度的作用。

2. 冷却器

把变压器中的油利用油泵打入油冷却器后再返回油箱，冷却器做成容易散热的特殊形状，利用风扇吹风（风冷）或循环水（水冷）做介质的方式把热量带走，这种方式把油的循环速度比自然对流提高了 3 倍，变压器容量也可提高 30%。

该种变压器对冷却系统也提出了更高的要求，一方面冷却系统必须长时间不间断运行，另一方面必须具备能够自动切换的备用冷却器和两组独立电源，在工作冷却器或电源故障时备用冷却器或另一组电源能够自动投入运行，保障冷却系统不间断运行。

冷却器有强油风冷却器、新型大容量风冷却器、强油水冷却器。此外，变压器的油箱盖上还装有测温及温度监控装置等。

三、变压器的铭牌

与其他正规生产的机电产品一样，变压器都附有铭牌。图 2-12 所示为某一电力变压器的铭牌。铭牌上主要有该变压器的型号、参数、额定值、标准代号和使用规定等给用户参考的资料。通常变压器制造厂根据国家标准和设计、试验数据规定变压器的正常运行状态，称为额定运行状态，额定运行状态的特征是既安全，又经济。表征额定运行状态下各物理量的数值称为额定值。

电力变压器

<table>
<tr><td>分接位置</td><td colspan="2">高压</td><td>标准代号</td><td colspan="4">GB1094. 1. 2-1996</td></tr>
<tr><td></td><td>电压 V</td><td>电流 A</td><td>标准代号</td><td colspan="4">GB1094. 3. 5-85</td></tr>
<tr><td>Ⅰ</td><td>10 500</td><td rowspan="3">4. 6</td><td>产品型号</td><td colspan="4">S9-80/10</td></tr>
<tr><td>Ⅱ</td><td>10 000</td><td>产品代号</td><td colspan="2">1
N. B. 710. 5315. 1</td><td>相数</td><td>3 相</td></tr>
<tr><td>Ⅲ</td><td>9500</td><td>额定容量</td><td colspan="2">80kVA</td><td>额定频率</td><td>50Hz</td></tr>
<tr><td colspan="3">低压</td><td>冷却方式</td><td colspan="2">ONAN</td><td>器身质量</td><td>320kg</td></tr>
<tr><td>电压 V</td><td colspan="2">电流 A</td><td>使用条件</td><td colspan="2">户外式</td><td>油质量</td><td>100kg</td></tr>
<tr><td>400</td><td colspan="2">115. 5</td><td>连接组标号</td><td colspan="2">D，yn11</td><td>总质量</td><td>500kg</td></tr>
<tr><td colspan="3">阻抗电压 5%</td><td>绝缘水平</td><td>L1</td><td>75</td><td>AC</td><td>35</td></tr>
<tr><td></td><td></td><td></td><td>出厂序号</td><td colspan="4"></td></tr>
<tr><td></td><td></td><td></td><td>制造年月</td><td colspan="4"></td></tr>
<tr><td colspan="3">中华人民共和国</td><td colspan="5">变压器厂</td></tr>
</table>

图 2-12 变压器铭牌

标准代号为该变压器所参照的具体技术标准，目前变压器的技术标准分三种：①中国国家标准（GB）；②国际电工委员会标准（IEC）；③美国国家标准协会（ANSI）的 UL 标准。

产品代号为制造公司给每台产品所编的制造规范代号。下面分别对变压器的型号、额定值进行讨论。

1. 型号

电力变压器型号由字母和数字两部分组成，字母代表变压器的主要特征，数字分别代表变压器性能水平、额定容量和高压绕组额定电压等级。图 2-13 所示为电力变压器型号较为完整的表达格式，其具体内容如下：

（1）产品类别代号。通用电力变压器不标；O—自耦变压器；H—电弧炉变压器；C—感应电炉变压器；Z—整流变压器；K—矿用变压器；Y—试验变压器。

（2）相数。D—单相变压器；S—三相变压器。

（3）冷却方式。油浸自冷式和空气自冷式不标注；F—风冷式；W—水冷式。

（4）油循环方式。N—自然循环（可以不标注）；O—强迫导向循环；P—强迫循环。

（5）绕组数。双绕组不标注；S—三绕组。

（6）导线材料。铜绕组不标注；L—铝绕组。

（7）调压方式。无载调压不标注；Z—有载调压。

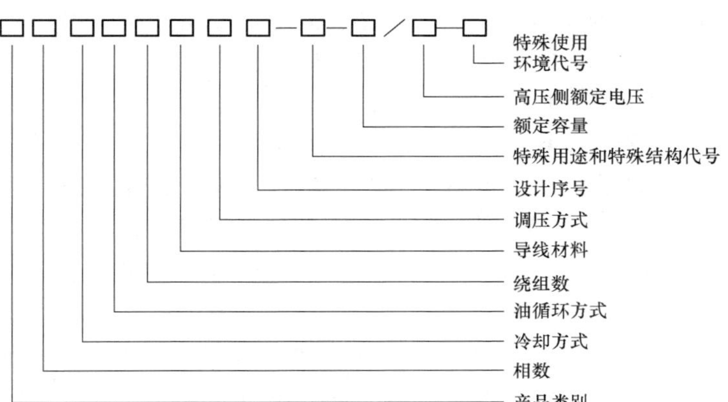

图 2-13　电力变压器的型号格式

（8）设计序号。设计序号又称性能水平代号，它用数字表示，反映了变压器的能耗水平，变压器性能水平代号数越大，损耗越小，节能水平就越高。表 2-1 为部分三相油浸式电力变压器损耗水平代号。

表 2-1　部分三相油浸式电力变压器损耗水平代号（参考标准为 GB/T 6541—2008）

损耗水平代号	标称系列电压（kV）	空载损耗	负载损耗
9	6、10、35、66、110、220	符合 GB/T 6451—2008	
10	6、10（有载调压配电变压器及无励磁调压电力变压器）	比 GB/T 6451—2008 下降 10%	比 GB/T 6451—2008 下降 5%
	35、66、110、220		
11	6、10（有载调压配电变压器及无励磁调压电力变压器）	比 GB/T 6451—2008 下降 20%	比 GB/T 6451—2008 下降 15%
	35、66、110、220		

（9）特殊用途或特殊结构代号。一般用途和结构的不标注；Z—低噪声用；L—电缆引出；X—现场组装式；J—中性点为全绝缘；CY—发电厂自用变压器。

（10）变压器的额定容量。变压器的额定容量值，单位为 kVA。

（11）变压器的高压侧额定电压。变压器的高压侧额定电压值，单位为 kV

（12）特殊使用环境代号。GY—高原地区；TA—干热带地区；TH—湿热带地区；T—热带地区。

腐蚀地区代号如下：

户外型：W—防轻腐蚀、WF1—防中腐蚀、WF2—防强腐蚀；

户内型：F1—防中腐蚀、F2—防强腐蚀；

污秽等级（污秽地区用）：一般使用环境的不标注；W1—Ⅱ；W2—Ⅲ；W3—Ⅳ。

以上 12 项内容组成了我国变压器的型号表达格式，所以通过阅读变压器型号可以对变压器有基本的了解。

【例 2 - 1】 变压器的型号为 SWPZ7 - Z - 360000/220，试分析其所表达的内容。

解：所表达的内容是三相、油浸、水冷、强迫油循环、双绕组、有载调压、铜导线、低噪声用、额定容量是 360 000（kVA）、高压侧额定电压是 220kV 电力变压器，其性能水平符合 GB/T 6451 的规定。

【例 2 - 2】 变压器的型号为 SFL7 - 20000/110，试分析其所表达的内容。

解：所表达的内容是三相、油浸、风冷、双绕组、无励磁调压、铝导线、额定容量是 20 000kVA、高压侧额定电压是 110kV 级电力变压器产品，其性能水平符合 GB/T 6451 的规定。

2. 额定值

（1）额定容量 S_N。额定容量是指额定运行时传送的电功率（视在功率），单位为 VA、kVA 或 MVA。由于变压器的效率很高，通常一、二次侧的额定容量相等，即

$$S_N = S_{1N} = S_{2N} \tag{2 - 3}$$

（2）额定电压 U_{1N}和 U_{2N}。正常（额定）运行时规定加在一次侧的端电压称为变压器一次侧的额定电压 U_{1N}。二次侧的额定电压 U_{2N}是指变压器一次侧加额定电压时二次侧的空载电压，单位为 V 或 kV。对于三相变压器，额定电压是指线电压。

变压器的重要参数变比可通过额定电压计算，其数学关系为

单相变压器
$$k=\frac{U_{1N}}{U_{2N}} \tag{2 - 4}$$

三相变压器
$$k=\frac{U_{1Np}}{U_{2Np}} \tag{2 - 5}$$

式中：U_{1Np}为一次侧额定相电压（一次侧绕组额定电压）；U_{2Np}为二次侧额定相电压（二次侧绕组额定电压）；k 为变压器变比，通常以大于 1 的形式出现。

（3）额定电流 I_{1N}和 I_{2N}。变压器的额定电流是指变压器在额定运行情况下，一、二次绕组长期工作允许的电流值，分别用 I_{1N}和 I_{2N}表示，单位为 A，对于三相变压器，额定电流是指线电流。额定电流可根据变压器额定容量和额定电压计算，即

单相变压器
$$I_{1N}=\frac{S_N}{U_{1N}},\ I_{2N}=\frac{S_N}{U_{2N}} \tag{2 - 6}$$

三相变压器
$$I_{1N}=\frac{S_N}{\sqrt{3}U_{1N}},\ I_{2N}=\frac{S_N}{\sqrt{3}U_{2N}} \tag{2 - 7}$$

（4）额定频率 f_N。额定频率是指变压器在额定运行时所传送交流电能对应的频率，因为我国规定工业频率为 50Hz，所以一般 f_N=50Hz。

（5）额定效率。额定效率指变压器额定运行时所传送电能的效率。

（6）额定温升。变压器的上层油温与环境温度的差值称为变压器的温升，额定温升是指变压器在额定运行时的允许温升。

除额定值外，变压器的相数、联结组别、短路电压、运行方式和冷却方式等均标注在铭牌上。

项目对应技能训练

一、电力变压器解体检测

电力变压器的解体操作是变压器进行大修的起步工作，必须在遵循有关安全规程、技术导则的基础进行，规范的解体操作才能使检修按部就班地深入开展。学生进行变压器解体操作训练的目的是体验解体操作工艺流程，同时进一步认识变压器结构。

1. 解体步骤

(1) 办理工作票、停电（将变压器各侧断路器断开并拆除操作电源保险丝），拆除变压器外部电气连接线和二次接线，进行检修前的检查和试验。

(2) 先排出部分变压器油，拆卸套管、升高座、储油柜、冷却器、气体继电器、净油器、压力释放阀（或安全气道）、联管、温度计等附属装置，并分别进行校验和检修，储油柜在排放油时应注意检查油位计指示是否正确。

(3) 排出全部变压器油，并进行油净化处理；拆除无励磁分接开关操动杆。

(4) 拆卸过渡法兰（或大盖连接螺栓）后起吊钟罩（或器身）。

2. 检测内容

(1) 对铁芯的检测。

1) 检查铁芯到夹件的接地连接铜皮是否有效接地，如不装设或已断开，在运行中将可能发生轻微放电声；用 1000V 绝缘电阻表测铁轨夹件穿芯螺丝栓绝缘电阻是否合格，其数值应不小于 2MΩ；检查铁芯底部绝缘补垫是否完整，是否有松动现象。

2) 检查铁芯硅钢片是否有过热现象，如发现各部分螺帽松动应加以紧固。

(2) 对绝缘进行绝缘老化程度鉴定。用手按绝缘时，如有脱落现象，且裂缝很深、绝缘物呈碳片下落，或当用手将绝缘物略弯曲就发生断裂，当出现以上情况，则需更换绕组。如果用手按压绝缘时会产生细小的裂缝现象或发现绝缘已变脆弱、颜色已变深，在这种情况下必须进行绝缘电阻测量和加 1.3 倍额定电压的升压试验。试验合格后方可使用，但要加强日常检查，也可根据具体情况对绕组进行更换或部分更换。

(3) 对分接开关进行检查。检查开关旋转是否灵活，零部件是否完整，有否松动。注意动、静触点吻合与指示位置是否一致，检查接触点有否灼伤或因严重过热而变色，检查引线和开关连接处螺帽是否有松动现象。

(4) 套管的检查。变压器套管脏污时较容易引起套管闪络。套管脏污的原因很多，有如套管表面因潮湿粘连尘埃、盐分、铁沫等。所以，在停电检修时要擦拭套管，并观察其是否有裂纹和放电痕迹，螺纹有无压损以及其他异常现象，如果发现应予调换。

(5) 储油柜检查。油位高度及油色是否正常，若发现油面过低应加油。

(6) 油箱检查。各密封处有无渗漏油现象，接地情况是否良好。

3. 解体检修时注意事项

(1) 拆卸的螺栓等零件应清洗干净分类妥善保管，如有损坏应检修或更换。

(2) 拆卸时，先拆小型仪表和套管，后拆大型组件。

(3) 拆卸无励磁分接开关操作杆时，应记录分接开关的位置，并做好标记；拆卸有载分接开关时，分接头应置于中间位置（或按制造厂的规定执行）。

(4) 冷却器、压力释放阀（或安全气道）、净油器及储油柜等部件拆下后，应用盖板密封，对带有电流互感器的升高座应注入合格的变压器油（或采取其他防潮密封措施）。

(5) 套管、油位计、温度计等易损部件拆下后应妥善保管，防止损坏和受潮；电容式套管应垂直放置。认真做好现场记录工作。

二、电力变压器组装

电力变压器的组装操作往往是变压器进行大修过程的最后部分，必须在遵循有关安全规程、技术导则的基础进行，规范的组装操作才能使检修工作可以完美结束。学生进行变压器组装操作训练的目的是体验组装操作工艺流程，同时进一步认识变压器结构。

1. 组装步骤

(1) 变压器主体安装前的检查；变压器器身检查。

(2) 安装器身（或钟罩）；散热器的安装；储油柜的安装；套管的安装。

(3) 小附件的安装。

(4) 真空注油；热油循环；补加油。

(5) 密封性能检查；进行大修后电气试验。

2. 组装操作的注意事项

(1) 组装时，应先装大型组件，后装小型仪表和套管。

(2) 组装后要检查冷却器、净油器和气体继电器阀门，按照规定开启或关闭。

(3) 对套管升高座、上部管道孔盖、冷却器和净油器等上部的放气孔应进行多次排气，直至排尽为止，并重新密封好擦净油迹。

(4) 组装后的变压器各零部件应完整无损。认真做好现场记录工作。

三、变压器变比测定实验

实验目的：学生通过操作完成实验，进一步理解变压器改变电压、传送交流电能的作用以及参数变比的意义，同时还训练学生对电气设备、仪表的操作使用技能。

1. 实验步骤

(1) 准备实验用的变压器和相关仪表；实验变压器接线，一次侧接电源、二次侧开路（空载运行）。

(2) 通电测取变压器两端对应电压 U_1、U_2；分别改变电源电压大小（在 $0\sim U_{1N}$ 范围内），测取变压器两端对应电压 U_1、U_2 的多组数据。

(3) 根据式（2-4）或式（2-5）计算变比；分析讨论测算结果。

2. 变比测定实验的注意事项

(1) 因为学生是初次接触变压器，所以实验选用单相变压器进行为宜。

(2) 接线时一般低压侧接电源、高压侧开路；学生要对自己的实验结果进行讨论分析。

项目小结

1. 变压器是一种静止的电机，它是利用电磁感应进行工作的。

2. 变压器的核心部件是铁芯和绕组。

3. 变压器一次侧的额定电压是指正常（额定）运行时规定加在一次侧的端电压。二次侧的额定电压是指变压器一次侧加额定电压时二次侧的空载电压。对于三相变压器，额定电压是指线电压。

项目对应思考与练习

一、填空题

1. 变压器的作用是将某一等级的交流（　　　　）变换成另一等级的交流（　　　　）。

2. 变压器一次电动势和二次电动势之比等于（　　　　）和（　　　　）之比。

3. 电力变压器中的变压器油主要起（　　　　）、（　　　　）和（　　　　）的作用。

4. 电力变压器的分接开关是用来改变变压器电压（　　　　）的装置，以便达到调节副边（　　　　）的目的。

5. 变压器变压的条件是铁芯中有（　　　　）磁通，一、二次绕组的（　　　　）不等。

6. 变压器的主要结构部件是（　　　　）和（　　　　）。

7. 变压器储油柜的作用是（　　　　）和（　　　　）。

8. 变压器铁芯的作用是（　　　　），变压器绕组的作用是（　　　　）。

9. 电机和变压器常用的铁芯材料为（　　　　）。

10. 有一台变压器一次绕组接在 50Hz、380V 的电源上时，二次绕组输出的电压是 36V。若把它的一次绕组接在 60Hz、380V 的电源上时，二次绕组输出电压是（　　），频率是（　　）Hz。

11. 一台星形连接的三相变压器，每相绕组的额定电压 220V，则该变压器的额定电压为（　　　　）V，它的额定电流与每相绕组额定电流（　　　　）。

12. 由于双绕组变压器一次、二次绕组的额定容量（　　　　），所以高压绕组的额定电流比低压的额定电流（　　　　）。高压绕组导线的截面积比低压绕组导线的截面积（　　　　）。

二、判断题

1. 变压器铁芯是由硅钢片叠装而成的闭合磁路，它具有较高的磁导率和较大的电阻系数，可以减小涡流。（　　）

2. 变压器分接头开关是改变一次绕组匝数的装置。（　　）

3. 变压器不论电压分接头在任何位置，所加一次电压不应超过其额定值的 105%。（　　）

4. 变压器调压装置分为无励磁调压装置和有载调压装置两种，它们是根据变压器调压时是否需要停电来区别的。（　　）

5. 电力系统中变压器的安装容量比发电机的容量大 5～8 倍。（　　）

6. 电力变压器的铁芯都采用硬磁材料。（　　）

7. 变压器内绝缘油状况的好坏对整个变压器的绝缘状况没有影响。（　　）

8. 变压器的匝间绝缘属于主绝缘。（　　）

9. 分接开关分接头间的绝缘属于纵绝缘。（　　）

10. 温度越高，绕组的直流电阻就越小。（　　）

11. 测量变压器的绝缘电阻值可以用来判断受潮程度。（　　）

三、简答题

1. 变压器铁芯的作用是什么？为什么要用两面涂有绝缘漆的硅钢片叠成？

2. 变压器是根据什么原理进行电压变换的？变压器的主要用途有哪些？

3. 变压器有哪些主要部件？各部件的作用是什么？

4. 铁芯在变压器中起什么作用？如何减少铁芯中的损耗？

5. 变压器有哪些主要额定值？一、二次侧额定电压的含义是什么？

6. 试从物理意义上分析，若减少变压器一次绕组匝数（二次绕组匝数不变），二次电压将如何变化？

7. 变压器一次绕组若接在直流电源上，二次会有稳定的直流电压吗？为什么？

8. 变压器的油箱和冷却装置有什么作用？变压器油的作用是什么？

9. 变压器铁芯绝缘损坏会造成什么后果？

10. 变压器的分接开关为什么一般都装在高压绕组上？

11. 为什么铁芯只允许一点接地？

四、计算题

1. 一台单相变压器，$S_N=5000$kVA，$U_{1N}/U_{2N}=10/6.3$kV，求一、二次侧的额定电流。

2. 一台三相变压器，$S_N=5000$kVA，$U_{1N}/U_{2N}=35/10.5$kV，Yd 接法，求一、二次侧的额定电流。

项目二 变压器运行原理分析

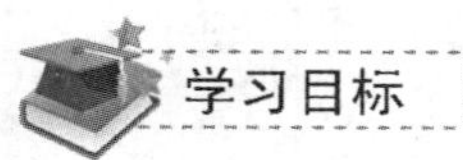

（1）理解变压器运行时的电磁关系。

（2）了解变压器的主磁通、漏磁通、空载电流、空载损耗、短路损耗、励磁参数、短路参数、短路电压、电压变化率和效率等概念。

（3）掌握用等效电路分析变压器运行的方法。

（4）掌握励磁参数、短路参数测算方法。

（5）认识“标幺值”。

一、变压器的运行时物理状况分析

变压器运行一般是指变压器一次侧接到电源上（通常是额定电压），二次侧接用电负载时进行向负载传输电能的运行状态，准确描述应该是“负载运行状态”。图 2-14 所示为单相变压器负载运行时的示意图。图中：一、二次侧电路的各物理量和参数分别用下标“1”和“2”标注，以示区别；U_1为电源电压，Z_L为负载阻抗，U_2为变压器二次侧供给负载阻抗的电压，一、二次侧绕组匝数分别为 N_1、N_2。

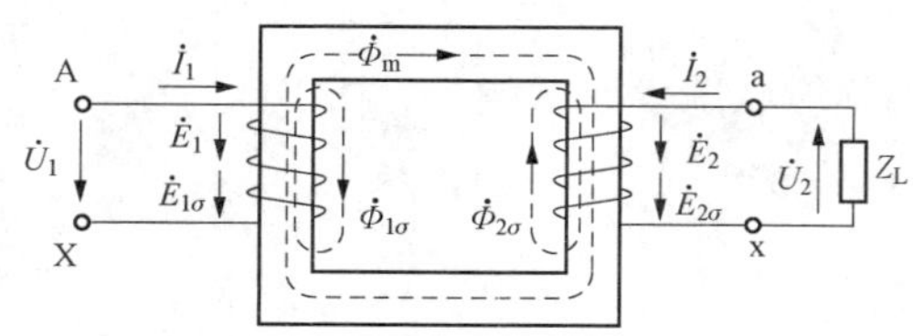

图 2-14 变压器负载运行

（一）变压器运行时的物理状况

如图 2-14 所示，当一次侧接上交流电源 $\dot{U}_1$后，绕组中便有电流流过，称为一次侧电流

I_1，在一次侧中产生一次侧磁动势 $\overline{F}_1=N_1\dot{I}_1$，它首先在铁芯建立起交变磁通。该磁通根据磁路的不同，可分为两部分：一部分沿铁芯闭合，同时交链一、二次侧，称为主磁通$\dot{\Phi}_m$；另一部分只交链一次侧绕组，经一次侧绕组附近的非铁磁材料（空气或变压器油）闭合，称为一次侧的漏磁通$\dot{\Phi}_{1\sigma}$。主磁通和漏磁通都是交变磁通，其中主磁通磁路由铁磁材料组成，具有饱和特性，所以主磁通与产生它的电流呈非线性关系，而漏磁通磁路（磁阻较大）不饱和，所以漏磁通与产生它的电流呈线性关系。根据电磁感应定律，主磁通$\dot{\Phi}_m$将分别在一、二次侧绕组中产生感应电动势$\dot{E}_1$、$\dot{E}_2$，一次侧的漏磁通$\dot{\Phi}_{1\sigma}$将在一次侧绕组中产生感应漏磁电动势$\dot{E}_{1\sigma}$。二次侧绕组与负载阻抗 Z_L 构成了电回路，感应电动势$\dot{E}_2$对负载来说就是电源电动势，所以变压器二次侧绕组对负载阻抗 Z_L 输出电压$\dot{U}_2$和电流$\dot{I}_2$，流过二次侧绕组中的电流$\dot{I}_2$在绕组中产生磁动势$\overline{F}_2=N_1\dot{I}_2$，$\overline{F}_2$也作用在变压器的主磁路铁芯上。所以，实际上$\overline{F}_2$和$\overline{F}_1$都作用在变压器的铁芯上，它们共同在铁芯建立起同时交链一、二次侧绕组的主磁通$\dot{\Phi}_m$。另外，与一次侧相似，$\overline{F}_2$同时还建立了另一部分只交链二次侧绕组、经二次侧绕组附近的非铁磁材料（空气或变压器油）闭合的磁通，称为二次侧漏磁通$\dot{\Phi}_{2\sigma}$，二次侧的漏磁通$\dot{\Phi}_{2\sigma}$又将在二次侧绕组中感应漏磁电动势$\dot{E}_{2\sigma}$。

以上分析的各运行量均为交变量，在结合图 2-14 的分析时都用相量表示，为便于分析，按惯例以下面具体原则规定这些相量的正方向，具体标注如图 2-14 所示。

正方向规定具体原则：

（1）在负载支路（一次侧），电流的正方向与电压降的正方向一致；而在电源支路（二次侧），电流的正方向与电动势的正方向一致。

（2）磁通的正方向与产生它的电流的正方向符合右手螺旋定则。

（3）感应电动势的正方向与产生它的磁通的正方向符合右手螺旋定则。

按图 2-14 所规定的正方向，根据基尔霍夫第二定律，可写出变压器负载运行时一、二次侧电动势平衡方程式初始形式为

$$\dot{U}_1=-\dot{E}_1-\dot{E}_{1\sigma}+r_1\dot{I}_1 \tag{2-8}$$

$$\dot{U}_2=\dot{E}_2+\dot{E}_{2\sigma}-r_2\dot{I}_2 \tag{2-9}$$

式中：r_1、r_2 分别为一、二次侧绕组电阻，它们通过电流会产生电压降。

（二）变压器各物理量、参数

在变压器运行时物理状况的分析中我们了解到：变压器在运行中除了 $\dot{U}_1$、$\dot{U}_2$、$\dot{I}_1$、$\dot{I}_2$ 这四个物理量外还有 $\dot{\Phi}_m$、$\dot{E}_1$、$\dot{E}_2$、$\dot{\Phi}_{1\sigma}$、$\dot{E}_{1\sigma}$、$\dot{\Phi}_{2\sigma}$、$\dot{E}_{2\sigma}$等物理量。下面我们分别对其进行分析。

1. 绕组主电动势（主磁通感应电动势）E_1、E_2

一次侧绕组主电动势 E_1 是由主磁通 Φ_m 在一次侧绕组通过电磁作用产生的。假定主磁通按正弦规律变化，即

$$\Phi=\Phi_m\sin\omega t$$

式中：Φ_m 为主磁通的幅值；ω 为磁通变化的角频率，$\omega=2\pi f$。

根据电磁感应定律，一次侧中感应电动势的瞬时值为

$$e_1 = -N_1 \frac{d\Phi}{dt} = -\omega N_1 \Phi_m \cos\omega t = \sqrt{2} E_1 \sin(\omega t - 90°)$$

所以，一次侧感应电动势的有效值为

$$E_1 = \frac{\omega N_1 \Phi_m}{\sqrt{2}} = 4.44 f N_1 \Phi_m \tag{2-10}$$

一次侧感应电动势与磁通的相量关系式为

$$\dot{E}_1 = -j4.44 f N_1 \dot{\Phi}_m \tag{2-11}$$

同理，得二次侧绕组主电动势 E_2

$$E_2 = 4.44 f N_2 \Phi_m \tag{2-12}$$

$$\dot{E}_2 = -j4.44 f N_2 \dot{\Phi}_m \tag{2-13}$$

从以上分析可知，绕组主电动势在相位上滞后主磁通 90°，当绕组匝数和频率不变时，主电动势与主磁通成正比。

2. 绕组漏电动势 $E_{1\sigma}$、$E_{2\sigma}$

一次侧绕组漏电动势 $E_{1\sigma}$是由一次侧漏磁通 $\Phi_{1\sigma}$在一次侧绕组通过电磁作用产生的，属自感电动势，参考自感电动势的分析，假定一次侧电流 I_1 按正弦规律变化，得

$$i_1 = I_{1m} \sin\omega t$$

$$e_{1\sigma} = -L_1 \frac{di}{dt} = -\omega L_1 I_{1m} \cos\omega t = -\sqrt{2} \omega L_1 I_1 \cos\omega t = \sqrt{2} x_1 I_1 \sin(\omega t - 90°)$$

式中：L_1 为对应一次侧漏磁通自感系数；I_{1m}为一次侧电流最大值，$I_{1m} = \sqrt{2} I_1$；x_1 为一次侧的漏电抗，$x_1 = \omega L_1$。

所以，一次侧漏电动势的有效值为

$$E_{1\sigma} = x_1 I_1 \tag{2-14}$$

对应相量关系式为

$$\dot{E}_{1\sigma} = -jx_1 \dot{I}_1 \tag{2-15}$$

同理，变压器负载运行时二次侧漏磁通作用二次侧绕组产生的二次侧漏电动势为

$$\dot{E}_{2\sigma} = -jx_2 \dot{I}_2 \tag{2-16}$$

式中：x_2 为二次侧绕组的漏电抗，$x_2 = \omega L_2$。

通过以上分析，我们把变压器两侧的漏电动势以电抗压降的形式来表达，这便于用电路的分析方法来分析磁路从而简化分析。同时，我们也认识了两个变压器的参数：一次侧绕组漏电抗 $x_1 = \omega L_1$ 和二次侧绕组漏电抗 $x_2 = \omega L_2$，它们分别表征变压器漏磁通的电磁作用，其大小取决于对应的自感系数。因为绕组的自感系数跟绕组的形状、长短、匝数以及磁路材料等因素有关，对于一个现成的变压器来说，其一、二次侧自感系数是一定的。所以，如果变压器完好无损，其漏电抗是常数，不随外加电压变化。

另外，将式（2-15）、式（2-16）分别代入式（2-8）、式（2-9）中，可得到变压器负载运行时一、二次侧电动势平衡方程，即

$$\dot{U}_1 = -\dot{E}_1 + (r_1 + jx_1)\dot{I}_1 = -\dot{E}_1 + Z_1 \dot{I}_1 \tag{2-17}$$

$$\dot{U}_2 = \dot{E}_2 - (r_2 + jx_2)\dot{I}_2 = \dot{E}_2 - Z_2 \dot{I}_2 \tag{2-18}$$

式中：Z_1 为一次侧绕组的漏阻抗，$Z_1 = r_1 + jx_1$；Z_2 为二次侧绕组的漏阻抗，$Z_2 = r_2 + jx_2$。

无论是一次侧漏阻抗 Z_1 还是二次侧漏阻抗 Z_2，它们都是由对应的绕组电阻与漏电抗组成的，因为绕组电阻（金属导线电阻）与漏电抗都不随外加电压变化，所以，Z_1 和 Z_2 都是常数，而且其数值都很小。

3. 磁势平衡方程

在前面物理状况分析中我们已知道：变压器负载运行时一次侧电流 I_1 在一次侧绕组中产生一次侧磁动势 $\overline{F}_1=N_1\dot{I}_1$，而流过二次侧绕组中的电流 $\dot{I}_2$在绕组中产生磁动势 $\overline{F}_2=N_1\dot{I}_2$，它们共同在铁芯中建立起主磁通 $\dot{\Phi}_m$。这时铁芯中产生主磁通的磁势是合成磁势 $\overline{F}_m$，它由 $\overline{F}_1$和 $\overline{F}_2$ 组成。所以，负载运行时铁芯中的磁势平衡方程的初始形式为

$$\overline{F}_1+\overline{F}_2=\overline{F}_m \tag{2-19}$$

关于合成磁势 $\overline{F}_m$ 的大小的确定，我们先来分析变压器的一个特殊的运行状态——空载运行状态。变压器的空载运行状态是指变压器的一次侧接到电压 U_1 的交流电源上，二次侧开路时的运行状态，如图 2-15 所示，这时 $\dot{I}_2=0$，变压器只输入电能不输出电能，所输入电能用于维持变压器本身的运行，从一次侧输入的电流 $\dot{I}_1=\dot{I}_0$ 称为空载电流，这个电流用于建立变压器工作的磁场，所以也称为“励磁电流”或“激磁电流”，是变压器很重要的一个运行量。在空载运行时变压器的损耗 P_0 称为“空载损耗”，它主要是指变压器在建立磁场时所消耗的电能。

变压器空载运行时一次侧绕组流入空载电流 $\dot{I}_0$ 形成空载磁势 $\overline{F}_0=N_1\dot{I}_0$，$\overline{F}_0$ 单独作用于铁芯产生主磁通 $\dot{\Phi}_m$，可以通过推导证明变压器空载时的主磁通 Φ_m 与电动势 E_1 的关系也满足式（2-10），即空载运行时主磁通 Φ_m 与电动势 E_1 也成正比。另外，从图 2-15 可看到，变压器空载运行时，一次侧电路除 $\dot{I}_1=\dot{I}_0$外其余部分与负载运行时的状况相同，所以空载运行一次侧电动势平衡方程也满足式（2-17），即

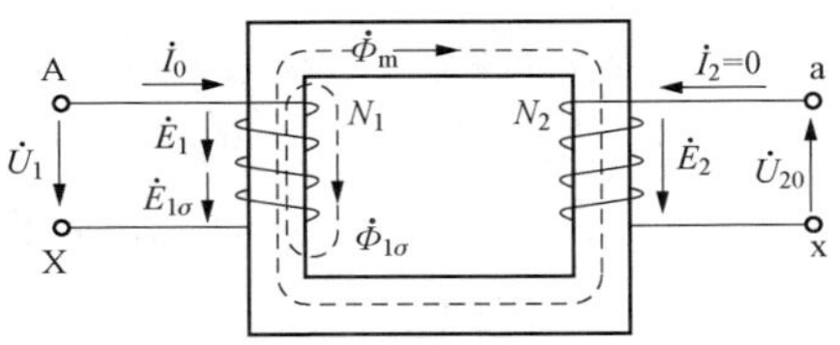

图 2-15 单相变压器空载运行时的示意

$$\dot{U}_1=-\dot{E}_1+Z_1\dot{I}_0 \tag{2-20}$$

对于实际的变压器，Z_1 很小，负载时漏阻抗压降 $Z_1\dot{I}_1$ 很小，即使在额定负载时也只有额定电压的 2%～6%，空载时就更小，故无论空载或负载运行时都有 $\dot{U}_1\approx-\dot{E}_1$ 或 $U_1\approx E_1$。因此，从空载到负载，当电源电压和频率不变时，可认为主磁通 $\dot{\Phi}_m$ 近似为常数，负载运行时产生主磁通的磁动势 $\overline{F}_1+\overline{F}_2=\overline{F}_m$ 与空载运行时 $\overline{F}_0$ 相同。由此得磁势平衡方程为

$$\overline{F}_1+\overline{F}_2=\overline{F}_m=\overline{F}_0$$

或

$$N_1\dot{I}_1+N_2\dot{I}_2=N_1\dot{I}_0 \tag{2-21}$$

将式（2-21）进行变化，可得

$$\dot{I}_1=\dot{I}_0+\left(-\frac{N_2}{N_1}\dot{I}_2\right)=\dot{I}_0+\left(-\frac{1}{k}\right)\dot{I}_2 \tag{2-22}$$

式（2-22）说明，变压器负载运行时一次侧的电流 $\dot{I}_1$由两个分量组成。一个分量 $\dot{I}_0$ 是用

来产生主磁通 $\dot{\Phi}_m$ 的励磁分量，另一个分量$\left(-\frac{1}{k}\dot{I}_2\right)$是用来平衡二次侧的电流 $\dot{I}_2$对主磁通的影响，称为负载分量。

负载时，由于 $\dot{I}_0 \ll \dot{I}_1$，忽略 $\dot{I}_0$时，则式（2-22）变为

$$\dot{I}_1 \approx -\frac{N_2}{N_1}\dot{I}_2 \approx -\frac{1}{k}\dot{I}_2 \tag{2-23}$$

这表明，负载时变压器一、二次侧电流与其匝数成反比，当二次侧负载电流 $\dot{I}_2$增大时，一次侧电流 $\dot{I}_1$ 将随着增大，即二次侧输出功率增大时，一次侧输入功率随之增大。所以变压器是一个能量传递装置，既改变电压等级，也改变电流等级。

4. 励磁电流（激磁电流）

励磁电流是指变压器负载运行时从电源输入的一次侧电流中的励磁分量电流［式（2-22）中的 $\dot{I}_0$］，它是变压器自己用于产生主磁场的电流。因为变压器空载运行时没带负载，从电源输入的一次侧电流全为励磁分量电流，没有负载分量，所以我们往往利用空载状态来检测励磁电流，励磁电流也就是空载电流。

（1）励磁电流（空载电流）的组成。变压器的励磁电流$\dot{I}_0$包含两个分量，分别承担两项不同的任务。一个是无功分量$\dot{I}_{0w}$，其任务是建立主磁通$\dot{\Phi}_m$，其相位与主磁通$\dot{\Phi}_m$ 相同，为感性无功电流；另一个是有功分量$\dot{I}_{0y}$，其任务是供给因主磁通在铁芯中交变时而产生的磁滞损耗和涡流损耗（统称为铁耗），其相位超前主磁通 90°。由此可得励磁电流

$$\dot{I}_0 = \dot{I}_{0w} + \dot{I}_{0y} \tag{2-24}$$

（2）励磁电流的性质和大小。通常，$\dot{I}_{0y} \ll \dot{I}_{0w}$，当忽略 $\dot{I}_{0y}$时，则 $\dot{I}_0 \approx \dot{I}_{0w}$，故变压器励磁电流可近似认为是无功性质的。由于变压器铁芯采用导磁性能良好的金属叠片，一般电力变压器励磁电流的数值不大，为额定电流的 2%～10%，变压器的容量越大，励磁电流（空载电流）的百分值 I_0%就越小。

$$I_0\% = \frac{I_0}{I_N} \times 100\% \tag{2-25}$$

（3）励磁电流（空载电流）的波形。励磁电流波形与铁芯磁化曲线有关，由于磁路饱和的影响，励磁电流与由它所产生的主磁通呈非线性关系。由图 2-16 可知，当磁通按正弦规律变化时，由于磁路饱和，励磁电流为尖顶波。尖顶波的励磁电流，利用傅里叶级数进行分解，可分解成由基波和一系列的奇次谐波组成，因为高次谐波幅值小，可忽略，所以励磁电流的尖顶波可看成由基波和三次谐波分量构成。

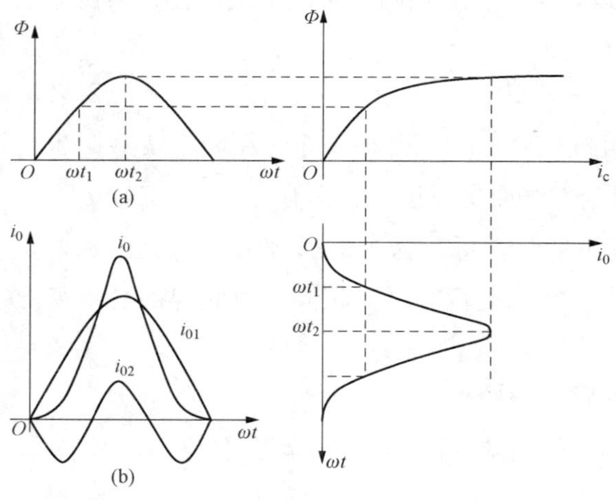

图 2-16　空载电流波形

（a）图解法；（b）波形分析

5. 铁芯损耗

铁芯损耗也称铁损或铁耗，用 p_{Fe}表示，

是指变压器运行时的磁路损耗。它包括磁滞损耗和涡流损耗，对于一台正常运行的变压器，其铁损大小主要取决于主磁通 Φ_m 的大小。参考式（2-21）的分析，对比变压器负载运行和空载运行，当电源电压和频率不变时，可认为两运行状态下的主磁通 $\dot{\Phi}_m$ 是相同的，变压器空载运行时消耗的功率主要用来补偿铁芯中的铁损耗 p_{Fe} 以及少量的绕组铜损耗 $r_1 I_0^2$，由于 I_0 和 r_1 均很小，故可看成空载损耗近似等于铁损耗，即

$$p_{Fe} \approx p_0 \tag{2-26}$$

式中：p_0 为空载损耗，即变压器空载运行时消耗的电能。

根据式（2-26），我们对变压器负载运行的铁芯损耗的测取可以通过变压器的“空载试验”进行，要注意的是：变压器的 p_{Fe} 是随电源电压变化的，额定电压时 $p_{Fe}=p_{0N}$。

6. 励磁阻抗 Z_m

励磁阻抗也称激磁阻抗，在前面的分析中，我们用了一个电抗压降如$-jx_1\dot{I}_1$来表示一次侧漏磁电动势 $\dot{E}_1$，从而引出了漏电抗 x_1。如果主磁路也能相似处理，把电动势 $\dot{E}_1$ 也看成一个电抗压降，从而引出励磁电抗的概念，把电磁作用以电路元件来表征，方便对变压器的分析和计算。但考虑到主磁路和漏磁路不同，主磁通会在铁芯中引起不可忽视的铁芯损耗，故不能单纯地引入一个电抗，而应引入一个阻抗 Z_m 把 $\dot{E}_1$ 和 $\dot{I}_0$（因为 I_0 产生 Φ_m）联系起来。考虑到正方向的规定，有

$$\dot{E}_1=-Z_m\dot{I}_0=-(r_m+jx_m)\dot{I}_0 \tag{2-27}$$

式中：$Z_m=r_m+jx_m$ 为变压器的励磁阻抗；r_m 为励磁电阻，是对应于铁芯损耗等效电阻，$r_m I_0^2$ 等于单相铁损；x_m 为励磁电抗，是表征铁芯磁化性能的一个集中参数，其数值随铁芯饱和程度不同而改变。

通常 $r_m \ll x_m$，Z_m 的大小主要取决于 x_m。r_m 与 x_m 的值取决于主磁通 Φ_m，所以 Z_m 是随外加电压变化而变化的。

（三）变压器等效电路

在前面分析中，可以看到图 2-14 中变压器主要有一次侧、二次侧两个电路，考虑到绕组电阻 r_1、r_2 流过电流产生的压降，漏电动势用漏电抗压降表征，图 2-14 的电路可整理成一、二次侧分开的变压器电路图，如图 2-17 所示。

在图 2-17 所示的变压器电路中，$\dot{E}_1$、$\dot{E}_2$ 是一、二次侧绕组的电磁感应电动势，而且 $\dot{E}_1 \neq \dot{E}_2$，变压器的一、二次侧之间只有磁的耦合，没有电的直接联系。为了便于工程计算分析，我们需要推导出一个统一的、由电路元件构成的能反映变压器内部电磁关系的纯电路（等效电路）。这样，我们就可利用电路的分析计算方法来分析变压器运行。

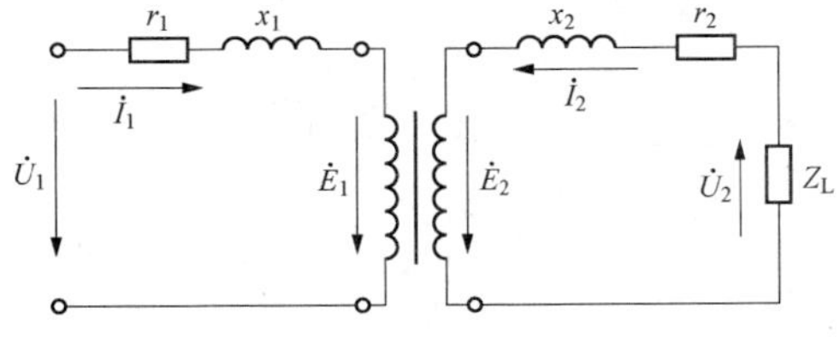

图 2-17 一、二次侧分开的变压器电路图

1. 变压器绕组折算

要将变压器两侧相互绝缘只有磁耦合的电路统一成一个等效电路，必须进行绕组折算。所谓绕组折算是指用一假想的绕组来代替两侧其中一个绕组，使之成为变比 $k=1$ 的变压器，假想的绕组电路中各参数比其所代替电路各参数的大小要有一定的变化（折算）。折算的方

向可以是由二次侧向一次侧折算，即把二次侧绕组的匝数变换与一次侧绕组匝数相同；也可以反过来由一次侧向二次侧折算。

为了便于区别，折算后的量在原来的符号上加一个上标号“′”。折算必须“等效”，否则所获的新的电路就不能表征变压器的运行状况了，为了“等效”，折算方法必须满足折算原则。折算的原则是指折算前后变压器内部的电磁效应不变，即折算前后磁动势平衡、有功功率和无功功率的规模等均保持不变。例如，当从二次侧向一次侧折算时，只要保持二次侧的磁动势不变 $\overline{F}'_2=\overline{F}_2$，则变压器内部的电磁效应就不变。具体二次侧各量折算方法如下：

（1）二次侧电流的折算值 $\dot{I}'_2$。设折算后二次侧的匝数为 $N'_2=N_1$，流过的电流为 $\dot{I}'_2$，根据折算前后二次侧磁动势不变的原则，可得 $N'_2\dot{I}'_2=N_2\dot{I}_2$，即

$$\dot{I}'_2=\frac{N_2}{N_1}\dot{I}_2=\frac{1}{k}\dot{I}_2 \tag{2-28}$$

式中：k 为变压器变比。

（2）二次侧电动势的折算值。由于折算前后主磁通未改变，根据式（2-10）和式（2-12），电动势与匝数成正比的关系，可得

$$\dot{E}'_2=\frac{N_1}{N_2}\dot{E}_2=k\dot{E}_2=\dot{E}_1 \tag{2-29}$$

（3）二次侧漏阻抗的折算值。根据折算前后二次侧的铜损耗不变，得 $r'_2I'^2_2=r_2I^2_2$，则

$$r'_2=\left(\frac{I_2}{I_1}\right)^2r_2=k^2r_2 \tag{2-30}$$

根据折算前后二次侧漏磁无功不变，得 $x'_2I'^2_2=x_2I^2_2$，则

$$x'_2=\left(\frac{I_2}{I_1}\right)^2x_2=k^2x_2 \tag{2-31}$$

漏阻抗的折算值为 $$Z'_2=r'_2+\mathrm{j}x'_2=k^2(r_2+\mathrm{j}x_2)=k^2Z_2 \tag{2-32}$$

另外，当二次侧折算后，负载端的电压和负载阻抗也应进行折算，二次侧电压应乘以 k，负载阻抗应乘以 k^2，即 $\dot{U}'_2=k\dot{U}_2$，$Z'_L=k^2Z_L$。

2. 变压器负载运行的等效电路

经过前面分析的折算操作后，变压器二次侧绕组被新匝数 $N'_2=N_1$ 的绕组取代，电路各参数、物理量性质不变，大小按折算方法进行了折算，将图 2-17 转化为如图 2-18 所示。

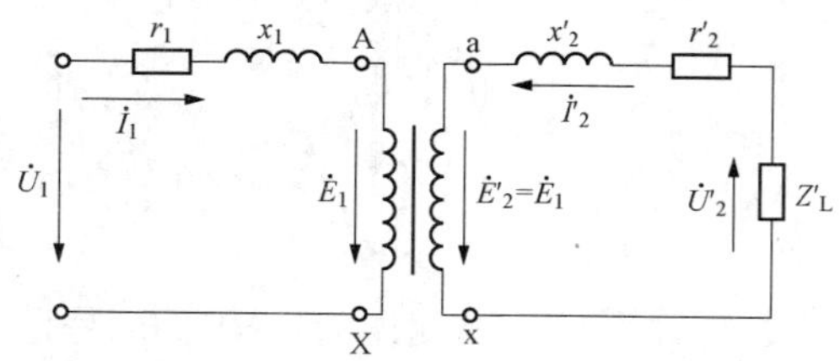

图 2-18 变压器二次侧经过折算后的两侧电路图

在图 2-18 所示的折算后二次侧电路中，绕组与主磁通作用产生的主电动势 $\dot{E}'_2=\dot{E}_1$，即电路中 AX 两点间电压与 ax 两点间电压相等。所以，我们可以把 X 、x 两点连接，同时把 A、a 两点连接。把两侧电路连接成一个统一的电路。另外，我们引入前面介绍的励磁阻抗 Z_m，利用励磁电流 $\dot{I}_0$流过励磁阻抗形成的压降来表征一次侧主电动势，即 $\dot{E}_1=-Z_m\dot{I}_0$，这样我们就可获得单相变压器负载运行时的等效电路如图 2-19 所示，由于它由三对阻抗组成，分布的形状像字母 T，故称为 T 形等效电路。电路中 $\dot{U}_1$ 是由电源提供的变压器一次侧电压；$\dot{U}'_2$是变压器二次侧输出电压（已

折算到一次侧）；绕组电阻 r_1、r'_2分别流过对应的电流产生的损耗 $r_1I_1^2+r'_2I'^2_2$ 表征了变压器的电路损耗（铜损）；励磁电阻 r_m 流过励磁电流 I_0 产生的损耗 $r_mI_0^2$ 表征了变压器的磁路损耗（铁损）；励磁电抗 x_m 表征了主磁通的电磁作用；漏电抗 x_1、x'_2分别表征了一、二次侧绕组漏磁通的电磁作用。T 形等效电路基本能准确地表达变压器内部的电磁关系，我们可以利用 T 形等效电路和电路的分析方法对运行中的变压器进行分析计算。

从图 2-19 可见，T 形等效电路其结构为阻抗的串、并联混合电路，进行电路分析运算时较烦琐。考虑到 $Z_1 \ll Z_m$，$I_0 \ll I_{1N}$，所以压降 Z_1I_0 很小，可忽略不计；同时，当电源电压 $\dot{U}_1$ 一定时，因负载变化而引起电动势 $\dot{E}_1$ 的跟随变化很小，可以认为励磁电流 $\dot{I}_0$不随负载的变化而变化。这样，便可把 T 形等效电路中的励磁支路移到电源端，使变压器的等效电路变成是由两条串联支路并接成的电路，如图 2-20 所示。该电路与 T 形等效电路相比方便了分析计算，但励磁支路移动后，使负载支路电压和励磁支路电压略有升高，造成了很小的误差，故称为近似 Γ 形等效电路。

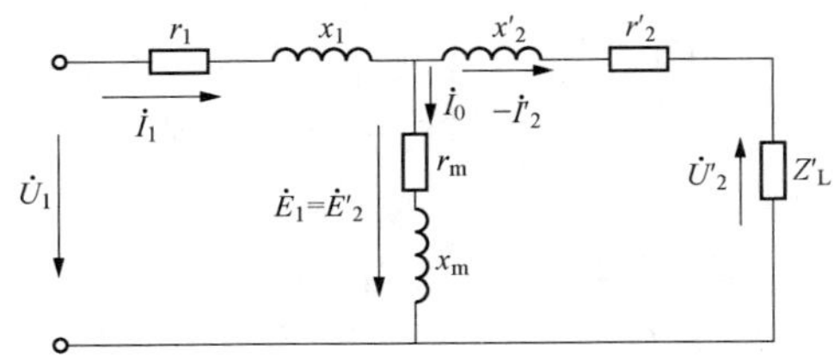

图 2-19　变压器的 T 形等效电路

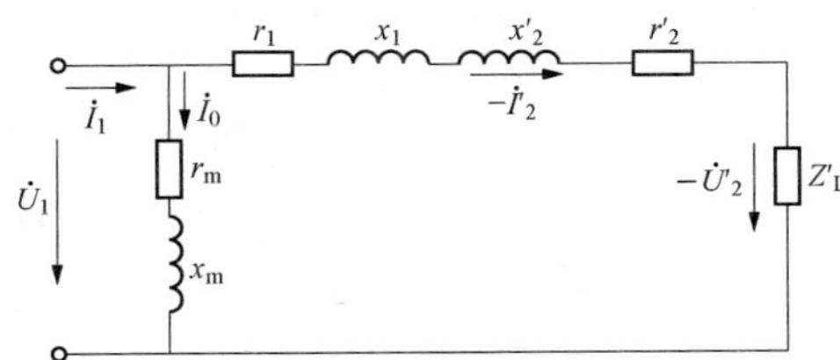

图 2-20　变压器的近似 Γ 形等效电路

因为在电力变压器中 I_0 很小，通常占 I_N 的 2%～10%。因此在工程上分析负载及短路运行时可以把 I_0 忽略，即去掉励磁支路，而得到一个更简单的串联电路，如图 2-21 所示，称为简化等效电路。

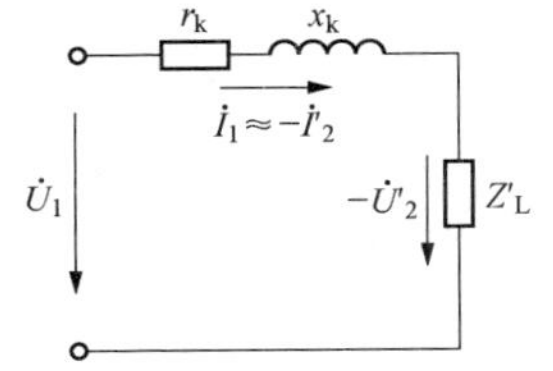

在近似 Γ 形等效电路和简化等效电路中，一次侧漏阻抗 Z_1 与二次侧的漏阻抗的折算值 Z'_2呈串联连接状态，可将其合并起来，即

$$\left.\begin{aligned} Z_k &= Z_1 + Z'_2 \\ r_k &= r_1 + r'_2 \\ x_k &= x_1 + x'_2 \end{aligned}\right\} \tag{2-33}$$

图 2-21　变压器的简化等效电路

式中：r_k 为变压器的短路电阻；x_k 为变压器的短路电抗；Z_K 为变压器的短路阻抗。

变压器的短路阻抗是变压器重要参数，其大小对变压器运行性能指标有很大影响。不同容量的变压器短路阻抗实际值是不同的，容量越大的变压器，其短路阻抗实际值一般就越小。

图 2-21 中变压器的简化等效电路基本就是由短路阻抗构成的简单电路，利用它分析变压器的运行更为简便，而且其准确度基本能满足大多数工程分析的要求。

【例 2-3】　某车间用一台单相变压器给机床照明供电，变压器容量为 20kVA、$U_{1N}/U_{2N}=240/24$V，短路电阻值为 0.31Ω、短路电抗值为 0.49Ω。负载为白炽灯 150 盏，每灯 100W、24V，电源电压为 240V，求：负载两端电压 U_2 及变压器二次侧电流。

解： 变压器变比 $k=\dfrac{U_{1N}}{U_{2N}}=\dfrac{240}{24}=10$

负载阻抗 $Z_L=R_L=\frac{U_N^2}{P}\times\frac{1}{150}=\frac{24^2}{100\times150}=38.4\times10^{-3}\ (\Omega)$

利用简化等效电路分析（见图 2-21），则

$$Z'_L=R'_L=k^2R_L=10^2\times38.4\times10^{-3}=3.84\Omega$$

又 $r_k=0.31\Omega,\ x_k=0.49\Omega,\ Z_k=0.31+j0.49\ (\Omega)$

总阻抗 $|Z|=\sqrt{(r_k+R'_L)^2+x_k^2}=\sqrt{(0.31+3.84)^2+0.49^2}=4.179\ (\Omega)$

$$I_1=I'_2=\frac{U_1}{|Z|}=\frac{240}{4.179}=57.43\ (A)$$

变压器二次侧电流 $I_2=kI'_2=10\times57.43=574.3\ (A)$

变压器负载两端电压 $U_2=R_LI_2=38.4\times10^{-3}\times574.3=22.05\ (V)$

*（四）变压器负载时的相量图

前面分析中，我们讨论了变压器的一、二次侧电动势平衡方程和磁势平衡方程等方程式，以及各种等效电路。除了用基本方程式和等效电路可表示变压器负载运行时的电磁关系外，还可以用相量图来表示，相量图把各物理量的大小和相位关系用图形更直观、形象地表达，它与方程式、等效电路合称变压器运行分析的三大方法。相量图是以基本方程式为根据绘出的，因为不同的等效电路有不一样的方程式，所以对应的相量图也不同，图 2-22（a）为变压器带感性负载时对应 T 型等效电路的相量图。该相量图由一次侧电压相量图、二次侧电压相量图和电流相量图（或磁势平衡相量图）三部分组成。对应 T 形等效电路的方程式为

$$\dot{U}_1=-\dot{E}_1+(r_1+jx_1)\dot{I}_1$$

$$\dot{U}'_2=\dot{E}'_2-(r'_2+jx'_2)\dot{I}'_2$$

$$\dot{I}_1=\dot{I}_0+\left(-\frac{1}{k}\right)\dot{I}_2=\dot{I}_0+(-\dot{I}'_2)$$

$$-\dot{E}_1=(r_m+jx_m)\dot{I}_0$$

$$\dot{U}'_2=Z'_L\dot{I}'_2$$

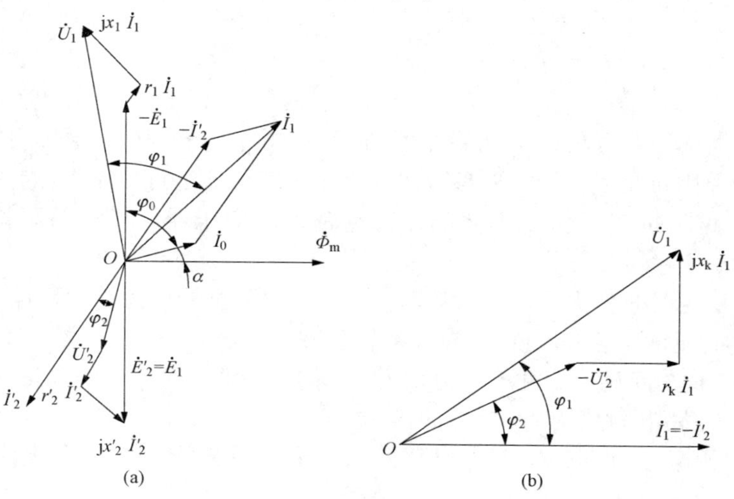

图 2-22 变压器感性负载相量图

变压器感性负载时对应简化等效电路的相量图如图 2-22（b）所示，该相量图由简化等效电路电压相量图和电流相量图两部分组成，对应简化等效电路的方程式为

$$\dot{I}_1=-\dot{I}'_2,\dot{U}_1=-\dot{U}'_2+(r_k+jx_k)\dot{I}_1$$

二、变压器的参数测算

在前面的分析中介绍了变压器的参数，如 k、Z_m、Z_1、Z_2 等。这些参数表征了变压器的电磁性质，如果掌握了一台变压器的参数数据，就可以通过等效电路等途径分析计算变压器的运行状况。而电力变压器参数的获取，主要是通过空载试验和短路试验的测算进行的。

（一）空载试验

变压器的空载试验目的是测算变压器参数变比 k、励磁阻抗 Z_m、激磁电阻 r_m 和励磁电抗 x_m，以及空载损耗 p_0、空载电流 I_0 这些特殊运行量。单相变压器空载试验的接线如图2-23 所示。

操作时，将变压器二次侧开路，一次侧接电压可调的电源，在电源到变压器之间接有电压表（测 U_1）、电流表（测 I_0）和功率表（测p_0），电源电压从 $1.2U_{1N}$逐步降到零，读取不同电压下的各仪表数据，利用所得数据可绘出空载电流、空载损耗随电源电压变化的空载特性曲线 $p_0=f(U_1)$ ，$I_0=f(U_1)$，如图 2-24 所示。

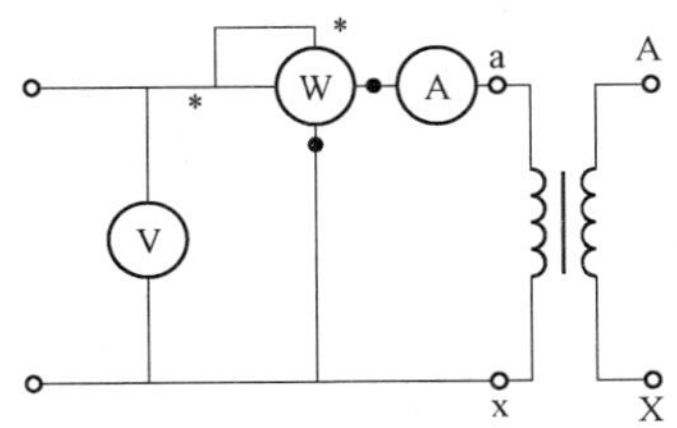

图 2-23 单相变压器空载试验接线图

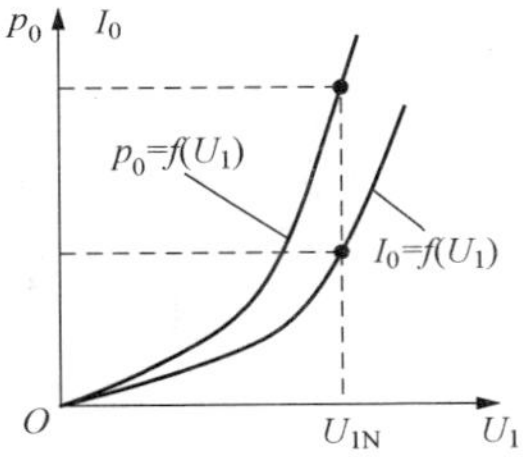

图 2-24 变压器的空载特性曲线

数据的测量和空载特性的绘制只是空载试验的一部分内容，还有重要的内容是根据测取数据计算励磁参数。参考图 2-19 变压器 T 形等效电路，变压器空载试验时 $\dot{I}'_2=0$，即此时变压器对于电源来说就是一个阻抗负载，构成是 Z_1+Z_m。又因为 $Z_1\ll Z_m$，Z_1 可以忽略，可得到励磁参数计算式，即

$$|Z_m|=\frac{U_1}{I_0}$$

$$r_m=\frac{p_0}{I_2^2}$$

$$x_m=\sqrt{|Z_m|^2-r_m^2} \tag{2-34}$$

变压器空载试验的注意事项如下：

（1）为了便于测量和安全起见，通常在低压侧加电压，将高压侧开路进行空载试验。所得数据都属低压侧，如需要对应高压侧数据，通过折算获取。这时 U_1 是低压侧电压，所以测算变比的公式为 $k=U_{20}/U_1$。

（2）严格按图接线。

（3）由于励磁参数与磁路的饱和程度有关，不同的电源电压下测算出的数值不同，又因为测算的结果是服务于运行，而变压器运行通常是加额定电压，故应以额定电压下测出的数

据来计算励磁阻抗。

(4) 因为变压器空载时的功率因数很低，所以试验时要选用低功率因数的功率表，这样检测的空载损耗才比较准确，空载损耗同样是随电源电压变化的，其中对应额定电压的值较为重要，标注为 p_{0N}。

(5) 因为测算的是一相参数，所以对三相变压器，运用式 (2-34) 时必须采用每相值，即用一相的功率以及相电压和相电流来计算。

(二) 短路试验

变压器的短路试验目的是测算变压器短路阻抗 Z_k、短路电阻 r_k 和短路电抗 x_k。以及短路试验损耗 p_k、短路试验电压 U_k 这些特殊运行量。单相变压器短路试验的接线如图 2-25 所示。

操作时，将变压器二次侧短路，一次侧接电压可调的电源，在电源到变压器之间接有电压表（测短路试验电压 U_k）、电流表（测短路试验电流 I_k）和功率表（测短路试验损耗 p_k），控制电源电压使 I_k 从 $1.2I_{1N}$ 逐步降到零（U_k 为额定电压的 10%～0），读取不同电压下的各仪表数据，利用所得数据可绘出短路试验电流、短路试验损耗随电压变化的短路特性曲线 $p_k=f(U_k)$，$I_k=f(U_k)$，如图 2-26 所示。

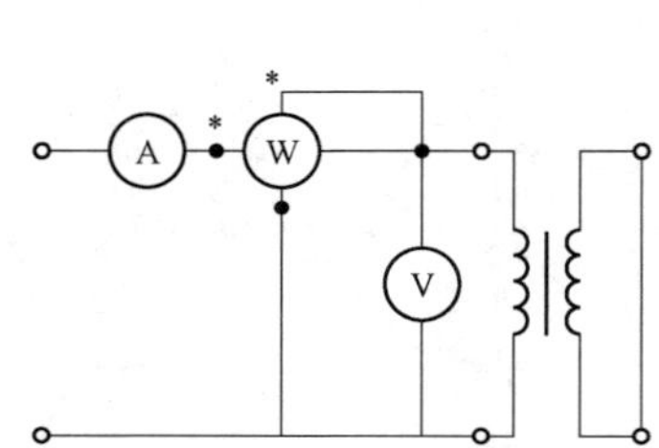

图 2-25　单相变压器短路试验接线图

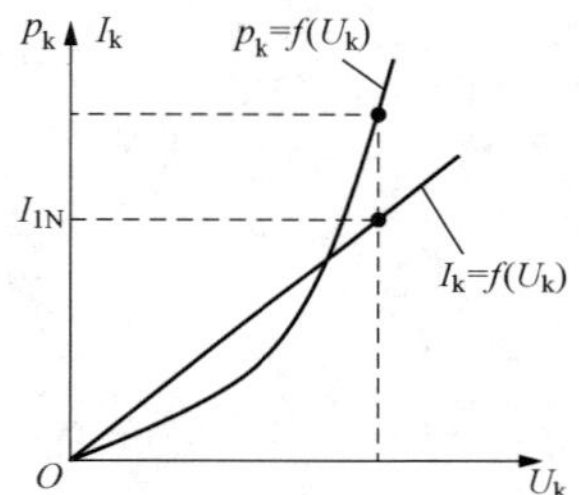

图 2-26　变压器的短路特性曲线

与空载试验相似，短路试验不仅有数据的测量和短路特性的绘制，还有重要的短路阻抗等参数的计算。由于短路试验时外加电压（短路试验电压）很低，铁芯中主磁通很小，使这时的励磁电流和铁耗都很小，可略去不计，所以可认为 T 形等效电路中的励磁支路处于开路状态，电路状况是对应二次侧短接的简化等效电路，于是得到如下的励磁参数计算式：

$$Z_k=\frac{U_k}{I_k}=\frac{U_{kN}}{I_{kN}}$$

$$r_k=\frac{p_k}{I_k^2}=\frac{p_{kN}}{I_N^2}$$

$$x_k=\sqrt{Z_k^2-r_k^2} \tag{2-35}$$

进行变压器短路试验的注意事项：

(1) 为了便于测量和安全起见，通常在高压侧加电压，将低压侧短接进行短路试验。所得数据都属高压侧，如需要对应低压侧数据，通过折算获取。

(2) 严格按图接线。

(3) 因为变压器的短路阻抗是不随电压变化的，所以在短路试验时利用不同电压下的测量数据计算所得的短路参数值是相同的。但是，由于变压器的短路电阻由绕组的金属电阻组成，金属电阻的电阻值是随温度而变化的，电力变压器的标准工作温度是75℃，这远高于实验室平常的环境温度。为了使试验的测算结果能准确地分析变压器运行，应将室温（设为θ℃）下测得的短路电阻换算到标准工作温度75℃时的值，换算公式为式（2-36），而漏电抗与温度无关，即

$$\left.\begin{aligned}&\text{对于铜线变压器}\quad r_{k75℃}=\frac{235+75}{235+\theta}r_k\\&\text{对于铝线变压器}\quad r_{k75℃}=\frac{228+75}{228+\theta}r_k\\&\text{绕组电阻经温度折算后，阻抗也要相应调整}\quad Z_{k75℃}=\sqrt{r_{k75℃}^2+x_k^2}\end{aligned}\right\}\tag{2-36}$$

（4）因为测算一相参数，所以对三相变压器，运用式（2-35）时必须采用每相值，即用一相的功率以及相电压和相电流来计算。

（5）短路试验时，使短路试验电流为额定电流时一次侧所加的短路试验电压，称为短路电压U_{kN}。同样，对应额定电流的短路试验损耗称为短路损耗p_{kN}。短路电压是变压器一个很重要的参数，它标在变压器的铭牌上，其大小反映了变压器在额定负载下运行时漏阻抗压降的大小。因为短路电阻随温度变化，所以短路电压和短路损耗最终测算结果应是换算到75℃时的值，即

$$\begin{aligned}p_{kN75℃}&=r_{k75℃}I_{1N}^2\\U_{kN75℃}&=Z_{k75℃}I_{1N}\end{aligned}\tag{2-37}$$

短路电压也称阻抗电压，通常用它与额定电压之比的百分值来表示，即

$$\begin{aligned}u_k(\%)&=\frac{U_{kN}}{U_{1N}}\times100\%=\frac{Z_{kN75℃}I_{1N}}{U_{1N}}\times100\%\\u_{ky}(\%)&=\frac{U_{kyN}}{U_{1N}}\times100\%=\frac{r_{kN75℃}I_{1N}}{U_{1N}}\times100\%\\u_{kw}(\%)&=\frac{U_{kwN}}{U_{1N}}\times100\%=\frac{x_kI_{1N}}{U_{1N}}\times100\%\end{aligned}\tag{2-38}$$

式中：u_k为短路电压百分数；u_{ky}为短路电压电阻（或有功）分量百分数；u_{kw}为短路电压电抗（或无功）分量百分数；U_{1N}、I_{1N}分别为短路阻抗对应的一次侧额定电压、额定电流，如果是三相变压器，要用相值。

【例2-4】　一台三相电力变压器型号为SL-320/6.3，Yd接线，$S_N=320\text{kVA}$，$U_{1N}/U_{2N}=6300/400\text{V}$。在低压侧做空载试验，测得数据为$U_0=400\text{V}$，$I_0=27.7\text{A}$，$p_0=1450\text{W}$。在高压侧做短路试验，测得数据为$U_k=284\text{V}$，$I_k=29.3\text{A}$，$p_k=5700\text{W}$，室温20℃。

求：折算到高压侧T形等效电路参数的实际值（设$r_1=r_2'$，$x_1=x_2'$）。

解：由空载试验数据求励磁参数（因为是三相变压器，要用“相值”计算）

励磁阻抗 $Z_m=\dfrac{U_{0\varphi}}{I_{0\varphi}}=\dfrac{400}{27.7/\sqrt{3}}=25.1$（Ω），励磁电阻 $r_m=\dfrac{p_{0\varphi}}{I_{0\varphi}^2}=\dfrac{1450/3}{\left(\dfrac{27.7}{\sqrt{3}}\right)^2}=1.89$（Ω）

励磁电抗 $x_m=\sqrt{Z_m^2-r_m^2}=\sqrt{25.1^2-1.89^2}=24.93$（Ω）

折算到高压侧的值（变比）　$k=\dfrac{U_{1N\varphi}}{U_{2N\varphi}}=\dfrac{6300/\sqrt{3}}{400}=9.08$

$$Z'_m = k^2 Z_m = 2072.32\Omega, r'_m = k^2 r_m = 156.61\Omega, x'_m = k^2 x_m = 2065.7(\Omega)$$

由短路试验数据求短路参数：

短路阻抗 $Z_k = \frac{U_{k\varphi}}{I_{k\varphi}} = \frac{284/\sqrt{3}}{29.3} = 5.596\ (\Omega)$

短路电阻 $r_k = \frac{p_{k\varphi}}{I^2_{k\varphi}} = \frac{5700/3}{29.3^2} = 2.21\ (\Omega)$，短路电抗 $x_k = \sqrt{Z_k^2 - r_k^2} = \sqrt{5.596^2 - 2.21^2} = 5.14\ (\Omega)$

换算到75℃时的短路参数（铝线绕组）： $r_{k75℃} = \frac{225+75}{225+20} \times 2.21 = 2.71\ (\Omega)$

$$Z_{k75℃} = \sqrt{r^2_{k75℃} + x^2_k} = \sqrt{2.71^2 + 5.14^2} = 5.81(\Omega)$$

则 $r_1 = r'_2 = \frac{1}{2} r_{k75℃} = 1.36\ (\Omega)$，$x_1 = x'_2 = \frac{1}{2} x_k = 2.57\ (\Omega)$

三、标幺值

（一）标幺值的定义

标幺值是电力系统分析和工程计算中常用的数值标记方法，它使电路中各物理量的表达简化。其具体形式是用各物理量的实际值与该物理量某一选定的同单位的基准值之比来表示，即

$$标幺值 = \frac{实际值}{基准值}$$

实际值与基准值必须具有相同的单位，而标幺值是无单位的。为了区分标幺值和实际值，通常在各量原来的符号上加一右上标“*”来表示该量的标幺值。

（二）基准值的选取

标幺值是相对于某一基准值而言的，同一实际值值，当基准值选取不同时，其标幺值也不同。所以基准值的选取很重要，它应该给对应的物理量有基准参考作用。所以，在电机中通常取各物理量对应的额定值作为基值。

（1）以额定容量 S_N 作为功率基准值（包括有功功率、无功功率和视在功率）。

（2）取一、二次侧额定电压 U_{1N}、U_{2N}分别作为一、二次侧电压的基值。

（3）取一、二次侧额定电流 I_{1N}、I_{2N}分别作为一、二次侧电流的基值。

（4）一、二次侧阻抗的基值 Z_{1N}、Z_{2N}分别为 $Z_{1N} = \frac{U_{1N}}{I_{1N}}$，$Z_{2N} = \frac{U_{2N}}{I_{2N}}$。

如果是三相变压器，在求阻抗基值时，额定电压和额定电流必须要用相值来代入计算。

（三）计算标幺值时注意事项

利用标幺值进行分析计算，可以使工程分析简化，但前提是各物理量的标幺值本身必须准确，否则会导致错误的分析结果。所以在计算标幺值时要注意以下几点事项，以便获得正确的标幺值：

（1）通常计算标幺值时，实际值与基准值的性质要相同，例如：$U_1^* = \frac{U_1}{U_{1N}}$，$I_1^* = \frac{I_1}{I_{1N}}$。

（2）计算标幺值时，实际值与基准值要对应是同一侧的，例如：$U_1^* = \frac{U_1}{U_{1N}}$，$U_2^* = \frac{U_2}{U_{2N}}$。

（3）计算标幺值时，实际值与基准值要同是线值或同是相值，而且标幺值的线值等于其

相值，例如：$U_1^*=\frac{U_1}{U_{1N}}=\frac{U_{1\varphi}}{U_{1N\varphi}}$，$U_2^*=\frac{U_2}{U_{2N}}=\frac{U_{2\varphi}}{U_{2N\varphi}}$

（4）对于有功功率、无功功率和视在功率，其基准值都取额定容量 S_N，对于电阻、电抗和阻抗，其基准值都取阻抗基值 Z_N，例如：$S_1^*=\frac{S_1}{S_{1N}}$，$P_1^*=\frac{P_1}{S_{1N}}$，$Q_1^*=\frac{Q_1}{S_{1N}}$

$$Z_1^*=\frac{Z_1}{Z_{1N}},\quad r_1^*=\frac{r_1}{Z_{1N}},\quad x_1^*=\frac{x_1}{Z_{1N}}$$

（四）使用标幺值进行工程计算的优缺点

采用标幺值有以下优点：

（1）采用标幺值可以简化各量的数值，并能直观地看出变压器的运行情况。例如某量为额定值时，其标幺值为1；$I_2^*=0.8$，表明该变压器带80%额定负载。

（2）采用标幺值计算，一、二次侧各量均不需要折算，简化了计算。例如：

$$U'^*_2=\frac{U'_2}{U_{1N}}=\frac{kU_2}{kU_{2N}}=\frac{U_2}{U_{2N}}=U_2^*$$

（3）用标幺值表示，电力变压器的参数和性能指标总在一定的范围之内，便于分析比较、判断计算结果的准确度。例如短路阻抗 $Z_k^*=0.04\sim0.175$，空载电流 $I_0^*=0.02\sim0.10$。

（4）采用标幺值，某些不同的物理量具有相同的数值，简化了分析。例如：

$$Z_k^*=\frac{Z_k}{Z_{1N}}=\frac{Z_kI_{1N}}{U_{1N}}=U_{kN}^*,\quad r_k^*=\frac{r_k}{Z_{1N}}=\frac{r_kI_{1N}}{U_{1N}}=U_{kNy}^*,\quad x_k^*=\frac{x_k}{Z_{1N}}=\frac{x_kI_{1N}}{U_{1N}}=U_{kNw}^*$$

标幺值的缺点是没有单位，物理概念不清。

【例2-5】　继续［例2-4］对所得参数实际值求其对应的标幺值。

解：二、一次侧额定电流 $I_{2N}=\frac{S_N}{\sqrt{3}U_{2N}}=\frac{320}{\sqrt{3}\times0.4}=461.88$（A），$I_{1N}=\frac{S_N}{\sqrt{3}U_{1N}}=\frac{320}{\sqrt{3}\times6.3}=29.33$（A）

二次侧阻抗基值 $Z_{2N}=\frac{U_{2N\varphi}}{I_{2N\varphi}}=\frac{400}{461.88/\sqrt{3}}=1.5$（Ω）

励磁参数标幺值

$$Z_m^*=\frac{Z_m}{Z_{2N}}=\frac{25.01}{1.5}=16.67,r_m^*=\frac{r_m}{Z_{2N}}=\frac{1.89}{1.5}=1.26,x_m^*=\frac{x_m}{Z_{2N}}=\frac{24.93}{1.5}=16.62$$

一次侧阻抗基值　$Z_{1N}=\frac{U_{1N\varphi}}{I_{1N\varphi}}=\frac{6300/\sqrt{3}}{29.33}=124.03$（Ω）

短路参数标幺值

$$Z_k^*=\frac{Z_{k75℃}}{Z_{1N}}=\frac{5.81}{124.03}=0.047,r_k^*=\frac{r_{k75℃}}{Z_{1N}}=\frac{2.71}{124.03}=0.022,x_k^*=\frac{x_k}{Z_{1N}}=\frac{5.14}{124.03}=0.041$$

四、变压器的运行特性

因为电力变压器的作用主要是传送交流电能、改变电压等级，所以评价变压器运行性能也围绕着变压器输出电压的稳定性和传输电能的经济性进行。变压器的运行特性主要有外特性与效率特性，而表征变压器运行性能的主要指标则有电压变化率和效率。

（一）电压变化率

变压器的电压变化率用 ΔU 来表示，它反映变压器二次侧电压随从变压器空载到负载变化的程度。其定义为，当一次侧接在额定电压、额定频率的电网上，二次侧的空载电压与某一负载下二次侧电压的算术差，用二次侧额定电压的百分数来表示，即

$$\Delta U\% = \frac{U_{20} - U_2}{U_{2N}} \times 100\%$$

又
$$\Delta U = \frac{U_{20} - U_2}{U_{2N}} = \frac{U_{2N} - U_2}{U_{2N}} = \frac{U_{1N} - U'_2}{U_{1N}} = 1 - U'^{*}_2$$

利用变压器对应简化的等效电路相量图结合上式可推出 ΔU 的计算式为

$$\Delta U\% = \beta(r_k^* \cos\varphi_2 + x_k^* \sin\varphi_2) \times 100\% \qquad (2-39)$$

式中：φ_2 为负载的功率因数角；r_k^* 为变压器短路电阻；x_k^* 为变压器短路电抗；β 为变压器负载系数，$\beta = \frac{I_1}{I_{1N}} = \frac{I_2}{I_{2N}}$。

根据式（2-39）可以了解到变压器二次侧电压的变化规律如下：

（1）对于一台完好的变压器，如负载的性质不变，其 ΔU 与负载的大小（β 值）成正比。

（2）在一定（大小、性质）的负载下，短路阻抗的标幺值越大，ΔU 也越大。所以从变压器运行来看，希望变压器短路阻抗取值越小越好，输出电压越稳定；另从变压器短路故障状态看，根据简化等效电路，短路阻抗越小则短路电流越大，短路阻抗取值不能太小。通常电力变压器短路阻抗取值：中、小型变压器 0.04～0.105；大型变压器 0.125～0.175。

（3）变压器阻抗、负载的大小不变，如负载的性质是纯电阻或感性时，ΔU 为正值，$U_2 < U_{2N}$，且 ΔU 随负载增大而增大，表现为随负载增大 U_2 下降。

（4）变压器阻抗、负载的大小不变，如负载的性质是容性且 $|r_k^* \cos\varphi_2| < |x_k^* \sin\varphi_2|$ 时，ΔU 为负值，$U_2 > U_{2N}$，且 ΔU 随负载增大而增大，表现为随负载增大 U_2 上升。

常用的电力变压器，当 $\cos\varphi_2 = 0.8$（滞后）时，$\Delta U = 5\% \sim 8\%$。如果变压器的二次侧电压偏离额定值较多，超出用电的允许范围，则必须进行调整。一般通过调整变压器的分接开关（高压绕组的匝数）来达到调节变压器二次侧电压以保证输出电压稳定。

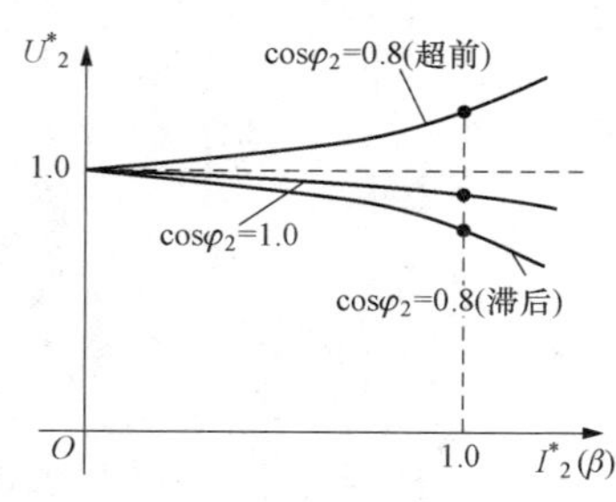

图 2-27 变压器外特性

图 2-27 所示为变压器外特性曲线，即 $U_2^* = f(I_2^*)$ 曲线，是变压器一次侧加额定电压，负载功率因数一定时，二次侧电压随负载电流变化的规律。从图中 3 条不同负载性质的外特性曲线可看到：变压器在纯电阻和感性负载时，外特性是下降的，而容性负载时，可能上扬。

（二）效率

变压器在传送电能的过程中，是满足能量守恒定律的，内部产生的铜损耗和铁损耗，致使输出功率小于输入功率。输出有功功率 P_2 与输入有功功率 P_1 之比称为变压器效率，用 η 表示。效率一般取百分值，即

$$\eta = \frac{P_2}{P_1} \times 100\% \qquad (2-40)$$

又
$$P_1 = P_2 + \sum p \qquad (2-41)$$

$$\sum p = p_{Fe} + p_{Cu} \tag{2-42}$$

式中：$\sum p$ 为变压器总损耗；p_{Fe}为变压器铁损；p_{Cu}为变压器铜损。

从前面的分析我们已经知道：变压器的铁损取决于外加电源电压。在额定电压下，负载电流变化时，铁损基本不变，所以铁损又称为不变损耗 $p_{Fe}=p_{0N}$，如果忽略励磁电流，根据简化等效电路，铜损就与负载电流的平方成正比，所以铜损称为可变损耗，即

$$p_{Cu} = \left(\frac{I_2}{I_{2N}}\right)^2 \times p_{kN} = \beta^2 p_{kN}$$

式中：β 为负载系数；p_{Cu}为铜损，$p_{Cu}=r_{k75℃}I_2^2$；p_{kN}为短路损耗，即对应负载电流等于额定电流时的铜损，$p_{kN}=r_{k75℃}I_{2N}^2$。

因为变压器的电压变化率很小，负载时 U_2 的变化可不予考虑，即认为 $U_2 \approx U_{2N}$。于是输出功率

$$P_2 = U_{2N}I_2\cos\varphi_2 = \beta U_{2N}I_{2N}\cos\varphi_2 = \beta S_N\cos\varphi_2 \tag{2-43}$$

将式（2-41）～式（2-43）等整理代入式（2-40）得

$$\eta = \left(1 - \frac{p_{0N} + \beta^2 p_{kN}}{\beta S_N\cos\varphi_2 + p_{0N} + \beta^2 p_{kN}}\right) \times 100\% \tag{2-44}$$

对于一台完好的变压器，p_{0N}和 p_{kN}是一定的，可通过空载试验和短路试验测取，所以效率取决于负载大小及功率因数。在功率因数 $\cos\varphi_2$ 一定时，变压器的效率 η 与负载系数 β 之间的关系 $\eta=f(\beta)$，称为变压器的效率特性曲线，如图 2-28 所示。

从图（2-28）可以看出，随着负载系数 β 从 0 增大，开始效率 η 也在增大，但超过某一负载（β_m）之后，效率 η 随 β 增大反而变小了，这说明负载运行的变压器效率有最大值 η_m。将式（2-44）对 β 取一阶导数，并令其为零，得变压器产生最大效率的条件，即

$$\beta_m = \sqrt{\frac{p_{0N}}{p_{kN}}} \tag{2-45}$$

将式（2-45）代入式（2-11）得最大效率计算式，即

$$\eta_m = \left(1 - \frac{p_{0N} + \beta_m^2 p_{kN}}{\beta_m S_N\cos\varphi_2 + p_{0N} + \beta_m^2 p_{kN}}\right) \times 100\% \tag{2-46}$$

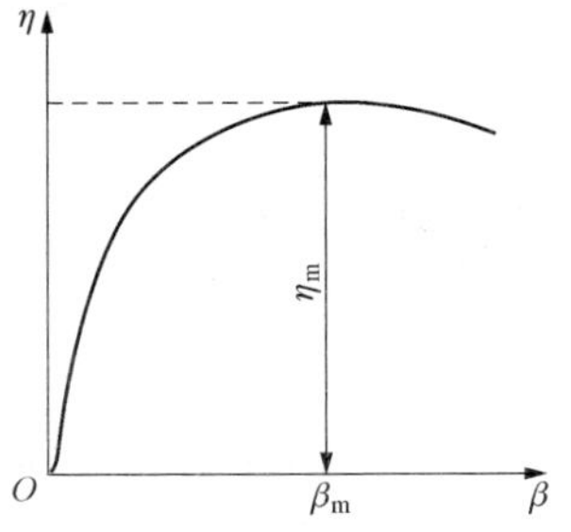

图 2-28　变压器的效率曲线

式中：β_m 为最大效率时的负载系数。

式（2-45）说明，当铜损等于铁损，即可变损耗等于不变损耗时，变压器效率最高。由于电力变压器长期接在电网上运行，总有铁损，而铜损却随负载而变化，一般变压器不可能总在额定负载下运行，因此，为提高变压器的运行效益，铁损耗设计得小些，一般电力变压器取 $\frac{p_{0N}}{p_{kN}} \approx \frac{1}{4} \sim \frac{1}{3}$，即 β_m 为 0.5～0.6。

【例 2-6】　继续［例 2-5］，根据所得参数值完成下列任务：

（1）试计算额定负载且功率因数 $\cos\varphi_2=0.8$（滞后）时变压器的电压变化率和效率。

（2）最大效率时的负载系数 β_m 及最大效率 η_m。

解：（1）从［例 2-5］的解得 $r_k^*=0.022$，$x_k^*=0.041$，$p_{0N}=1450\text{W}$，$S_N=320\text{kVA}$

$$p_{kN} = 3r_{k75℃}I_{1N}^2 = 3 \times 2.71 \times 29.33^2 = 6993(\text{W})$$

又已知 $\beta=1$，$\cos\varphi_2=0.8$（滞后），$\sin\varphi_2=0.6$

所以 $\Delta U\%=\beta\ (r_k^* \cos\varphi_2+x_k^* \sin\varphi_2)\ \times 100\%=\ (0.022\times 0.8+0.041\times 0.6)\ \times 100\%=4.22\%$

$$\eta=\left(1-\frac{P_{0N}+\beta^2 p_{kN}}{\beta S_N\cos\varphi_2+p_{0N}+\beta^2 p_{kN}}\right)\times 100\%=\left(1-\frac{1450+6993}{320\ 000\times 0.8+1450+6993}\right)\times 100\%$$
$$=96.8\%$$

(2) $\beta_m=\sqrt{\frac{p_{0N}}{p_{kN}}}=\sqrt{\frac{1450}{6993}}=0.46$

$$\eta_m=\left(1-\frac{p_{0N}+\beta_m^2 p_{kN}}{\beta_m S_N\cos\varphi_2+p_{0N}+\beta_m^2 p_{kN}}\right)\times 100\%$$
$$=\left(1-\frac{1450+0.46^2\times 6993}{0.46\times 320\ 000\times 0.8+1450+0.46^2\times 6993}\right)\times 100\%=97.6\%$$

项目对应技能训练

(一) 变压器绕组直流电阻测量

1. 试验目的

(1) 检查绕组的接头质量和绕组有无匝间短路。

(2) 检查分接开关的各个位置接触是否良好以及分接开关实际位置与指示位置是否相符。

(3) 多股导线并绕的绕组是否有断股等情况。

2. 测量方法

通常测量直流电阻的方法是电桥法。电桥法是采用电桥平衡来测量线圈电阻的，一般都用直流电桥。常用的有单臂电桥、双臂电桥和双单臂电桥。当被测量的电阻大于 10Ω 时，应该使用单臂电桥，如 QJ23、QJ24 等；当被测量电阻小于 10Ω 时使用双臂电桥。测量时最好能测量每相的阻值。对于无中性点引出的测量出线电阻后应进行换算。

当绕组是 Y 形接法时，各相的直流电阻为

$$r_u=(R_{UV}+R_{UW}-R_{VW})/2, r_v=(R_{UV}+R_{VW}-R_{UW})/2, r_w=(R_{VW}+R_{UW}-R_{UV})/2$$

式中：r_u、r_v、r_w 为每相绕组的直流电阻；R_{UV}、R_{UW}、R_{VW}是相间电阻。

当绕组是△形接法时，各相的直流电阻为

$$r_u=(R_{UV}-R_P)-R_{UV}R_{VW}/(R_{UV}-R_P), r_v=(R_{VW}-R_P)-R_{UV}R_{UW}/(R_{VW}-R_P)$$
$$r_w=(R_{UW}-R_P)-R_{UV}R_{VW}/(R_{UW}-R_P), R_P=(R_{UV}+R_{VW}+R_{UW})/2$$

式中：r_u、r_v、r_w 为每相绕组的直流电阻；R_{UV}、R_{UW}、R_{VW}为相间电阻。

3. 试验要求

由于影响测量结果的因素很多，如测量表计、引线、温度、接触情况和稳定时间等，因此，测试时要满足以下要求：

(1) 测量仪表的准确度不低于 0.5 级；连接导线要有足够的截面，且接触良好。

(2) 准确测量绕组的平均温度；为了便于数值比较，应将不同温度下测量的直流电阻换算到同样温度。要有反向电动势保护措施。

4. 注意事项

(1) 电压线应尽量短粗些；电压和电流线与被测绕组的端子应可靠连接。

(2) 电压线接头应在电流线接头的内侧，并避免电压线接头流过测试电流。

（3）切断测试电流时，有过电压产生，防止设备和人员受到伤害。同一变压器其他非测量绕组的端子和引线应可靠绝缘。

（二）单相变压器空载试验

该实验目的、内容已在前面介绍，由学生自己根据实验室情况制订实验计划进行。实验要求如下：

（1）根据实验题目、变压器铭牌选择本实验所需设备（包括名称、规格）和仪表（含类型和量程）

（2）根据实验目的及内容，确定本实验方案、步骤，并设计实验接线图。

（3）列出实验数据表格；标明本实验注意事项。

（4）写出实验报告，着重讨论采用本方案的原因，并对实验结果进行分析。

（三）单相变压器短路试验

该实验目的、内容已在前面介绍，由学生自己根据实验室情况制定实验计划进行。实验要求如下：

（1）根据实验题目、变压器铭牌选择本实验所需设备（包括名称、规格）和仪表（含类型和量程）

（2）根据实验目的及内容，确定本实验方案、步骤，并设计实验接线图。

（3）列出实验数据表格；标明本实验注意事项。

（4）写出实验报告，着重讨论采用本方案的原因，并对实验结果进行分析。

项目小结

（1）变压器的内部磁通分成主磁通和漏磁通，这两部分磁通所经过的磁路性质和所起的作用不同。主磁通起传递能量的媒介作用；漏磁通只起电抗压降作用而不直接参与能量传递。为便于分析，引入电路参数——励磁阻抗和漏抗这些不同性质的参数去反映磁路对电路的影响，从而把较复杂的磁路问题简化成电路问题。

（2）通过对变压器稳态运行时内部电磁关系的分析，导出了变压器的基本方程式、等效电路和相量图。基本方程式概括了电动势和磁动势平衡两个基本电磁关系，负载变化对一次侧的影响就是通过二次侧磁动势起作用的。基本方程式的模拟电路是等效电路，基本方程式的图形表达形式是相量图，它表示变压器中各物理量的大小和相位关系。三者都是分析变压器的工具，可根据不同的情况选用。在应用等效电路作定量分析计算时，注意一、二次侧各量的折算关系。

（3）励磁电抗 x_{m} 和漏电抗 $x_{1\sigma}$及 $x_{2\sigma}$是变压器的重要参数。x_{m} 与主磁通相对应，其值很大，且随铁芯饱和程度增大而减小。而 $x_{1\sigma}$和 $x_{2\sigma}$则分别与一、二次侧的漏磁通相对应，其值很小，它们基本上为常数。

（4）变压器的电压变化率 ΔU 和效率 η 是衡量其运行性能的两个主要指标。ΔU 的大小反映了变压器负载运行时二次侧电压的稳定性，而效率 η 则表明运行时的经济性。电机运行参数对 ΔU 与 η 影响很大，因此在设计变压器时应正确选择。对已制成的变压器，则可通过空载和短路试验测出这些参数。

项目对应思考与练习

一、填空题

1. 变压器空载时的损耗主要是由于（　　）的磁化所引起的（　　）和（　　）损耗。

2. 在测试变压器参数时，须做空载试验和短路试验。为了便于试验和安全，变压器的空载试验一般在（　　　）加压；短路试验一般在（　　　）加压。

3. 变压器铁芯饱和程度越高，其励磁电抗 x_m 就越（　　　）。

4. 若将变压器低压侧参数折算到高压侧时，其电动势（或电压）应（　　　）、电流应（　　　）、电阻（或电抗）应（　　　）。

5. 变压器空载时的主磁通是由（　　）产生的；而负载时的主磁通是由（　　）产生的。

6. 当电源频率一定时，变压器的主磁通幅值随电压升高而（　　），随一次绕组匝数增加而（　　）。

7. 反映变压器主磁通大小的电路参数是（　　），反映一次、二次绕组漏磁通大小的电路参数分别是（　　）、（　　）。

8. 变压器等效电路中的电阻 R_m 是（　　）的等效电阻，R_k 是（　　）的电阻。

9. 设变压器的变比为 k，在高、低压侧进行空载试验测得的励磁阻抗分别为 Z_{1m} 和 Z_{2m}，则 $Z_{1m}/Z_{2m}=$（　　），$Z_{1m}^{*}/Z_{2m}^{*}=$（　　）。

10. 若变压器的短路电压 $U_k=0.06\%$，则短路阻抗的标幺值 $Z_k^{*}=$（　　），额定运行时短路阻抗上的压降是一次额定电压的（　　）%。

二、判断题

1. 变压器的输出侧容量与输入侧容量之比称为变压器的效率。（　　）

2. 变压器铁芯面积越大，其空载电流就越小。（　　）

3. 变压器的短路阻抗越大，电压变化率就越大。（　　）

4. 变压器工作时，一次绕组中的电流强度是由二次绕组中的电流强度决定的。（　　）

5. 在变压器中，主磁通若按正弦规律变化，产生的感应电动势也是正弦变化，且相位一致。（　　）

6. 变压器在负载时不产生空载损耗。（　　）

7. 变压器在额定负载时效率最高。（　　）

8. 变压器的一、二次侧的漏阻抗 $Z_{1\sigma}$ 和 $Z_{2\sigma}$ 是常数。（　　）

9. 变压器的空载损耗主要是铁芯中的损耗，损耗的主要原因是磁滞和涡流。（　　）

10. 变压器在运行中产生的主要损耗为铁耗和铜耗两大类。（　　）

11. 变压器在额定负载运行时，其效率与负载性质有关。（　　）

三、简答题

1. 变压器的励磁阻抗与磁路的饱和程度有关系吗？

2. 将变压器的二次侧参数折算到一次侧时哪些量要改变？如何改变？哪些量不变？

3. 变压器的电压变化率是一个固定的数值吗？与哪些因素有关？

4. 变压器在负载运行时，其效率是否为定值？在什么条件下，变压器的效率最高？

5. 变压器短路试验的主要目的是什么?

6. 变压器空载试验的目的是什么?

7. 为什么变压器短路试验所测得的损耗可以认为就是绕组的铜耗?

8. 变压器短路阻抗 Z_k 的大小对变压器运行能有什么影响?

9. 变压器二次侧接电阻、电感和电容负载时，从一次侧输入的无功功率有何不同，为什么?

10. 空载试验时希望在哪侧进行? 将电源加在低压侧或高压侧所测得的空载功率、空载电流、空载电流百分数及励磁阻抗是否相等? 如试验时，电源电压达不到额定电压，问能否将空载功率和空载电流换算到对应额定电压时的值，为什么?

四、计算题

1. 一台单相变压器，$S_N=1000kVA$ ，$U_{1N}/U_{2N}=60/6.3kV$，$f_N=50Hz$，

空载试验（低压侧）：$U_0=6300V$、$I_0=19.1A$、$P_0=5000W$；

短路试验（高压侧）：$U_k=3240V$、$I_k=15.15A$、$P_k=14\ 000W$；

试计算：

（1）用标幺值计算 T 形等效电路参数；

（2）短路电压及各分量的标幺值和百分值；

（3）满载且 $\cos\varphi_2=0.8$（$\varphi_2>0$）时的电压变化率及效率；

（4）当 $\cos\varphi_2=0.8$（$\varphi_2>0$）时的最大效率。

2. 有一台 S-100/6.3 三相电力变压器，$U_{1N}/U_{2N}=6.3/0.4kV$，Yyn 接线，铭牌数据如下：$I_0\%=7\%$ ，$P_0=600W$，$U_{kN}\%=4.5\%$，$P_{kN}=2250W$。试求：

（1）画出以高压侧为基准的近似等效电路，用标幺值计算其参数，并标于图中。

（2）当变压器一次侧接额定电压，二次侧接三相对称负载运行，每相负载阻抗 $Z_L^*=0.875+j0.438\Omega$ 计算变压器一、二次侧电流、二次端电压及输入的有功功率及此时变压器的铁损。

项目三 三 相 变 压 器

目前电力系统均采用三相制，三相变压器是变压器在电力系统中应用的主要形式。从运行原理分析来看，三相变压器对称运行时，电源、负载对称，各相电压、电流大小相等，相位互差 120°，三相电磁状况基本相同，可取任意一相来分析，且就其一相而言，与单相变压器没有什么区别，因此可以引用前面分析单相变压器的方法及有关结论，来分析对称运行的三相变压器。

在该项目中主要对三相变压器的特殊问题进行研究，如三相变压器的磁路系统、三相变压器绕组连接方法和联结组别以及绕组连接方式和磁路系统对电动势波形的影响等内容。

学习目标

（1）认识变压器三相磁路系统，能区别组式变压器与芯式变压器的磁路结构特点。

（2）掌握变压器极性的概念和测试原理、方法。

(3) 明确变压器联结组别的含义。

(4) 熟练掌握按绕组的接线，通过相量图判断组别的方法。

(5) 了解变压器绕组连接方式和磁路系统对电动势波形的影响。

一、三相变压器磁路系统

三相变压器的磁路系统按铁芯结构形式的不同分为两种，一种是组式变压器磁路，另一种是芯式变压器磁路。

（一）三相组式变压器磁路的特点

三相组式变压器也称三相变压器组，一台组式三相变压器是由三个完全相同的单相变压器组成，它们的绕组按一定方式做三相连接，如图 2-29 所示。这种变压器磁路的特点是每相磁路独立，互不关联，结构是对称的。

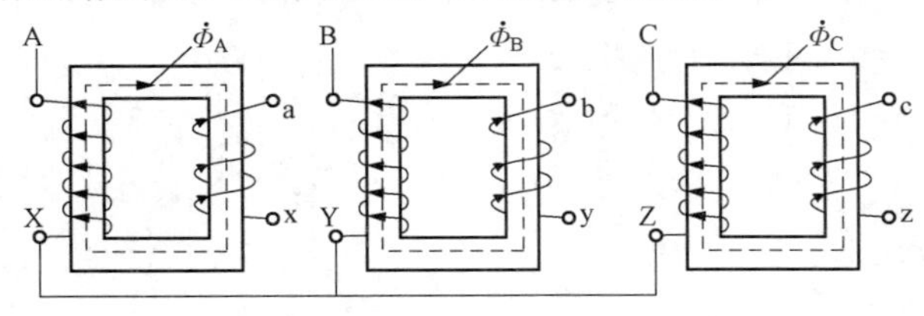

图 2-29 三相组式变压器的磁路

组式磁路优点：每个单相变压器体积小、质量轻、便于运输、备用容量小，在制造和运输有困难的超高压、特大容量变压器中采用时优越性明显，当三相变压器组一次侧外加三相对称电压时，三相主磁通 $\dot{\Phi}_A$、$\dot{\Phi}_B$、$\dot{\Phi}_C$是对称的，又三相磁路也是对称的，故三相励磁电流是对称的。

（二）三相芯式变压器磁路的特点

三相芯式变压器磁路是由组式铁芯演变而成。如果分别把图 2-29 所示的三个单相铁芯上的绕组都集中到一个铁芯柱上，然后把三个没有绕绕组的铁芯柱合并在一起，构成图 2-30（a）所示的结构，正常运行（对称运行）时，由于通过中间铁芯柱的是三相对称磁通，$\dot{\Phi}_A+\dot{\Phi}_B+\dot{\Phi}_C=0$，合成磁通为零。因此可将中间的铁芯柱省去，演变成如图 2-30（b）所示的结构。为了工艺上能制造方便，使中间相轭部磁路缩短，3 个相的铁芯柱排在一个平面上，如图 2-30（c）所示，这就是现在的三相芯式变压器铁芯形式。这种铁芯磁路的特点是三相磁路彼此相关，每相主磁通通过另外两相磁路闭合。在这种变压器中，中间 B 相磁路最短，两边 A、C 两相较长，三相磁路不对称。

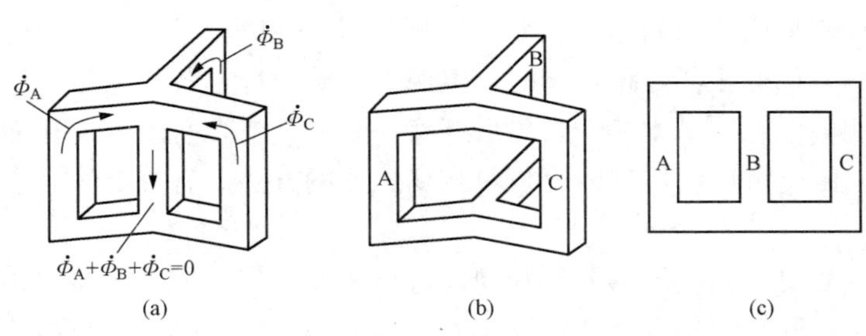

图 2-30 三相芯式变压器磁路系统

图 2-31 所示为三相双绕组芯式变压器结构示意。芯式磁路优点：节省材料、维护方便、占地面积小等，因而被广泛采用。当三相芯式变压器一次侧外加三相对称的电压时，因三相磁路不对称，导致三相磁路磁阻不相等，故三相励磁电流不相等（B 相较小）由于一般

电力变压器的励磁电流较小，它的不对称对变压器负载运行的影响很小，可不予考虑。因此仍可把它看作三相对称系统。另外，由于其三相磁路彼此关联，所以可将三相中大小、频率和相位都相同的量消除。

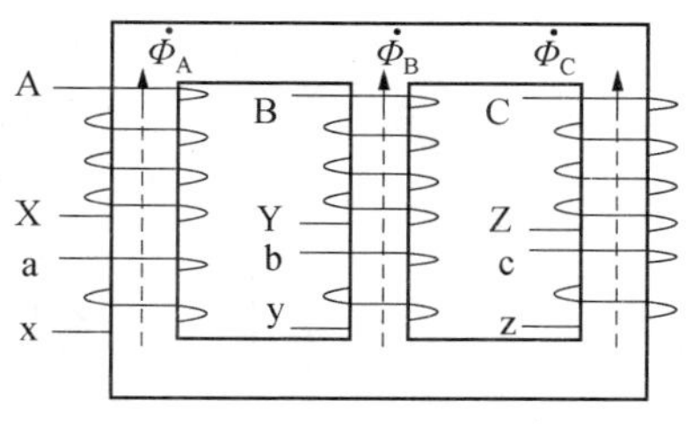

图 2-31 三相双绕组芯式变压器

芯式变压器与组式变压器比较：在相同的额定容量下，芯式变压器经济性好，效率高、省材料、占地少、成本低、运行维护简单，可改善电动势波形；组式变压器由三个体积小、质量小的变压器组成，便于运输。所以芯式变压器广泛应用。

二、三相变压器联结组别

从前面分析可知，变压器的作用是传输交流电能、改变电压等级，即变压器的输出电压 U_2 与其输入电压 U_1 相比是大小发生了变化，它们的关系用变比表征。其实 $\dot{U}_1$ 与 $\dot{U}_2$ 的相位也有可能不同，用联结组别来表征变压器 $\dot{U}_1$ 与 $\dot{U}_2$ 的相位关系。所谓变压器的联结组别是指变压器高、低压绕组的接线方式及其对应的电动势（线电动势）之间的相位关系（三相变压器指线电动势）。下面从绕组端头标记、绕组极性等几个方面来进行变压器联结组别的讨论。

（一）绕组端头标志

通常变压器每绕组都有两端头引出连接电路，为了方便分析，人为地把两端头分为首端和末端，并用英文字母标示，具体见表 2-2。

表 2-2　　变压器绕组的首端和末端的标志

线圈名称	单相变压器		三相变压器		
	首端	末端	首端	末端	中点
高压绕组	A	X	A B C	X Y Z	O
低压绕组	a	x	a b c	x y z	o
中压绕组	A_m	X_m	A_m B_m C_m	X_m Y_m Z_m	O_m

注 1. 中压绕组是三绕组变压器特有的。
2. 高压侧标志用大写字母，低压侧的用小写。
3. 用字母 A、B、C 和 X、Y、Z 表示绕组的首、末端是旧标记法，新标记法对应是：U1、V1、W1 和 U2、V2、W2，因为旧标记法易于分析、讲解，所以这里还是用旧标记法来分析。

（二）绕组极性

1. 高、低压侧绕组极性

前面已经对变压器结构进行了介绍，通常在变压器的铁芯柱上同时绕着分别属高、低压侧的两个绕组，它们同时交链着同一磁通（主磁通），当某一瞬间高压绕组的某一端为正电位时，在低压绕组上必有一个端头的电位也为正，则这两个对应的端头称为同极性端（同名端），并在对应的端头上用符号“•”标出，另外两个端头也互为同极性端。

从电磁感应原理可知：同一磁通作用的两个绕组的首、末端极性只取决于绕组的绕向，与绕组首、末端的标志无关。规定绕组电动势的正方向为从首端指向末端。当同一铁芯柱上高、低压绕组首端的极性相同时，其电动势相位相同，如图 2-32（a）所示，在这里 A 与

a、X与x是同极性端。当首端极性不同时，高、低压绕组电动势相位相反，如图2-32（b）所示，在这里A与x、X与a是同极性端。

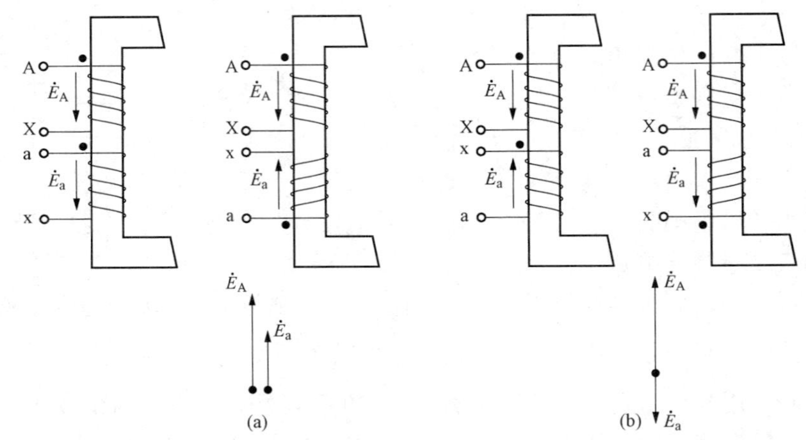

图2-32 绕组标志、极性、相量图

2. 三相变压器同侧绕组相间极性

为保证三相变压器中三相电压、电动势的对称，要求同一侧的三相绕组首端、末端分别互为“相间同名端”。如图2-31所示，相间同名端就是指变压器同一侧的三相绕组受同一方向（图中向上的$\dot{\Phi}_A$、$\dot{\Phi}_B$、$\dot{\Phi}_C$）磁通作用时，在同一瞬间电动势极性相同的三个端头。图中A、B、C互为相间同名端，a、b、c互为相间同名端，当然X、Y、Z也互为相间同名端，x、y、z也互为相间同名端。

（三）“时钟法”与单相变压器联结组别

变压器高、低压绕组对应的电动势（线电动势）之间的相位关系，通常用“时钟法”来表示，即把电动势相量图放到时钟上去，让高压绕组的电动势（线电动势）相量作为时钟的长针，且固定指向“12”的位置，对应的低压绕组的电动势（线电动势）相量作为时钟的短针，其所指的钟点数就是变压器联结组别的时钟标号。

图2-32实际上就是对应单相双绕组变压器的分析，当高、低压绕组电动势相位相同时，如图2-32（a）所示，其高压绕组电动势$\dot{E}_A$与低压绕组电动势$\dot{E}_a$同相，相量图放到时钟上，当$\dot{E}_A$指向“12”时，$\dot{E}_a$也指向“12”，所以联结组别为Ii0。其中Ii表示高、低压绕组都是单相绕组，时钟标号为0点（12点）。又当高、低压绕组电动势相位相反时，如图2-32（b）所示，相量图放到时钟上，当$\dot{E}_A$指向“12”时，$\dot{E}_a$指向“6”，时钟标号为6点，所以其联结组别为Ii6。

（四）连接方式与三相变压器联结组别

在我国电力系统中，三相变压器不论是高压绕组还是低压绕组，主要采用星形连接（Y连接）和三角形连接（D连接）两种。例如在高压绕组，把三相绕组的三个末端X、Y、Z连接在一起，形成中点，而把它们的三个首端A、B、C引出接外电路，如图2-33（a）所示，便是星形连接，以符号Y（低压绕组则用y）表示。如果将中性点引出，如图2-33（b）所示，则用Y_N（低压绕组则用y_n）表示。如果把一相的末端和另一相的首端连接起来，顺序形成一闭合电路，如图 2-33（c）（d）所示，称为三角形连接，用 D（低压绕组用 d）表示。三角形连接有两种连接顺序：一种按 X 接 C、Z 接 B、Y 接 A 的顺序连接，如图 2-33（c）所示，称为“逆连”（逆时针）三角形连接；另一种按 X 接 B、Y 接 C、Z 接 A 的顺序连接，称为“顺联”（顺时针）三角形连接，如图 2-33（d）所示。

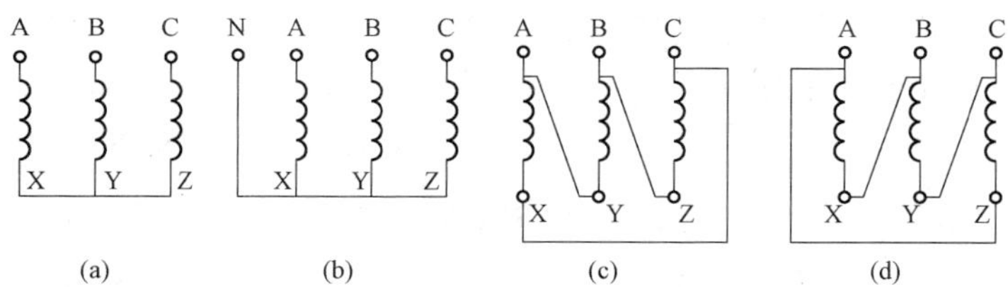

图 2-33 三相变压器绕组的联结方式

（a）星形连接；（b）星形连接中点引出；（c）三角形逆连；（d）三角形顺连

三相变压器的联结组别表达了变压器高、低压绕组对应线电动势之间的相位差，其不仅与绕组的极性（绕法）和首末端的标志有关，而且与绕组的连接方式有关。下面通过举例分析如何根据接线图利用相量图来判断变压器联结组别，同时介绍联结组别的类型特点。

【例 2-7】 试根据图 2-34（a）接线图利用相量图判断变压器联结组别。

解： 题目分析如下：从图 2-34（a）中接线图可知：变压器是 Yy 连接，即两侧都是星接；高、低两侧绕组排列对应，即高压侧 A 相绕组与低压侧 a 相绕组绕在同一铁芯柱上、高压侧 B 相绕组与低压侧 b 相绕组绕在同一铁芯柱上、高压侧 C 相绕组与低压侧 c 相绕组绕在同一铁芯柱上；且高、低压侧首端互为同极性端，所以其高、低压侧对应相电动势同相，即 $\dot{E}_A$ 与 $\dot{E}_a$、$\dot{E}_B$ 与 $\dot{E}_b$、$\dot{E}_C$ 与 $\dot{E}_c$ 分别同相。

利用电路知识，在接线图上标上相电动势和线电动势的相量，画出高压侧相电动势相量图如图 2-34（b）所示，并在相电动势相量图基础上画出线电动势相量图，然后根据高、低压侧相电动势相位关系画出低压侧相电动势相量图，再画低压侧线电动势相量图。到此，解题所需画的相量图基本画完。从图 2-34（b）所示的相量图中可看到：高压侧线电动势 $\dot{E}_{AB}$ 与对应的低压侧线电动势 $\dot{E}_{ab}$ 相位是同相，如果把 $\dot{E}_{AB}$ 与 $\dot{E}_{ab}$ 的相量图放到时钟上并让 $\dot{E}_{AB}$ 指向“12”，那么 $\dot{E}_{ab}$ 也指向“12”，因此该接线图的联结组别是 Yy0 。

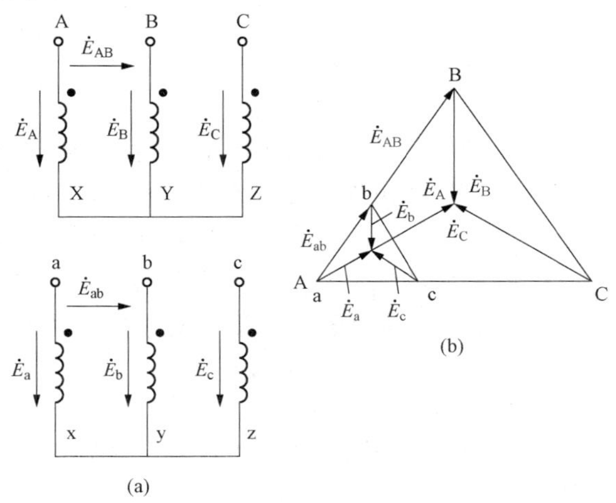

图 2-34 Yy0 联结组别

（a）接线图；（b）相量图

利用相量图分析后，判断结果是：该接线图对应的联结组别是 Yy0 。

【例 2-8】 试根据图 2-35（a）接线图利用相量图判断变压器联结组别。

解： 题目分析如下：从图 2-35（a）中接线图可知：变压器是 Yy 接，即两侧都是星接；高、低两侧绕组排列对应，即高压侧 A 相绕组与低压侧 a 相绕组绕在同一铁芯柱上、高压侧B相绕组与低压侧b相绕组绕在同一铁芯柱上、高压侧C相绕组与低压侧c相绕组绕在同一铁芯柱上；且高压侧首端与低压侧末端互为同极性端，所以其高、低压侧对应相电动势互为反相，即 $\dot{E}_A$ 与 $\dot{E}_a$、$\dot{E}_B$ 与 $\dot{E}_b$、$\dot{E}_C$ 与 $\dot{E}_c$ 分别反相。

利用电路知识，在接线图上标上相电动势和线电动势的相量，画出高压侧相电动势相量图如图2-35（b）所示，并在相电动势相量图基础上画出线电动势相量图，然后根据高、低压侧相电动势相位关系画出低压侧相电动势相量图，再画低压侧线电动势相量图。到此，解题所需画的相量图基本画完。从图2-35（b）所示的相量图中可看到：高压侧线电动势 $\dot{E}_{AB}$与对应的低压侧线电动势 $\dot{E}_{ab}$相位是互为反相，如果把 $\dot{E}_{AB}$与 $\dot{E}_{ab}$的相量图放到时钟上并让 $\dot{E}_{AB}$指向“12”，那么 $\dot{E}_{ab}$也指向“6”，因此该接线图的联结组别是Yy6。

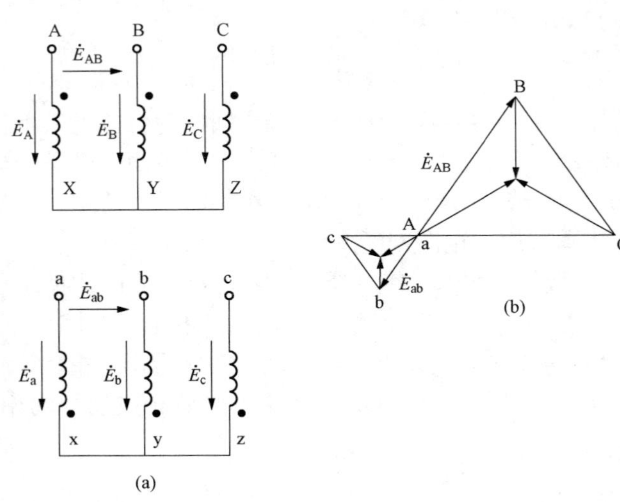

图2-35　Yy6联结组别

利用相量图分析后，判断结果是：该接线图对应的联结组别是Yy6 。

从以上两例可以看到：当变压器高、低压侧对应各相绕组同铁芯柱时，Yy接法有两种情况：

（1）图2-34为高、低压绕组首端互为同极性端，则高、低压绕组相电动势相位相同，高、低压绕组对应线电动势 $\dot{E}_{AB}$和 $\dot{E}_{ab}$也同相位，其联结组别为Yy0。

（2）图2-35为高、低压绕组首端互为不同极性端，则高、低压绕组相电动势相位相反，高、低压绕组对应线电动势 $\dot{E}_{AB}$和 $\dot{E}_{ab}$也相位相反，其联结组别为Yy6 。

如果变压器绕组连接方式不变，三相高压绕组的端头标志不变，而将三相低压绕组端头标志依次后移（右移）一个铁芯柱，通过相量图分析，证明与后移前的相量图相比，相当于把低压侧各相应的电动势顺时针方向转了120°（即时钟标号后移4个点）。

例如图2-34绕组连接方式不变，三相高压绕组的端头标志不变，而将三相低压绕组端头标志依次后移一个铁芯柱如图2-36（a）所示，则得联结组别为Yy4。如后移（右移）两个铁芯柱，则得联结组别为Yy8。

例如图2-35绕组连接方式不变，三相高压绕组的端头标志不变，而将三相低压绕组端头标志依次后移（右移）一个铁芯柱如图2-36（b）所示，则得联结组别为Yy10。如后移（右移）两个铁芯柱，则得联结组别为Yy2。

归纳以上分析，Y，y连接方式的变压器的联结组别分别是0、2、4、6、8、10六个偶数组别，即它们的时钟标号都是偶数。此外，可证明Dd接法也是偶数组别。

【例2-9】　试根据图2-37（a）接线图利用相量图判断变压器联结组别。

解： 从图2-37（a）中接线图可知，变压器是Yd连接，即高压侧是星接，低压侧是逆联的三角接；高、低两侧绕组排列对应，即高压侧A相绕组与低压侧a相绕组绕在同一铁芯柱上、高压侧 B 相绕组与低压侧 b 相绕组绕在同一铁芯柱上、高压侧 C 相绕组与低压侧 c 相绕组绕在同一铁芯柱上；且高、低压侧首端互为同极性端，所以其高、低压侧对应相电动势同相，即 $\dot{E}_{A}$ 与 $\dot{E}_{a}$、$\dot{E}_{B}$ 与 $\dot{E}_{b}$、$\dot{E}_{C}$ 与 $\dot{E}_{c}$ 分别同相。

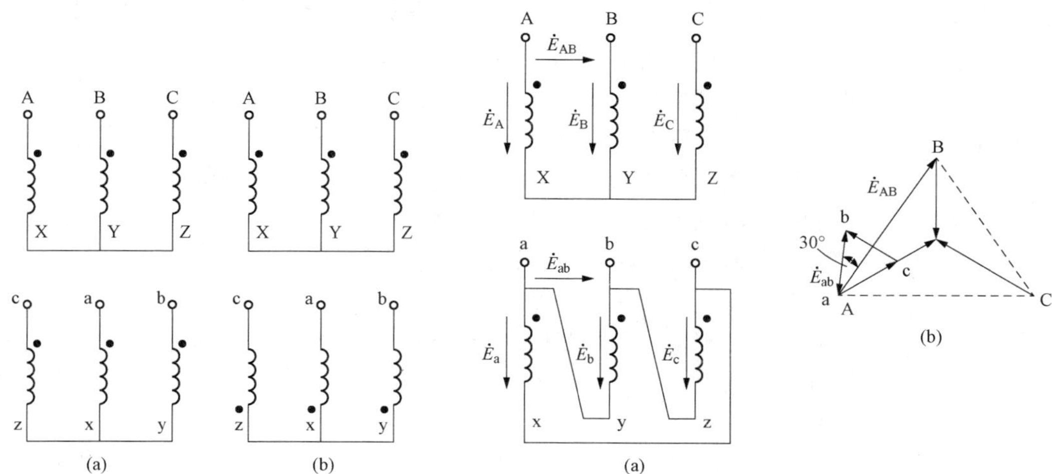

图 2-36　Yy 接变压器不同端头标志的接线图　　图 2-37　Yd11 联结组别

利用电路知识，在接线图上标上相电动势和线电动势的相量，画出高压侧相电动势相量图如图 2-37（b）所示，并在相电动势相量图基础上画出线电动势相量图，然后根据高、低压侧相电动势相位关系画出低压侧相电动势相量图，再画低压侧线电动势相量图。到此，解题所需画的相量图基本画完。从图 2-37（b）所示的相量图中可看到：高压侧线电动势 $\dot{E}_{AB}$滞后对应的低压侧线电动势 $\dot{E}_{ab}$30°，如果把 $\dot{E}_{AB}$与 $\dot{E}_{ab}$的相量图放到时钟上并让 $\dot{E}_{AB}$ 指向“12”，那么 $\dot{E}_{ab}$也指向“11”，因此该接线图的联结组别是 Yd11。

利用相量图分析后，判断结果是该接线图对应的联结组别是 Yd11。

【例 2-10】　试根据图 2-38（a）接线图利用相量图判断变压器联结组别。

解： 从图 2-38（a）中接线图可知，变压器是 Yd 连接，即高压侧是星接，低压侧是顺联的三角接；高、低两侧绕组排列对应，即高压侧 A 相绕组与低压侧 a 相绕组绕在同一铁芯柱上、高压侧 B 相绕组与低压侧 b 相绕组绕在同一铁芯柱上、高压侧 C 相绕组与低压侧 c 相绕组绕在同一铁芯柱上；且高、低压侧首端互为同极性端，所以其高、低压侧对应相电动势同相，即 $\dot{E}_{A}$ 与 $\dot{E}_{a}$、$\dot{E}_{B}$ 与 $\dot{E}_{b}$、$\dot{E}_{C}$ 与 $\dot{E}_{c}$ 分别同相。

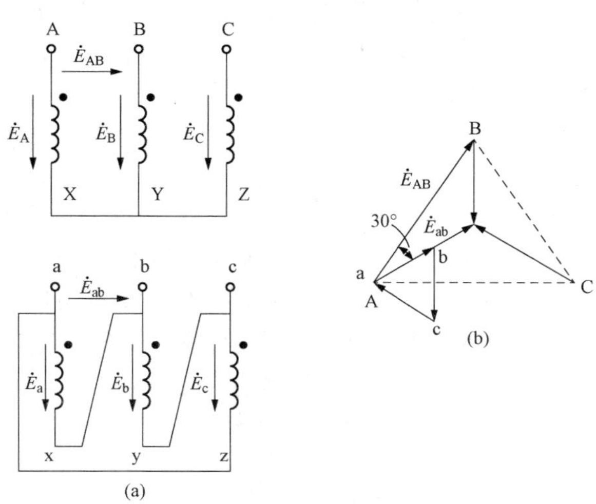

图 2-38　Yd1 联结组别

利用电路知识，在接线图上标上相电动势和线电动势的相量，画出高压侧相电动势相量图如图 2-38（b）所示，并在相电动势相量图基础上画出线电动势相量图，然后根据高、低压侧相电动势相位关系画出低压侧相电动势相量图，再画低压侧线电动势相量图。到此，解题所需画的相量图基本画完。从图 2-38（b）所示的相量图中可看到：高压侧线电动势 $\dot{E}_{AB}$超前对应的低压侧线电动势 $\dot{E}_{ab}$30°，如果把 $\dot{E}_{AB}$与 $\dot{E}_{ab}$的相量图放到时钟上并让 $\dot{E}_{AB}$指向“12”，那么 $\dot{E}_{ab}$也指向“1”，因此该接线图的联结组别是 Yd1 。

利用相量图分析后，判断结果是：该接线图对应的联结组别是 Yd1。

同理可推出，如果图 2-37 变压器绕组连接方式不变，三相高压绕组的端头标志不变，而将三相低压绕组端头标志依次后移（右移）一个铁芯柱，通过相量图分析，证明与后移前的相量图相比，相当于把低压侧各相应的电动势顺时针方向转了 120°（即时钟标号后移 4 个点），则得 Yd3 联结组别。如后移（右移）两个铁芯柱，则得联结组别为 Yd7。

如果图 2-38 中变压器绕组连接方式不变，三相高压绕组的端头标志不变，而将三相低压绕组端头标志依次后移（右移）一个铁芯柱，通过相量图分析，证明与后移前的相量图相比，相当于把低压侧各相应的电动势顺时针方向转了 120°（即时钟标号后移 4 个点），则得 Yd5 联结组别。如后移（右移）两个铁芯柱，则得联结组别为 Yd9。

综上所述可推得，对 Yy 和 Dd 连接的变压器，联结组别属偶数组别；而 Yd 和 Dy 连接的变压器，联结组别属奇数组别。

变压器联结组别的种类很多，为了便于制造和并联运行，我国国家标准规定电力变压器的标准联结组别为下列五种，即 Yyn0、Ydll、$Y_N$dll、Y_Ny0、Yy0。其中以前三种最为常用。Yyn0 联结组别的二次绕组可引出中性线，成为三相四线制，用作配电变压器时可兼供动力和照明负载。Ydll 连接组用于低压侧电压高于 400V，高压侧电压不超过 35kV，最大容量为 5600kVA 的变压器。$Y_N$dll 联结组别主要用于高压输电线路中，使电力系统的高压侧可以接地。Y_Ny0 用于高压侧的中点需接地的场合，而 Yy0 一般用于只供动力负载的配电变压器。对于单相变压器，标准联结组别为 Ii0。

*三、绕组连接方式和磁路系统对空载电动势波形的影响

变压器空载电动势波形为正弦波是理想状况，要产生正弦波的电动势，主磁通必须为正弦波，由于变压器铁芯饱和，励磁电流（即空载电流）为尖顶波，才形成正弦波的主磁通。而尖顶波的励磁电流除基波外还主要包含有三次谐波电流分量。三次谐波电流频率是基波电流频率的三倍，三相励磁电流的三次谐波电流分量表达式为

$$i_{03mA} = I_{03m}\sin 3\omega t$$

$$i_{03mB} = I_{03m}\sin 3(\omega t - 120^\circ) = I_{03m}\sin 3\omega t$$

$$i_{03mC} = I_{03m}\sin 3(\omega t - 240^\circ) = I_{03m}\sin 3\omega t$$

从上式可知，变压器三相励磁电流的三次谐波电流分量大小相等、频率、相位相同。三相同相位、同大小的三次谐波电流能否流通与一次绕组的连接方式有关，如三次谐波电流分量不能流通，那励磁电流就剩下基波分量，波形是正弦波了，主磁通就有可能非正弦了。磁通波形还与磁路结构有关，下面就不同的连接方式和磁路结构对电动势波形的影响进行讨论。

（一）Yy 连接的三相变压器

一次侧绕组采用无中线的星形连接：三相同相位的三次谐波电流分量不能流通，使励磁电流 i_0 为正弦波，从图 2-39 的分析可知：由于铁芯磁路的饱和现象，主磁通 Φ 近似为平顶波，其组成除基波分量磁通 Φ_1 外，还主要包含有三次谐波分量磁通 Φ_3，但三次谐波分量磁

通形成规模的大小取决于三相变压器的磁路系统。

1. 组式变压器

因为组式变压器三相磁路彼此独立、相互无关，三次谐波磁通畅通，而且三次谐波磁通的频率为基波频率的 3 倍，所以由它所感应的三次谐波相电动势较大，其幅值可达基波幅值的 60%，甚至更高，导致相电动势波形严重畸变，形成尖顶波，如图 2 - 40 所示。结果使相电动势的最大值比基波幅值升高很多，所产生的过电压可能击穿绕组绝缘。因此，三相组式变压器不能采用 Yy 连接。

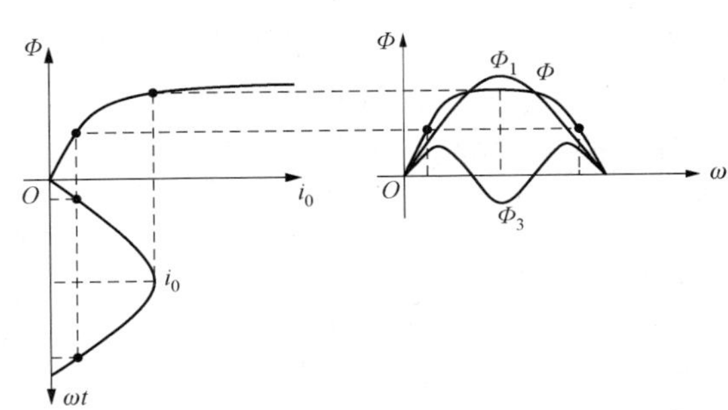

图 2 - 39 正弦激磁电流产生的主磁通波形

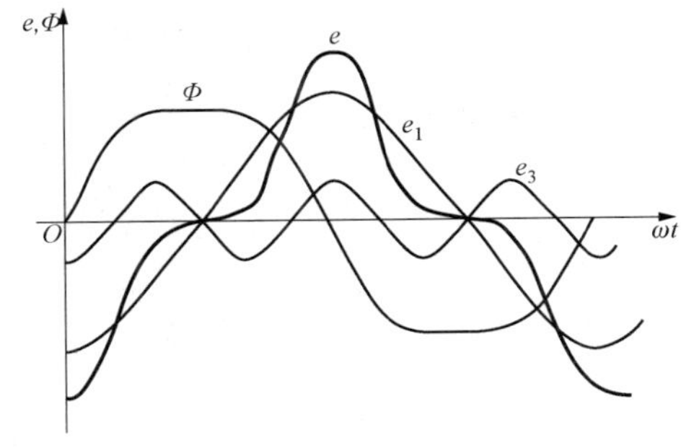

图 2 - 40 Yy 连接三相变压器组的相电动势波形

2. 芯式变压器

因为芯式变压器三相磁路彼此相关联，各相大小相等、相位相同的三次谐波磁通不能在铁芯中闭合，只能沿铁芯周围的油和油箱壁等形成回路，如图 2 - 41 所示。由于该磁路磁阻很大，使三次谐波磁通 $Φ_3$ 很小，可以忽略不计，所以主磁通和相电动势可近似地看作是正弦波。因此，三相芯式变压器可以接成 Yy 连接。但因三次谐波磁通经过油箱壁及其他铁夹件时会在其中产生涡流，引起变压器局部发热，降低变压器效率。所以变压器容量不能取太大，一般 Yy 接法的三相芯式变压器的容量不超过 1800kVA。

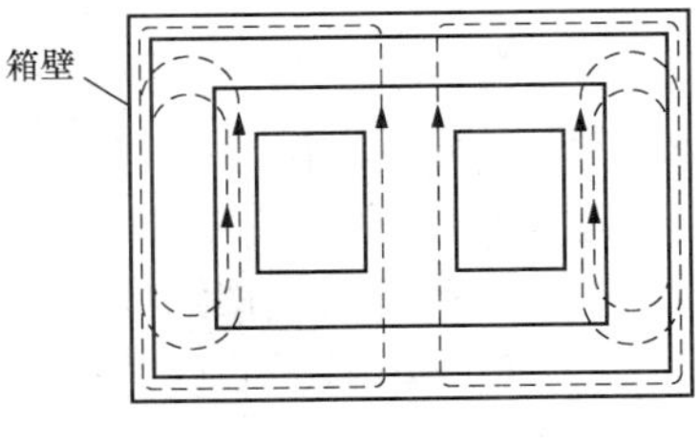

箱壁

图 2 - 41 三相芯式变压器中三次谐波磁通的路径

（二）Dy 和 Y_Ny 连接的三相变压器

当一次侧绕组采用三角形连接时，三相同相位的励磁电流三次谐波分量在闭合的三角形连接的绕组中畅通；当一次侧绕组采用有中线的星形连接时，三相同相位的励磁电流三次谐波分量通过星形连接的中线畅通。所以励磁电流 I_0 为尖顶波，这使主磁通 $Φ$ 为正弦波，则电动势 e 为正弦波。所以无论三相组式变压器还是三相芯式变压器，都可采用 Dy 和 Y_Ny 连接。

（三）Yd 连接的三相变压器

一次侧绕组采用无中线的星形连接：三相同相位的三次谐波电流分量不能流通，使励磁电流i_0为正弦波，主磁通 $Φ$ 为包含了基波和三次谐波的平顶波。如图 2 - 42 所示，主磁通中的三次谐波分量 $\dot{Φ}_3$ 在二次侧中感应三次谐波电动势 $\dot{E}_{23}$，$\dot{E}_{23}$滞后 $\dot{Φ}_3 90°$，$\dot{E}_{23}$在二次侧闭合的三角形回路中产生较大的三次谐波电流 $\dot{I}_{23}$。

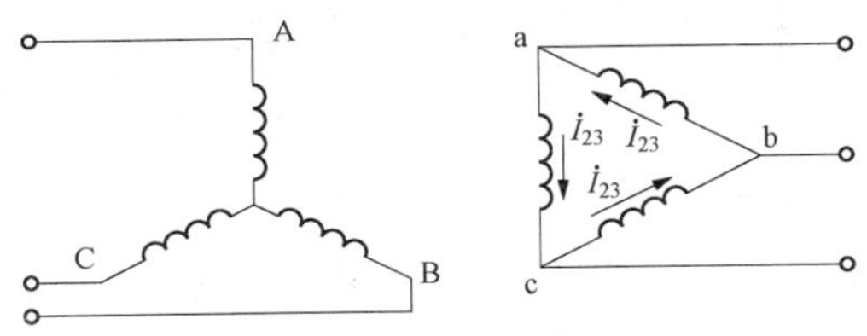

图 2 - 42 Yd 连接的三相变压器

由于二次侧绕组电阻远小于其三次谐波电抗，所以 $\dot{I}_{23}$滞后 $\dot{E}_{23}$接近 90°，它们的相量关系如图 2-43 所示，$\dot{I}_{23}$建立的二次侧三次谐波磁通 $\dot{\Phi}_{23}$的相位与 $\dot{\Phi}_3$ 接近相反，这时铁芯中实际的三次谐波磁通 $\dot{\Phi}_{23}=\dot{\Phi}_{23}+\dot{\Phi}_3$已大大减小，即 $\dot{\Phi}_{23}$对 $\dot{\Phi}_3$ 有很大程度的削弱作用。因此铁芯中的合成磁通及绕组的感应电动势均接近正弦波。所以在高压线路中大容量变压器可接成 Yd 连接，无论对三相芯式变压器或是三相组式变压器都是适用的。

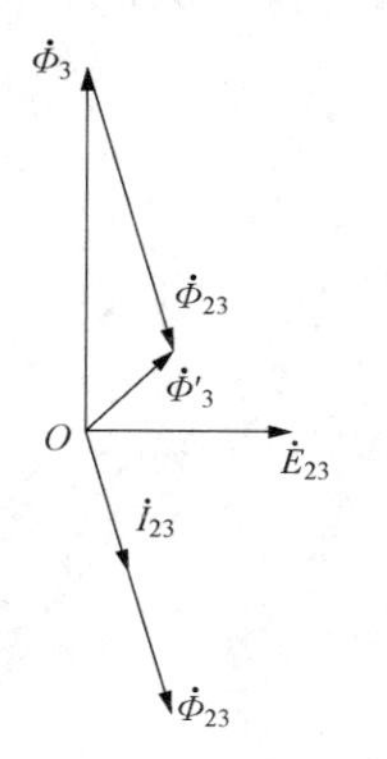

图 2-43 Yd 连接变压器三次谐波相量图

从上述分析所得原理可知：当某些大容量变压器需要接成 Yy 连接时，可在铁芯柱上加装一套附加绕组，接成三角连接，其不带负载，专门感应三次谐波电动势，形成三次谐波感应电流、产生对应的三次谐波磁通来削弱铁芯中的三次谐波磁通总量，以改善电动势的波形。

（四）Yyn 连接的三相变压器

一次侧绕组采用无中线的星形连接，三次谐波电流分量不能流通；二次侧绕组采用星形联结有中线引出，三次谐波电流有通路，但须经过负载闭合。空载时，二次侧的三次谐波电流也没有通路；负载时，二次侧的三次谐波电流被负载阻抗削弱，故对主磁通波形的影响很小，效果和 Yy 联结组别相同。

项目对应技能训练

一、变压器绕组极性测定

1. 实验目的

掌握用实验方法测定三相变压器的极性。

2. 实验内容

（1）三相变压器相间同名端测定。

（2）变压器高、低压侧极性测定。

3. 实验步骤

（1）三相变压器相间同名端测定。测试对象是教学用的三相双绕组芯式变压器，用其中高压和低压两组线圈，额定容量 $P_N=100\sim200$W，$U_N=220/55$V。用万用表的电阻挡测出高、低压绕组 12 个出线端头之间哪两个相通，并观察其阻值。阻值大为高压绕组，其端头分别用 A、B、C、X、Y、Z 标志。低压绕组的端头分别用 a、b、c、x、y、z 标志。

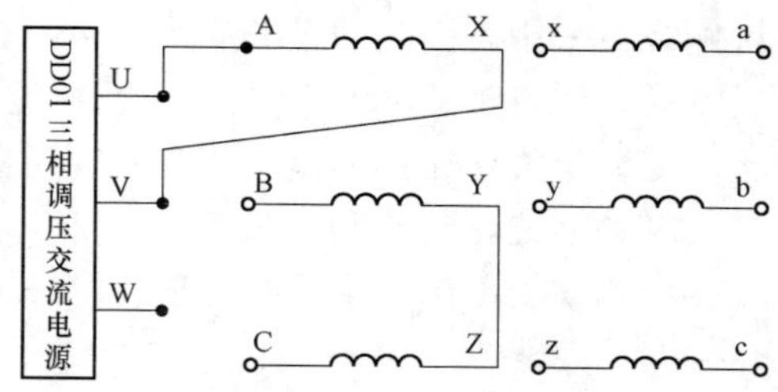

图 2-44 测定相间极性接线图

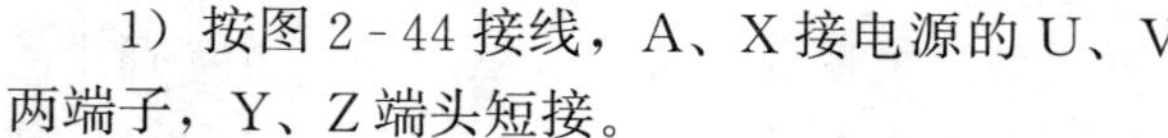

1）按图 2-44 接线，A、X 接电源的 U、V 两端子，Y、Z 端头短接。

2）接通交流电源，在绕组 A、X 间施加约 $50\%U_N$的电压。

3）用万用表测出电压U_{BY}、U_{CZ}、U_{BC}，若$U_{BC}=|U_{BY}-U_{CZ}|$，则端头 B 与 C 互为相间同名端，B、C 相首末端标志正确；若$U_{BC}=|U_{BY}+U_{CZ}|$，则端头 B、C 不是相间同名端，

B、C 相首末端标志不对。须将 B、C 两相任一相绕组的首末端标志对调。

4）用同样方法，将 B（或 C）相绕组施加电压，A、C（或 A、B）两相末端相连接，测定出正确的 A、C（或 A、B）相首、末端标志。这样，就可正确测定高压侧三相绕组的标志。

5）对低压绕组用同样的方法进行 1）～4）步骤，测定正确的低压绕组端头标志。

（2）高、低压侧极性测定。测试对象同前，也是教学用的三相双绕组芯式变压器。

1）在满足相间极性的前提下标出三相高、低压绕组的标志 A、B、C、X、Y、Z 和 a、b、c、x、y、z，然后按图 2-45 接线，原、副方中点用导线相连。

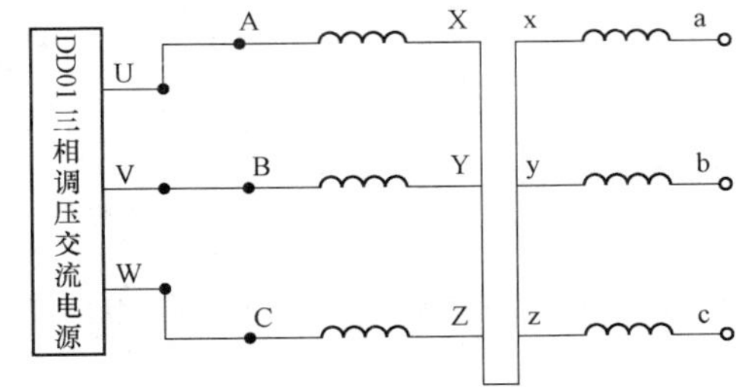

图 2-45　测定高、低压侧极性接线图

2）高压三相绕组施加约 50% 的额定电压，用电压表测量电压 U_{AX}、U_{BY}、U_{CZ}、U_{ax}、U_{by}、U_{cz}、U_{Aa}、U_{Bb}、U_{Cc}若 $U_{Aa}=U_{AX}-U_{ax}$，则绕组端头 A 与 a 互为同极性端，A 相高、低压绕组电压同相。若 $U_{Aa}=U_{AX}+U_{ax}$，则绕组端头 A 与 a 为不同极性端，A 相高、低压绕组电压反相。

3）用同样的方法可分别判定出 B、C 两相高、低压侧绕组的极性。

二、三相变压器联结组别检验

1. 实验目的

掌握用实验方法判别变压器的联结组。

2. 实验内容

（1）连接并判定 Yy0 联结组别。

（2）连接并判定 Yy6 联结组别。

（3）连接并判定 Yd11 联结组别。

3. 实验步骤

测试对象也与前面实验一样，是教学用的三相双绕组芯式变压器。

（1）Yy0。

1）按图 2-46（a）接线。A、a 两端点用导线连接，在高压方施加三相对称的额定电压；

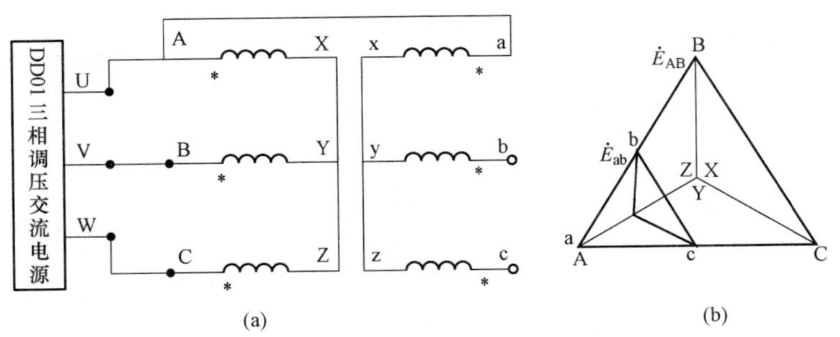

图 2-46　Yy0 联结组别

（a）接线图；（b）电动势相量图

2）测出 U_{AB}、U_{ab}、U_{Bb}、U_{Cc}及 U_{Bc}，将数据记录于表 2-3 中。根据图 2-46（b）Yy0 联结组别的电动势相量图可得

$$U_{Bb}=U_{Cc}=(K_L-1)U_{ab} \tag{2-47}$$

$$U_{Bc}=U_{ab}\sqrt{K_L^2-K_L+1} \tag{2-48}$$

式中：K_L 为变压器线电压之比 $K_L=U_{AB}/U_{ab}$。

表 2-3 **Yy0 变压器联结组别检验数据记录**

实验数据					计算数据			
U_{AB}（V）	U_{ab}（V）	U_{Bb}（V）	U_{Cc}（V）	U_{Bc}（V）	$K_L=\frac{U_{AB}}{U_{ab}}$	U_{Bb}（V）	U_{Cc}（V）	U_{Bc}（V）

3）根据表 2-3，若用式（2-47）、式（2-48）两式计算出的电压 U_{Bb}、U_{Cc}、U_{Bc} 的数值与实验测取的数值相同，则表示绕组连接正确，属 Yy0 联结组别。

（2）Yy6。

1）将 Yy0 联结组别的二次绕组首、末端标记对调，A、a 两点用导线相连，如图 2-47（a）所示，在高压方施加三相对称的额定电压。

2）测出 U_{AB}、U_{ab}、U_{Bb}、U_{Cc} 及 U_{Bc}，将数据记录于表 2-4 中。

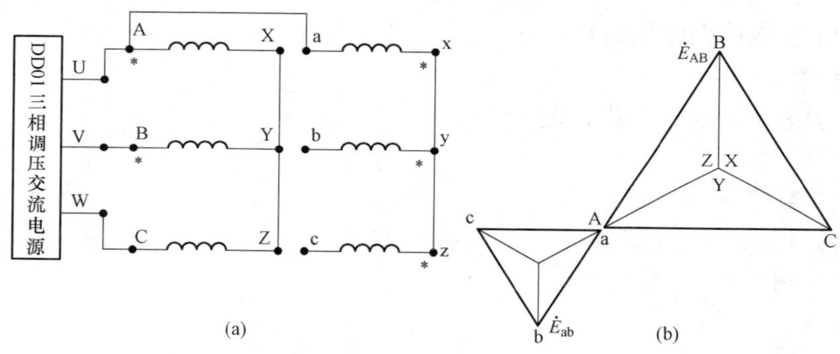

图 2-47 Yy6 联结组别

（a）接线图；（b）电动势相量图

表 2-4 **Yy6 变压器联结组别检验数据记录**

实验数据					计算数据			
U_{AB}（V）	U_{ab}（V）	U_{Bb}（V）	U_{Cc}（V）	U_{Bc}（V）	$K_L=\frac{U_{AB}}{U_{ab}}$	U_{Bb}（V）	U_{Cc}（V）	U_{Bc}（V）

根据图 2-47（b）Yy6 联结组别的电动势相量图可得

$$U_{Bb}=U_{Cc}=(K_L+1)U_{ab} \tag{2-49}$$

$$U_{Bc}=U_{ab}\sqrt{K_L^2+K_L+1} \tag{2-50}$$

式中：K_L 为变压器线电压之比 $K_L=U_{AB}/U_{ab}$。

3）根据表 2-4，若用式（2-49）、式（2-50）两式计算出的电压 U_{Bb}、U_{Cc}、U_{Bc} 的数值与实验测取的数值相同，则表示绕组连接正确，属 Yy6 联结组别。

（3）Yd11。

1）按图 2-48（a）接线。A、a 两端点用导线连接，在高压方施加三相对称的额定电压；

2）测出 U_{AB}、U_{ab}、U_{Bb}、U_{Cc}及 U_{Bc}，将数据记录于表 2-5 中。

表 2-5　　Yd11 变压器联结组别检验数据记录

实验数据					计算数据			
U_{AB}（V）	U_{ab}（V）	U_{Bb}（V）	U_{Cc}（V）	U_{Bc}（V）	$K_L=\frac{U_{AB}}{U_{ab}}$	U_{Bb}（V）	U_{Cc}（V）	U_{Bc}（V）

根据图 2-48（b）Yd11 联结组别的电动势相量图可得

$$U_{Bb}=U_{Cc}=U_{Bc}=U_{ab}\sqrt{K_L^2-\sqrt{3}K_L+1} \quad (2-51)$$

式中：K_L 为变压器线电压之比 $K_L=U_{AB}/U_{ab}$。

3）根据表 2-5，若由式（2-51）计算出的电压 U_{Bb}、U_{Cc}、U_{Bc}的数值与实验测取的数值相同，则表示绕组连接正确，属 Yd11 联结组别。

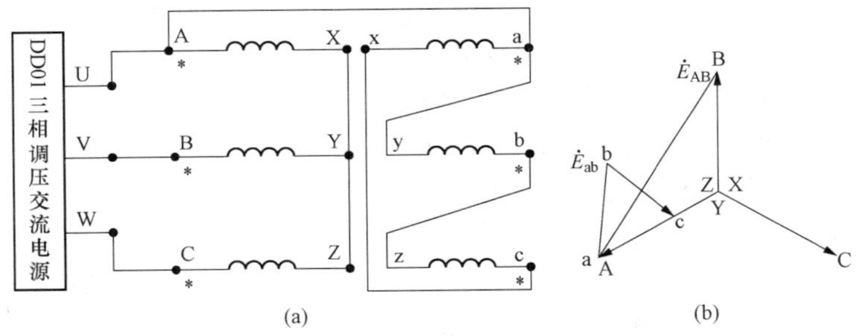

图 2-48　Yd11 联结组别

（a）接线图；（b）电动势相量图

项目小结

（1）三相变压器磁路系统分为组式变压器磁路与芯式变压器磁路两种类型。前者三相磁路彼此独立，互不干扰，后者彼此相关，相互依存。

（2）单相变压器高、低压绕组的端头，有同极性端的关系，用“•”标记。当两绕组首端为同极性端，则两绕组相电动势同相位；当两绕组首端为异极性端，则两绕组相电动势反相位。

（3）变压器的联结组别是反映变压器高、低压绕组的对应的线（或相）电动势之间的相位关系。单相变压器的联结组别有 II0 和 II6 两种；三相变压器的联结组别反映了高、低压三相绕组的连接方式以及高、低压侧对应线电动势之间的相位差。国家标准规定电力变压器的标准联结组别有 Yyn0、Ydll、Yndll、Yny0、Yy0 五种，最常用的为前三种。对于单相变压器，标准联结组别为 II0。

项目对应思考与练习

一、填空题

1. 当三相变压器接成星形（Y）时，其线电压是相电压的（　　　　）倍，线电流与相电流（　　　　）。

2. 三相变压器组不能采用（　　　　）连接方法，而三相芯式变压器可以采用。

3. 三相组式变压器各相磁路（　　　　），三相芯式变压器各相磁路（　　　　）。

4. 三相变压器按磁路结构可分为（　　）和（　　），其中（　　）变压器的三相磁路是相互独立的。

5. 当三相变压器接成三角形（D）时，其线电压与相电压（　　　　），线电流是相电流的（　　　　）倍。

6. 单相变压器高、低压侧电压同相位时，联结组别为（　　）；反相位时，联结组别为（　　）。

7. 标准联结组别的三相变压器，属于同一相的高、低压绕组在（　　　）铁芯柱上，它们的绕向及首、末端标志是（　　　）。

8. 时钟法表示三相变压器的联结组别，是将（　　）相量固定指向时钟的“0 点”位置，而（　　　）相量所指的钟点就是其联结组别号。

9. 变压器联结组别为 Ydll，则高、低压侧相对应的相电压有（　　　）相位差，而线电压有（　　　　）相位差。

10. 若三相变压器联结组别为奇数，则一、二次绕组连接方式为（　　　）；若为偶数，则一、二次绕组连接方式为（　　　　）。

二、判断题

1. 三相变压器组和三相芯式变压器均可采用 Yy 连接方式。（　　）

2. 对 Yy 连接的三相芯式变压器进行空载电流测量时，精确的测量结果应是三相空载电流相等。（　　）

3. 要把联结组别为 II6 的单相变压器改为 II0，应采用方法是只改变其中一个绕组的首、末端标志。（　　）

4. 三相变压器绕组的同名端是指同一铁芯柱上两个绕组之间的极性关系。（　　）

5. 三相变压器绕组的相间同名端是指各低压绕组之间或各高压绕组之间的极性关系。（　　）

6. 三相芯式变压器的联结组别为 Yy8，其中数字“8”的物理含义为 $\dot{U}_{AB}$滞后 $\dot{U}_{ab}$120°（　　）

7. 对于 Yy 连接的三相芯式变压器，由于一、二次绕组都没有中性线，所以 3 次谐波电流不能流通。（　　）

8. 为了改善三相变压器相电压的波形，应采用的联结组别为 Dy。（　　）

9. 三相芯式变压器的联结组别为 Yy2，其中数字“2”的物理含义为 $\dot{U}_{AB}$超前 $\dot{U}_{ab}$60°（　　）

10. 三相变压器高压侧线电压 $\dot{U}_{AB}$领先于低压侧线电压 $\dot{U}_{ab}$的相位为 90°，则该变压器连接组标号的时钟序号为 9。(　　)。

三、简答题

1. 三相芯式变压器和三相组式变压器相比，具有什么优点？在测取三相芯式变压器空载电流时，为何中间一相电流小于旁边两相？

2. 单相变压器的组别（极性）有何意义，如何用时钟法来表示？

3. 三相变压器的组别有何意义，如何用时钟法来表示？

4. DY、Yd、Yy、和 Dd 接线的三相变压器，其变比 k 与两侧线电压呈何关系？

5. 为什么说变压器的励磁电流中需要有一个三次谐波分量，如果励磁电流中的三次谐波分量不能流通，对变压器绕组中感应电动势波形有何影响？

6. Yd 接线的三相变压器，三次谐波电动势能在 Δ 中形成环流，而基波电动势能否在 Δ 中形成环流，为什么？

7. 试分析为什么三相组式变压器不能采用 Yy0 接线，而小容量的三相芯式变压器却可以？

8. 三相变压器有哪些标准联结组别？

9. 试根据图 2-49 利用相量图判断联结组别。

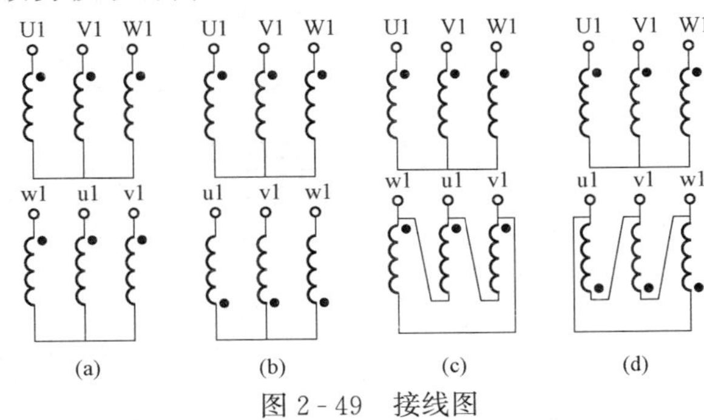

图 2-49 接线图

项目四 变压器运行分析

学习目标

(1) 熟练掌握变压器并联运行的理想条件。

(2) 了解变压器不能满足并联条件时并联运行的不良后果。

(3) 掌握变压器并联运行时负载分配的计算方法。

(4) 了解空载投入出现励磁涌流的原因。

(5) 了解突然短路对变压器的影响。

一、变压器并联运行

变压器是电力系统中的重要电气设备之一，在输电网中的地位举足轻重，由于其连续运行的时间长，为了使变压器安全经济运行及提高供电的可靠性和灵活性，在运行中通常将两台或两台以上的变压器并联运行。变压器并联运行也称并列运行，就是指两台或多台变压器的一、二次绕组分别接在一、二次公共母线上，同时向负载供电的运行方式。图 2-50 所示为两台三相变压器并联运行接线图。

图 2-50 中将两台变压器的一次绕组并接在电源母线上，从相同的电源母线上获取电能；二次绕组也并接在负载母线上，一起向相同的负载输送电能。并联运行是电力变压器主要的运行方式，常用在发电厂和变电站中。

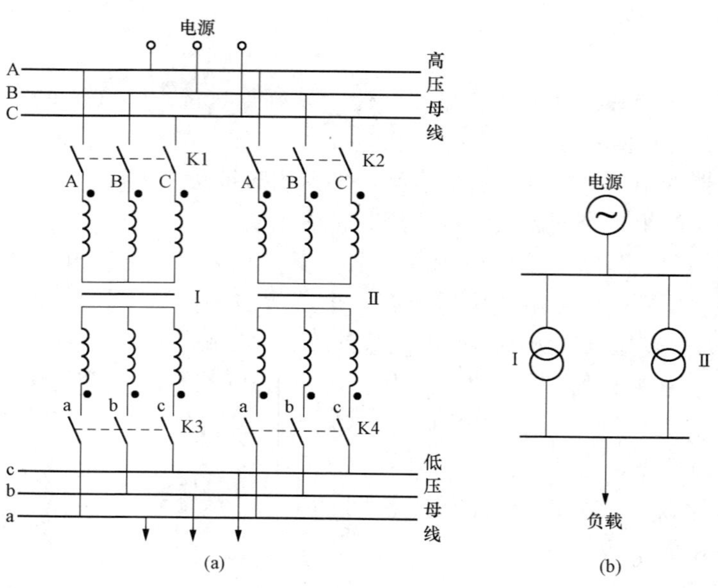

图 2-50 三相变压器并联运行

(a) 两台三相变压器并联运行接线图；(b) 简化接线图

（一）并联运行的优点和条件

1. 并联运行的优点

并联运行方式之所以是电力变压器的主要运行方式，是因为它与单机运行方式（单台变压器传送电能）相比有以下优点：

（1）提高供电的可靠性。当一台变压器故障或检修时，其他变压器仍可保证重要负载的供电。

（2）提高运行的经济性。可根据负载的变化，调整投入并联运行变压器的台数，以减少变压器的空载损耗，提高运行效率。

（3）减少总的备用容量。

（4）随着负载的增加，分期安装新的变压器，以减少初装投资。

2. 并联运行的理想情况

电力变压器的主要运行方式是并联运行，变压器在并联运行中运行状态的好坏主要从以下几方面来评价：

（1）空载时并联运行的各变压器二次侧之间没有循环电流。这样，空载时各变压器一、二次侧的铜损也较小。

（2）带上负载后，各变压器所承担的负载电流按它们的额定容量成比例分配。这样，并联变压器的装机容量能得到充分利用。

（3）负载后各变压器二次侧电流同相位。这样，在总的负载电流一定时各变压器所分担的电流最小；如果各变压器二次侧电流一定时，则共同承担的总电流最大。

3. 变压器的理想并联运行条件

前面三点也就是变压器并联运行理想状态的三个特征。在理想状态下，变压器能耗小、利用率和效率都高，为了达到上述理想并联运行状态，并联运行的各变压器必须具备下列三个条件：①并联运行的各变压器的一、二次侧额定电压应分别相等，且变比相等；②并联运行的各变压器的联结组别相同；③并联运行的各变压器的短路阻抗标幺值（或短路电压）应相等，而且短路阻抗角相等。

以上三个条件中，联结组别相同（第②条）的条件必须严格保证。第①、③条可以有小的偏差，具体的偏差允许范围是：变比偏差不超过±0.5%；短路电压差值不超过±10%；两台变压器容量比不超过 3：1；短路阻抗角的偏差不超过 20°。

（二）不满足并联条件运行时的分析

1. 变比不等时的并联运行

由于三相变压器和单相变压器的原理是相同的，为了便于分析，下以两台单相变压器并列运行为例来分析。如图 2-51 所示，两台变压器一次侧电压 $\dot{U}_1$ 相等，变比不相等，二次侧绕组中的感应电动势也就不相等，导致两变压器二次侧的空载电压 $\dot{U}_{2\mathrm{I}} \neq \dot{U}_{2\mathrm{II}}$，在两变压器的二次侧间的断路器 QS1 两端便出现了电压差 $\Delta\dot{U}_{20}$。

合上 QS1，在 $\Delta\dot{U}_{20}$的作用下，空载（QS2 断开）时二次侧绕组间便出现了循环电流 $\dot{I}_{2h}$(电流路径如图 2-51 中虚线所示)。设两台变压器的额定容量相等，第一台变压器变比小于第二台变压器变比即 $k_{\mathrm{I}} < k_{\mathrm{II}}$，则

$$\dot{U}_{2\mathrm{I}} = \frac{-\dot{U}_1}{k_{\mathrm{I}}}, \dot{U}_{2\mathrm{II}} = \frac{-\dot{U}_1}{k_{\mathrm{II}}}, \Delta\dot{U}_{20} = \dot{U}_{2\mathrm{I}} - \dot{U}_{2\mathrm{II}}$$

$$\dot{I}_{2h} = \frac{\Delta\dot{U}_{20}}{Z_{k\mathrm{I}} + Z_{k\mathrm{II}}} \qquad (2-52)$$

式中：$Z_{k\mathrm{I}}$、$Z_{k\mathrm{II}}$ 分别为第一、二台变压器折算到二次侧的短路阻抗。

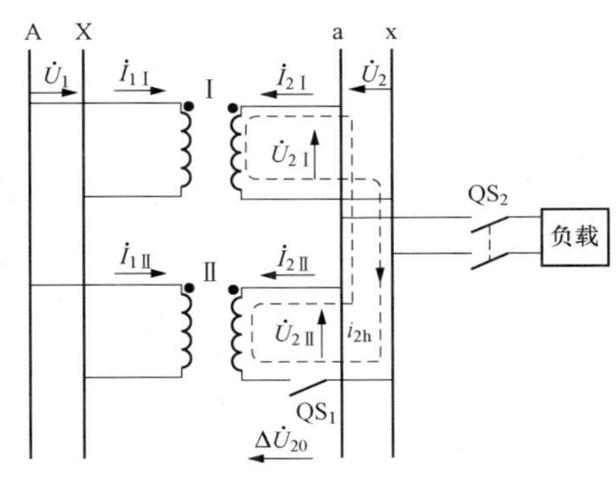

图 2-51　单相变压器变比不等时并联运行

从式（2-52）可以看出，由于变压器短路阻抗值很小，即使电压差 $\Delta\dot{U}_{20}$不大，也能引起较大的环流。环流使空载时变压器的能耗增加，使负载时变比大的变压器承担的电流小（二次绕组中的负载电流减去环流），变比小的变压器承担的电流大（二次绕组中的负载电流加上环流），变比小的变压器满载时，变比大的变压器仍欠载，变压器的容量得不到合理利用。为了限制空载时环流不超过额定电流的 10%，通常规定各台变压器变比的差值与所有变比的几何平均值之比不超过±0.5%。而且为使变压器容量尽可能充分利用，希望变比小的变压器容量大一些。

2. 联结组别不同时的并联运行

两台联结组别不同的变压器一次侧接到同一电网并联运行时，它们二次侧线电压的相位至少差 30°。假定第一台变压器的联结组别为 Yy0，第二台变压器的联结组别为 Yd11，则二次侧线电压的相位差 30°。又设其线电压相等都为额定值，如图 2-52 所示，$\dot{U}_{2\mathrm{I}}$ 和 $\dot{U}_{2\mathrm{II}}$ 分别为两台变压器二次侧空载线电压，它们的电压差 $\Delta\dot{U}_{20}$大小为

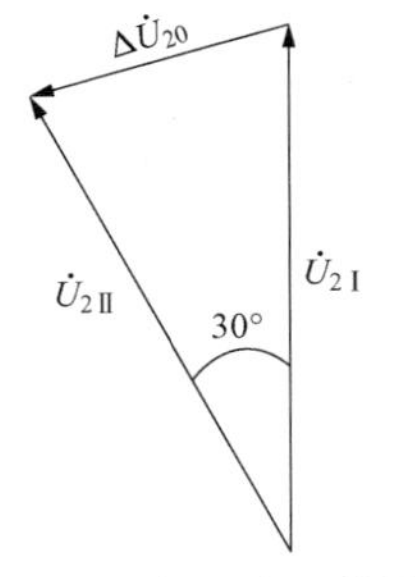

图 2-52　Yy0 与 Yd11 变压器并联运行时二次空载电压的电压差

$$\Delta U_{20} = 2U_{2\mathrm{I}}\sin 15^{\circ} = 0.518U_{2\mathrm{I}}$$

电压差 $\Delta\dot{U}_{20}$ 达到二次侧额定电压的 51.8%，并且二次侧线电压的相位差越大，$\Delta\dot{U}_{20}$ 就越大，最大可达两倍的额定电压（相位差=180°）。根据式（2-52），由于变压器短路阻抗值很小即使二次侧线电压相位差 30°，也会产生很大的环流（额定电流的数倍），致使变压器严重发热，甚至烧毁。因此，联结组别不同的变压器绝对禁止并联运行。

3. 短路阻抗标幺值不等时的并联运行

如图 2-53 所示，两台变压器并联运行，假设其变比和联结组别均相同，而短路阻抗标幺值不等。因为它们的一次侧绕组接在同一电源母线（$\dot{U}_1$）上，二次侧绕组接在同一负载母线（$\dot{U}_2$）上，所以其短路阻抗压降相同，即

$$Z_{\mathrm{kI}}\dot{I}_{2\mathrm{I}} = Z_{\mathrm{kII}}\dot{I}_{2\mathrm{II}}, Z_{\mathrm{kI}}I_{2\mathrm{I}} = Z_{\mathrm{kII}}I_{2\mathrm{II}}, \frac{I_{2\mathrm{I}}}{I_{2\mathrm{II}}} = \frac{Z_{2\mathrm{II}}}{Z_{2\mathrm{I}}}, \frac{\dfrac{I_{2\mathrm{I}}}{I_{2\mathrm{NI}}}}{\dfrac{I_{2\mathrm{II}}}{I_{2\mathrm{NII}}}} = \frac{\dfrac{Z_{\mathrm{kII}}I_{2\mathrm{NII}}}{U_{2\mathrm{NII}}}}{\dfrac{Z_{\mathrm{kI}}I_{2\mathrm{NI}}}{U_{2\mathrm{NI}}}} \frac{\beta_{\mathrm{I}}}{\beta_{\mathrm{II}}} = \frac{Z_{\mathrm{kII}}^{*}}{Z_{\mathrm{kI}}^{*}} \tag{2-53}$$

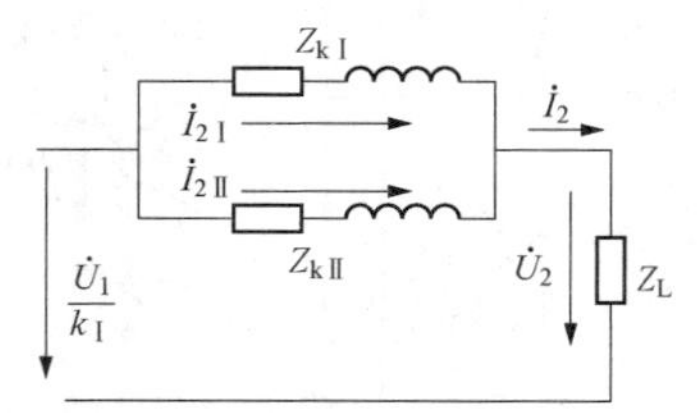

图 2-53 两台短路阻抗标幺值不等的变压器并联运行时对应二次侧简化等效电路

式中：$I_{2\mathrm{NI}}$ 为第一台变压器二次侧额定电流；$I_{2\mathrm{NII}}$ 为第二台变压器二次侧额定电流；$U_{2\mathrm{NI}}$ 为第一台变压器二次侧额定电压；$U_{2\mathrm{NII}}$ 为第二台变压器二次侧额定电压（$U_{2\mathrm{NI}}=U_{2\mathrm{NII}}=U_{2\mathrm{N}}$）；$\beta_{\mathrm{I}}$ 为第一台变压器负载系数；β_{II} 为第二台变压器负载系数。

Z_{kI}^{*} 为第一台变压器短路阻抗标幺值；Z_{kII}^{*} 为第二台变压器短路阻抗标幺值。

从式（2-53）可知，两台短路阻抗标幺值不等的变压器并联运行时，变压器的负载分配（负载系数）与短路阻抗标幺值成反比。短路阻抗标幺值小的变压器满载（$\beta=1$）时，短路阻抗标幺值大的变压器仍欠载（$\beta<1$），变压器容量得不到充分利用。为使变压器容量尽可能得到充分利用，希望短路阻抗标幺值小的变压器容量大一些。

同理可证明：当有 n 台变压器短路阻抗标幺值不等的变压器并联运行时，各台变压器的负载分配（负载系数）与短路阻抗标幺值成反比，见式（2-54）。通常规定各台变压器短路阻抗标幺值的差值与所有短路阻抗标幺值的算术平均值之比不大于 10%，即

$$\beta_{\mathrm{I}}:\beta_{\mathrm{II}}:\cdots\beta_{\mathrm{n}} = \frac{1}{Z_{\mathrm{kI}}^{*}}:\frac{1}{Z_{\mathrm{kII}}^{*}}:\cdots\frac{1}{Z_{\mathrm{kn}}^{*}} \tag{2-54}$$

设 $\beta_{\mathrm{I}}Z_{\mathrm{kI}}^{*}=\beta_{\mathrm{II}}Z_{\mathrm{kII}}^{*}=\cdots=\beta_{\mathrm{n}}Z_{\mathrm{kn}}^{*}=C$（常数）；第 i 台变压器的额定容量为 $S_{\mathrm{N}i}$；

第 i 台变压器的分担的负载功率为 S_i；第 i 台变压器的短路阻抗标幺值为 $Z_{\mathrm{k}i}^{*}$；第 i 台变压器的负载系数为 β_i，则可推得

$$\beta_i = \frac{\sum S}{Z_{\mathrm{k}i}\sum_{1}^{n}\dfrac{S_{\mathrm{N}i}}{Z_{\mathrm{k}i}^{*}}} \tag{2-55}$$

$$S_i = \frac{S_{\mathrm{N}i}}{Z_{\mathrm{k}i}^{*}} \times \frac{\sum S}{\sum_{1}^{n}\dfrac{S_{\mathrm{N}i}}{Z_{\mathrm{k}i}^{*}}} \tag{2-56}$$

n 台变压器短路阻抗标幺值不等的变压器并联运行，若求每一台变压器都不过载时的最大总输出功率$\sum S_{max}$，可使标幺值最小的变压器满载（$\beta=1$），则由负载分配式（2 - 56）可得

$$\sum S_{max}=Z_{kmax}\sum_{1}^{n}\frac{S_{Ni}}{Z_{ki}^{*}} \tag{2-57}$$

另外，通过简化等效电路相量图可以分析出：两台短路阻抗标幺值相等而短路阻抗角不等的变压器并联运行时，它们的二次侧电流 $\dot{I}_{2\text{I}}$ 与 $\dot{I}_{2\text{II}}$ 有相位差，又因为并联运行时变压器供给负载电流 $\dot{I}_2=\dot{I}_{2\text{I}}+\dot{I}_{2\text{II}}$（见图 2 - 53），这就使 $|\dot{I}_2|=|\dot{I}_{2\text{I}}+\dot{I}_{2\text{II}}|<|\dot{I}_{2\text{I}}|+|\dot{I}_{2\text{II}}|$，即两台变压器供给负载的总功率小于两台变压器的总容量，变压器的容量得不到充分利用。一般两台变压器的容量相差越大，其二次侧电流相位差也就越大，供给负载的总功率就越小。因此，要求并联运行的变压器容量比不大于 3∶1。

【例 2 - 11】 某变电站有三台变压器并联运行，每台变压器额定容量均为 100kVA，短路电压百分值分别为 $u_{kN\text{I}}\%=3.5\%$，$u_{kN\text{II}}\%=4\%$，$u_{kN\text{III}}\%=5.5\%$，其他条件相同。设总负载功率为 300kVA，试求：（1）各台变压器分担的负载功率；（2）求任一台变压器不过载时的最大输出功率和此时变压器的设备利用率。

解：（1）由短路电压百分值与短路阻抗标幺值的关系可得

$$Z_{k\text{I}}^{*}=0.035,\ Z_{k\text{II}}^{*}=0.04,\ Z_{k\text{III}}^{*}=0.055$$

又

$$\sum_{1}^{n}\frac{S_{Ni}}{Z_{ki}^{*}}=\frac{100}{0.035}+\frac{100}{0.04}+\frac{100}{0.055}=7175.32$$

则

$$S_{\text{I}}=\frac{S_{N\text{I}}}{Z_{k\text{I}}^{*}}\times\frac{\sum S}{\sum_{1}^{n}\frac{S_{Ni}}{Z_{ki}^{*}}}=\frac{100}{0.035}\times\frac{300}{7175.32}=119.46(\text{kVA})$$

$$S_{\text{II}}=\frac{S_{N\text{II}}}{Z_{k\text{II}}^{*}}\times\frac{\sum S}{\sum_{1}^{n}\frac{S_{Ni}}{Z_{ki}^{*}}}=\frac{100}{0.04}\times\frac{300}{7175.32}=104.52(\text{kVA})$$

$$S_{\text{III}}=\frac{S_{N\text{III}}}{Z_{k\text{III}}^{*}}\times\frac{\sum S}{\sum_{1}^{n}\frac{S_{Ni}}{Z_{ki}^{*}}}=\frac{100}{0.055}\times\frac{300}{7175.32}=76.02(\text{kVA})$$

计算结果表明：第Ⅰ台变压器过载 19.46%，第Ⅱ台变压器过载 4.52%，第Ⅲ台变压器欠载 23.98% 。

（2）任一台变压器不过载时的最大输出功率为

$$\sum S_{max}=Z_{kmax}\sum_{1}^{n}\frac{S_{Ni}}{Z_{ki}^{*}}=0.035\times7175.32=251.14(\text{kVA})$$

变压器的设备利用率为

$$\frac{\sum S_{max}}{S_{N\text{I}}+S_{N\text{II}}+S_{N\text{III}}}=\frac{251.14}{300}=83.71\%$$

*二、变压器的瞬变过程

前面分析的变压器运行都是指变压器的稳态运行，简称稳态。变压器在稳态运行时，电压、电流、电动势和磁通等物理量的幅值基本保持不变。但在变压器的运行情况遭到较大的

扰动时，如合闸、负载突然变化，以及二次侧突然短路、遭受雷击等，这些情况称为瞬态（暂态）情况。在瞬态情况中，变压器会从一种稳定运行状态过渡到另一种稳定运行状态，这一过程称为瞬变过程或过渡过程。

在瞬变过程中，由于变压器电场和磁场的能量发生较大的变化，可能会使绕组中的电压和电流超过额定值许多倍，即出现所谓过电压和过电流现象，虽然瞬变过程持续的时间很短，但却可能使变压器遭到破坏。因此，为了更好地进行变压器的设计、制造、保护和运行，有必要对瞬变过程的这些问题应进行分析研究，找出它的变化规律，减少变压器运行时的故障。

下面就变压器的空载合闸和突然短路进行分析。

（一）变压器的空载合闸

空载是指变压器的二次侧开路、一次侧接电源。变压器在稳态空载运行时．空载（励磁）电流是额定电流的0.3%～10%。但在空载接通电源的瞬间，由于变压器铁芯存在饱和现象，可能出现很大的冲击电流，其数值可达额定电流的几倍，该冲击电流称为励磁涌流（或励磁涌流），如不采取适当的措施，则励磁涌流可能使开关跳闸，以致变压器不能顺利投入电网。变压器二次侧开路，把一次侧接入电源的过程称空载合闸。

1. 空载合闸时励磁涌流产生原因

如图2-54所示，设电网电压随时间按正弦规律变化，则合闸时变压器一次侧回路电压方程式为

$$u_1 = \sqrt{2}U_1\sin(\omega t + \alpha) = i_0R_1 + N_1\frac{\mathrm{d}\Phi}{\mathrm{d}t} \tag{2-58}$$

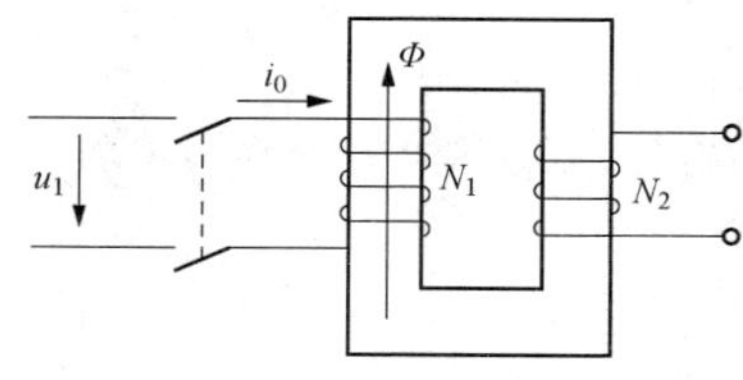

图2-54　变压器空载合闸

式中：Φ 为与一次侧组交链的总磁通瞬时值，包括主磁通和漏磁通；α 为合闸时电压 U_1 的初相；i_0 为空载合闸电流瞬时值；R_1 为变压器一次侧绕组电阻。

由于变压器铁芯存在饱和现象，式（2-58）是一个非线性微分方程。为了求解，作线性化的处理，不考虑铁芯的剩磁，忽略数值很小的 i_0R_1 得

$$N_1\frac{\mathrm{d}\Phi}{\mathrm{d}t} = \sqrt{2}U_1\sin(\omega t + \alpha),\quad \mathrm{d}\Phi = \frac{\sqrt{2}U_1}{N_1}\sin(\omega t + \alpha)\mathrm{d}t \tag{2-59}$$

因为 $t=0$ 时，$\Phi=0$（忽略剩磁），所以对式（2-59）求解得

$$\Phi = -\Phi_\mathrm{m}\cos(\omega t + \alpha) + \Phi_\mathrm{m}\cos\alpha = \Phi' + \Phi'' \tag{2-60}$$

式中：$\Phi' = -\Phi_\mathrm{m}\cos(\omega t+\alpha)$ 为磁通的稳态分量；$\Phi''=\Phi_\mathrm{m}\cos\alpha$ 为磁通的暂态分量；Φ_m 为磁通幅值，$\Phi_\mathrm{m}=\frac{\sqrt{2}U_1}{\omega N_1}\approx\frac{E_1}{4.44fN_1}$。

从式（2-60）可知，空载合闸时磁通 Φ 由稳态分量 Φ' 与暂态分量 Φ'' 构成，Φ 值的变化区间与合闸时电压 U_1 的初相角 α 有密切关系，下面就 α 的两个特殊情况进行分析。

（1）$\alpha=90°$时合闸，则 $\Phi''=0$，合闸时的磁通为

$$\Phi = -\Phi_\mathrm{m}\cos(\omega t + \alpha) = \Phi_\mathrm{m}\sin\omega t \tag{2-61}$$

式（2-61）表明合闸以后就进入稳定状态，图2-55是这种情况的磁通变化曲线，所以这时的励磁电流也对应是稳态的励磁电流。

（2）$\alpha=0°$时合闸，则 $\Phi''=\Phi_\mathrm{m}$，合闸时的磁通为

$$\Phi = -\Phi_m \cos\omega t + \Phi_m \tag{2-62}$$

式（2-62）表明，合闸以后 $\Phi'=\Phi_m$ 达最大值，图 2-56 所示为这种情况的磁通变化曲线，变压器进入极端的瞬变过程，由图可知，在合闸后的约半个周期，即当 $t=\pi/\omega$ 时，稳态分量和瞬态分量的瞬时值相叠加，并考虑到剩磁，可达约 $\Phi=2\Phi_m$，故此时磁路非常饱和，相应的励磁电流急剧增大，可达正常时励磁（空载）电流的几百倍、额定电流的 4～6 倍。

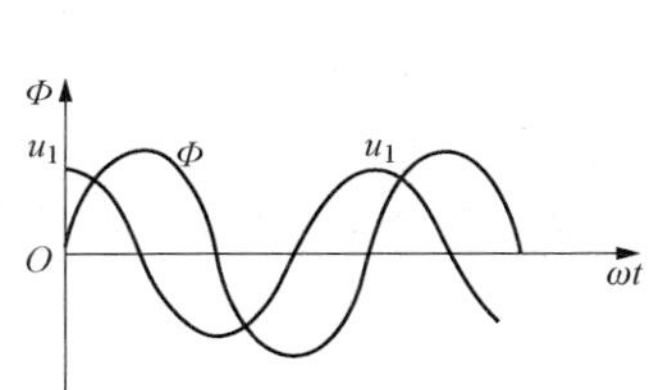

图 2-55　α=90°时空载合闸时变压器磁通的变化曲线

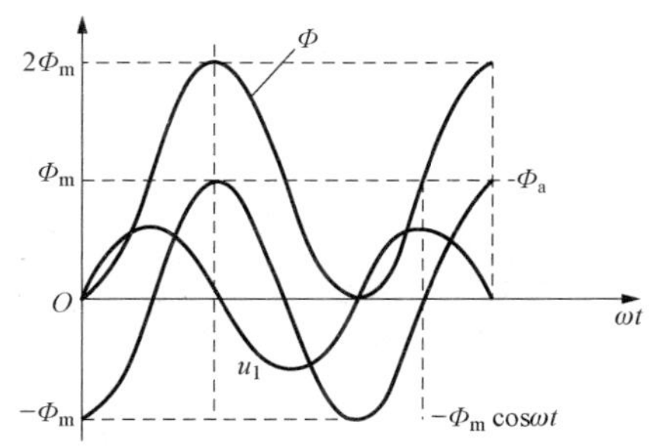

图 2-56　α=0°时空载合闸时变压器磁通的变化曲线

当三相变压器空载合闸时，因为总有其中一相电压的初相角接近等于零，所以总有一相的励磁涌流很大。

2. 励磁涌流的影响

从前面分析可知，变压器在正常运行时，磁路已开始饱和，如图 2-57 所示，工作在 A 点。在最不利的空载合闸情况下，磁通可能超过 Φ_m 的两倍，这时铁芯非常饱和，工作在 B 点，因此励磁涌流很大，可达额定电流的 4～6 倍。这种情况是一种最不利的情况。

事实上，随着时间的推移，暂态分量将逐渐衰减，衰减的快慢取决于与绕组电阻有关的时间常数，一般小变压器的电阻较大，时间常数较小，故合闸的冲击电流只要经过几个周波（零点几秒以下）就达到稳态值，巨型变压器衰减得较慢，有的衰减过程可以达到 20s。因此，空载合闸电流对变压器本身没有多大的危害，但当它衰减较慢时，可能引起变压器本身过电流保护装置动作而跳闸，为了避免这种现象，需要设法使合闸电流加速衰减，为此，可在变压器一次侧串联一个附加电阻，这样一则减少冲击量，二来还可以使冲击迅速衰减。合闸完毕后，再将该电阻切除。

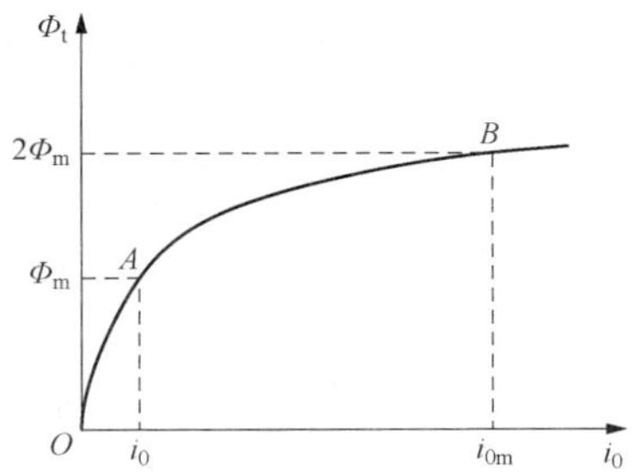

图 2-57　变压器磁化曲线

（二）变压器的突然短路

变压器的短路简单来说就是指变压器的二次侧短接，一次侧接电源的状态。在前面变压器短路试验分析中可知，由于变压器短路阻抗很小，变压器短路时只要在一次侧加远小于额定电压的短路试验电压，就可使变压器的一次侧电流（短路试验电流）达到（或接近）额定电流。如加额定电压，变压器二次侧稳态短路的情况下，稳态短路电流可达额定电流的 10～20 倍。变压器的突然短路，是指变压器一次侧接电源、二次侧突然发生短路，变压器从稳态运行过渡到稳态短路所经历的瞬变过程。在这瞬变过程中电流（突然短路电流）有可能比稳态短路电流更大，如不采取有效措施，可能把变压器损坏。

1. 突然短路电流

对突然短路电流的分析，可借助简化等效电路进行。忽略励磁电流，图 2 - 58 所示为变压器对应突然短路的简化等效电路。图中短路电阻 r_k 和短路电感 x_k 都是常数，因此变压器二次侧突然短路时的情况就与 RL 串联电路突然接到正弦电压上去的情况相似，可用“电路原理”中分析 RL 串联电路瞬态过程的方法来进行分析。

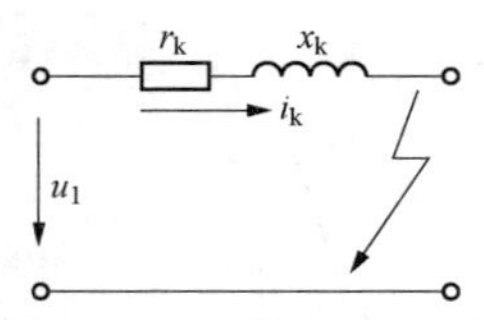

图 2 - 58 变压器突然短路时的简化等效电路

设电网容量很大，短路电流不致引起电网电压下降，则得突然短路时一次侧电路微分方程式为

$$u_1 = \sqrt{2}U_1\sin(\omega t+\alpha) = r_k i_k + L_k\frac{di_k}{dt} \tag{2-63}$$

式中：α 为变压器电源电压 U_1 的初相角；i_k 为突然短路电流瞬时值：L_k 为变压器短路电感，$L_k=x_k/\omega$。解此常系数微分方程式可得

$$i_k = \sqrt{2}I_k\sin(\omega t+\alpha+\varphi_k)+Ce^{-\frac{t}{T_k}} = i'_k+i''_k \tag{2-64}$$

式中：i'_k 为突然短路电流稳态分量的瞬时值，$i'_k=\sqrt{2}I_k\sin(\omega t+\alpha+\varphi_k)$；$i''_k$ 为突然短路电流暂态分量的瞬时值，$i''_k=Ce^{-\frac{t}{T_k}}$；$\sqrt{2}I_k=\dfrac{\sqrt{2}U_1}{\sqrt{r_k^2+r_k^2}}$为突然短路电流稳态分量的幅值；$\varphi_k$ 为 i_k 与 u_k 的相位差，$\varphi_k=\tan^{-1}\dfrac{x_k}{r_k}\approx 90°$因为 $x_k\gg r_k$，所以 $\varphi_k=90°$；T_k 为暂态电流衰减的时间常数，$T_k=\dfrac{L_k}{r_k}$；C 为待定积分常数，初始条件 $t=0$ 时 $i_k=0$，得 $C=\sqrt{2}I_k\cos\alpha$ 。

从式（2 - 64）可知，突然短路电流 i_k 由稳态分量 i'_k 与暂态分量 i''_k 构成，i_k 值的大小与突然短路时电源电压 U_1 的初相角 α 有密切关系，下面就 α 的两个特殊情况进行分析。

（1）当 $\alpha=90°$时发生突然短路，这时暂态分量为零，突然短路一发生就进入稳定状态，短路电流最小，其值为

$$i_k = i'_k = \sqrt{2}I_k\sin\omega t \tag{2-65}$$

（2）当 $\alpha=0°$时发生突然短路时，突然短路电流为

$$i_k = i'_k + i''_k = \sqrt{2}I_k(\cos\omega t + e^{-\frac{t}{T_k}}) \tag{2-66}$$

此情况下的突然短路电流会达最大，对应的电流变化曲线如图 2 - 59 所示，从图可见，当 $\omega t=\pi$ 瞬间，短路电流达最大值，即

$$i_{kmax} = (1+e^{-\frac{\pi}{\omega T_k}})\sqrt{2}I_k = k_y\sqrt{2}I_k \tag{2-67}$$

式中：k_y 为突然短路电流最大值与稳态短路电流最大值的比值，$k_y=(1+e^{-\frac{\pi}{\omega T_k}})$。

将式（2 - 67）用标幺值表达，即

$$i^*_{kmax} = \frac{i_{kmax}}{\sqrt{2}I_N} = k_y\frac{1}{Z^*_k} \tag{2-68}$$

k_y 的大小与时间常数 T_k 相关，变压器的容量越大，T_k 越大，相应 k_y 也越大。通常中小型变压器 $k_y=1.2\sim1.4$ ，大型变压器 $k_y=1.7\sim1.8$。从式（2 - 68）可知，$i^*_{kmax}=20\sim30$，这时突然短路电流是一

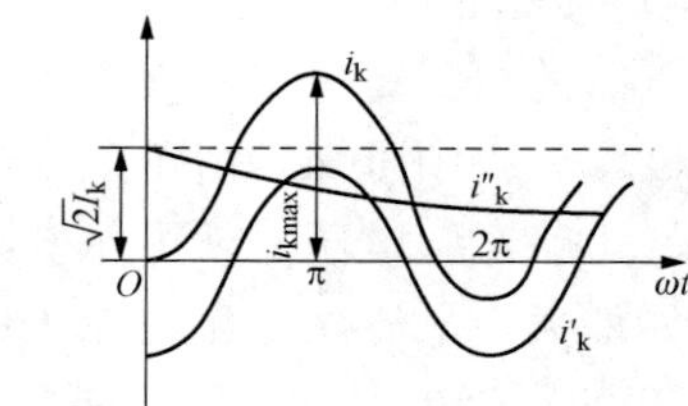

图 2 - 59 $\alpha=0°$变压器突然短路电流波形

个很大的冲击电流，会产生很大的电磁力，对变压器有严重影响。为了限制突然短路电流，短路阻抗标幺值 Z_k^* 不宜太小，但从减小变压器的电压变化率 ΔU 来看，Z_k^* 又不宜过大，因此在设计变压器时，必须全面考虑 Z_k^* 数值的选择。

当三相变压器发生突然短路时，因为其三相电压彼此互隔 120°，所以总有一相的突然短路电流达到最大或接近最大。

2. 突然短路电流对变压器的影响

电路中大电流的影响无非就是发热和产生电磁力，下面分别进行讨论。

（1）突然短路时变压器绕组会受到很大的电磁力的作用。变压器绕组中流过的电流与漏磁场相互作用，在绕组的各导线上产生电磁力，电磁力大小由漏磁场的磁通密度与电流的乘积所决定。由于电流增大时漏磁场也正比增强，因此电磁力与电流的平方成正比，当变压器在额定负载下运行时，作用在绕组上的电磁力很小。但突然短路时，最大短路电流可达额定电流的 20～30 倍，所以短路时绕组所受到电磁力将为额定时的 400～900 倍，它可能使变压器的绕组变形和绝缘损坏。为了防止这种不良情况，应加强绕组的支撑。

（2）变压器发生突然短路时，短路电流可达到额定电流的 20～30 倍，此时变压器铜损将达额定电流时的几百倍。由于铜损的极大增长，绕组温度上升也就非常迅速。如果不设法在最短时间内排除故障或使断路器跳闸，则变压器有烧毁的可能。目前，对绕组短路时过热尚没有一个限制的标准。一般最好不超过 200°。根据计算，断路器的跳闸时间远远小于变压器达到突然短路允许温度所需的时间，因此，只要有适当的保护下，就不容易发生突然短路后烧毁变压器的事件。

项目对应技能训练（单相变压器的并联运行）

一、实验目的

（1）学习变压器投入并联运行的方法。

（2）研究阻抗电压对负载分配的影响。

二、实验内容

（1）将两台单相变压器投入并联运行。

（2）阻抗电压相等的两台单相变压器并联运行，研究其负载分配情况。

（3）阻抗电压不相等的两台单相变压器并联运行，研究其负载分配情况。

三、实验线路和操作步骤

实验线路如图 2-60 所示。图中两台单相变压器Ⅰ和Ⅱ，变压器的高压绕组并连接电源，低压绕组经 S1 并联后，再由 S2 接负载电阻 RL。由

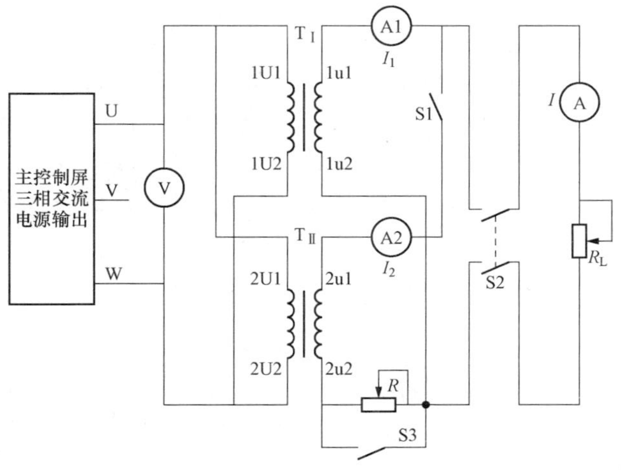

图 2-60 单相变压器并联运行接线图

于负载电流较大，RL 可采用并串联接法的变阻器。为了人为地改变变压器Ⅱ的阻抗电压，在其二次测串入电阻 R（由 S3 控制其投入与否）。

1. 两台单相变压器空载投入并联运行步骤

（1）检查变压器的变比和极性。

1）接通电源前，将开关 S1、S2 打开，合上开关 S3。接通电源后，调节变压器输入电压至额定值，测出两台变压器二次侧电压 $U_{2\mathrm{I}}$ 和 $U_{2\mathrm{II}}$，若 $U_{2\mathrm{I}}=U_{2\mathrm{II}}$，则两台变压器的变比相等。

2）测出两台变压器二次侧的 1u1 与 2u1 端点之间的电压 $U_{2\mathrm{III}}$，若 $U_{2\mathrm{III}}=U_{2\mathrm{I}}-U_{2\mathrm{II}}$，则首端 1u1 与 2u1 为同极性端，反之为不同极性端。

（2）投入并联。检查两台变压器的变比相等和极性相同后，合上 S1，即投入并联。若 k_{I} 与 k_{II} 不是严格相等，将会产生环流。

2. 阻抗电压相等的两台单相变压器并联运行

（1）投入并联后，合上负载开关 S2。

（2）在保持原方额定电压不变的情况下，逐次增加负载电流，直至其中一台变压器的输出电流达到额定电流为止，读取电流表 I、I_1、I_2 的数据，共取五六组数据记录。

3. 阻抗电压不相等的两台单相变压器并联运行

打开短路开关 S3，变压器Ⅱ的二次测串入电阻 R，R 数值可根据需要调节（一般取 5～10Ω），重复前面实验读取电流表 I、I_1、I_2，共取五六组数据并记录。

四、实验数据分析

（1）根据实验步骤 2 的数据，画出阻抗电压相等的两台单相变压器并联运行负载分配曲线 $I_1=f(I)$ 及 $I_2=f(I)$。根据实验步骤 3 的数据，画出阻抗电压不相等的两台单相变压器并联运行负载分配曲线 $I_1=f(I)$ 及 $I_2=f(I)$。

（2）总结负载分配曲线，分析实验中阻抗电压对负载分配的影响。

项目小结

（1）并联运行是电力变压器的主要运行方式。

（2）为了达到理想运行情况，并联运行的变压器需满足三个条件。

（3）联结组别不同的变压器绝不允许并联。

（4）在任何一台变压器不过负荷的情况下，变比不同和短路阻抗标幺值不等的变压器可以并联运行。阻抗标幺值不等的变压器并联运行时，应适当提高短路阻抗标幺值大的变压器的二次电压，以使并联运行的变压器的容量均能充分利用。

项目对应思考与练习

一、填空题

1. 多台变压器在并联运行时，容量（　　　　）的变压器首先满载。

2. 变压器并联运行有三个条件，其中必须满足的条件是（　　　　）。另外两个允许有一定的误差，分别是（　　　　）、（　　　　）。

3. 变比不等的两台变压器并联运行时，二次绕组中将产生（　　　　），根据磁动势平衡关系，一次绕组中将产生（　　　　）。

4. 两台变压器并联运行，其短路阻抗标幺值 $Z_{K1}^{*}<Z_{K2}^{*}$，若变压器 1 满载运行，则变压器 2 将（　　　　）运行；若变压器 2 满载运行，则变压器 1 将（　　　　）运行。

5. 当短路阻抗标幺值不等的多台变压器并联运行时，一变压器会首先处于满载运行，而其他各台变压器处于（　　　　）运行。

6. 变压器空载合闸时，电流（　　　　）；而突然短路时，电流（　　　　）。

7. 变压器突然短路电流约为额定电流的（　　　　）倍；而稳态短路电流约为额定电流的（　　　　）倍。

8. 两台变压器并联运行，如果一次、二次绕组中产生环流，其原因是（　　　　）。

9. 两台变压器的额定容量、变比、联结组别都相同，但短路阻抗标幺值不等，并联运行时，两台变压器输出容量大小的关系是（　　　　）。

10. 变压器在空载投入电网时，主磁通最大值和励磁冲击电流分别约为稳态时的（　　　　）。

二、判断题

1. 变比相等、额定电压相等的变压器都可以并联运行。（　　）

2. 变比相等、额定电压不相等的变压器都可以并联运行。（　　）

3. 额定电压相等的变压器都可以并联运行。（　　）

4. Yd11 和 Dy11 连接的三相变压器可以并联运行。（　　）

5. 一台 Yy0 和一台 Yy8 的三相变压器，变比相等，能经过改接后作并联运行。（　　）

6. Yd11 和 Yd1 连接的三相变压器可以并联运行。（　　）

7. 两台变压器并联运行，如果一次、二次绕组中产生环流，其原因是两台变压器的额定容量不等。（　　）

8. 两台变压器的额定容量、变比、联结组别都相同，但短路阻抗标幺值不等，并联运行时两台变压器输出容量大小相等。（　　）

9. 变压器在空载投入电网时，主磁通最大值约为稳态时的 2 倍。（　　）

10. 变压器在空载投入电网时，励磁冲击电流约为稳态时的 20～30 倍。（　　）

三、简答题

1. 变压器为什么要并联运行？

2. 变压器并联运行的条件有哪些？哪一个条件要严格遵守不得有一点差错？

3. 一台 Yd1 和一台 Dy1 连接的三相变压器是否可以并联运行？为什么？

4. 假设变压器的磁路不饱和，则空载合闸时主磁通最大值和励磁电流最大值将是稳态值的多少倍？

5. 试比较稳态短路，突然短路和短路试验三种情况下的短路电流大小。

6. 变压器在空载投入电网时，励磁冲击电流约为稳态时的多少倍？

7. 有四台组别相同的单相变压器，数据如下：

（1）100kVA，3000/230V，$U_{k1}=155V$，$I_{k1}=34.5A$，$P_{k1}=1000W$；

（2）100kVA，3000/230V，$U_{k2}=201V$，$I_{k2}=30.5A$，$P_{k2}=1300W$；

（3）200kVA，3000/230V，$U_{k3}=138V$，$I_{k3}=61.2A$，$P_{k3}=1580W$；

（4）300kVA，3000/230V，$U_{k4}=172V$，$I_{k4}=96.2A$，$P_{k4}=3100W$；

问哪两台变压器并联最理想？

8. 某工厂由于生产的发展，用电量由500kVA增加到800kVA。原有一台变压器 S_N＝560kVA，U_{1N}/U_{2N}＝6000/400，Yyn0连接，U_k＝4.5％。现有三台变压器可供选用，其他的数据为

变压器1：320kVA，6300/400V，U_k＝4％，Yyn0连接；

变压器2：240kVA，6300/400V，U_k＝4.5％，Yyn4连接；

变压器3：320kVA，6300/440V，U_k＝4％，Yyn0连接。

（1）试计算说明，在不使变压器过载的情况下，选用哪一台投入并联比较适合？

（2）如果负载增加需选两台变比相等的与原变压器并联运行，试问最大总负载容量是多少？哪台变压器最先达到满载？

项目五　特殊变压器

学习目标

（1）掌握三绕组变压器、自耦变压器的工作原理。

（2）了解三绕组变压器结构特点、分析方法。

（3）了解自耦变压器电压、电流和容量的关系。

（4）了解分裂变压器工作原理及特点。

（5）了解仪用变压器的作用。

在电力系统中，大量采用的变压器是三相双绕组变压器，但在某些特别的场合也采用具备各种用途的特殊变压器。这些所谓的特殊变压器种类较多，其基本原理与双绕组变压器有许多共同之处。下面主要介绍电力系统较常见的三绕组变压器、自耦变压器、分裂变压器和仪用互感器的工作原理和特点。

一、三绕组变压器

如图2-61所示，三绕组变压器的铁芯一般为芯式结构，每个铁芯柱上都套有高、中、低压三个绕组，可以理解成其中一个是一次侧绕组，另两个属二次侧绕组，该种变压器大多用于满足两种不同电压等级的负载。例如发电厂和变电所通常会出现三种不同等级的电压，所以三绕组变压器在电力系统中应用还较广泛，通过它把三个电压等级不同的电网相互连接。实际运行时，三绕组的任意一个（或两个）绕组都可以作为一次侧绕组，而其他的两个（或一个）则为二次侧绕组。

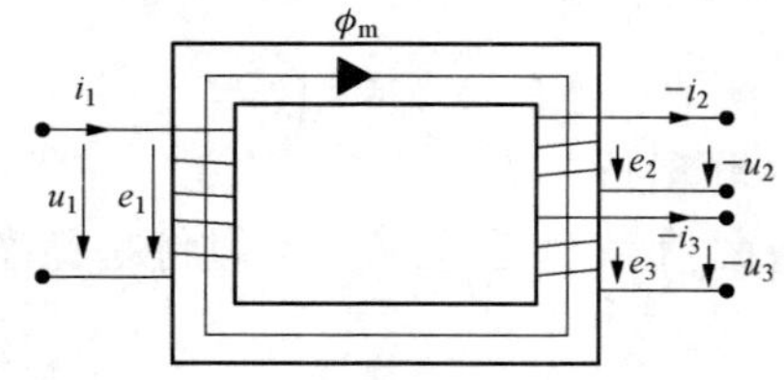

图2-61　三绕组变压器示意图

1. 绕组的布置和额定容量

因为每相比双绕组变压器多了一个绕组，所以其结构有自己的特点，下面是三绕组变压器绕组的布置原则：

（1）从绝缘的角度考虑，高压绕组总是放在最外边；

（2）两个绕组相距越远，其对应漏磁通越多，短路阻抗就越大，电压变化率也就越大，所以一、二次绕组应靠近布置。

当低压绕组为一次侧时，如发电厂的升压变压器把发电机提供的低压电能经三绕组变压

器传送到高压和中压电网，应采用如图 2-62（a）的绕组布置方案比较合理；当高压绕组为一次侧时，如变电所的降压变压器从高压电网取得电能，经三绕组变压器传送到中压和低压电网，较理想的绕组布置方案是把高压绕组放在中间，但这样布置绕组的缺点是会增加绝缘的困难和变压器成本，所以通常还是采用如图 2-62（b）所示的布置。

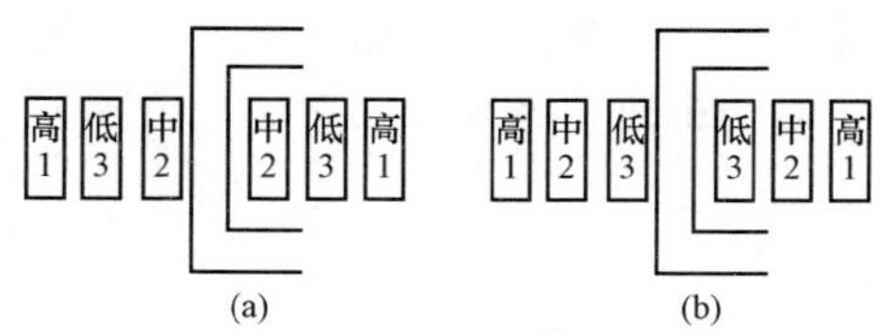

图 2-62　三绕组变压器绕组布置

（a）升压变压器；（b）降压变压器

三绕组变压器三个绕组的容量可以相等，也可以不等，规定其中容量最大的作为三绕组变压器的额定容量。如果将额定容量作为 100kVA，按国家标准，三个绕组的容量配合有三种，见表 2-6。

表 2-6　　三绕组变压器容量

容量	中压绕组	低压绕组
100	100	100
100	50	100
100	100	50

三绕组变压器第三绕组常常接成三角形连接，供电给附近较低电压的配电线路，有时仅接同步补偿机和电容器（补偿功率因数），也有第三绕组并不引出，专供三次谐波励磁电流形成通路，以改善电动势波形和减少不对称运行时负载中点位移。三绕组变压器的标准联结组别有 $Y_N y_n 0d11$ 和 $Y_N y_n 0y0$ 两种。三绕组变压器的高压绕组和低压绕组的线端标志与双绕组变压器相同，中压绕组的首、末端下标加上了 m 。

2. 参数与等效电路

因为有三个绕组，对应三个电压等级，所以三绕组变压器有三个变比。设变压器一、二、三绕组的匝数分别为 N_1、N_2、N_3，则三个变比为

$$k_{12}=\frac{N_1}{N_2}=\frac{U_{1N}}{U_{2N}},k_{13}=\frac{N_1}{N_3}=\frac{U_{1N}}{U_{3N}},k_{23}=\frac{N_2}{N_3}=\frac{U_{2N}}{U_{3N}} \tag{2-69}$$

式中：U_{1N}、U_{2N}、U_{3N}分别为高、中、低压绕组的额定电压。

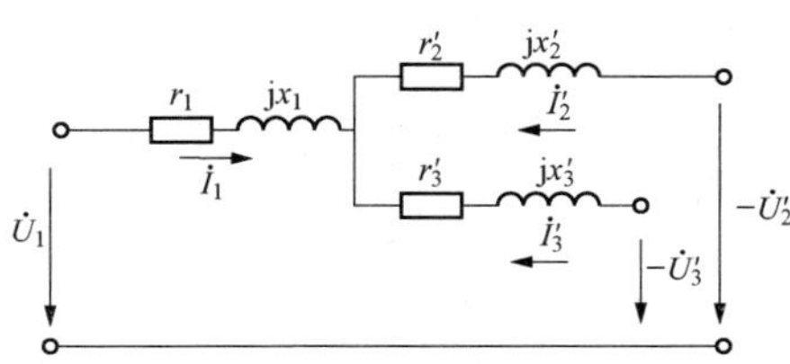

图 2-63　三绕组变压器简化等效电路图

参考双绕组变压器的分析方法，通过推导可得三绕组变压器对应一次侧的简化等效电路如图 2-63 所示。图中 r_1、r'_2、r'_3为各绕组电阻对应一次侧的值，x_1、x'_2、x'_3为各绕组电抗对应一次侧的值，与双绕组变压器不同的是：图中 x_1、x'_2、x'_3并不代表各绕组的漏电抗，而是各绕组的自漏电抗和各绕组间的互漏电抗的组合，分别对应的是自感系数和互感系数，称为各绕组的等效漏电抗，与自漏磁通和互漏磁通组合起来的磁通相对应，也是常数，不随电压改变。

三绕组变压器的各种运行问题，如电压变化率、效率、短路电流、并联运行时各绕组间的负载分配等，都可以用等效电路来分析计算。

二、自耦变压器

自耦变压器是一次侧和二次侧共用一个绕组的特殊变压器。我们可以通过分析双绕组变压器如何演变成自耦变压器来了解其工作原理。如图 2-64（a）所示，为一双绕组变压器，一次侧绕组匝数 N_{AX}，二次侧绕组匝数 N_{ax}，一、二次侧间只有磁联系，两侧电压、电动势关系为$\frac{U_1}{U_2}\approx\frac{E_{AX}}{E_{ax}}=\frac{N_{AX}}{N_{ax}}$，设变压器是降压变压器，即 $N_{AX}>N_{ax}$，在高压绕组上找一点 a′，使 $N_{a'X}=N_{ax}$，根据电磁感应原理可知 a′X 两端电动势与 ax 两端电动势相等，$E_{a'X}=E_{ax}$，即 a′与 a、X 与 x 分别可看成是等势点，将它们分别连接起来如图 2-64（b）所示。

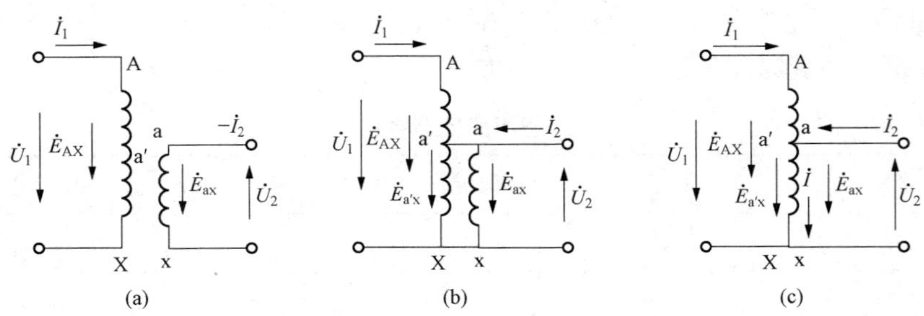

图 2-64　从双绕组变压器演变到自耦变压器的过程

因为图中绕组 $N_{a'X}$所产生的电动势 $E_{a'X}=E_{ax}$，可以考虑用绕组 $N_{a'X}$取代原来的二次侧绕组 N_{ax}（把原二次侧绕组切除），从 a′点可连接负载，如图 2-64（c）所示，由绕组 $N_{a'X}$直接向负载供电。对于负载来说只要获得电动势就可以了，无论是 $E_{a'X}$还是 E_{ax}，效果都一样，这样自耦变压器就形成了。图 2-64（c）所示的是一台单相降压自耦变压器，一次侧绕组 N_{AX}、二次侧绕组 $N_{a'X}$。如把 $N_{a'X}$作为一次侧绕组、N_{AX}作为二次侧绕组，那就是升压变压器了。自耦变压器的特点是一、二次绕组之间不仅有磁耦合关系，还有电的联系，即它还可从一次侧直接向二次侧传导电功率。一、二次绕组共用一个绕组（如 $N_{a'X}$），这个共用的绕组又称公共绕组，它既是低压绕组，也是高压绕组的一部分，这种一、二次侧绕组直接串联的变压器就叫自耦变压器。

1. 电压、电流关系

如图 2-64（c）所示，以单相自耦降压变压器为例分析，空载运行时，忽略一次绕组漏阻抗压降，则有 $U_1\approx E_{AX}=4.44N_{AX}f_1\Phi_m$ 和 $U_{20}\approx E_{a'X}=4.44N_{a'X}f_1\Phi_m$，所以自耦变压器变比为

$$k_z=\frac{E_{AX}}{E_{a'X}}=\frac{N_{AX}}{N_{a'X}}\approx\frac{U_1}{U_{20}}\approx\frac{U_{1N}}{U_{2N}} \tag{2-70}$$

负载运行时，磁势平衡方程为

$$N_{Aa'}\dot{I}_1+N_{a'X}\dot{I}=N_{AX}\dot{I}_0 \tag{2-71}$$

式中：$N_{Aa'}$为与公共绕组串联的高压绕组的一部分绕组，称为串联绕组；$\dot{I}$ 为公共绕组电流；$\dot{I}_0$ 为励磁（空载）电流。

将 $N_{AX}=N_{Aa'}+N_{a'X}$和 $\dot{I}=\dot{I}_1+\dot{I}_2$代入式（2-72），经整理可得

$$\dot{I}_1=\dot{I}_0-\frac{1}{k_Z}\dot{I}_2 \tag{2-72}$$

忽略励磁电流 $\dot{I}_0$，则

$$\dot{I}=\dot{I}_1+\dot{I}_2=-\frac{1}{k_z}\dot{I}_2+\dot{I}_2=\left(1-\frac{1}{k_z}\right)\dot{I}_2 \tag{2-73}$$

2. 容量关系

双绕组变压器一、二次绕组之间只有磁耦合而没有电联系，能量的传送都是通过铁芯中的电磁作用进行，因此变压器的额定容量（又称通过容量）就等于一、二次绕组通过磁耦合传递的电磁容量（又称绕组容量或设计容量，用 S_{rz} 表示），即 $S_N=S_{rz}$。绕组容量等于绕组上所加的额定电压与绕组中流过的额定电流的乘积。

自耦变压器一、二次绕组之间不仅有磁耦合还有电联系，能量的传送不单有通过铁芯中的电磁作用进行的，还有通过电路以电流的形式进行的，因此变压器的额定容量 S_N 不等于绕组的电磁容量 S_{rz}，而等于一、二次绕组通过磁耦合传递的电磁容量与一、二次绕组通过电联系传导的容量（称为传导容量，用 S_{cd} 表示）之和，即 $S_N=S_{rz}+S_{cd}$。

在图 2-64（c）中自耦变压器串联绕组 Aa′与公共绕组 a′X 绕组容量分别为

$$S_{Aa'}=U_{Aa'}I_{1N}=(U_{1N}-U_{2N})I_{1N}=\left(1-\frac{1}{k_z}\right)U_{1N}I_{1N}=\left(1-\frac{1}{k_z}\right)S_N$$

$$S_{a'X}=U_{a'X'}I=(I_{1N}+I_{2N})U_{2N}=\left(1-\frac{1}{k_z}\right)U_{2N}I_{2N}=\left(1-\frac{1}{k_z}\right)S_N$$

即自耦变压器的绕组容量（又称电磁容量）为

$$S_{rz}=\left(1-\frac{1}{k_z}\right)S_N\leqslant S_N \tag{2-74}$$

3. 优缺点及应用

由于变压器的体积大小和所用材料多少由变压器绕组容量决定。而自耦变压器的绕组容量小于额定容量，因此与同容量的双绕组变压器相比优点是用料省、尺寸小、效率高。又因为自耦变压器绕组容量为额定容量的（$1-1/k_z$）倍，k_z 越接近于 1，（$1-1/k_z$）就越小，其优点就越显著。一般电力系统用的自耦变压器变比 k_z 取 1.25～2。

自耦变压器的缺点是一、二次绕组之间有直接的电联系，高压侧（电源）的电气故障会波及低压侧，所以低压侧要有过压保护，并且一、二次侧都要装避雷器。另外，如果在自耦变压器的输入端把相线和零线接反，虽然二次侧出电压大小不变，但这时输出“零线”已变为“高电位”，非常危险。

在现代高压电力系统中，自耦变压器主要用来连接电压等级相近的输电系统；在工厂中，自耦变压器常用作异步电动机的启动补偿器；在实验室中，常用可调自耦变压器作调压器。

在使用中要注意如下几点：

（1）自耦变压器不准作为安全隔离变压器用；

（2）使用时应正确接线；

（3）外壳必须接地；

（4）自耦变压器接电源前，将手柄转到零位。

【例 2-12】 将一台额定容量 5kVA 的 220/110V 的双绕组变压器改接成 330/220V 的自耦变压器。试计算改接后自耦变压器的额定容量、绕组容量、传导容量和一、二次侧额定电流。

解：因为双绕组变压器改接为自耦变压器，所以绕组容量不变，即 $S_{rz}=5\text{kVA}$

又自耦变压器的变比为 $k_z=\dfrac{U_{1N}}{U_{2N}}=\dfrac{330}{220}=1.5$

则额定容量 $S_N=\dfrac{S_{rz}}{1-k_z}=\dfrac{5}{1-1.5}=15\ (\text{kVA})$

传导容量 $S_{cd}=S_N-S_{rz}=15-5=10\ (\text{kVA})$

又一、二次绕组的额定电压分别为 $U_{1N}=330\text{V}$，$U_{2N}=220\text{V}$，则一、二次绕组的额定电流分别为

$$I_{1N}=\frac{S_N}{U_{1N}}=\frac{15}{330}=45.45(\text{A})$$

$$I_{2N}=\frac{S_N}{U_{2N}}=\frac{15}{220}=68.18(\text{A})$$

三、仪用式变压器

仪用变压器是一种特殊用途的变压器，准确地说，仪用变压器是互感器，它分为电压互感器和电流互感器两种类型。其主要用途：①用来扩大交流电工仪表的量程，也便于仪表的标准化；②用来隔离高电压、大电流并使其变成低电压、小电流后，作为信号供继电保护、自动装置和控制回路使用，从而降低仪表成本和确保人身的安全，又可大大减少测量中能量的损耗。

（一）电流互感器

在发电、变电、输电、配电和用电的线路中电流大小悬殊，从几安到几万安都有。为便于测量、保护和控制需要转换为比较统一的电流。另外，线路上的电压一般都比较高，如直接测量是非常危险的。电流互感器可起到电流变换和电气隔离的作用。

1. 工作原理

电流互感器工作原理与变压器工作原理一样，也就是利用电磁感应原理来工作。电流互感器的基本构成也是闭合的铁芯和绕组。如图 2-65 所示，它的一次侧绕组匝数很少，串接在被测线路中，因此它流过被测线路的全部电流，二次侧绕组由匝数较多的细导线组成，与阻抗很小的仪表（电流表、功率表的电流线圈或继电器的线圈）串联组成闭合回路。电流互感器在工作时，它的二次回路始终是闭合的，因此，电流互感器的工作状态接近短路，电流互感器相当于短路运行的升压（降流）变压器。

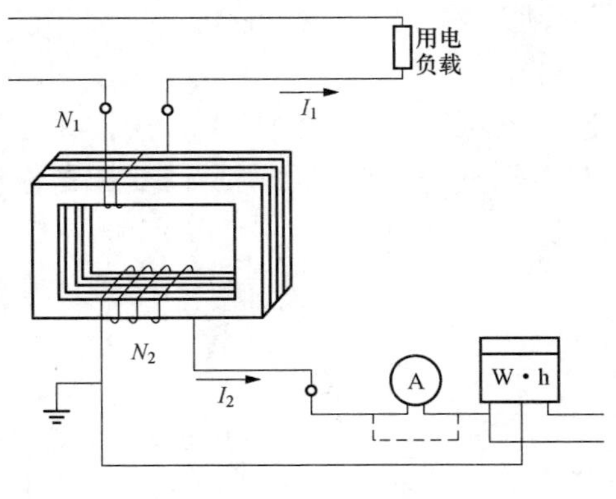

图 2-65 电流互感器接线图

根据变压器的分析理论，忽略励磁电流，则电流互感器有

$$I_1=\frac{N_2}{N_1}I_2=k_iI_2 \tag{2-75}$$

式中：k_i 为电流互感器变流比，$k_i=\dfrac{N_2}{N_1}$。

从式（2-75）可知：电流互感器就是利用一、二次绕组匝数不同，将线路的大电流转换成小电流以便于测量。通常电流互感器一次绕组的额定电流范围是 10～2500A，二次绕组的额定电流基本统一定为 5A（便于仪表的标准化），

与测量仪表配套使用时，电流表按一次绕组的电流值标出刻度，这样可从电流表上直接读出被测电流值。同时，二次绕组可以有多个抽头，可根据被测电流的大小适当选择。

另外，式（2-75）的成立是以忽略励磁电流为前提的，实际上，电流互感器内总有一定的励磁电流，因此以式（2-75）测量电流总有一定的变比误差和相位误差。通常电流互感器根据误差的大小分为0.2、0.5、1.0、3.0和10.0五个等级，级数越大，误差就越大。

2. 注意事项

使用电流互感器时，应注意以下事项：

（1）电流互感器的接线应遵守串联原则。如图2-65所示，电流互感器一次侧绕组应与被测电路串联，而二次侧绕组则与所有的仪表负载串联。

（2）运行时二次侧绕组绝对不允许开路。正常运行时，接在电流互感器二次侧上的仪表线圈的阻抗很小，相当于在二次侧绕组短路状态下运行。互感器二次侧绕组端子上电压只有几伏。因而铁芯中的磁通量是很小的。一次侧绕组磁动势虽然可达到几百到上千安匝或更大。但是大部分被短路的二次侧绕组所建立的去磁磁动势所抵消，只剩下很小一部分作为铁芯的励磁磁动势以建立铁芯中的磁通。如果二次绕组开路，电流互感器处于空载运行，被测回路的大电流就成为互感器的励磁电流，它将使铁芯中的磁通密度猛增，磁路严重饱和造成铁芯过热而损坏绕组绝缘；且在二次绕组将感应出很高的过电压，可能击穿绝缘，危及操作人员和仪表的安全。因此，电流互感器二次绕组中绝对不允许装熔断器；运行中如果需要拆下测量仪表，也应先将二次绕组短接。

（3）铁芯和二次绕组的一端必须可靠接地。为避免绝缘一旦损坏时，一次侧的高电压窜入二次侧，危及操作人员和仪表的安全，电流互感器铁芯和二次绕组的一端必须可靠接地。

（4）电流互感器所带的仪表阻抗值不应超过有关技术标准的规定。正常运行时，接在电流互感器二次侧上的仪表线圈的阻抗很小，如果仪表线圈的阻抗过大，超过有关技术标准的规定，会引起测量误差增大，降低测量精确度。

3. 钳形电流表

通常用普通电流表测量电流时，需要将电路切断停机后才能将电流表接入进行测量，这是很麻烦的，而且有时正常运行的电动机不允许这样做。工程上就常用一种称为钳形电流表的仪表来检测带电线路电流，它可以在不切断电路的情况下来测量电流。如图2-66（a）所示，钳形电流表的工作部分通常主要由一只电磁式电流表和穿芯式电流互感器组成。穿芯式电流互感器铁芯制成可活动张合，且成钳形，故名钳形电流表。在测量带电线路时，可将被测线路夹于其中，此时，被测线路为一次绕组，利用电磁感应作用，可在与二次绕组串联的电流表上直接读出被测线路的电流值，如图2-66（b）所示。

一般钳形电流表有几个量程，可根据被测电流值通过转换开关的拨挡，改换不同的量程，但转换拨挡时不允许带电进行操作。钳形表一般准确度不高，通常为2.5～5级。

（二）电压互感器

电压互感器是用来配合测量高电压的仪用互感器，它实际上是一个降压变压器，变压器变换电压的目的是输送电能，因此容量很大；而电压互感器变换电压的目的，主要是用来给测量仪表和继电保护装置供电，用来测量线路的电压、功率和电能，或者用来在线路发生故障时保护线路中的贵重设备、电机和变压器，因此电压互感器的容量很小。它的一次侧绕组匝数多，二次侧绕组匝数少。

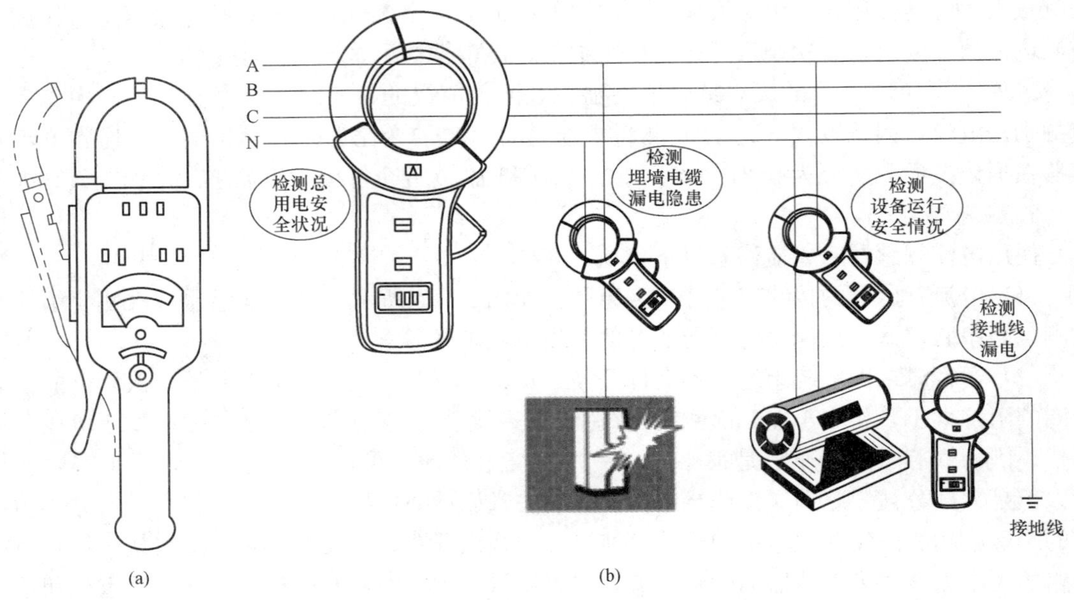

图 2-66 钳形电流表

1. 工作原理

按工作原理，电压互感器可分为电磁式和电容式。

（1）电磁式电压互感器。原理和普通变压器相似，适用于 6～110kV 系统，价格高，容量大，误差小。

（2）电容式电压互感器。电容分压型，适用于 110～500kV 系统，价格低，容量小，误差大。

下面以与变压器相似的电磁式电压互感器为对象进行分析。其基本构成是一个闭合的铁芯和两个相互绝缘的绕组。因为电力系统一次设备的电压高，不容易直接测量，所以需要电压互感器将高电压按比例转换成较低的电压后，再连接到仪表或继电器。其原理接线如图 2-67 所示，电压互感器一次侧并接在电力系统中被测线路中，二次侧可并接仪表、继电保护和自动装置的电压线圈等负载，由于这些负载阻抗很大，通过的电流很小，因此，电压互感器的工作状态相当于变压器的空载运行。

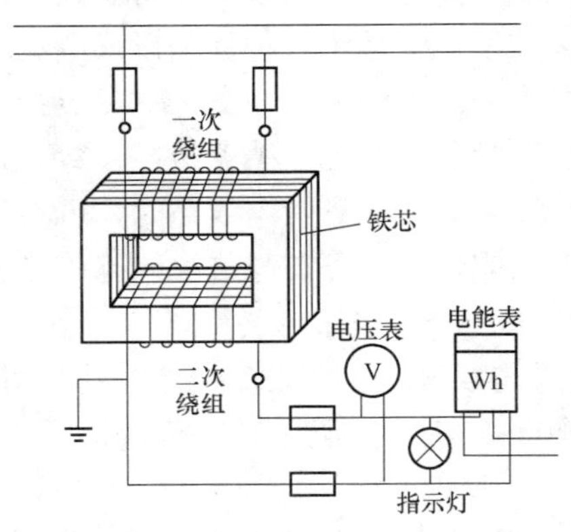

图 2-67 电压互感器原理接线图

忽略一、二次侧漏阻抗压降，则两侧电压关系为

$$k_u = \frac{E_1}{E_2} = \frac{N_1}{N_2} = \frac{U_1}{U_2} \Rightarrow U_1 = k_u U_2 \quad (2-76)$$

式中：k_u 为电压互感器的变压比，为常数。

电压互感器和普通变压器在原理上的主要区别是，电压互感器一次侧所加的线路电压不受电压互感器二次负荷的影响，不像变压器带大负荷时会影响电压，这主要是因为电压互感器吸取线路的功率很微小。同时，由于电压互感器二次侧所带的负载阻抗很大，使电压互感器工作状态相当于变压器的空载运行，所以其二次侧电压基本上等于二次侧电动势值，并取决于一次侧电压值，因此，电压互感器用来配合测量电压时，不会因二次侧接上几个电压表就影响电压测量值。通常电压互感器二次绕组的额定电压设计为100V。与测量仪表配套使用时，电压表也按一次绕组的电压值标出刻度，可从电压表上直接读出被测电压值。电压互感器还可以在一次绕组有多个抽头，根据被测线路电压的大小适当选择。

与电流互感器相似，实际上，由于电压互感器的励磁电流和一、二次绕组漏阻抗都存在，电压互感器测量的电压值总有一定的变比误差和相位误差。为了减少误差，电压互感器的铁芯都尽量采用性能较好的硅钢片制成，并尽可能减小磁路中的气隙，使铁芯不饱和，以减小励磁电流；在绕组的绕制上也设法减少两绕组之间的漏磁通，以减少漏阻抗。通常电压互感器根据误差的大小分为0.2、0.5、1.0和3.0四个等级。

2. 注意事项

使用电压互感器时，应注意以下事项：

（1）电压互感器的接线应遵守并联原则。如图2-67所示，电压互感器一次侧绕组应并联接在被测电路，而二次侧绕组则与所有的仪表负载并联。

（2）在额定容量下运行。电压互感器在额定容量下允许长期运行，但在任何情况下，不允许超过最大容量运行。运行时二次侧绕组绝对不允许短路。因为其正常运行时，相当于变压器的空载运行，二次侧绕组匝数少，阻抗较小。若二次短路后，在二次回路中会产生很大的短路电流，甚至会烧毁互感器。因此，与电流互感器不同，电压互感器使用时在二次绕组中应串联熔断器作为短路保护。

（3）二次绕组的一端必须可靠接地，以防止高压绕组绝缘损坏时，二次绕组带上高电压，危及操作人员和仪表的安全，二次绕组的一端必须可靠接地。

（4）电压互感器在接线时，必须注意其端子的极性，在接线时，若将其中的一相绕组接反，二次回路中的线电压将发生变化，会造成测量误差和保护误动作（或误信号），甚至可能对仪表造成损害。因此，必须注意其一、二次极性的一致性。

四、分裂式变压器

分裂式绕组变压器是指每相由一个高压绕组与两个或多个电压和容量均相同的低压绕组构成的多绕组电力变压器，与普通双绕组变压器相对比这些电压和容量均相同的低压绕组是由一个绕组分裂而成的，它们在电路上不相连而在磁路上只有松散耦合。各分裂绕组的容量总和就是该分裂变压器的额定容量。具有两个低压分裂绕组的分裂变压器通常称为双分裂变压器，其低压绕组的布置方式有辐（径）向分裂和轴向分裂两种。

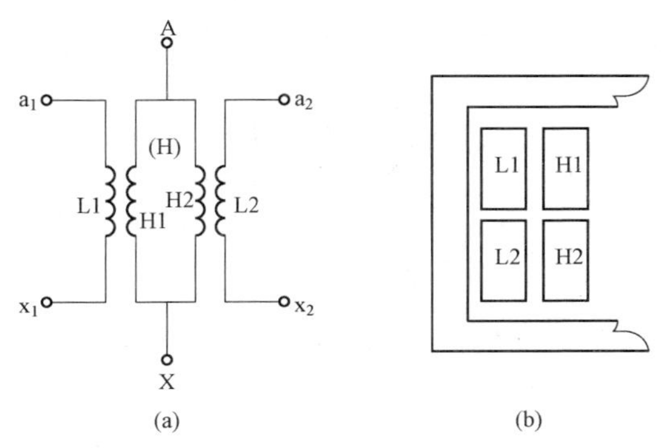

图2-68　单相双绕组双分裂变压器绕组
（a）接线图；（b）布置图

1. 结构、参数及等值电路

图2-68（a）所示为单相双绕组双分裂变压器接线图。图中共有三个绕组，一个不分裂的高压绕组H，它有两个支路H1和H2，但总是并联的，实际上是一个绕组；两个相同的低压分裂绕组L1和L2。图2-68（b）为芯式双绕组双分裂变压器的绕组轴向分裂布

置图，一次侧 H 绕组分成两个并支路 H1 和 H2，分别对应两个低压分裂绕组 L1 和 L2，作轴向布置。分裂变压器正常的电能传输仅在高、低压绕组之间进行，各分裂绕组可以单独运行或并联运行，可以承担相同或不同负载。当某一个低压分裂绕组上所连接的负荷或电源发生故障时，其余低压分裂绕组仍能正常运行。各分裂绕组之间没有电的联系，磁的耦合也相对较弱。分裂支路之间应具有较大的阻抗，而分裂支路与不分裂绕组之间应具有相同的阻抗。

当分裂绕组的几个分支并联成一个总的低压绕组对高压绕组运行时，称为穿越运行，此时变压器的短路阻抗称为穿越阻抗 Z_{CY}；当低压分裂绕组的一个分支对高压绕组运行时，称为半穿越运行，此时变压器的短路阻抗称为半穿越阻抗 Z_{BCY}；当分裂绕组的一个分支对另一个分支运行时（非正常状态），称为分裂运行，此时变压器的短路阻抗称为分裂阻抗 Z_{FL}。

分裂阻抗与穿越阻抗之比称为分裂系数 k_F，它是分裂变压器的基本参数之一，一般为 $k_F=3\sim4$，由分裂成两部分的低压绕组的相互位置来决定。以三相双绕组双分裂变压器为例，每相有三个绕组：一个不分裂的高压绕组，它有两个支路，但总是并联的，实际上是一个绕组；两个相同的低压分裂绕组。故可以仿照三绕组变压器，得到由三个等值阻抗组成的等值电路，如图 2-69 所示。

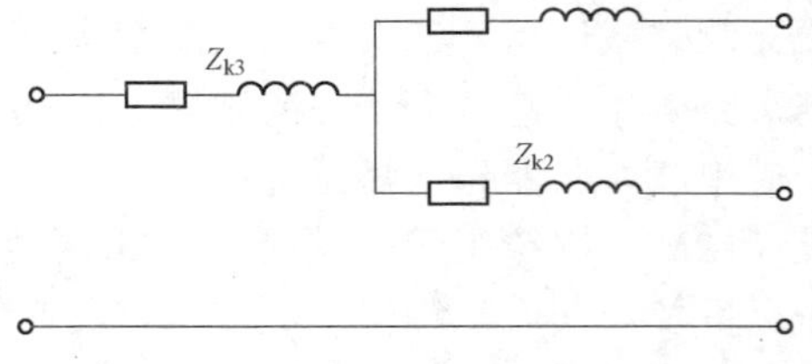

图 2-69　双分裂变压器等效电路

又按照分裂阻抗的定义，分裂阻抗等于两分裂分支短路阻抗之和，即

$$Z_{FL}=Z_{k1}+Z_{k2}$$

考虑到分裂绕组各分支排列的对称性，所以各分支短路阻抗相等，并等于二分之一的分裂阻抗，即

$$Z_{k1}=Z_{k2}=Z_{FL}/2=\frac{1}{2}k_F Z_{CY}$$

得到高压绕组的短路阻抗 $Z_{k3}=Z_{CY}-\frac{1}{2}Z_{k1}=\left(1-\frac{1}{4}k_F\right)Z_{CY}$

由此可见，根据分裂系数和穿越电抗就可以简单地求出等效电路中各个参数。

2. 分裂变压器的基本要求

分裂变压器与普通变压器，按其结构看，几乎没有什么区别，其区别仅仅是在各铁芯柱上的低压绕组本身，没有串联或并联而将其始端和终端各自引出，无论采取哪种结构方式，其分裂的二次绕组之间磁的耦合是比较弱的，因此，对分裂变压器的基本要求如下：

（1）低压绕组分裂的几个部分与高压绕组的绝缘结构，要求有足够的电气强度；

（2）低压绕组每分裂分支与高压绕组之间的阻抗值要相等；

（3）使用时，低压绕组的每一部分可分别接到发电机或电动机上，且可同时运行，也可单独运行，具有相同额定电压的分裂绕组可以并联运行；

（4）结构要简单，尽可能接近无分裂绕组变压器的结构。

3. 特点

与普通变压器相比，分裂变压器有如下特点：

（1）限制短路电流的作用显著。当分裂绕组一个支路短路时，短路电流经过半穿越阻抗。半穿越阻抗等于高压绕组和一个分支短路阻抗之和，比普通变压器的短路阻抗大，所以短路电流小。

（2）有利于电动机自起动条件的改善。分裂变压器的穿越阻抗比普通变压器的短路阻抗小，所以流过起动电流时变压器的电压降要小些，允许电动机起动容量大些。

（3）当分裂绕组一个支路发生短路故障时，另一个支路的母线电压降很小，即残压较高。

分裂变压器的主要缺点是造价较高。

五、非金合晶变压器

非晶合金变压器是一种新型高效节能变压器，其工作原理与传统变压器相同，主要结构特点是其铁芯是采用新型导磁材料——非晶合金带材来制作的，非晶合金材料又称金属玻璃，是一种无晶体原子结构的合金，该合金是从熔融状态下的合金以百万分之一秒的速度冷却后得到的。通常为铁、镍-铁和钴基合金，铁磁体非晶合金比目前其他材料更易于磁化和消磁。由于非晶合金材料优良的性能，以其作为铁芯材料的变压器拥有良好的节能效果，其一般构成卷铁芯。

（一）非晶合金变压器主要分类

按照非晶合金变压器的结构组成、功能特点以及适用领域，目前非晶合金变压器主要分类如下：三相油浸式非晶合金变压器、单相油浸式非晶合金变压器、地埋式非晶合金变压器、非晶合金路灯变压器、箱式非晶合金变压器、干式非晶合金变压器、风力发电用非晶合金变压器、光伏发电用非晶合金变压器等。

（二）非晶合金变压器的结构、参数、性能特点

现在非晶合金变压器的国家标准主要是15型，即性能水平代号为15，其空载损耗仅为S9型变压器的20%～30%。

（1）铁芯的导磁材料采用非晶合金。由于非晶合金不存在晶体结构并具有软磁特性，磁滞回线的面积很狭窄，磁化功率小，电阻率高，涡流损耗小，所以变压器的空载损耗和空载电流非常低。

（2）由于非晶合金比较脆、饱和磁通密度较低（约1.5T），所以非晶合金铁芯的额定磁通密度一般为（1.3～1.4T）比冷轧硅钢片（1.6～1.7T）低。变压器铁芯采用非晶合金带材一般卷制成三相五柱式结构，使变压器的高度比三相三柱式的低。铁芯截面为矩形，其下轭可以打开便于线圈的套装。当然由于非晶合金带材的厚度为0.02～0.03mm，只有硅钢片的1/10左右，非常薄、脆，并且对机械应力很敏感，因此装配时要注意轻拿轻放，避免因为过多的外力而增加产品的空载损耗和噪声。

（3）低压绕组除小容量（160kVA以下）采用铜导线以外，一般采用铜箔绕制的圆筒式结构；高压绕组采用多层圆筒式结构，使绕组的安匝分布平衡、漏磁小。高、低压绕组采用导线张力装置一起绕制成矩形线圈，并通过热压整形将线圈固化成一整体，以增强绕组的机械强度和抗短路的能力。

（4）器身装配、油箱结构、保护装置等采用不吊心结构，并采用真空干燥、真空滤油和注油的工艺，采用全密封油箱，没有储油柜等结构。

（5）SH15非晶合金变压器的负载损耗与S9系列常规油变的负载损耗相同，空载损耗非晶合金变压器SH15系列比S9系列下降70%左右；空载电流非晶合金变压器SH15系列比S9系列下降80%左右。

（6）非晶合金变压器联结组采用 Dyn11 接法，减少了谐波对电网的影响，改善了供电质量。由于非晶合金变压器的铁芯都是四框五柱式结构，在 Yyn0 结线的状态下，三相不平衡负载电流会引起三相电压的严重衡。

（7）由于非晶合金变压器采用全密封结构，绝缘油和绝缘介质不与空气接触，在正常运行下不需要换油，这就大大降低了变压器维护成本和延长了使用寿命。并且可在潮湿的环境中运行，是城市和农村配电网络中理想的配电设备。

（8）虽然非晶合金变压器的有效成本比 S9 型平均上升了 20%以上，其售价比 S9 型约高 30%以上，但其比 S9 型同容量的变压器其空载损耗降低 75%以上，年运行成本平均降低 30%，通过年电能损耗，年电能损耗成本，年节电费的计算，一般在 3～4 年内可以收回它相对于硅钢片铁芯变压器所增加的投资成本。

（三）非晶合金变压器发展前景

变压器是输变电系统中的耗能大户，在配电网损耗中变压器损耗约占 30%～60%，其中空载损耗约占变压器损耗的 50%～80%，因此高效节能的变压器对电网的节能举足轻重。在配电网和新能源领域，可以预见未来非晶合金变压器市场空间巨大，前景广阔。随着我国非晶合金带材的量产成功，产能的释放，非晶合金带材的供给瓶颈以及核心技术问题的解决，以及国家加强节能减排的政策法规，属高新技术、绿色环保节能产品的非晶合金变压器，将得到更为普及的使用。

项目对应技能训练（三相三绕组变压器测试）

一、实验目的

掌握三相三绕组变压器参数测定的方法。

二、实验项目

（1）空载实验和变比测定。

（2）短路实验。

三、实验内容

1. 空载实验

低压线圈连接法按铭牌标出的连接，其他两线圈开路。实验方法与三相双绕组变压器相同。为了测定变化，在实验中需同时测取高压，中压和低压线圈的空载电压。

2. 短路实验

按照下面方法分别进行三次短路实验：

（1）高压线圈施加电压，中压线圈短路，低压线圈开路。

（2）低压线圈施加电压，高压线圈短路，中压线圈开路。

（3）低压线圈施加电压，中压线圈短路，高压线圈开路。

测取的数据记录于表中，并记下实验时间的周围环境温度。

四、实验报告要求

1. 绘出空载特性曲线

计算三相三绕组变压器的变比：$k_{23}=U_2/U_3$，$k_{12}=U_1/U_2$，$k_{13}=U_1/U_3$。

式中：U_1、U_3、U_3分别为高、中、低三个线圈的三相平均相电压。

2. 由短路实验计算参数，并画出等效电路图。

根据短路实验（1）算出 Z_{K12}、r_{K12} 和 x_{K12}。（2）算出 Z_{K31}、r_{K31} 和 x_{K32}。（3）算出 Z_{K32}、r_{K32} 和 x_{K32}。

将 Z_{K12} 折算到低压则 $Z'_{K12}=\frac{Z_{K12}}{K_{13}^2}=r'_{K12}+jx'_{K12}$

低压线圈的参数 $Z_3=\frac{1}{2}(Z_{K31}+Z_{K32}-Z'_{K12})$

$$r_3=\frac{1}{2}(r_{K31}+r_{K32}-r'_{K12}),x_3=\frac{1}{2}(x_{K31}+x_{K32}-x'_{K12})$$

中压线圈的参数

$$Z'_2=\frac{1}{2}(Z_{K32}+Z'_{K12}-Z_{K31}),r'_2=\frac{1}{2}(r_{K32}+r'_{K12}-r_{K31}),x'_2=\frac{1}{2}(x_{K32}+x'_{K12}-x_{K31})$$

高压线圈的参数

$$Z'_1=\frac{1}{2}(Z_{K32}+Z'_{K12}-Z_{K32}),r'_1=\frac{1}{2}(r_{K31}+r'_{K12}-r_{K32}),x'_1=\frac{1}{2}(x_{K31}+x'_{K12}-x_{K32})$$

最后，再将短路电阻和抗换算到基准工作温度时的值。

项目小结

（1）三绕组变压器三个绕组的容量可以相等，也可以不等。

（2）自耦变压器高、低压绕组之间不仅有磁耦合还有电联系，能量的传送通过磁路和电路同时进行。

（3）运行时，电流互感器二次侧绕组绝对不允许开路，电压互感器二次侧绕组绝对不允许短路。

（4）分裂变压器限制短路电流的作用显著。

项目对应思考与练习

一、填空题

1. 三绕组变压器的额定容量是指（　　　　）。

2. 自耦变压器与同容量的两绕组变压器比较，它的空载电流（　　　　）。

3. 自耦变压器适用于一、二次侧（　　　　）相差不大的场合，一般在设计时，变比 K_a（　　　　）。

4. 一台变比为 k 双绕组变压器改接成自耦变压器，则自耦变压器变比 $k_a=$（　　　　）。

5. 电压互感器运行时二次侧不允许（　　　）。电流互感器运行时二次侧不允许（　　）。

6. 变压器的一次和二次绕组中有一部分是公共绕组的变压器是（　　）。

7. 三绕组变压器的高、中、低压绕组在铁芯柱上从内到外的排列序列，在升压变压器中为（　　　），在降压变压器中为（　　　　）。

8. 三相三绕组变压器的连接组别有两种，分别是（　　　）和（　　　）。

9. 分裂变压器的两个低压分裂绕组在电路上相互（　　　），在磁路上具有（　　　）磁耦合。

10. 分裂变压器的分裂系数 K_F 定义为（　　）之比，通常 K_F 取值范围为（　　）。

二、判断题

1. 自耦变压器的短路阻抗较同容量的普通变压器小。（　）

2. 自耦变压器的绕组容量比变压器额定容量大。（　）

3. 三绕组变压器的中压绕组向高压和低压绕组传递功率时，中压绕组应套在铁芯的外层。（　）

4. 三绕组变压器实际运行中，高、中、低压绕组功率 P_1、P_2、P_3 的关系是 $P_1 : P_2 : P_3 = 1 : 1 : 1$。（　）

5. 自耦变压器变比的取值范围通常是10～20。（　）

6. 自耦变压器的绕组容量与额定容量的关系是绕组容量等于额定容量的3倍。（　）

7. 分裂变压器有较大的分裂阻抗，所以能够有效地限制分裂绕组之间的短路电流。（　）

8. 电流互感器运行时相当于变压器的短路运行，这是因为其二次侧接电流表的量程很小。（　）

9. 电压互感器的二次额定电压通常为220V。（　）

10. 电流互感器的二次额定电流通常为100A。（　）

三、简答题

1. 自耦变压器的绕组容量为什么比变压器额定容量小？它们之间有何关系？

2. 在发电厂中，用分裂变压器对两段厂用电母线供电，当一段母线发生短路故障时，为什么另一段母线仍然能保持较高的残余电压？

3. 从应用场合、结构特点、主要性能等方面，比较三绕组变压器和分裂变压器的区别。

4. 三相三绕组电压互感器的常采用的铁芯类型是什么？

5. 三绕组变压器实际运行中，高、中、低压绕组功率相等吗？

6. 试说明自耦变压器的绕组容量与额定容量的关系。

7. 电压互感器运行时二次侧可以短路吗？为什么？

8. 电流互感器运行时二次侧可以开路吗？为什么？

项目六　变压器使用与维护

学习目标

(1) 明确变压器的选用原则。

(2) 了解电力变压器初次安装、投运前的准备工作事项。

(3) 认识电力变压器在运行中的巡查、维护内容。

(4) 了解电力变压器检修内容、周期及典型检修项目的工艺要求。

(5) 了解变压器的干燥方法。

一、变压器的选用及初次安装

(一) 变压器选择原则

选用变压器的技术规范和参数应符合国家标准和行业标准，通常应根据GB/T 17468

《电力变压器选用导则》、GB/T 6451《油浸式变压器》、GB/T 10228《干式变压器》、JB/T 2426《所、厂用变压器》等相关标准选择。选用时应先明确变压器种类，如单相、三相变压器，升压变压器、降压变压器，配电变压器、厂用变压器、联络变压器，有载调压、无励磁调压，自冷变压器，还是风冷变压器等。选择一般在已通过省部级或相应级别鉴定的设备范围内，优先选用主流电网企业推荐的产品。

关于变压器技术参数的选择，应以变压器整体运行的可靠性为基础，综合考虑技术参数的先进性和经济性，结合运行方式和损耗预估，还要考虑可能对系统安全运行、环保、节材、运输和安装空间等方面的影响，提出合理的技术经济指标，其中变压器额定容量的选择尤为重要。

1. 电力变压器额定容量的使用条件

（1）环境温度（周围气温自然变化值）：最高气温＋40℃，最高日平均气温＋30℃，最高年平均气温＋20℃，最低气温－25℃（适用于户外变压器）。

（2）空气最大相对湿度：当空气温度为＋25℃时，相对湿度不超过90％。

（3）海拔高度：变压器安装地点的海拔高度不超过1000m。

（4）安装场所无严重影响变压器绝缘的气体、蒸汽、化学性沉积、灰尘、污垢及其他爆炸性和侵蚀性介质。安装场所无严重的振动和颠簸。

若使用条件发生改变，则技术参数要作相应调整。一般变压器如环境温度超过规定值不大于5℃时，要相应降低温升5℃；环境温度超过规定值5～10℃时，应相应降低温升10℃；超过规定值10℃以上时，应与制造厂协商确定温升限值。

如果变压器运行地点的海拔超过1000m，则温升限值应在1000m以上每400m降低1℃（油浸自冷）或每250m降低1℃（油浸风冷或强油风冷）。

变压器运行地点的海拔超过1000m但不到4000m时，变压器的外绝缘额定耐受电压应乘以校正系数。

2. 工业配电变电站配电变压器的选择

（1）变压器数量的确定。

1）主变压器台数的确定原则是为了保证供电的可靠性。当符合下列条件之一时，宜装设两台及以上变压器：①有大量一级负荷及虽为二级负荷但安保需要设置时（如消防等）；②季节性负荷变化较大时；③集中负荷较大时。

另外，对大型枢纽变电站，根据工程的具体情况可以安装2～4台主变压器。

2）一般三级负荷或容量不太大的动力与照明应共用一台变压器。

3）当属下列情况之一时，可设专用变压器：①当照明负荷较大或动力和照明采用共用变压器严重影响照明质量及灯泡寿命时，可设照明专用变压器；②单台单相负荷较大时，引起的中性线电流超过变压器低压绕组额定电流的25％时，宜设单相变压器；③冲击性负荷较大，严重影响电能质量时，可设冲击负荷专用变压器；④当季节性负荷（如空调设备等）约占工程总用电负荷的1/3及以上时，宜配置专用变压器。

（2）结构形式的确定。

1）对于多层或高层主体建筑内变电站，一般可采用环氧树脂浇注型铜芯绕组干式变压器。特别潮湿的环境不宜设置浸渍绝缘干式变压器。干式变压器容量不宜大于1250kVA。

2）当用户系统有调压要求时，应选用有载自动调压电力变压器。

3）当要求有三种电压的变电站，而且通过主变压器各侧绕组的功率均达到该变压器容量的15%以上时，主变压器宜采用三绕组变压器。如220、110、35kV时，通常采用三绕组变压器。

4）当需要提高单相短路电流值或需要限制三次谐波含量或三相不平衡负荷超过变压器每相额定容量15%以上时，宜选用接线为Dyn11型变压器。

（3）配电变压器容量及组别的选用。

1）变压器的容量选择的一般原则：

①一般的生产车间尽量装设一台变压器。确定一台变压器的容量时，变压器额定容量S_N应满足车间内所有用电设备计算负荷S_c的需要。从节电的角度出发应首先确定变压器的负载率，通常变压器效率最大对应的负载率为63%～67%，对平稳负载供电的单台变压器，负载率一般在85%左右。变压器的投资运行总效益涉及固定资产投资、折旧费、年运行费、税金、保险费和其他的一些费用，有时为降低一次投资而牺牲运行效率。

②根据负荷等级，确定变压器安装台数。当安装两台及以上主变时，每台容量的选择应按照其中任何一台停运时，其余的容量至少能保证所供一级负荷或为变电站全部负荷的60%～75%。

③低压为0.4kV变电站中单台变压器的容量不宜大于1250kVA，当用电设备容量较大，负荷集中且运行合理时可选用2000kVA及以上容量的变压器。

④当供电系统中高次谐波干扰不严重和低压单相接地短路保护的动作灵敏度达到要求时，三相负荷基本平衡，其低压中性线电流不致超过低压绕组额定电流25%时，低压为230/400V的配电变压器联结组别可选择Yy_n0联结组别。

⑤当供电系统中存在较大的"谐波源"，三次及以上高次谐波电流比较突出时和由单相不平衡负荷引起的中性电流超过变压器低压绕组额定电流25%时，230/400V的配电变压器联结组别可选择Dyn11联结组别。

2）变压器负载容量的确定。计算负荷是变压器容量选择的依据。为了正确选择各级变电站的变压器容量，必须进行相应电力负荷的计算，一般常用于企业电力负荷计算的方法有需用系数法、单位面积功率法、单位指标法和单位产品耗电量法等。其中单位面积功率法和单位指标法主要多用于民用建筑，单位产品耗电量法主要适用于某些工业。下面介绍广泛应用于配、变电所负荷计算的需用系数法。需用系数法是用设备功率乘以需用系数和同时系数，直接求出计算负荷。

①按需要系数法进行负荷计算的基本过程：先确定计算范围（如某低压干线上的所有设备）；然后将不同工作制下的用电设备的额定功率P_N换算到同一工作制下，经换算后的额定功率也称为设备容量P_e；再将工艺性质相同的并有相近需要系数的用电设备合并成组，考虑到需要系数，算出每一组用电设备的计算负荷；最后汇总各级计算负荷得到总的计算负荷。

②需用系数法计算负荷的有关公式。

a. 确定单个用电设备组或用电单位计算负荷的公式。

有功计算负荷$P_C=K_XP_e$（kW）。其中：K_X为用电设备组或用电单位的需要系数，是个小于1的经验值，一般查设计手册，结合实际经验酌情选取；P_e为用电设备组或用电单位的总设备容量。

无功计算负荷 $Q_C = P_C \tan\varphi$（kVar）。其中：$\tan\varphi$ 为设备铭牌给定功率因数角用电设备组或用电单位功率因数角的正切值。

视在计算负荷 $S_C = \dfrac{P_C}{\cos\varphi}$（kVA），计算电流 $I_C = \dfrac{S_C}{\sqrt{3}U_N}$（A）。其中：$U_N$ 为用电设备组或用电单位供电电压额定值。

b. 确定多组用电设备组或多个用电单位总计算负荷的公式。

有功计算负荷 $P_C = K_{TP}P'_C$（kW）。其中：P'_C 为各组的计算负荷；K_{TP}为有功负荷同时系数，由设备组计算车间配电干线负荷时可取 $K_T = 0.85 \sim 0.95$，由设备组直接计算变电所低压母线总负荷时可取 $K_T = 0.8 \sim 0.9$。

无功计算负荷 $Q_C = K_{TQ}P'_C$（kVar）。其中：Q'_c 为各组无功计算负荷；K_{TQ}为无功负荷同时系数，由设备组计算车间配电干线负荷时可取 $K_{TQ} = 0.9 \sim 0.97$，由设备组直接计算变电所低压母线总负荷时可取 $K_{TQ} = 0.85 \sim 0.95$ 。

视在计算负荷 $S_C^2 = P_C^2 + Q_C^2$（kVA），计算电流 $I_C = \dfrac{S_C}{\sqrt{3}U_N}$（A）。其中：$U_N$ 为用电设备电压额定值。

（4）并联运行变压器的容量要求。在变电站有两台或多台变压器同时运行时，必须满足变压器并联运行条件。并联各变压器的额定容量也应该尽可能地接近，通常容量之比不宜超过 1∶3。这主要是因为变压器的容量相差过大会因内部阻抗不同或其他特性不而产生环流，而影响变压器的使用寿命。

（二）变压器的初次安装

1. 设备点件检查

（1）由安装单位、供货单位，会同建设单位代表共同进行设备点件检查，并做好记录。

（2）按照设备清单，施工图纸及设备技术文件核对变压器本体及附件备件的规格型号是否符合设计图纸要求，是否齐全，有无丢失及损坏。

（3）检查变压器本体外观有无损伤及变形，油漆是否完好无损伤。

（4）检查油箱封闭是否良好，有无漏油、渗油现象，油标处油面是否正常，发现问题应立即处理。

（5）检查绝缘瓷件及环氧树脂铸件有无损伤、缺陷及裂纹。

2. 变压器的器身检查

器身检查可分为吊罩（或吊器身）或不吊罩直接进入油箱内进行。

（1）变压器到达现场后应按产品技术文件要求进行器身检查，当满足下列条件之一时，可不做器身检查：①制造厂规定不做器身检查者；②就地生产仅作短途运输的变压器，且运输过程中有效监督，无紧急制动、剧烈振动、冲撞或严重颠簸等异常情况者。

（2）器身检查应在气温不低于 0℃，变压器器身温度不低于周围空气温度，空气相对湿度不大于 75 %条件下进行（器身暴露在空气中的时间不得超过 16h）。

（3）所有螺栓应紧固，并应有防松措施。铁芯无变形，表面漆层良好，铁芯应接地良好。

（4）绕组的绝缘层应完整，表面无变色、脆裂、击穿等缺陷。高低压绕组无移动变位情况。

(5) 绕组间、绕组与铁芯、铁芯与轭铁间的绝缘层应完整无松动。

(6) 引出线绝缘良好，包扎紧固无破裂情况，引出线固定应牢固可靠，其固定支架应紧固，引出线与套管连接牢靠，接触良好紧密，引出线接线正确。

(7) 所有能触及的穿心螺栓应连接紧固。用绝缘电阻表测量穿心螺栓与铁芯及轭铁、铁芯与轭铁之间的绝缘电阻，并做 1000V 的耐压试验。

(8) 油路应畅通，油箱底部清洁无油垢杂物，油箱内壁无锈蚀。

(9) 器身检查完毕后，应用合格的变压器油冲洗，并将油放净。吊芯过程中，器身与箱壁不应碰撞。

(10) 器身检查后如无异常，应立即将器身复位并注油至正常油位。吊芯、复位、注油必须在 16h 内完成。

(11) 器身检查完成后，要对油系统密封进行全面仔细检查，不得有漏油渗油现象。

3. 变压器的干燥

(1) 根据是否满足下列条件，判断新装变压器是否需要进行干燥。

1) 带油运输的变压器。①绝缘油电气强度及微量水试验合格；②绝缘电阻及吸收比(或极化指数) 符合规定。

2) 充气运输的变压器。①器身内压力在出厂至安装前均保持正压；②残油中微量水不应大于 30mg/kg；③变压器注入合格绝缘油后：绝缘油电气强度及微量水以及绝缘电阻应符合 GB 50150《电气装置安装工程电气设备交接试验标准》的规定。

3) 当器身未能保持正压，而密封无明显破坏时，则应根据安装及试验记录全面分析作出综合判断，决定是否需要干燥。

(2) 当设备进行干燥时，必须对各部温度进行监控。

1) 当不带油干燥利用油箱加热时，箱壁温度不宜超过 110℃，箱底温度不得超过 100℃，绕组温度不得超过 95℃；带油干燥时，上层油温不得超过 85℃。

2) 热风干燥时，进风温度不得超过 110℃；干燥过程中，在保持温度不变的情况下，绕组的绝缘电阻下降后再回升，变压器持续 6h 保持稳定，且无凝结水产生时，可认为干燥完毕。

3) 干式变压器进行干燥时，其绕组温度应根据其绝缘等级而定。

4) 干燥后应进行器身检查，所有螺栓压紧部分应无松动，绝缘表面应无过热等异常情况。

4. 变压器的搬运

(1) 变压器二次搬运应由起重工作业，电工配合。最好采用汽车吊吊装，也可采用吊链吊装，距离较长最好用汽车运输，运输时必须用钢丝绳固定牢固，并应行车平稳，尽量减少振动；距离较短且道路良好时，可用卷扬机、滚杠运输。

(2) 变压器吊装时，索具必须检查合格，钢丝绳必须挂在油箱的吊钩上，上盘的吊环仅作吊芯用，不得用此吊环吊装整台变压器；变压器搬运时，应注意保护瓷瓶，最好用木箱或纸箱将高低压瓷瓶罩住，使其不受损伤；变压器搬运过程中，不应有冲击或严重振动情况，利用机械牵引时，牵引的着力点应在变压器重心以下，以防倾斜，运输倾斜角不得超过 1.5°，防止内部结构变形；大型变压器在搬运或装卸前，应核对高低压侧方向，以免安装时调换方向发生困难。

（3）用千斤顶顶升大型变压器时，应将千斤顶放置在油箱专门部位。

5. 变压器的稳装

（1）变压器就位可用汽车吊直接甩进变压器室内，或用道木搭设临时轨道，用三步搭、吊链吊至临时轨道上，然后用吊链拉入室内合适位置。

（2）变压器就位时，应注意其方位和距墙尺寸应与图纸相符，允许误差为±25mm，图纸无标注时，纵向接轨道定位，横向距离不得小于800mm，距门不得小于1000mm，并尽可能让屋内吊环的垂线位于变压器中心，以便于吊芯。

（3）变压器基础的轨道应水平，轨距与轮距应配合，装有气体继电器的变压器，应使其顶盖沿气体继电器气流方向有1%～1.5%的升高坡度（制造厂规定不需安装坡度者除外）。

（4）变压器宽面推进时，低压侧应向外；窄面推进时，油枕侧一般应向外。在装有开关的情况下，操作方向应留有1200mm以上的宽度。

（5）油浸变压器的安装，应考虑能在带电的情况下，便于检查油枕和套管中的油位、上层油温、气体继电器等。

（6）装有滚轮的变压器，滚轮应能转动灵活，在变压器就位后，应将滚轮用能拆卸的制动装置加以固定；变压器的安装应采取抗振措施。

6. 变压器的附件安装

（1）气体继电器安装。

1）气体继电器安装前应经检验鉴定合格；气体继电器应水平安装，观察窗应装在便于检查的一侧，箭头方向应指向油枕，与连通管的连接应密封良好。

2）打开放气嘴，放出空气，直到有油溢出时将放气嘴关上，以免有空气使继电保护器误动作。截油阀应位于油枕和气体继电器之间。

3）当操作电源为直流时，必须将电源正极接到水银侧的接点上，以免接点断开时产生飞弧。

4）事故喷油管的安装方位，应注意到事故排油时不致危及其他电气设备。

（2）防潮呼吸器的安装。

1）防潮呼吸器安装前，应检查硅胶是否失效，如已失效应在115～120℃温度烘烤8h，使其复原或更新。浅蓝色硅胶变为浅红色，即已失效；白色硅胶，不加鉴定一律烘烤。

2）防潮呼吸器安装时，必须将呼吸器盖子上橡皮垫去掉，使其通畅，并在下方隔离器具中装适量变压器油，起滤尘作用。

（3）温度计的安装。

1）套管温度计安装，应直接安装在变压器上盖的预留孔内，并在孔内加以适当变压器油。刻度方向应便于检查。

2）电接点温度计安装前应进行校验，对于油浸变压器，其一次元件应安装在变压器顶盖上的温度计套筒内，并加适当变压器油；二次仪表挂在变压器一侧的预留板上。对于干式变压器，其一次元件应按生产厂说明书位置安装，二次仪表安装在便于观测的变压器护网栏上。软管不得有压扁或死弯，弯曲半径不得小于50mm，富余部分应盘圈并固定在温度计附近。

3）干式变压器的电阻温度计，其一次元件应预埋在变压器内，二次仪表应安装在值班室或操作台上，导线应符合仪表要求，并加以适当的附加电阻校验调试后方可使用。

（4）分接开关的安装。

1）变压器分接开关各分接点与绕组的连线应紧固正确，且接触紧密良好；转动点应正确停留在各个位置上，并与指示位置一致；分接开关的拉杆、分接头的凸轮、小轴销子等应完整无损：转动盘应动作灵活，密封良好。

2）分接开关的传动机构（包括有载调压装置）的固定应牢靠，传动机构的摩擦部分应有足够的润滑油。

3）有载调压切换装置的调换开关的触头及铜辫子软线应完整无损，触头间应有足够的压力（一般为80～100N）；其转动到极限位置时，应装有机械连锁与带有限位开关的电气连锁。

4）有载调压切换装置的控制箱一般应安装在值班室或操作台上，连线应正确无误，并应调整好，手动、自动工作正常，挡位指示正确。

5）分接开关吊出检查调整时，暴露在空气中的时间应符合相关规定。

7. 变压器安装时注意事项

（1）变压器就位后，应采取有效保护措施，防止铁件及杂物掉入绕组框内。并应保持器身清洁干净；对安装的电气管线及其支架应注意保护，不得碰撞损伤。

（2）操作人员不得蹬踩变压器作业，应避免工具、材料掉下砸伤变压器；应避免在变压器上方操作电气焊，如不可避免时，应做好遮挡防护，防止焊渣掉下，损伤设备。

（3）安装在室内或台上、柱上的变压器均应悬挂设备名称、编号牌、“禁止攀登，高压危险”等警示标志牌。变压器室应能防火、防雨水、防涝、防雷电、防小动物，门应采用阻燃或不燃材料，门向外开启并应上锁。门上应标明应压器室的名称和运行编号，门外侧应设“止步，高压危险”等警示标志牌。变压器外壳应可靠接地。

（4）变压器的安装高度和距离应满足有关安全规程的规定，否则必须装设围栏并悬挂警告牌。

（三）电力变压器交接试验及送电前检查

1. 电力变压器交接试验项目

电力变压器在新安装与大修后必须进行电力变压器交接试验，进行试验并得以通过，才能保证其安全及经济运行。变压器种类很多，试验的方法大同小异。由于其电压等级与容量的不同，试验要求与项目也不尽一样。下面介绍常进行的一些试验项目。

（1）测量绕组连同套管的直流电阻；检查所有分接头的变压比。

（2）测量绕组连同套管的绝缘电阻、吸收比或极化指数。

（3）检查变压器的三相接线组别和单相变压器引出线的极性。

（4）测量绕组连同套管的介质损耗角正切值 $\tan\delta$。

（5）测量绕组连同套管的直流泄漏电流、交流耐压试验、局部放电试验。

（6）测量与铁芯绝缘的各紧固件及铁芯接地线引出套管对外壳的绝缘电阻。

（7）非纯瓷套管的试验、绝缘油试验、额定电压下的冲击合闸试验。

（8）有载调压切换装置的检查和试验。

（9）检查相位、测量噪声。

2. 变压器送电前的检查

（1）变压器试运行前应做全面检查，确认各种试验单据应齐全，数据真实可靠，变压器一次、二次引线相位，相色正确，接地线等压接触截面符合设计和国家现行规范规定。

（2）变压器应清理、擦拭干净；顶盖上无遗留杂物，本体及附件无缺损；通风设施安装完毕并工作正常，消防设施齐备。

（3）变压器的分接头位置处于正常电压挡位。保护装置整定值符合规定要求，操作及联动试验正常。

二、运行巡检及日常维护

变压器在运行中常常会因运行维护不当造成设备事故，如果运行人员定期通过看、听、闻手段对设备进行巡视检查，可以及时发现设备的异常，从而把设备故障处理在萌芽状态，避免出现设备事故。下面以配电变压器为主要对象进行介绍。

（一）变压器一般运行条件

1. 变压器正常运行必备的技术条件

（1）变压器本身应试验合格，且不漏油、渗油、变压器外壳应遵照规程装设保护接地装置。

（2）变压器应配套齐全，至少要有高压跌落式熔断器和阀型避雷器。熔断器的性能（主要指其额定电流、极限熔断电流、灵敏度、选择性等）要符合要求。

（3）变压器上应设有测量温度用的孔座，以便插入水银温度表测量温度。

（4）变压器上应有铭牌，其上应注明接线图和接线组别（或极性）。此外，还应有标明引出线相别和位置的顶盖图，或在引出线套管附近注明与接线图相一致的相别符号。

（5）100kVA 及以上的变压器，应装设油枕和玻璃油位表。油位表上应画有注明温度的三条监视线，分别标明使用地点环境温度最高、正常和最低时应有的变压器油面位置。

（6）变压器周围环境应清洁整齐，落地装设的变压器应有围栅，围栅内不得有杂草、树木、农作物等。每台变压器应有自己的技术档案与卡片。

2. 变压器一般运行要求

（1）变压器的运行电压一般不应高于该运行分接额定电压的 105%；

（2）无励磁调压变压器在额定电压±5%范围内改换分接位置运行时，其额定容量不变；

（3）油浸式变压器顶层油温一般不超过表 2 - 7 的规定。

表 2 - 7　油浸式变压器顶层油温一般规定值

冷却方式	冷却介质最高温度（℃）	最高顶层油温度（℃）
自然循环自冷、风冷	40	95

（4）干式变压器的温度限值应按相关绝缘等级来规定，限值见表 2 - 8。

表 2 - 8　绕组温升限值

绝缘系统温度等级（℃）	额定电流下的绕组平均温升限值（K）
105（A）	60
120（E）	75
130（B）	80
155（F）	100
180（H）	125
200	135
220	150

注　括号内字母为绝缘系统温度等级代号。

(5) 变压器三相负载不平衡时，应监视最大一相的电流。接线为 Yy_n0（或 Y_Ny_n0）的配电变压器，中性线电流的允许值通常分别为额定电流的 25%和 40%。

（二）变压器的运行巡视

1. 定期检查

在每次定期检查变压器应时记录其电压、电流和顶层油温，以及曾达到的最高顶层油温等，变压器应在最大负载期间测量三相电流，并设法保持基本平衡。对有远方监测装置的变压器，应经常监视仪表的指示，及时掌握变压器运行情况。

2. 变压器的巡视周期

有人值班的变电所内的变压器每天至少检查 1 次，每星期应有 1 次夜间检查；无值班人员的变电所每月至少一次，每季至少进行一次夜间巡视；特殊情况下应增加巡视次数。

3. 特殊巡视检查

在下列情况下应对变压器进行特殊巡视检查，增加巡视检查次数。

(1) 新设备或经过检修、改造的变压器在投运 72h 内。

(2) 有严重缺陷时；变压器急救负载运行时。

(3) 气象突变（如大风、大雾、大雷、冰雹、寒潮等）时，特别是雷雨后。

(4) 高温季节、高峰负载期间；节假日、重大活动期间。

4. 变压器巡视检查的一般内容

(1) 变压器的油温和温度计应正常，变压器油位、油色应正常，各部位无渗油、漏油。

(2) 套管是否清洁、外部有无破损裂纹、有无严重油污、无放电痕迹及其他异常现象。

(3) 变压器音响正常，外壳及箱沿应无异常过热。

(4) 气体继电器内应无气体、吸湿器完好、吸附剂干燥无变色。

(5) 引线接头、电缆、母线应无过热迹象。有载分接开关的分接位置及电源指示应正常。

(6) 压力释放器或安全气道及防爆膜应完好无损。

(7) 各控制箱和二次端子箱应关严，无受潮：各种保护装置应齐全、良好。

(8) 变压器外壳接地良好；各种标志应齐全明显；消防设施应齐全完好。

(9) 室（洞）内变压器通风设备应完好：储油池和排油设施应保持良好状态。

(10) 油的再生装置和滤过器的工作状况良好。

(11) 变压器室的门、窗、照明应完好，房屋不漏水，温度正常。

(12) 干式变压器的外部表面应无积污、裂纹及放电现象。

(13) 现场规程中根据变压器的结构特点补充检查的其他项目正常。

（三）变压器的投运和停运

(1) 在投运变压器之前，运行人员应仔细检查，确认变压器及其保护装置在良好状态，具备带电运行条件。应注意外部有无异物，临时接地线是否已拆除，分接开关位置是否正确，各阀门开闭是否正确。变压器在低温投运时，应防止呼吸器因结冰被堵。

(2) 运用中的备用变压器应随时可以投入运行。长期停运者应定期充电，容量 630kVA 及以上者，每半年至少充电一次，容量 630kVA 以下者，每年至少充电一次。变压器停用时间超过 1 年，重新投入运行前，应按“投运前”规定内容进行试验。

(3) 变压器投运和停运的操作程序应在现场规程中规定，并须遵守下列各项：

1）变压器的充电应在有保护装置的电源侧用断路器操作，停运时应先停负载侧，后停电源侧。

2）用跌落式熔断器投切空载配电变压器的顺序为：投入时，先合上风侧、再合下风侧，最后合中相：切除时与此相反。

（4）新投运的变压器应按变压器安装验收规范的规定试运行。更换绕组后的变压器参照执行，容量 630kVA 及以上者，其冲击合闸次数为 3 次，每次间隔不得少于 5min。

（5）新装、大修、事故检修或换油后的变压器，在施加电压前静放时间不应少于 12h。

（6）变压器在停运和保管期间，应防止绝缘受潮。

（四）变压器的经济运行

（1）变压器的投运台数应按负载情况，从安全、经济原则出发，合理安排。

（2）可以相互调配负载的变压器，应考虑合理分配负载，使总损耗最小。

（五）变压器的维护保养

变压器的维护保养是电气值班工和电气维修工为了保持变压器正常技术状态，延长使用寿命所必须进行的日常工作。如果变压器的维护保养工作做得到位，可以减少设备故障率，降低运行成本，节约维修费用，从而提高经济效益。

1. 对变压器绕组绝缘的监视

变压器在安装或检修后、投入运行前及长期停用后，均应检测绕组的绝缘电阻，测得的数值与测量时的油温应记入变压器履历卡片中。检测绕组的绝缘电阻应使用 1000～2500V 的绝缘电阻表。在变压器使用期间所测得的绝缘电阻值与变压器在安装或大修干燥后投入运行前测得的数值的比，是判断变压器运行中绝缘状态的主要依据。绝缘电阻的测量应尽可能在相同的温度、用电压相同的绝缘电阻表进行。如变压器的绝缘电阻剧烈降低至初次值的 50%或更低时，分别应测量变压器的 $\tan\delta$、电容比和取油样试验（包括测量油的体积电阻和 $tg\delta$）。变压器绝缘状况的最后结论应综合全部实验数据并与以前运行中的数据比较分析后得出。

2. 变压器分接开关的运行维护

（1）无励磁调压变压器在变换分接时，应作多次转动，以便消除触头上的氧化膜和油污。在确认变换分接正确并锁紧后，测量绕组的直流电阻合格后，方可投入运行。

（2）变压器有载分接开关的操作，应遵守如下规定：①应逐级调压，同时监视分接位置及电压、电流的变化。②有载调压变压器并联运行时，其调压操作应轮流逐级或同步进行。

（3）变压器的有载分接开关的维护，应按制造厂的规定进行。无制造厂规定者可参照以下规定：①新投入的分接开关，在投运后 1～2 年或切换 5000 次后，应将切换开关吊出检查，此后可按实际情况确定检查周期；②运行中的有载分接开关切换 5000～10000 次后或绝缘油的击穿电压低于 25kV 时一应更换切换开关箱的绝缘油；③操作机构应经常保持良好状态；④长期不调和有长期不用的分接位置的有载分接开关，应在有停电机会时，在最高和最低分接间操作两个循环。

（4）为防止开关在严重过负载时进行切换，应按有载开关制造厂家规定控制过载负荷。

3. 气体保护装置的运行

（1）对容量 800kVA 及以上的油浸变压器应装设气体保护装置。

（2）变压器运行时气体保护装置应接信号和跳闸。用一台断路器控制两台变压器时，如其中一台转入备用，则应将备用变压器气体保护装置跳闸改接信号。

（3）变压器加油或滤油后，于变压器完全停止排出空气气泡时，才可将气体保护装置重新完全加入运行。

（4）当油位针上指示的油面有异常升高现象时，为查明油面升高的原因，在未取下气体保护装置跳闸回路的连接片以前，禁止打开各种放气或放油的塞子、清理呼吸器的孔眼或进行其他工作，以防止气体保护装置误动作跳闸。

4. 变压器的运行温度

变压器的寿命一般就是其绝缘（浸过绝缘漆或浸在绝缘油中的棉纱、纸、丝等材料）的寿命。变压器的使用年限与运行温度的高低有密切关系。变压器的温度是以变压器油的上层的温度作标准的，它对变压器的寿命影响很大。变压器的工作温度每升高 8～9℃，其绝缘的寿命就要减少一半。如变压器在正常工作温度 95℃下运行，其寿命为 20 年；若温度升至 105℃运行，则寿命缩短到 7 年；温度再升至 120℃运行，则寿命缩短到 2 年，变压器若在 170℃的温度下继续运行，那么，10～12 天就要报废了。

变压器的温度高低有四个因素决定：

（1）周围环境温度。夏天变压器的温度比冬季高，室内变压器的温度比室外的高。

（2）变压器本身的制造质量。制造质量好的变压器，其铜损、铁损都小，温度也就较低。

（3）变压器的负荷。变压器绕组的发热量与负荷电流的平方成正比，变压器经常按额定容量运行，其寿命应不低于 18～20 年。如果过负荷运行，则将大大缩短其寿命。

（4）变压器的工作电压。变压器的工作电压应保持在额定电压，如果经常超过额定电压运行，也会缩短变压器的寿命；因为工作电压比额定电压高 10%时，变压器的铁损要加 30%～50%，温度自然也要增高。

变压器的温度是指变压器油的上层的温度，规程规定这个温度不得超过 95℃，实际为了防止变压器油质迅速劣化，上层油温不宜经常超过 85℃，如用水银温度表贴在变压器外壳上进行测量，则允许温度还要降 5～10℃（即 75～80℃）。如果超过允许值，则需查明高温的原因，并采取对策。例如环境温度高，则可采取加电风扇、水冷却等措施予以降低。又如负荷、电压、环境温度都和过去相同，但温度比过去高出 10℃以上，且不断上升，那可能变压器内部有故障，则需立即停止运行。

5. 绝缘油的维护

经常对变压器进行取油试验，对保证变压器不间断和无事故地运行有着重大的意义。变压器中取油样做耐压试验的目的，不只是确定电气的绝缘强度，同时还检查许多指标。变压器投运一年以后，在其正常运行状态下第一次取油样试验；以后每隔五年至少进行一次油样试验（8000kVA 及以上变压器，油中溶解气体色谱分析应每年进行一次），当变压器的密封性被破坏或者发生故障后，应在计划外取油样进行电气强度试验。运行中的变压器，其油的电气强度不得低于 25kV。

绝缘油质量的简易鉴别法：

（1）油颜色的检查方法。将要试验的绝缘油用滤纸过滤两次（在 20～22℃时进行），把油盛于试管中，与一组装有 15 个标准油色的试管进行颜色比对。油色检查虽不能直接判定绝缘油是否可以使用，但可以迅速而简便地鉴定油质变化程度。例如，新油一般为浅黄色，氧化后颜色变深。新油呈深暗色是不允许的。运行中油色迅速变暗，便表明油质变坏。

（2）透明度检查。将新油装于玻璃瓶中，其色泽应透明，并带有蓝紫色的荧光；将运行的油装入玻璃瓶中，如果失去荧光和透明度，则表明油中有机械混合物和游离碳。

（3）气味。新绝缘油一般无气味，或稍带煤油味。如果有别的气味，则说明油质变坏。例如：烧焦味（有干燥时过热）、酸味（油严重老化）、乙炔味（产生过电弧）。

三、一般故障处理及大修项目

（一）运行中的不正常现象和处理

值班巡查人员在变压器运行中发现不正常现象时，应设法尽快消除，并报告上级和做好记录。

（1）变压器有下列情况之一者应立即停运，事后报告当值调度员和主管领导：①变压器冒烟着火。②严重漏油或喷油，使油面下降到低于油位计的指示限度。③变压器声响明显增大，内部有爆裂声。④套管有严重的破损和放电现象。⑤发生其他危及变压器安全的故障而变压器的有关保护装置拒动。⑥变压器附近的设备着火、爆炸或发生其他情况，对变压器构成严重威胁。⑦变压器顶层油温异常升高，超过最大规定值。

（2）当变压器发生下列情况之一时，允许先报告当值调度员和上级领导联系有关部门后，将变压器停运：①变压器声音异常；②变压器油箱严重变形且漏油；③绝缘油严重变色；④套管有裂纹且有放电现象；⑤轻瓦斯动作，气体可燃并不断发展。

（3）变压器油温升高超过制造厂规定或表 2-7 规定值时，检查人员应按以下步骤检查处理：①核对温度检测装置。②检查变压器的负载和冷却介质的温度。③检查变压器室的通风情况或变压器冷却装置。④若温度升高的原因是冷却系统的故障，且在运行中无法修理者，应将变压器停运修理；若不能立即停运修理，则检查人员应调整变压器的负载至允许运行温度下的相应容量。⑤油浸变压器在超额定电流方式下运行，若顶层油温度超过 85℃时，应立即降低负载。

（4）当发现变压器的油面较当时温度所应有的油位显著降低时，应查明原因。

（5）变压器油位因温度上升有可能高出油位指示极限，则应放油，使油位降至与当时油温相对的高度，以免溢油。

（6）气体保护装置动作的处理：

1）气体保护信号动作时，应立即对变压器进行检查，查明动作的原因。

2）气体保护动作跳闸时，未查明原因消除故障前不得将变压器投入运行。为查明原因应重点考虑以下因素，做出综合判断：

①是否呼吸不畅或排气未尽。

②保护等二次回路是否正常。

③变压器外观有无明显反映故障性质的异常现象。

④气体继电器中的气体和油中溶解气体的色谱分析结果。

⑤必要的电气试验结果。

⑥变压器其他继电保护装置动作情况。

（7）变压器自动跳闸处理。主变压器无论何种原因引起跳闸，一方面应尽快转移负载，改变运行方式；另一方面查明何种保护动作。检查保护动作有无不正常现象，跳闸时变压器有无过载，输馈线路有无同时跳闸，除确认是误动作可以立即合闸外，应测量绝缘电阻并根据以下情况进行判断处理：①因过负载引起跳闸，在减少负载后将主变投入。②因输、馈电线路及其他设备故障影响越级跳闸时，若变压器绝缘电阻及外部一切正常，气体继电器又无气体，可切除故障线路（设备）后恢复变压器运行。③保护未掉牌并无动作过的迹象，系统又无短路，检查各方面正常，此时应检查继电器保护二次回路及开关机构是否误动作，如果误动作，在消除缺陷后，可以恢复变压器运行。如果查不出原因，应测量变压器绝缘电阻和直流电阻，并取变压器油作色谱分析，再根据分析确定是否可以恢复运行。如果发现变压器有任何一种不正常现象时，均禁止将变压器投入运行。

（8）变压器过负荷的处理方法。

1）检查变压器的负荷电流是否超过整定值。

2）确认为过负荷后，立即联系调度，减少负荷到额定值以下，并按允许过负荷规定时间执行。

3）按过流、过压特巡项目巡视设备。

（9）冷却系统故障的处理方法。

1）全部冷却器故障，在设法恢复冷却器的同时必须记录冷却器全停的时间，监视和记录顶层油温，如油温未达到 75℃则允许带额定负载运行 30min，若 30min 后仍未恢复冷却器运行但顶层油温尚未达到 75℃时，则允许上升到 75℃，但这种状态下运行的最长时间不得超过 1h，到规定的时间和温度时应立即将变压器停止运行。

2）个别冷却器故障，应把故障元件停运，并检查备用冷却器是否按规定自动投入然后再处理故障冷却器。

3）冷却器故障，当短时不能排除故障，应使完好的部分冷却器恢复运行后，再处理故障。

4）记录故障起始时间，如超过冷却系统故障情况下负载能力规定的运行时间，应请示当值调度员减负载或停止主变运行。

5）注意顶层油温和绕组温度的变化。

（10）有载分接开关故障的处理方法。

1）操作中发生连动或指示盘出现第二个分接位置时，应立即切断控制电源，用手动操作到适当的分接位置。

2）在电动切换过程中，开关未到位而失去操作电源，或在手动切换过程中，开关未到位而发现切换错误时，应按原切换方向手动操作到位，方可进行下一次切换操作。不准在开关未到位情况下进行反方向切换。

3）用远方电动操作时，计数器及分接位置指示正常，而电压表和电流表又无相应变化，应立即切断操作电源，终止操作。

4）当出现分接开关发生拒动、误动；电压表及电流表变化异常；电动机构或传动机构故障；分接位置指示不一致；内部切换有异声；过压力的保护装置动作；看不见油位或大量喷油危及分接开关和变压器安全运行的其他异常情况时，应禁止或中断操作。

5）运行中分接开关的油流控制继电器或气体继电器应具有校验合格有效的测试报告。若使用气体继电器替代油流控制继电器，运行中多次分接变换后动作发信应及时放气。若油流控制继电器或气体继电器动作跳闸，在未查明原因消除故障前不得将变压器及分接开关投入运行。

6）当分接开关油位异常升高或降低，且变压器本体绝缘油的色谱分析数据出现异常（主要是乙炔和氢的含量超标）时，应及时汇报当值调度员，暂停分接开关切换操作，进行追踪分析，查明原因，消除故障。

7）运行中分接开关油室内绝缘油的击穿电压低于 30kV 时，应停止自动电压控制器的使用。低于 25kV 时，应停止分接变换操作并及时处理。

（11）变压器着火处理。变压器着火时，应立即向当值调度员报告，并立即将变压器停运，同时关停风扇等相关设备电源，启动水喷淋系统灭火或使用干式灭火器灭火；若油溢在变压器顶上而着火时，则应打开下部油门放油到适当油位；若是变压器内部故障着火时，则不能放油，以防止变压器爆炸，在灭火时应遵守《电气设备典型消防规程》的有关规定。当火势蔓延迅速，用现场消防设施难以控制时，应打火警电话“119”报警，请求消防队协助灭火。

（二）变压器故障的检查方法

1. 检查与分析故障原因前的准备

引起变压器发生故障的因素通常是比较复杂的，为了顺利地正确检查与分析故障原因，事前应详细了解下述情况：

（1）变压器的运行情况，如负荷情况、过负荷情况和负荷种类；

（2）故障发生以前和故障发生时的气候与环境情况，例如是否经雷击，是否受雨雪侵袭等；

（3）变压器温升和电压情况；

（4）继电保护动作的性质，并查明在哪一相动作；

（5）如果变压器具有运行记录，应加以检查；

（6）检查变压器的技术资料，了解上次检修的质量情况；

（7）其他外界因素，如有无小动物活动的痕迹等。

2. 故障检查分析方法

（1）直观法。容量在 560kV 以上的变压器，一般都装有保护装置，如气体继电器、差动保护继电器和过流保护装置等。变压器发生故障时，其相应的保护装置将动作，其中能准确反映变压器故障的是气体继电器。如果气体继电器的上浮筒工作产生信号，则表明变压器事故比较轻，如果下浮筒动作，则表明变压器已发生严重事故；在特别严重的情况下，气体继电器动作的同时，防爆管也有气体和油冲出。

（2）解体检查。将变压器进行解体检查，是判断其故障性质，找出故障部位的一种种方法。若故障发生在铁芯或绕组内，则必须进行解体检查。若固体绝缘击穿，一般有炭渣沉积或产生焦臭气味。因此，凡有特殊臭味处，均应仔细嗅辨和检查（有时要剥开绝缘检查）。此外不定期应察看绕组的颜色和老化程度。根据经验，通常将绝缘老化程度概括地分为四级，见表 2-9。

表 2-9　变压器绝缘老化分级

级别	绝缘状态	说明
第一级	绝缘弹性良好，色泽新鲜均一	绝缘良好
第二级	绝缘稍硬，但手按时不变形，且不裂不脱落，色泽略暗	尚可使用
第三级	绝缘已发脆，色泽较暗，手按时有轻微的裂纹，变形不太大	绝缘不可靠，应酌情更换绕组
第四级	绝缘已碳化发脆，手按进即脱落或裂开	不能使用

（三）变压器的大修

1. 变压器的大修周期

（1）变压器一般在投入运行后5年内和以后每间隔10年大修一次。

（2）箱沿焊接的全密封变压器或制造厂另有规定者，若经过试验与检查并结合运行情况，判定有内部故障或本体严重渗漏时，才进行大修。

（3）在电力系统中运行的主变压器当承受出口短路后，经综合诊断分析，可考虑提前大修。

（4）运行中的变压器，当发现异常状况或经试验判明有内部故障时，应提前进行大修；运行正常的变压器经综合诊断分析良好，经总工程师批准，可适当延长大修周期。

2. 变压器的大修项目

（1）吊开钟罩或吊出器身检修；绕组、引线及磁（电）屏蔽装置的检修。

（2）铁芯、铁芯紧固件（穿心螺杆、夹件、拉带、绑带等）、压钉、连接片及接地片的检修。

（3）油箱及套管、吸湿器、冷却器、油泵、水泵、风扇、阀门及管道等附属设备的检修。

（4）油保护装置的检修；安全保护装置的检修；励磁分接开关和有载分接开关的检修。

（5）测温装置的校验，瓦斯继电器的校验；操作控制箱的检修和试验。

（6）清扫油箱并进行喷涂油漆；全部密封胶垫的更换和组件试漏；变压器油处理或换油。

（7）必要时对器身绝缘进行干燥处理。

（8）大修后的试验和试运行。

可结合变压器大修一起进行的技术改造项目，如油箱机械强度的加强，器身内部接地装置改为外引接地，安全气道改为压力释放阀，高速油泵改为低速油泵，油位计的改进，储油柜加装密封装置，气体继电器加装波纹管接头。

3. 大修工艺流程

修前准备→办理工作票，拆除引线→电气、油备试验、绝缘判断→部分排油拆卸附件并检修→排尽油并处理，拆除分接开关连接件→吊芯（钟罩）器身检查，检修并测试绝缘→受潮则干燥处理→按规定注油方式注油→安装套管、冷却器等附件→密封试验→油位调整→电气、油务检验→结束。

项目对应技能训练（干式变压器维护）

树脂浇注干式变压器是需要维护的，并不是完全免维护。应该定期清理变压器表面污秽。表面污秽物大量堆积，会构成电流通路，造成表面过热损坏变压器。在一般污秽状态下，半年清理一次，严重污秽状态下，应缩短清理周期，同时在清理污秽物时，紧固各个部位的螺栓，特别是导电连接部位。

投运后的2～3个月期间进行第一次检查，以后每年进行一次检查。检查的内容包括：

（1）检查浇注型绕组和相间连接线有无积尘，有无龟裂、变色、放电等现象，绝缘电阻是否正常。

（2）检查铁芯风道有无灰尘或异物堵塞，有无生锈或腐蚀等现象；绕组压紧装置是否松动。

（3）检查冷却装置包括电动机，风扇是否良好；变压器所在房屋或柜内的温度是否特别高，其通风、换气状态是否正常；变压器的风冷装置运转是否正常指针式温度计等仪表和保护装置动作是否正常。

（4）检查有无由于局部过热，有害气体腐蚀等使绝缘表面出现爬电痕迹和碳化现象等造成的变色；变压器如果停止运行超过 72h（湿度≥95%时允许时间还要缩短）在投运前要做绝缘检查，用 2500V 绝缘电阻表测量，一次及二次对地≥300MΩ，二次对地≥100MΩ，铁芯对地≥5MΩ（注意拆除接地片）。若达不到以上要求，请做干燥处理，一般启动风机吹一段时间即可。

（5）检查调压板位置，当电网电压高于额定电压时，将调压板连接 1 挡、2 挡，反之连接在 4 挡、5 挡，等于额定电压时，连接在 3 挡处，最后应把封闭盒安装关闭好，以免污染造成端子间放电。

（6）检查变压器的接地，必须可靠。

项目小结

（1）以相关国家标准和行业标准作为选用变压器的主要依据，先明确变压器种类；技术参数的选择，应以可靠性为基础，结合运行方式和损耗预估，还要考虑可能对系统安全运行、环保、节材、运输和安装空间等方面的影响，优先选用主流电网企业推荐的产品。

（2）电力变压器在新安装与大修后必须进行电力变压器交接试验。

（3）变压器运行人员定期通过看、听、闻手段对设备进行巡视检查，可以及时发现设备的缺陷，从而把设备故障处理在萌芽状态，避免出现设备事故。变压器的维护保养是保持变压器正常技术状态，延长使用寿命所必须进行的日常工作。

（4）在变压器运行中发现不正常现象时，应按相关规定处理，并报告上级和做好记录。

项目对应思考与练习

一、填空题

1. 主变压器台数的确定原则是为了保证供电的可靠性。当符合（　　　　）、（　　　　）、（　　　　）的条件之一时，宜装设两台及以上变压器。

2. 当照明负荷较大或动力和照明采用共用变压器严重影响照明质量及灯泡寿命时，可设置（　　　　）。

3. 当季节性负荷（如空调设备等）约占工程总用电负荷的（　　　　）时，宜配置专用变压器。

4. 当要求有三种电压的变电站，而且通过主变压器各侧绕组的功率均达到该变压器容量的 15%以上，主变压器宜采用（　　　　）。

5. 气体继电器应（　　　　）安装，观察窗应装在（　　　　）的一侧，箭头方向应指向油枕，与连通管的连接应密封良好。截油阀应位于油枕和气体继电器之间。

6. 防潮呼吸器安装前，应检查硅胶是否失效，如已失效应在（　　　　）温度烘烤（　　）小时，使其复原或更新。浅蓝色硅胶变为浅红色，即已失效；（　　　）色硅胶，不加鉴定一律烘烤。

7. 变压器应在每次定期检查时记录其（　　）、（　　）和（　　），以及曾达到的（　　　）等，变压器应在最大负载期间测量三相（　　），并设法保持基本平衡。对有远方监测装置的变压器，应经常监视仪表的指示，及时掌握变压器运行情况。

8. 在投运变压器之前，运行人员应仔细检查，确认变压器及其保护装置在良好状态，具备带电运行条件。应注意（　　）有无异物，（　　）是否已拆除，（　　　）位置是否正确，各阀门开闭是否正确。变压器在低温投运时，应防止呼吸器因结冰被堵。

9. 运用中的备用变压器应随时可以投入运行。长期停运者应定期充电，容量（　　）者，每半年至少充电一次，容量（　　）者，每年至少充电一次。变压器停用时间超过（　　）年，重新投入运行前，应按"投运前"规定内容进行试验。

10. 变压器在安装或检修后、投入运行前及长期停用后，均应检测绕组的绝缘电阻，测得的数值与测量时的油温应记入变压器履历卡片中。检测绕组的绝缘电阻应使用（　　）伏的绝缘电阻表。

11. 变压器的寿命，一般就是其绝缘的寿命。变压器的使用年限与（　　）的高低有密切关系。

二、判断题

1. 单台单相负荷较大时，引起的中性线电流超过变压器低压绕组额定电流的10%时，宜设单相变压器。（　　）

2. 冲击性负荷较大，严重影响电能质量时，可设冲击负荷专用变压器。（　　）

3. 变压器不论电压分接头在任何位置，所加一次电压不应超过其额定值的105%。（　　）

4. 带油干燥时，上层油温不得超过55℃。（　　）

5. 热风干燥时，进风温度不得超过60℃。（　　）

6. 干式变压器进行干燥时，其绕组温度应根据其绝缘等级而定。（　　）

7. 变压器冒烟着火，应立即停运，事后报告当值调度员和主管领导。（　　）

8. 变压器声响明显增大，内部有爆裂声，应立即停运，事后报告当值调度员和主管领导。（　　）

9. 严重漏油或喷油，使油面下降到低于油位计的指示限度，应立即停运，事后报告当值调度员和主管领导。（　　）

10. 变压器一般在投入运行后1年内和以后每间隔3年大修一次。（　　）

三、简答题

1. 变压器的容量选择的一般原则。

2. 电力变压器的初次安装时设备点件检查项目。

3. 变压器安装时注意事项。

4. 电力变压器交接试验项目有哪些？

5. 变压器送电前一般要做哪些检查？

6. 电力变压器的巡视周期。

7. 当变压器有异常声音时，应该如何处理？

8. 当变压器发生套管有裂纹且有放电现象时，应该如何处理?

9. 当变压器发生其他危及变压器安全的故障而变压器的有关保护装置拒动时，应该如何处理?

10. 当变压器发生变压器附近的设备着火、爆炸或发生其他情况，对变压器构成严重威胁时，应该如何处理?

模块三　同　步　电　机

项目一　认识同步电机

学习目标

(1) 认识什么是同步电机及其功能，掌握其基本工作原理。
(2) 了解同步电机的结构。
(3) 能区别不同类型的同步发电机。
(4) 看懂同步发电机铭牌中的额定数据及其含义。
(5) 了解小型同步发电机的解体、装配步骤。

一、同步电机的概念、作用和工作原理

(一) 同步电机的概念、作用

同步电机属交流旋转电机，其运行时转子的转速 n 恒等于旋转磁场转速 n_1。如同步电机电枢电流的频率为 f、磁极对数为 p，则它们之间的关系为

$$n = n_1 = \frac{60f}{p} \tag{3-1}$$

同步电机也由此得名。当其作发电运行且电机的极对数和转速一定时，发出的交流电流频率是固定的。我国电力系统的标准电流频率为 50Hz，如电机设计成一对极时，转子的转速 n 必定为 3000r/min，如电机设计成两对极时，转速 n 必定是 1500r/min，以此类推。

同步电机主要用来作为产生三相交流电的发电机运行，现在全世界的发电量绝大部分是以三相同步发电机提供为主。

与所有的旋转电机一样，同步电机从原理上讲，其运行是可逆的。同步电机可作发电机运行，也可作为电动机应用，即将电能转换为机械能输出，只要电源频率不变，同步电动机的转速是恒定的，在不要求调速的场合，应用大型同步电动机可以提高运行效率，同步电动机还可以通过调节励磁电流来向电网提供无功电流以改善电网的功率因数。近年来，在变频调速系统中小型同步电动机的应用日益增多。

此外，同步电机还可作为同步补偿机（调相机）用，同步补偿机实际是一台接在交流电网上空载运行的同步电动机，电机不带任何机械负载，通过调节其转子中的励磁电流向电网输出感性或容性无功功率，以达到改善电网功率因数并调节电网电压的目的。

同步电机作为发电机，电动机或调相机，其基本原理都是相同的，只是运行方式不同而已。我们主要是讨论发电机运行方式，研究同步发电机的原理、运行性能，在此基础上，从运行可逆性的角度再来了解同步电动机和调相机各自的特点。

同步发电机是将原动机提供的机械能转换为交流电能的设备。在火电厂，利用汽轮机为发电机提供机械能，称为汽轮发电机；在水电厂，利用水轮机为发电机提供机械能，称为水

轮发电机；当为发电机提供机械能是用柴油机时，则为柴油发电机。

（二）同步发电机工作原理

同步发电机和其他类型的旋转电机一样，由固定的定子和可旋转的转子两大部分组成。一般分为旋转磁极式同步电机和旋转电枢式同步电机。图 3-1 所示为最常用的旋转磁极式同步发电机的结构模型，其定子铁芯的内圆均匀分布着定子槽，槽内按一定规律嵌放有对称三相绕组 AX、BY、CZ。转子铁芯上装有一定形状的磁极对，磁极上绕有励磁绕组，其通以直流电流时，会在电机定、转子间的气隙中形成磁场，称为励磁磁场（也称主磁场、转子磁场）。当原动机拖动转子以恒定速度旋转，励磁磁场随轴一起旋转并顺次与定子各相绕组形成相对切割运动。定子绕组中将会感应出大小和方向按周期性变化的三相感应电动势。

由于三相绕组结构相同且三相绕组空间分布彼此相距 120°，从而三相感应电动势的大小相等、时间相位互差 120°，满足了三相电动势对称要求。如果电枢带上负载，就有三相交流电能的输出，实现机械能转换为电能。从前面分析可知：以上讨论的旋转磁极式同步发电机的机电能量转换主要是通过定子绕组的电磁感应作用进行，所以我们将同步发电机的定子称作电枢，其铁芯和绕组又称为电枢铁芯和电枢绕组；同步发电机的转子作用主要是为电机的电磁作用提供主磁场（励磁磁场），其磁极可以用永久磁铁构成，但通常都做成如图 3-1 所示的电磁式，因为其可通过调节励磁电流来调节磁场强弱。三相同步发电机产生的交流电能的频率 f 满足下式：

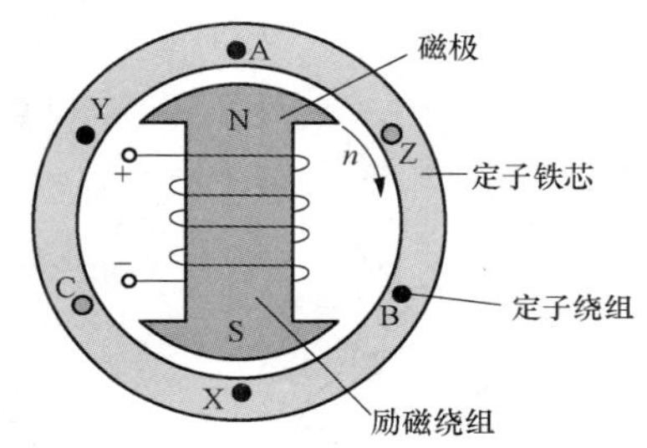

图 3-1　同步发电机结构模型

$$f = \frac{pn}{60} \tag{3-2}$$

式中：p 为电机磁极对数；n 为电机转速。

（三）同步电动机的工作原理

将图 3-1 的同步电机定子绕组接至三相交流电源，频率为 f 的三相交流电流流入电机定子的三相绕组，将在电机气隙中产生转速为同步转速 n_1 的旋转磁场。旋转磁场利用磁极异性相吸原理带着转子磁极一起以 n_1 旋转，如转子轴上带着机械负载，就实现电能转换成机械能了。这时转子转速为同步转速，其关系也满足式（3-1）。

（四）同步补偿机的工作原理

当同步电动机不带任何机械负载，在运行中通过调节转子励磁绕组中的励磁电流向电网输出感性或容性无功功率，以达到改善电网功率因数并调节电网电压的目的，这时同步电机处补偿运行（调相运行）。设同步电机在既没有向电网输出感性无功功率也没有向电网输出容性无功功率时对应的励磁电流为“正常励磁电流”，当励磁电流大于“正常励磁电流”，电机处过励状态，输出感性无功功率；当励磁电流小于“正常励磁电流”，电机处欠励状态，输出容性无功。同步补偿机通常都是在过励状态下运行，作为无功功率电源，提供感性无功，改善电网功率因数，保持电网电压稳定。

二、同步电机的类型、结构及铭牌数据

（一）同步电机的类型

从不同的角度同步电机有不同的分类方法，常见的有以下几种分类方法。

按运行方式不同分为发电机、电动机和调相机。

按结构形式不同分为旋转磁极式和旋转电枢式。

磁极旋转式按转子结构不同又分为凸极式和隐极式。

按安装方式不同分为卧式和立式。

按原动机类型不同分为汽轮发电机、水轮发电机、燃汽轮发电机、柴油发电机、风力发电机、太阳能光热发电机等。

按冷却介质不同分为空气冷却、氢气冷却、水冷却等。

(二) 同步发电机的基本构造

因为励磁电流相对较小，励磁电压较低，放在转子上引出较方便，而电枢绕组的电压高、容量大，放在转子上使结构复杂、引出不方便，所以现代大容量同步发电机通常做成磁极旋转而电枢固定，称为旋转磁极式。如有特殊要求时可作为旋转电枢式，如交流励磁机。

旋转磁极式结构的同步电机，根据磁极形状可分为隐极和凸极两种形式，如图 3-2 所示。

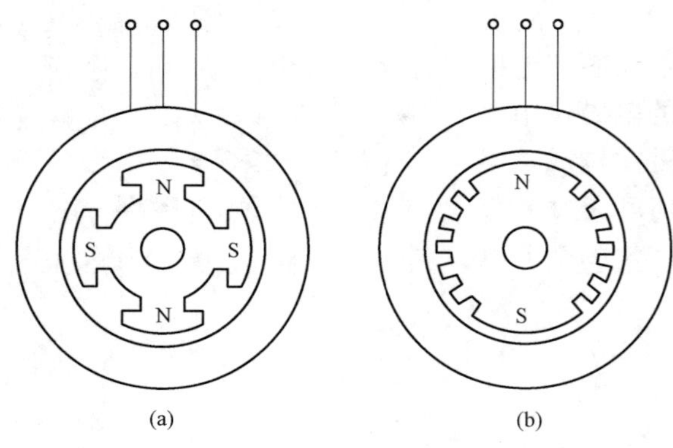

图 3-2 旋转磁极式同步电机转子基本类型

(a) 凸极式；(b) 隐极式

根据式 (3-2)，因为有发电频率的要求，所以由电机运行的转速来确定采用转子的类型。对于汽轮发电机，由于汽轮机的转速很高（如 $p=1$，$n=3000$r/min，转子直径为 1m 时，转子圆周的线速度就达到 157m/s），要求有足够的机械强度，因此转子宜作成细而长的隐极式，隐极式转子上没有凸出的磁极，隐极同步发电机在不考虑齿槽效应时，气隙均匀。而对于水轮发电机，由于水轮机转速低，因而要求有较多的磁极，转子宜作成短而胖的凸极式，凸极式转子上有明显凸出的成对磁极和励磁绕组，凸极式的转子在结构和加工工艺上都较隐极式的简单，但是凸极同步电机气隙不均匀。同步电机的气隙要比同容量的异步电机气隙大，因为异步电机的励磁电流由电网供给，需要从电网吸取感性无功功率，如果气隙大，则励磁电流大，电机的功率因数低，因此在机械加工条件允许下，气隙要尽量小一些。同步电机的气隙磁场由转子电流和定子电流共同激励，从同步电机运行稳定性考虑，气隙大，同步电抗小，短路比大，运行稳定性高。但气隙大，转子绕组用铜量增大，制造成本增加。气隙大小的选择要综合考虑运行性能和制造成本这两方面的要求。下面分别就汽轮同步发电机和水轮同步发电机的结构进行讨论。

1. 汽轮同步发电机

火电厂中以汽轮机作为原动机，驱动同步发电机旋转，励磁机（或自动励磁调节器）给同步发电机提供励磁电流进行发电。汽轮发电机的基本结构除了定子和转子两个主要部分外，另外，还需要一套合适的冷却机构，图 3-3 所示为一台汽轮发电机的主要部件。

(1) 定子。汽轮发电机的定子是由机座、端盖、定子铁芯和定子绕组等部件组成。对于水内冷电机还应包括进、出水的特殊结构。

1) 机座和端盖。机座的作用是固定和支撑定子铁芯及定子绕组等部件，通过机座将整

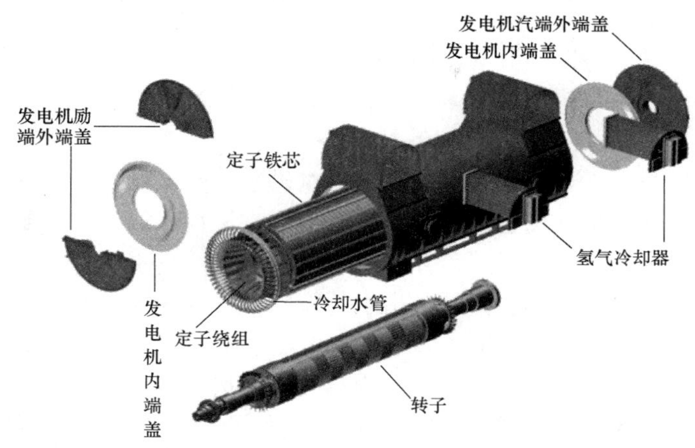

图 3-3 汽轮发电机主要部件

个定子安装、固定在基础上。另外，机座内部还应有合适的冷却风道。汽轮发电机的机座一般都采用钢板焊接而成，其支撑定子绕组和铁芯外，还应在正常和故障时能承受可能发生的最大应力，保证不产生允许外的变形。对机座的要求，除了要有足够的机械强度和刚度外，还必须便于安装、运输。端盖的作用是保护定子和转子的端部，另外，它可以使电机内形成一个与外界隔绝的风路系统，端盖一般用钢板焊接构成，也可采用灰铸铁或硅铝合金铸件，中等容量的电机端盖也有采用玻璃钢压制的。为了防止加工、运输和运行中因受力而发生允许外的变形，端盖应有足够的刚度。

对于大型同步电机，由于端部漏磁通较大，所以固定端盖的螺栓宜加以绝缘，以防止漏磁通引起的涡流流过螺栓而使其发热。

2）定子铁芯。定子铁芯是构成磁路和固定定子绕组的重要部件。要求导磁性能好、损耗小、刚度好、振动小，并在结构和通风系统布置上能有良好的冷却效果。

定子铁芯是由硅钢片叠压后组成，硅钢片的厚度一般用 0.35mm 或 0.5mm，硅钢片的两面进行了绝缘处理，以减小铁芯的涡流损耗。其一般呈扇形片，在扇形片的内圆部分开有放置线圈的槽，如图 3-4 所示，在叠制定子铁芯的过程中，当将扇形片拼成一个整圆时，应将接缝错开。用硅钢片叠制的定子铁芯压紧后就是一个坚实的整体。为了便于铁芯的散热，在铁芯沿轴向每隔 30～60mm 的距离就留有 8～10mm 宽的风道。另外，在每段叠片的中部以及靠近两端处加垫 0.2mm 厚的绝缘片，以限制片间绝缘损坏时可能烧伤铁芯的短路电流值。铁芯一般采用径向通风，其通风结构应与电机的通风冷却系统相配合。

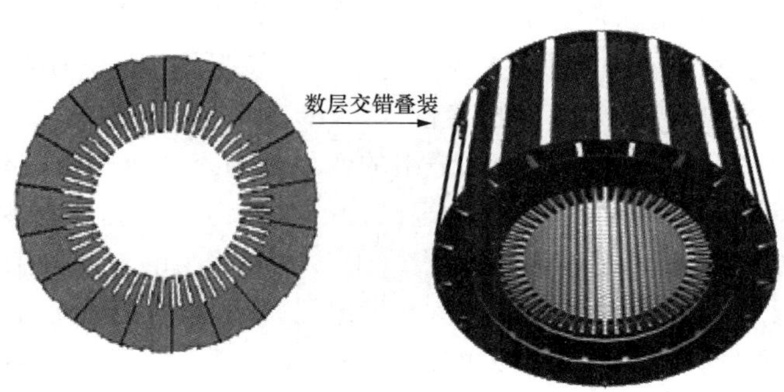

图 3-4 定子铁芯结构图

3）定子绕组。同步发电机的电能是通过定子绕组输出，定子绕组是电机进行能量转换的关键部件。汽轮发电机的定子绕组一般采用三相双层短矩叠分布绕组形式，三相分布绕组的内容后面专门介绍。大型汽轮发电机的定子绕组由于尺寸大，为了制造和下线方便，常做成“半组式”结构，即将一个线圈的两个线圈边分开来制造，嵌入槽中后，再将其端接部分焊接起来。为了冷却的需要，大型同步发电机还通常采用空心与实心导体组合的形式，空心导体可实现定子绕组水内冷。

（2）转子。发电机的转子的作用是传递原动机供给的机械能，支撑旋转的励磁线圈，形成良好的磁通路径和转子散热通道，因此对转子结构、材料和加工工艺要求较高。汽轮发电机的转子是由转轴、转子铁芯、转子绕组、端环以及滑环、风扇等部件组成，如图 3-5 所示。对于转子水内冷的电机，还包括进、出水的特殊结构。汽轮发电机的转速很高，考虑到汽轮机的效率，一般都是 3000r/min（国外有 3600r/min）。所以汽轮发电机的转子通常都是两极隐极式。转子的直径受离心力的影响，为了增大容量，转子做成细而长的圆柱体。

1）转子铁芯。汽轮发电机的转子铁芯既要有良好的导磁性能，又要具有足够的机械强度和刚度，是汽轮发电机的最关键部件之一。一般采用整块钢锭锻制而成，如图 3-5 所示，在铁芯上开有两组对称的槽，槽与槽之间的部分称为齿，有两个齿特别宽称为大齿，其余的叫小齿。小齿嵌放励磁线圈，大齿形成磁极。大型电机有时为了加强转子表面的冷却，在大齿区也开有一些较小的槽并不安放线圈，而只作通风之用，这种槽称为通风槽。

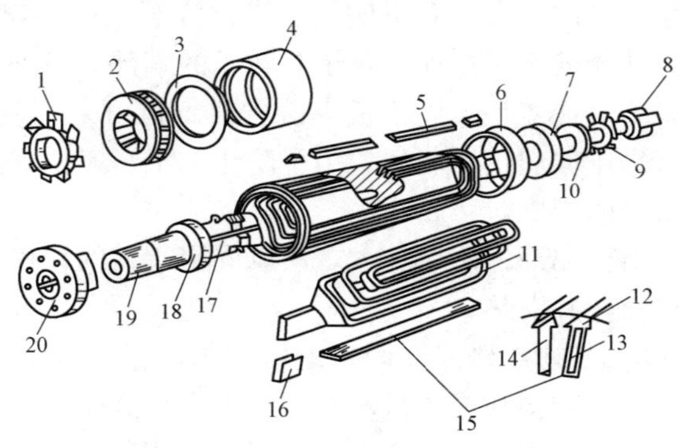

图 3-5 汽轮发电机转子外形

1—轴向风扇；2—径向风扇；3—中心环；4—护环；5—槽契；6—护环；7—风扇；8—励磁机电枢；9—励磁机风扇；10—滑环；11—转子绕组；12—槽契；13—转子绕组；14—转子槽；15—槽绝缘（对地绝缘）；16—槽口保护套；17—励磁引线；18—滑环；19—轴头；20—联轴器

对于大型两极汽轮发电机的转子，当长度与直径的比值较大时，为了减小倍频振动的影响，常在大齿部分沿轴向每隔一定距离开有径向月牙槽，使大齿方向与小齿方向的刚度尽可能接近。有的电机在大齿开有槽，内装阻尼绕组，阻尼绕组构成自行短接的半鼠笼结构，用于改善发电机运行的稳定性。

2）励磁绕组。励磁绕组的作用是通入直流励磁电流建立转子励磁磁场。汽轮发电机的励磁绕组是属于同心式绕组结构，整个励磁绕组就是将所有转子小齿的线圈连接起来，而将绕组的两头引出，连接到滑环上，励磁绕组的外观如图 3-5 所示。

3）护环和中心环。汽轮发电机转子绕组在通过励磁电流时产生热膨胀，同时其端部在高速旋转中将承受巨大的离心力作用，有造成径向和轴向位移的趋势。护环用来套在转子绕组端部外面，防止径向位移，而中心环则用来阻止轴向位移。为了避免因护环偏心引起的振动以及不对称运行或异步运行时因转子表面感应电流引起配合面上的电灼伤，要求护环与转子本体、护环与中心环之间有较紧密的配合。

4）其他部件。滑环与电刷的作用是将电机外静止电路的直流电引入到转动的励磁绕组。滑环或称集电环，一般用耐磨的锻钢制成。电刷是电机中最易损坏和维护工作量最大的零件，汽轮发电机一般采用石墨或电化石墨电刷。为使两滑环磨损均匀，在运行中要定期改变滑环的极性。电刷放在刷盒内，刷盒内有弹簧给电刷一个均匀的压力，以防止电刷正运行时发生振动，使其与滑环间保持有良好的滑动接触。

风扇的作用是使电机内部通风冷却。一般装在转子两端，当发电机运行时，风扇随转子而转动，使冷却气体流过绕组和铁芯，带走热量。

水内冷电机的转子绕组常采用电路串联、水路并联的方式。大型汽轮发电机一般每槽中的两排绕组各构成一条水流支路。冷却水由进水支座经轴中心孔分两路进入装配式进水箱，再经过进水绝缘引水管而流入转子绕组的底线，再将转子绕组的热量带走。

2. 水轮发电机

水轮发电机由水轮机拖动，它的主要结构形式有卧式和立式及灯泡贯流式，如图 3-6 分别为立式和卧式同步发电机。立式同步发电机是指正常运行时电机转轴是处于垂直状态的；卧式同步发电机指正常运行时电机转轴是处于水平状态的。通常小容量水轮发电机多采用卧式结构，中等容量水轮发电机采用立式或卧式结构，而大容量水轮发电机则广泛采用立式结构。

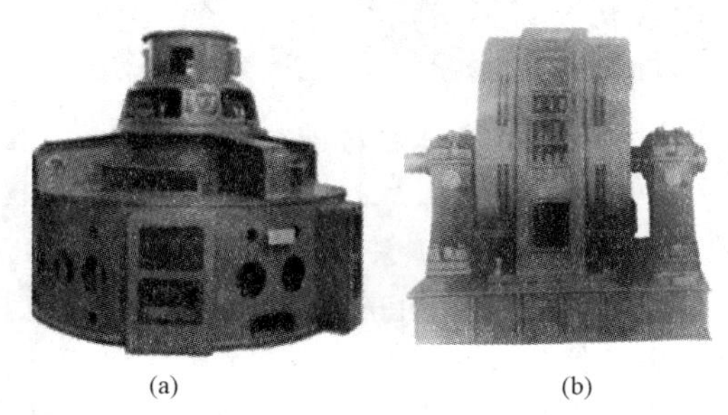

(a)　(b)

图 3-6　立式、卧式水轮发电机

(a) 立式水轮发电机；(b) 卧式水轮发电机

立式水轮发电机又可分为悬吊式和伞式两种，发电机推力轴承位于转轴上部的统称为悬吊式，位于转轴下部的统称为伞式，如图 3-7 所示。

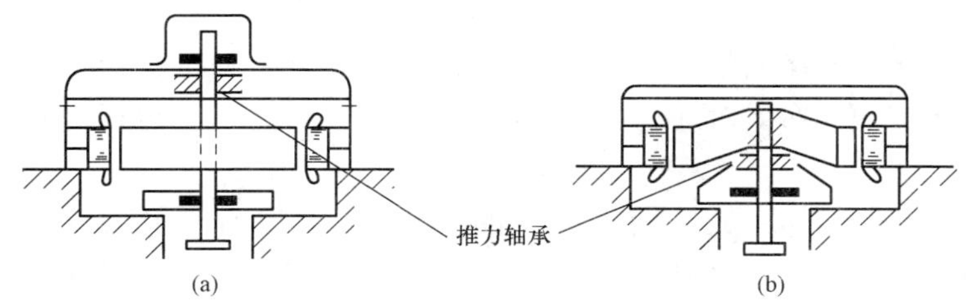

图 3-7　立式水轮发电机的基本结构形式

(a) 悬式；(b) 伞式

和汽轮发电机相比，水轮发电机的起动和投入并联所需时间较短，运行调度比较灵活，因此在电力系统中，除可用来担负基本负载外，还常用作担负高峰负载或作调相运行。水轮发电机一般采用空气冷却，只有容量相当大的发电机才需要考虑采用水内冷却方式。

(1) 定子。水轮发电机的定子由机座、定子铁芯和定子绕组等部件组成。大、中型水轮发电机的直径相当大，为了便于运输，通常把定子机座连同铁芯一起打成几段，分别制造好后，再运到电站组装成一整体。

水轮发电机的定子铁芯一般均用扇形硅钢片叠成。和汽轮发电机一样，铁芯在叠装过程中应将每层扇形片间的接缝错开。当铁芯的厚度叠到30～60mm的距离就留出一冷却风道。

铁芯被固定在机座内圆的定位筋上，这样在机座外壳与铁芯外圆之间留有通风道。铁芯内圆分开有槽，槽内放置定子绕组。

(2) 转子。水轮发电机的转子均做成凸极式，水轮发电机的转子直径很大，而轴向长度相对较短，整个转子呈扁盘形，如图3-8所示。

图3-8 水轮发电机转子

水轮同步电机转子由磁极、励磁线圈、磁轭和阻尼绕组等部分构成。磁极固定在磁轭上，磁轭同时也是磁路的组成部分。磁轭的外缘部分冲有倒T形的缺口以装配磁极，磁极上套有励磁绕组，励磁线圈大部分采用扁铜线立绕而成，励磁线圈串联后接到滑环上。一般还装有阻尼绕组，就是裸铜条，放入极靴的阻尼槽中，然后两端用短路环连接起来，形成一整体。在水轮发电机中也有滑环、电刷、风扇以及相应的冷却装置，其构成和作用与汽轮发电机相似。

3. 大型同步发电机的基本系统

(1) 同步发电机的绝缘与冷却。发电机运行时，由于绕组中的电流和铁芯中的交变磁场会产生热量使发电机不断发热，温度有升高的趋势，而铁芯冲片的绝缘和线圈绝缘是有允许温度限制的，因此发电机必须进行冷却、散热。

1) 同步发电机的绝缘系统。电机的绝缘主要是定子绕组和转子绕组的绝缘。

定子绕组绝缘主要有匝间、层间、对地（槽绝缘）及连接线和引出线的绝缘。匝间绝缘，根据不同的电压等级，采用聚酯漆包双玻璃丝包线或聚酰亚胺薄膜包双玻璃丝包线。层间绝缘，用玻璃布板做成的层间垫条来实现。对地绝缘和连接线及引出线绝缘，一般采用环氧玻璃粉云母胶带。

转子绕组绝缘主要有匝间绝缘、对地绝缘和引出线绝缘。匝间绝缘一般为导线本身的双玻璃丝包线或环氧玻璃坯布。对地绝缘，用环氧玻璃坯布和醇酸云母板构成。引出线绝缘常用黄玻璃漆布管。

2) 同步发电机的温升要求。同步发电机的温升要求，以B级绝缘为例。定子绕组温升限度为80℃，用电阻法测量。励磁绕组温升限度为80℃，用电阻法测量。铁芯温度限度为80℃，用温度计法测量。集电环温升限度为80℃，用温度计法测量。

3) 同步发电机的冷却方式。以汽轮同步发电机为例，它的冷却系统都是封闭的，冷却介质都是循环使用的。常用的冷却介质有空气、氢气和水。目前发电机的冷却方式有：空气冷却；水-氢-氢，即定子绕组用水冷却，转子绕组采用氢内冷，定子铁芯为氢冷；水-水-氢，即定子绕组和转子绕组用水冷却，定子铁芯为氢冷。由于氢气的密度仅为空气的1/4，导热性能比空气好6倍，其冷却效果比空气好。所以，大容量同步发电机采用水-氢-氢，但氢气与空气混合有爆炸危险，要注意密封。

①空气冷却。容量在50MW以下的同步发电机常用空气冷却。首先冷空气经风扇送入电机后，分别吹拂转子绕组端部、定子绕组和铁芯以及定子、转子之间的气隙。这些空气分

别吸取了一定热量变为热空气，在气隙处汇合后，经铁芯的风道排出电机，进入冷却器进行冷却。被冷却后的空气再用风扇送入电机内循环使用。

②氢气冷却。氢气的散热性能要比空气高得多。容量在50～600MW的汽轮发电机中，广泛应用氢气为冷却介质。氢气由装在转子两端的风扇强制循环，并通过设置在定子机座顶部两端的氢气冷却器冷却后循环使用。

③水冷却。水的散热能力远远高于空气和氢气，因此近年来大、中型同步发电机广泛采用水为冷却介质。有的电机定子采用水内冷，转子采用氢冷；有的采用定子、转子双水内冷。定子水路系统是冷水从外部水系统通过管道流至装在定子机座上的进水环，再分别经绝缘管流入各个线圈，吸收热量后再经绝缘水管汇总到装在机座上的出水环，然后排入电机的外部水系统进行冷却。

转子水路系统是冷却水先进入装在励磁机侧轴端的进水支座，然后流入转轴中心孔内，再沿几个径向孔流到集水箱，再经装在集水箱上的进水绝缘管，沿轴向流入各线圈。冷水吸热后，再经出水绝缘管汇总到出水箱，通过出水箱外缘上的排水孔流到出水支座内，最后由出水总管引出。

（2）同步发电机的励磁。励磁系统是同步电机的重要组成部分，同步电机在运行时为了建立励磁磁场，转子绕组必须通入相应的直流电流，供给同步机转子励磁电流的整个系统，包括装置和线路称为励磁系统。同步发电机获取励磁电流的方式称为励磁方式。同步电机的运行可靠性与其励磁统有十分密切的关系，现代同步电机的发展对励磁系统提出越来越高的要求。为此，近年来同步电机励磁方式也日新月异。

1）对励磁系统的要求。正常运行时，供给励磁电流，并能随负载情况变化作相应调节，以维持电网电压值或并联运行机组之间的无功功率分配；当系统电压严重下降时（如发生短路故障等），能强行励磁（简称强励）提高电动势，保持电压稳定；突然丢负荷时，如水轮机组转速明显升高，能强行减磁，限制端电压过度增高；当电机内部发生短路故障时，能快速灭磁和减磁，以减小故障的损坏程度；对两台以上并列运行发电机，能成组调节无功功率，使无功合理分配。

其他：运行可靠、结构简单、损耗小、成本低、体积小等。

2）励磁方式。

①直流励磁机励磁。该励磁方式的励磁电源是与同步发电机同轴的直流发电机，是早期常用的励磁方式。目前中、小型发电机还有部分采用这种励磁方式。直流发电机采用并励或者他励接法，或采用负载电流反馈的复式励磁。采用他励接法时，励磁机的励磁电流由另一台被称为副励磁机的同轴的直流发电机供给，如图3-9所示。

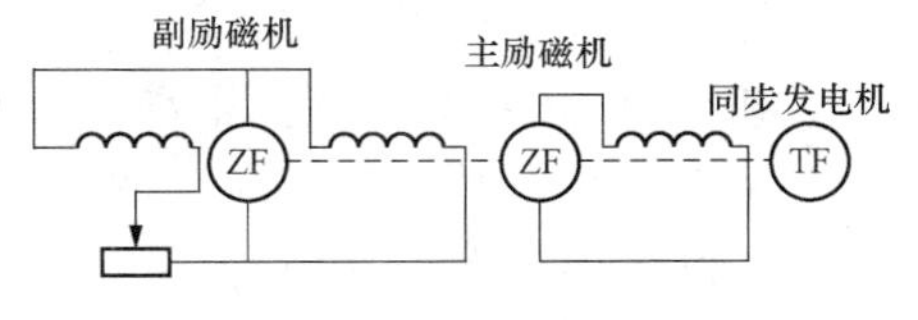

图3-9 直流励磁机励磁

②静止整流器励磁。原动机同一轴上带有三台交流发电机，即主发电机、交流主励磁机和交流副励磁机。副励磁机的励磁电流开始时由外部直流电源提供，待电压建立起来后再转为自励（有时采用永磁发电机）。副励磁机的输出电流经过静止晶闸管整流器整流后供给主励磁机励磁，而主励磁机的交流输出电流经过静止的三相桥式硅整流器整流后供给主发电机的励磁绕组，如图3-10所示。

③旋转整流器励磁。静止整流器通常装设在同步发电机之外，其直流输出必须经过电刷

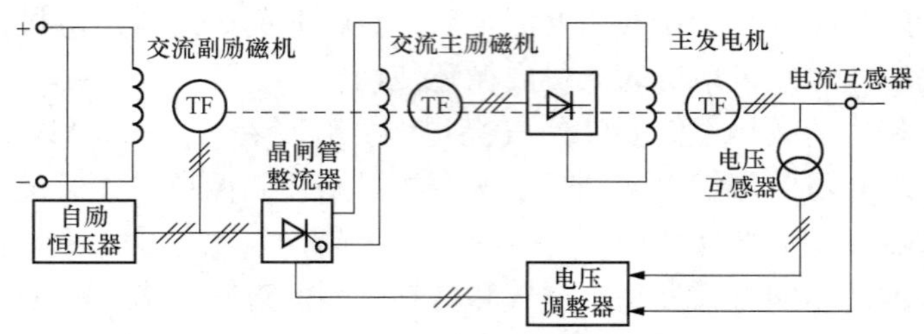

图 3-10 静止整流励磁系统

和集电环才能输送到电机旋转的励磁绕组，对于大容量的同步发电机，其励磁电流达到数千安培，使得集电环严重过热。因此，在大容量的同步发电机中，常采用不需要电刷和集电环的旋转整流器励磁系统，如图 3-11 所示。主励磁机是旋转电枢式三相同步发电机，旋转电枢的交流电流经与主轴一起旋转的硅整流器整流后，直接送到主发电机的转子励磁绕组。交流主励磁机的励磁电流由同轴的交流副励磁机经静止的晶闸管整流器整流后供给。由于这种励磁系统取消了主发电机的集电环和电刷装置，故又称为无刷励磁系统。

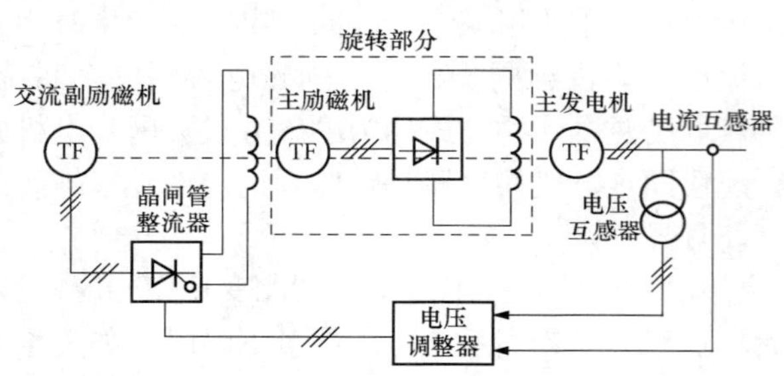

图 3-11 旋转整流器励磁系统

（三）同步电机铭牌数据

1. 同步电机的型号

与其他的电气设备一样，同步发电机在其铭牌上都标有对应的型号，它们由字母和数字构成，表达了电机的类型、规格。

我国生产的汽轮发电机有 QFQ、QFN、QFS 等系列。其中前两个字母表示汽轮发电机；第三个字母表示冷却方式，Q 表示氢外冷、N 表示氢内冷、S 表示双水内冷。而水轮发电机系列有 TS 系列，T 表示同步、S 表示水轮。

例如：QFS-300-2 表示容量为 300MW 双水内冷 2 极汽轮发电机。

TSS1264/160-48 表示双水内冷水轮发电机，定子外径为 1264cm，铁芯长为 160cm，极数为 48。

另外，同步电动机系列有 TD、TDL 等，TD 表示同步电动机，后面的字母指出其主要用途。如 TDG 表示高速同步电动机，TDL 表示立式同步电动机。同步补偿机为 TT 系列。

2. 额定值

（1）额定容量 S_N：指额定运行时发电机的输出视在功率，单位为 VA、kVA、MVA 等。也有用额定功率P_N，指额定运行时电机的输出有功功率，单位为 W、kW、MW 等。发电机根据额定容量值可以确定电枢电流，根据额定功率可以确定配套原动机的容量。

同步电动机的额定容量一般用 kW 数表示，补偿机则用 kVar 表示。

（2）额定电压U_N：指额定运行时定子输出端的线电压，单位为 V、kV 等。

（3）额定电流I_N：指额定运行时定子的线电流，单位为 A、kA。

（4）额定功率因数 $\cos\varphi_N$：额定运行时电机的功率因数。

（5）额定频率 f_N：额定运行时电机电枢输出端电能的频率，我国标准工业频率规定为 50Hz。

（6）额定转速n_N：额定运行时电机的转速，即同步转速。

除上述额定值外，同步电机名牌上还常列出一些其他的运行数据，如额定负载时的温升t_N、励磁容量P_{fN}和励磁电压U_{fN}等。

三、交流分布绕组

交流旋转电机主要有同步电机和异步电机两类。它们结构的主要区别在转子，而它们的定子，特别是定子绕组在结构、形状以及电磁作用上大体相同，所以，在这里一起讨论交流分布绕组结构及其电动势和磁动势。

（一）交流绕组的构成原则和分类

交流旋转电机的定子三相分布绕组是电机实现机电能量转换的主要部件，三相电流流过它，在电机气隙产生一个极数、大小、波形均满足要求的旋转磁场，该旋转磁场同时在定子绕组中切割感应出频率、大小、波形以及对称性均满足要求的电动势。绕组的形式有各种各样，但其构成原则基本相同。

1. 构成原则

主要从运行和设计制造两个方面考虑，交流绕组的构成原则如下：

（1）合成电动势和磁动势的波形接近正弦波，即要求电动势和磁动势中的谐波分量尽可能小。

（2）在一定的导体数下，能得到较大的基波电动势和磁动势。

（3）三相绕组中，电动势和磁动势的基波对称，即三相大小相等、相位互差 120°，且三相阻抗相等。

（4）绕组铜耗小，用铜量少。

（5）绝缘可靠，机械强度高，散热条件好，制造工艺简单，维护检修方便。

2. 分类方法

交流绕组有多种分类方法，常用的有按照其相数、绕组层数、每极下每相槽数和绕法进行分类。

（1）单相、两相、三相和多相绕组。

（2）单层绕组和双层绕组，单层绕组又分为等元件式、交叉式和同芯式绕组，双层绕组又分为迭绕组和波绕组。

（3）整数槽绕组和分数槽绕组。单层绕组一般用于小型异步电动机定子，双层迭绕组一般用于汽轮发电机及大中型异步电动机定子，双层波绕组一般用于水轮发电机的定子及绕线式异步电动机转子中。

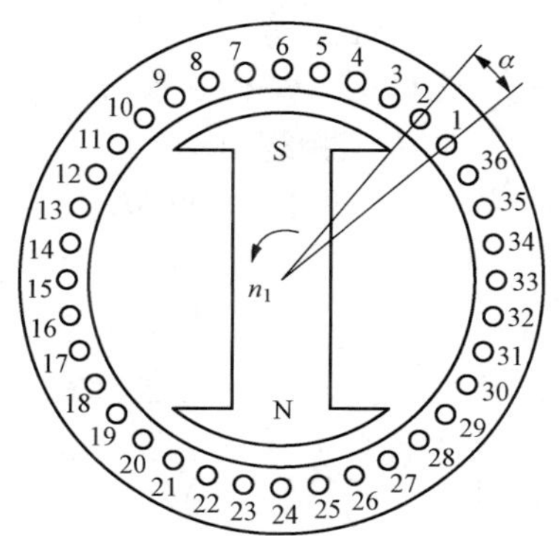

图 3-12 极矩、每极每相槽数和槽距角

（二）与绕组结构相关的几个基本概念

1. 电角度和机械角度

如图 3-12 所示，电机定子内圆一周的机械角度为 360°，在分析交流电机的绕组和磁场在空间的分布情况时，电机的空间角度常用电角度来表示。若磁场在空间按正弦波分布，则导体切割这个磁场，经过 N、S 一对磁极时，导体中所感应的正弦波电动势变化一个周

期（电角度）。所以，一对磁极占有的空间是360°电角度。如果电机有 p 对磁极，那么电机定子内圆一周按电角度计算为 $p360°$，所以，电机中电角度和机械角度之间有关系为

$$电角度 = 机械角度 \times p \tag{3-3}$$

2. 极距 τ

极距是指沿电机定子铁芯内圆相邻两个异性磁极之间的距离，用 τ 表示，在电机设计和制造中，极距常用每个磁极下所占的定子槽数来表示，则有

$$\tau = \frac{Z}{2p} \tag{3-4}$$

式中：Z 为定子总槽数；p 为电机磁极对数，$2p$ 为磁极数。

如图 3-12 所示，该二极电机 $\tau=18$。

3. 线圈及节距 y

线圈按一定规律排列和连接就构成了绕组，所以构成绕组的基本单元是线圈。线圈可以是单匝，也可以是多匝。如图 3-13 所示，每一个线圈有两直线边，分别放在铁芯的两个槽中，称为线圈的有效边。线圈两有效边在定子圆周上的距离称为节距，用符号 y 表示，一般用槽数为单位来计算。

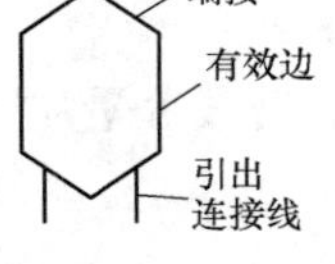

图 3-13　线圈

根据节距的大小，有不同类型的绕组：整距绕组，$y=\tau$；短距绕组，$y<\tau$；长距绕组，$y>\tau$。为了使每个线圈能获得最大的电动势，应 $y\approx\tau$。长距绕组和短距绕组均能削弱高次谐波电动势或磁动势，但因为长距绕组的端接线较长，耗费材料，所以很少采用，短距绕组使用较多。

4. 槽距角

如图 3-12 所示，相邻两个槽之间的电角度称为槽距角，用符号 α 表示。因为电机定子内圆周的电角度为 $p360°$，且定子总槽数为 Z，所以槽距角为

$$\alpha = \frac{p360°}{Z} \tag{3-5}$$

5. 每极每相槽数 q

如图 3-12 所示，每极每相槽数是指每相绕组在每个磁极下平均占有的槽数，用 q 表示，即

$$q = \frac{Z}{2pm} \tag{3-6}$$

式中：m 为绕组相数。

6. 相带与极相组

每一磁极下，每相绕组所占有的电角度称为绕组的相带。由于每个磁极所占有的电角度为 180°，所以三相绕组的相带通常为电角度 60°，称为 60°相带绕组。如果将每磁极下属于同一相的 q 个线圈以电动势相加的原则进行串联连接，组成一线圈组，即为极相组。

7. 并联支路数 a

电机绕组的构成基本单元是线圈，一个极相组的 q 个线圈串接成一个线圈组。电机三相绕组的结构是对称的，即它们结构相同，只是放置位置互隔 120°电角度，而每相绕组都是由结构相同的若干条并联支路并接成的，每条并联支路又是由多个电动势相同的极相组的线圈以电动势相加的原则串接而成。并联支路数就是指构成电机一相绕组的并联支路的数目，用 a 表示。

（三）单层绕组

单层绕组就是在每个定子槽内只嵌置一个线圈有效边的绕组，因而它的线圈总数只有电机总槽数 Z 的一半。单层绕组的优点是绕组线圈数少，制作工艺比较简单。在小型三相异步电动机的定子中，单层绕组应用非常广，单层绕组的最初形式为等元件式，经过改进有同心式、链式、交叉式等形式，下面分别通过举例画出它们的展开图来了解其结构。

1. 链式绕组

【例 3-1】 已知一交流旋转电机定子总槽数 $Z=24$，极数 $2p=4$，并联支路数 $a=1$，试画出对应该电机的三相单层链式交流分布绕组的 A 相绕组展开图。

解：（1）对应该电机绕组的参数为

$$\alpha=\frac{p360^\circ}{Z}=\frac{2\times360^\circ}{24}=30^\circ$$

$$\tau=\frac{Z}{2p}=\frac{24}{2\times2}=6$$

$$q=\frac{Z}{2pm}=\frac{24}{2\times2\times3}=2$$

（2）对电机各槽进行编号并分相，见表 3-1。

表 3-1　链式绕组分相

A	Z	B	X	C	Y
1、2	3、4	5、6	7、8	9、10	11、12
13、14	15、16	17、18	19、20	21、22	23、24

（3）根据分相，画展开图如图 3-14 所示。该相绕组由 4 个 $y=5$ 的线圈串接而成。

链式绕组的特点：单层链式绕组由形状、几何尺寸和节距相同的线圈连接而成，整个外形如长链。其制造方便、线圈端部连线较短且省铜。主要用于 $q=2$ 的 4、6、8 极小型三相异步电动机。

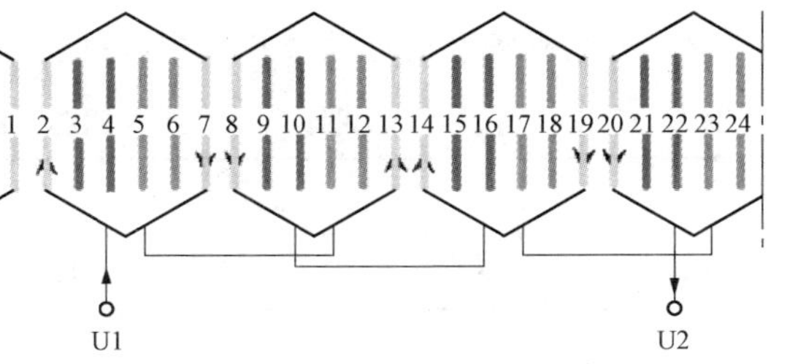

图 3-14　单层链式绕组展开图（A 相）

2. 交叉式绕组

【例 3-2】 已知一交流旋转电机定子总槽数 $Z=36$，极数 $2p=4$，并联支路数 $a=1$，试画出对应该电机的三相单层交叉式交流分布绕组的 A 相绕组展开图。

解：（1）对应该电机绕组的参数为

$$\alpha=\frac{p360^\circ}{Z}=\frac{2\times360^\circ}{36}=20^\circ$$

$$\tau=\frac{Z}{2p}=\frac{36}{2\times2}=9$$

$$q=\frac{Z}{2pm}=\frac{36}{2\times2\times3}=3$$

（2）对电机各槽进行编号并分相，见表 3-2。

表 3-2 支叉式绕组分相

A	Z	B	X	C	Y
1、2、3	4、5、6	7、8、9	10、11、12	13、14、15	16、17、18
19、20、21	22、23、24、	25、26、27	28、29、30	31、32、33	34、35、36

（3）根据分相，画展开图如图 3-15 所示。该相绕组有 4 个 $y=8$ 和两个 $y=7$ 的线圈串接而成。

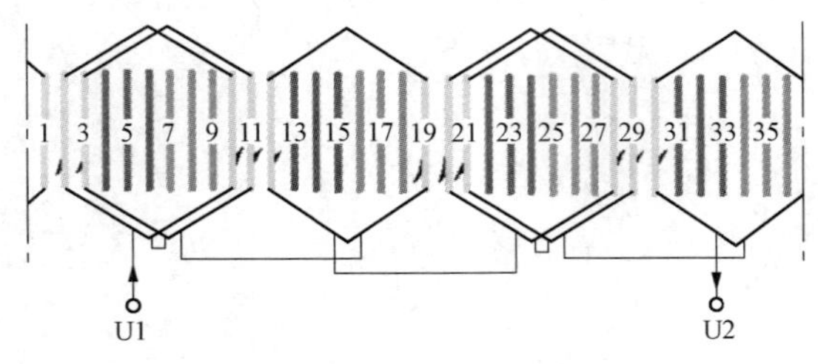

图 3-15 单层交叉式绕组展开图（A 相）

交叉式绕组的特点：单层交叉式绕组由线圈数和节距不相同的两种线圈组构成，同一组线圈的形状、几何尺寸和节距均相同，各线圈组的端部互相交叉。线圈端部连线较短，有利于节省材料，并且省铜，广泛用于 $q>1$ 的且为奇数的小型三相异步电动机。

3. 同芯式绕组

【例 3-3】 已知一交流旋转电机定子总槽数 $Z=24$，极数 $2p=2$，并联支路数 $a=1$，试画出对应该电机的三相单层同芯式交流分布绕组的 A 相绕组展开图。

解：（1）对应该电机绕组的参数为

$$\alpha=\frac{p360^\circ}{Z}=\frac{1\times360^\circ}{24}=15^\circ$$

$$\tau=\frac{Z}{2p}=\frac{24}{2\times1}=12$$

$$q=\frac{Z}{2pm}=\frac{24}{2\times1\times3}=4$$

（2）对电机各槽进行编号并分相，见表 3-3。

表 3-3 同芯式绕组分相

A	Z	B	X	C	Y
1、2、3、4	5、6、7、8	9、10、11、12	13、14、15、16	17、18、19、20	21、22、23、24

（3）根据分相，画展开图如图 3-16 所示。该相绕组由两个 $y=11$ 和两个 $y=9$ 的线圈串接而成。

同芯式绕组特点：同芯式绕组由几个几何尺寸和节距不等的线圈连成同心形状的线圈组构成。端部连线较长，适用于 $q=4$、6、8 等偶数的 2 极小型三相异步电动机。

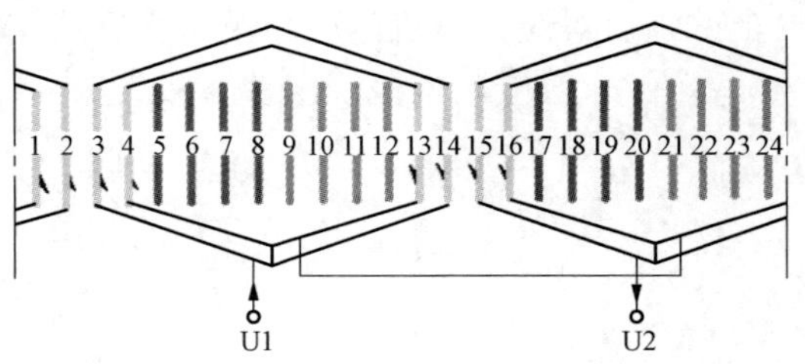

图 3-16 单层同芯式绕组展开图（A 相）

4. 单层绕组优缺点

优点：元件少，结构简单，嵌线方便，槽内无层间绝缘，所以槽的利用率相对高；

单层结构不易发生相间击穿故障等。

缺点：绕组产生的电磁波形不够理想，电机的铁损和噪声都较大且起动性能也稍差。

单层绕组虽然也可采用短距线圈，但是从电磁性能看，绝大多数绕组仍属整距绕组，其广泛应用于10kW以下的异步电动机定子绕组。

（四）双层绕组

现代10kW以上的三相交流电机，其定子绕组一般都采用双层绕组，如图3-17所示，双层绕组的每个槽内有上、下两个线圈边。同一个线圈的一条边在某一槽的上层，另一条边则在相距为节的另一槽的下层，整个绕组的线圈数与槽数相等，各线圈结构相同。

双层绕组的主要优点：①在采用分布绕组的同时，选择最合适的节距，可改善电动势和磁动势波形；②所有线圈尺寸相同，便于制造；③端部形状排列整齐，有利于散热和增强机械强度。

根据线圈的形状和连接规律，双层绕组可分为迭绕组和波绕组两类。图3-18所示为两类绕组的线圈示意。下面分别通过举例画出它们的展开图来了解其结构。

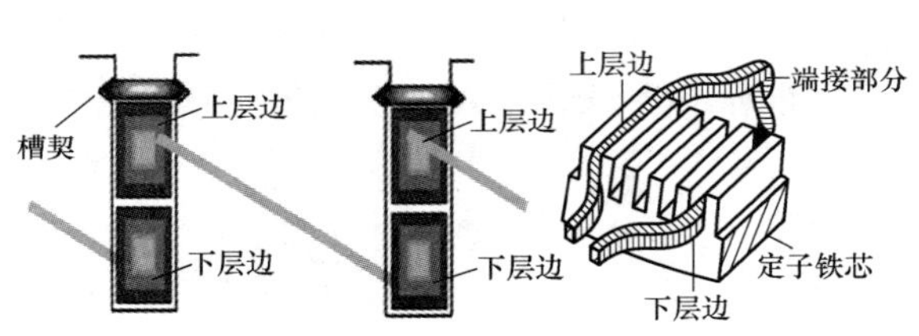

图3-17 双层绕组线圈结构

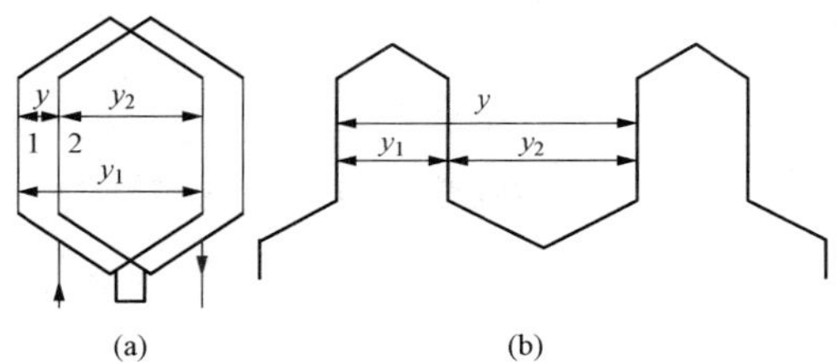

图3-18 迭绕组和波绕组线圈

（a）迭绕组；（b）波绕组

1. 双层迭绕组

【例3-4】 已知一交流旋转电机定子总槽数 $Z=36$，极数 $2p=4$，并联支路数 $a=1$，试画出对应该电机的三相双层短距（$y=8$）交流分布绕组迭绕组的A相绕组展开图。

解：（1）对应该电机绕组的参数为

$$\alpha=\frac{p360^\circ}{Z}=\frac{2\times360^\circ}{36}=20^\circ$$

$$\tau=\frac{Z}{2p}=\frac{36}{2\times2}=9$$

$$q=\frac{Z}{2pm}=\frac{36}{2\times2\times3}=3$$

（2）对电机各槽进行编号，同时对线圈编号并分相，见表3-4。

表3-4 **双层迭绕组分相**

A	Z	B	X	C	Y
1、2、3	4、5、6	7、8、9	10、11、12	13、14、15	16、17、18
19、20、21	22、23、24、	25、26、27	28、29、30	31、32、33	34、35、36

（3）根据分相，画展开图如图3-19所示。该相绕组由12个 $y=8$ 的线圈串接而成。

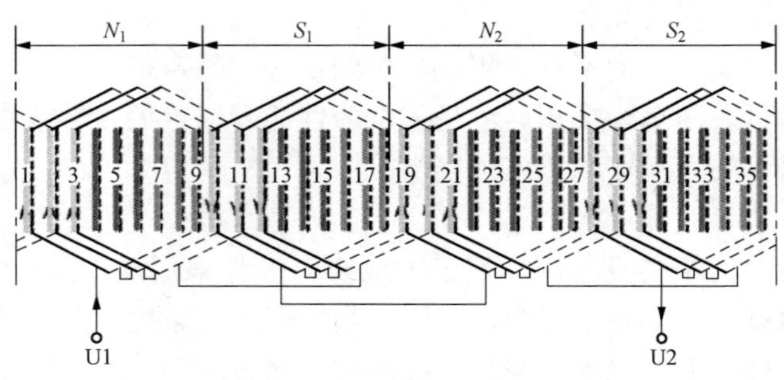

图 3-19　双层迭绕组展开图（A 相）

迭绕组的特点：迭绕组的优点是短距时端部可以节约部分用铜量；缺点是一台电机的最后几个线圈嵌线比较困难，极间连线较长，在极数较多时很费铜。迭绕组一般为多匝，主要用于一般电压、额定电流不太大的中、小型同步电机和异步电机的定子绕组。

2. 双层波绕组

【例 3-5】　已知一交流旋转电机定子总槽数 $Z=36$，极数 $2p=4$，并联支路数 $a=1$，试画出对应该电机的三相双层短距（$y=7$）交流分布绕组波绕组的 A 相绕组展开图。

解：（1）对应该电机绕组的参数为

$$\alpha=\frac{p360°}{Z}=\frac{2\times360°}{36}=20°$$

$$\tau=\frac{Z}{2p}=\frac{36}{2\times2}=9$$

$$q=\frac{Z}{2pm}=\frac{36}{2\times2\times3}=3$$

（2）对电机各槽进行编号，同时对线圈编号并分相，见表 3-5。

表 3-5　**双层波绕组分相**

A	Z	B	X	C	Y
1、2、3	4、5、6	7、8、9	10、11、12	13、14、15	16、17、18
19、20、21	22、23、24、	25、26、27	28、29、30	31、32、33	34、35、36

（3）根据分相，画展开图如图 3-20 所示。该相绕组由 12 个 $y=7$ 的线圈串接而成。

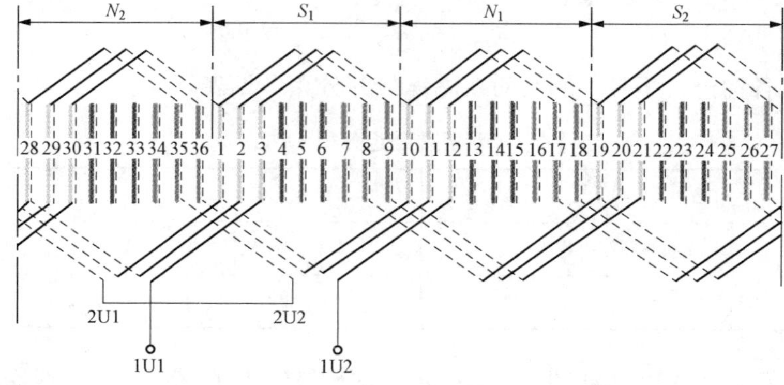

图 3-20　双层波绕组展开图（A 相）

波绕组的特点：优点是可以减少线圈之间的连接线，通常水轮发电机的定子绕组及绕线式异步电动机的转子绕组采用波绕组；缺点是绕组结构比其他绕组复杂。

双层绕组的主要优点如下：①可以选择最有利的节距，使异步的电机的旋转磁场更接近于正弦波；②所有的线圈具有同样的形状和尺寸，便于制造；③可以组成较多的并联支路；④端部形状排列整齐，有利于散热和增大机械强度。所以容量较大的三相异步电动机的定子绕组一般均采用双层绕组。

（五）交流绕组的感应电动势

前面我们说："电机绕组的构成基本单元是线圈"，线圈有单匝线圈与多匝线圈之分，分别放在不同铁芯槽内的两根导体（有效边）以电动势相加原则串接构成线匝（单匝线圈）；多个线匝以电动势相加原则串接并绕在一起构成多匝线圈；一个极相组的 q 个线圈电动势以相加原则串接成一个线圈组；多个电动势相同的极相组的线圈以电动势相加的原则串接而成一条并联支路：若干条结构相同的并联支路并接成一相绕组：三个结构相同，放置位置互隔120°电角度的相绕组通过星接或三角接成电机三相交流分布绕组。所以，分析交流绕组的感应电动势要从最基本的有效边的导体电动势开始，进而讨论线匝、线圈、线圈组和一相绕组的电动势。

1. 导体电动势 E_{t1}

设电机切割导体的磁场随时间按余弦规律变化，即 $B=B_m\cos\omega t$；电机贴芯长度为 L，则放于铁芯槽内的导体长度也为 L；导体与磁场的切割速度为 v。

则导体电动势为
$$e_{t1}=BLV=B_mLV\cos\omega t$$

导体电动势的有效值
$$E_{t1}=\frac{E_{tm}}{\sqrt{2}}=\frac{B_mLV}{\sqrt{2}}$$

又因为
$$V=2\tau f \text{ 且 } B_m=\frac{\pi\Phi_1}{2L\tau}$$

所以
$$E_{t1}=\frac{2\tau fL\pi\Phi_1}{2\sqrt{2}L\tau}=\frac{\pi}{\sqrt{2}}f\Phi_1=2.22f\Phi_1$$

式中：Φ_1 为每极磁通量的平均值；f 为电机绕组电流频率。

2. 线匝电动势 E_t 和短距系数 k_{y1}

如图 3-21，当线匝 $y=\tau$ 时，两有效边相隔电角度为 π。如图 3-21（b）所示，通过"首接首"的连接，构成线匝的两有效边的电动势大小、相位都相等，$\dot{E}_{t1}=\dot{E}_{t2}$，所以线匝电动势 $\dot{E}_t=\dot{E}_{t1}+\dot{E}_{t2}=2\dot{E}_{t1}$，即整距线匝电动势有效值为

$$E_t=2E_{t1}=2\times2.22f\Phi_1$$

又当线匝 $y<\tau$ 时，两有效边相隔电角度为（$\pi-\beta$），如图 3-21（c）所示，同样通过"首接首"的连接，构成线匝的两有效边的电动势大小相等，但相位都差 β 角度，所以线匝电动势 $\dot{E}_t=\dot{E}_{t1}+\dot{E}_{t2}<2\dot{E}_{t1}$，即整距线匝电动势有效值为

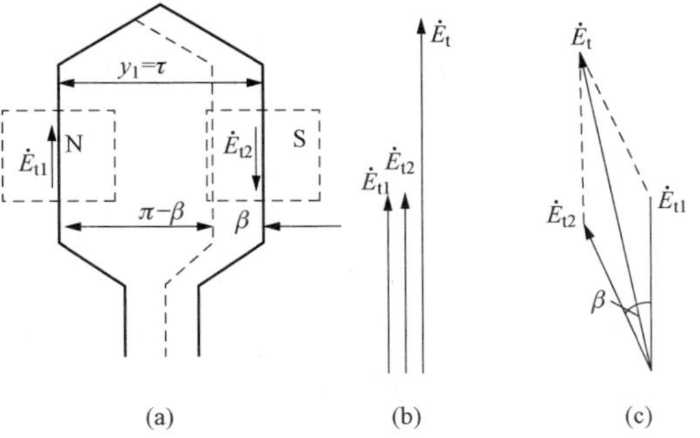

图 3-21 整距线匝和短距线匝电动势
（a）线匝结构图；（b）整距时电动势相量图；（c）短距时电动势相量图

$$E_t = 2E_{t1}\cos\frac{\beta}{2} = 2\times\cos\frac{\beta}{2}\times 2.22f\phi_1 = 4.44k_{y1}f\Phi_1 \tag{3-7}$$

式中：$k_{y1}=\cos\frac{\beta}{2}$为电机绕组的短距系数，$k_{y1}\leqslant 1$，当线匝是整距时，$k_{y1}=1$。

3. 线圈电动势 E_c

因为多个结构、放置位置都相同的线匝以电动势相加原则串接并绕在一起构成多匝线圈，当线圈匝数为 N_c 时，线圈电动势 $\dot{E}_c=N_c\dot{E}_t$，所以线圈电动势有效值为

$$E_c = 4.44N_c k_{y1} f\Phi_1 \tag{3-8}$$

4. 极相组电动势 E_q 和分布系数 k_{q1}

交流绕组通常为分布绕组，连接成相绕组的各个线圈放在不同的槽内，各线圈的轴线在空间不重合，因此每个线圈的感应电动势在时间相位上不同。由于每个极相组（线圈组）都是由相邻的 q 个线圈串联而成，相邻线圈电动势的相位差为 α（槽距角），而线圈组的电动势为 q 个线圈电动势的相量和。所以由这种分布线圈的合成电动势会比集中线圈的合成电动势有所减小，电动势减小的程度用分布系数 k_{q1} 来表示，实际上分布系数表达了由于线圈的分布所引起的电动势相对集中线圈时的折扣。

如图 3-22 所示，以 $q=3$ 为例来推导分布系数。极相组有 3 个线圈，它们串接，每个线圈的电动势相量大小相等、相位差电角度 α，图中分别为 $\dot{E}_{c1}$、$\dot{E}_{c2}$ 和 $\dot{E}_{c3}$，线圈组的合成电动势是三个相量的矢量和，即 $\dot{E}_q$。如果线圈组由 q 个线圈组成，线圈组合成电动势即为 q 个相量的矢量和。从图中可以看出，q 个分布线圈的合成电动势大小可表示为

$$E_q = 2R\sin\frac{q\alpha}{2} \tag{3-9}$$

式中：R 为电动势合成相量图的同心圆半径；E_q 为线圈组（极相组）电动势。

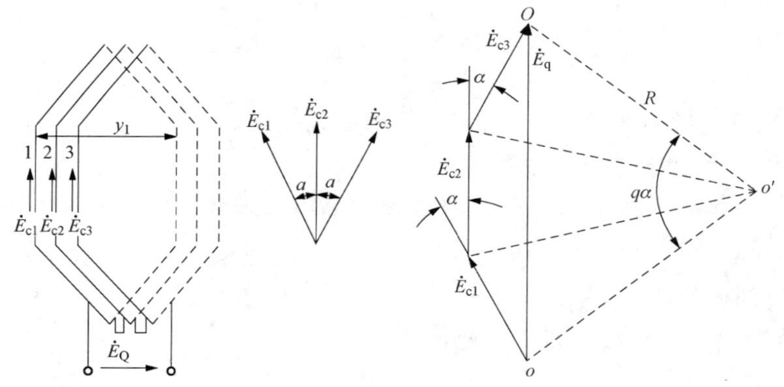

图 3-22 分布系数的推导

在图 3-22 的相量图中，一个线圈的电动势大小为

$$E_{c1} = E_{c2} = E_{c3} = 2R\sin\frac{\alpha}{2} \tag{3-10}$$

如为集中绕组，极相组的 q 个线圈集中放置在相同的槽内，则 q 个线圈的电动势大小、相位相同，它们的合成电动势 E'_q 为 q 个线圈电动势的代数和，即

$$E'_{q} = qE_{c1} = 2qR\sin\frac{\alpha}{2} \tag{3-11}$$

根据分布系数的定义，将式（3-9）与式（3-11）相除可得

$$k_{q1} = \frac{E_q}{E'_q} = \frac{2R\sin\frac{q\alpha}{2}}{2qR\sin\frac{\alpha}{2}} = \frac{\sin\frac{q\alpha}{2}}{q\sin\frac{\alpha}{2}} \tag{3-12}$$

同时考虑线圈组的短距和分布影响，线圈组的基波电动势为

$$E_q = k_{q1}E'_q = k_{q1}qE_{c1} = 4.44k_{q1}k_{y1}qN_c f\Phi_1 = 4.44k_{w1}qN_c f\Phi_1 \tag{3-13}$$

式中：k_{w1}为绕组系数，$k_{w1}=k_{y1}k_{q1}$，它表示交流绕组既考虑短距又考虑分布影响时，线圈组电动势应打的折扣。

5. 相绕组的基波电动势 E_φ 和线电动势 E_l

无论是单层绕组还是双层绕组，其一相绕组都是由 a 条结构相同的并联支路并接而成，所以相绕组电动势就等于支路电动势。每条支路又是由若干个极相组线圈串接而成的，从绕组结构分析可知，同一相绕组的各极相组的电动势大小相等，它们的相位不是同相就是互为反相，通过“首接首”或“首接尾”的连接，就可以获得支路电动势等于支路中各极相组电动势的代数和的结果。设每条并联支路的线圈匝数为 N，则一相绕组基波电动势为

$$E_\varphi = 4.44k_{w1}Nf\Phi_1 \tag{3-14}$$

式中：N 为每相绕组一条支路串联线圈的总匝数，单层绕组 $N=\dfrac{pqN_c}{a}$，双层绕组 $N=\dfrac{2pqN_c}{a}$。

线电动势与三相绕组的接法有关，对于三相对称绕组，三角形接法时 $E_l=E_\varphi$；星形接法时，$E_l=\sqrt{3}E_\varphi$。

前面的讨论是磁场波形为正弦波形的情况，而实际上谐波磁场的存在使电机的气隙磁通密度很难保证按正弦规律分布，理论分析表明，谐波电动势对每相总电动势的大小影响很微，主要是使电动势波形发生畸变。在电机设计和制造时，为了减小谐波电动势，可从以下几方面着手：

（1）合理设计气隙磁场，使其尽可能接近正弦分布；

（2）适当地选择分布和短距绕组来减小电动势中的谐波；

（3）将三相绕组接成 Y 形接法，可消除线电动势中的 3 次和 3 的倍数次谐波。

（六）交流分布绕组的磁场

正弦电流流过电机定子交流分布绕组时，就会产生磁场。该磁场在异步电动机中作为主磁场通过电磁作用带动转子转动，实现电能向机械能的转换；在同步电机中，该磁场对主极磁场的影响称为电枢反应。无论是主磁场还是电枢反应，都对电机的能量转换和运行性能有很大影响。因为磁场的分析较为理论化，较难理解，所以，我们在下面主要通过图解法来介绍交流分布绕组的磁场。

1. 单相绕组的磁场——脉振磁场

线圈是绕组的最基本组成部分，我们先以一个较简单的整距线圈来代表相绕组。如图 3-23 所示，为电机定子中一个整距线圈 AX 通入交流电流时的磁场分布情况，在气隙空间形成一对磁极。

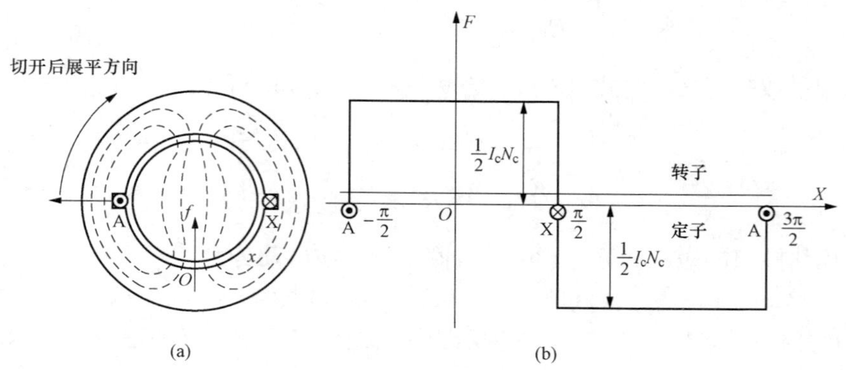

图 3-23　整距线圈的磁场分布和磁势

（a）磁场公布；（b）磁动势波形

由于是整距线圈，两个气隙中的磁通密度相同。按照全电流定律，在磁场中沿着任一闭合磁力线的磁位降等于该磁力线所包围的全电流（全部磁动势）。如果线圈的匝数为 N_c，电流为 I_c，则作用在磁路上的磁势为 N_cI_c，假定两个气隙均匀，并且由于气隙磁阻远大于铁芯磁阻，不考虑铁芯的磁位降，这样线圈的磁动势只降落在两个气隙上，可认为总磁动势等于两段气隙中磁压降之和。由于气隙相等，每个气隙的磁动势为线圈磁动势的一半，即 $\frac{1}{2}N_cI_c$。

将电机展开成直线，如图 3-23（b）所示，横坐标表示气隙圆圈所对应位置的电角度，纵坐标表示交流磁动势的大小，由于整距线圈形成的气隙磁动势各点处处相等，每极磁动势沿气隙分布呈矩形，矩形宽度等于线圈宽度，图中纵坐标的正、负表示的是磁动势的极性。如果流入线圈的电流是随时间按正弦规律变化的交流电，那么磁动势矩形波的幅值也随时间按正弦规律变化，但由于线圈空间位置已固定，磁势在空间的位置也固定不变，这就是脉振磁势。脉振磁势的频率取决于流过线圈中电流的频率。

当相绕组是由短距线圈、多个线圈组构成时，每线圈组由 q 个线圈（短距）串联，各线圈在空间依次相距电角度 α，q 个线圈就产生 q 个空间依次相距电角度 α 的矩形波磁势，把每个磁动势进行相量相加，得到线圈组的合成磁动势。显然，合成磁动势是各线圈磁动势的相量和，这一关系也是由于线圈的分布所引起，与求线圈组的电动势一样，求合成磁动势时也可以沿用求线圈组电动势已定义过的绕组分布系数和短距系数。所以，交流单相绕组的基波磁势为脉振磁势，它的大小随时间按正弦规律变化，磁势的轴线固定不动。磁势的脉振频率取决于线圈中电流的频率。通过理论分析还可知道：脉振磁势可分解为两个大小相等、转向相反、转速相同的旋转磁势。

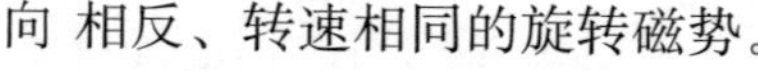

图 3-24　电机定子三相绕组

2. 三相旋转磁场

如图 3-24 所示，三相交流电机的定子铁芯中，放置对称的单匝线圈 U、V、W 来代表三相绕组，他们在空间依次相差 120°电角度。

当对称的三相交流电流流过对称三相绕组时，每相绕组各自产生的脉振磁动势在空间也彼此相差 120°电角度。设对称情况下三

相绕组各相电流的瞬时值为

$$\left.\begin{aligned} i_{\mathrm{A}} &= I_{\mathrm{m}}\sin\omega t \\ i_{\mathrm{B}} &= I_{\mathrm{m}}\sin(\omega t - 120^\circ) \\ i_{\mathrm{c}} &= I_{\mathrm{m}}\sin(\omega t - 240^\circ) \end{aligned}\right\} \tag{3 - 15}$$

下面我们以这台两极电动机为例，分析电流在不同时刻时，三相合成磁场在空间的位置。

如图 3 - 25 所示，假设电流的瞬时值为正时是从各绕组的首端流入，(加×表示)，末端流出（加“•”表示），当电流为负值时，与此相反。

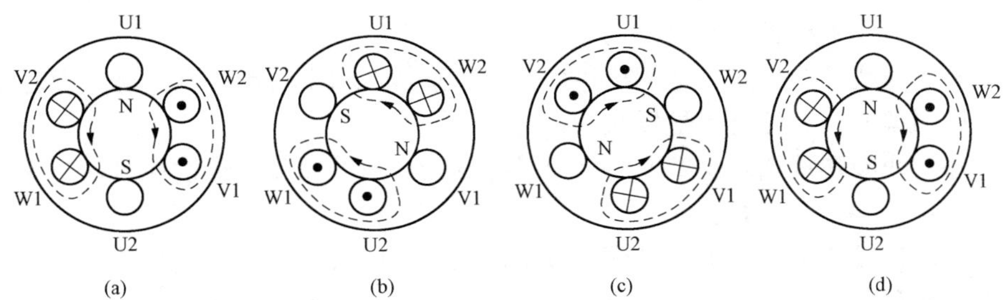

图 3 - 25 三相合成磁场在不同时刻的位置

（a）$\omega t=0^\circ$；（b）$\omega t=120^\circ$；（c）$\omega t=240^\circ$；（d）$\omega t=360^\circ$

（1）当 $\omega t=0$ 的瞬间，$i_{\mathrm{A}}=0$，i_{B} 为负值，i_{C} 为正值，如图 3 - 25（a）所示，则 B 相电流从 V2 流进，V1 流出；而 C 相电流从 W1 流进，W2 流出。利用右手螺旋定则可以确定 $\omega t=0$ 瞬间由三相电流所产生的合成磁场方向，如图 3 - 25（a）所示。可见这时的合成磁场是一对磁极，磁场方向与纵轴线方向为一致，自上而下 。

（2）当 $\omega t=120^\circ$时，经过了三分之一周期，为负，为正，i_{A} 由零变为正，电流由首端 U1 流入，末端 U2 流出；$i_{\mathrm{B}}=0$；i_{C} 也变为负值，W 相电流由 W1 流出，W2 流入，其合成磁场方向如图 3 - 25（b）所示，可见磁场方向已经较 $\omega t=0$ 时按顺时针方向转过 120°。

应用同样的分析方法可画出 $\omega t=240^\circ$、$\omega t=360^\circ$时的合成磁场，分别如图 3 - 25（c）、（d）所示，由图中可明显地看出磁场的方向逐步按顺时针方向旋转，共计转过 360°，即旋转了一周。通过以上分析可知：在三相交流电机定子上布置有结构完全相在空间位置互隔 120°电角度的三相绕组，分别接入三相对称交流电流，则在三相绕组所产生的合成磁场是沿定子内圆转动的，我们称此为旋转磁场。

还可以看到：旋转磁场的旋转方向取决于通入绕组中的三相交流电源的相序，旋转磁场的转向是从电流超前的绕组转向电流滞后的绕组。只要任意对调流入绕组电流的相序，则可改变旋转磁场的方向。

旋转磁场的转速不仅与电流的频率有关，还与磁极对数有关。从前面分析看到，当两极电机中三相交流电变化一周期后（即每经过时间角 360°电角度），其所产生的旋转磁场也正好旋转一周（在空间转过 360°电角度）。故在旋转磁场的转速等于三相交流电的变化速度。通过理论分析可得出旋转磁场的转速为

$$n_1 = \frac{60f}{p} \tag{3 - 16}$$

式中：n_1 为旋转磁场转速；f 为流过绕组电流的频率；p 为电机绕组极对数。

项目对应技能训练（交流绕组的嵌线工艺）

一、目的

了解小型电机绕组的类型、结构、排列方法以及线圈、重嵌绕组的工艺。

二、实习操作

（1）记录铭版数据，查阅有关资料，填写《电机重绕记录表》。

（2）根据原电机的有关数据，确定绕组形式，画出绕组展开图和端部接线。

（3）用竹片自制划线板和槽楔，划线板用作嵌线工具。

（4）选择导线线径，选择合适的绕线模，在手摇绕线机上绕制线圈。绕线圈时要求导线在绕线模上排列整齐，并注意保护导线的绝缘。

（5）绕好的线圈在从绕线模上取出之前绑扎纱线，将线圈的直线边扎紧，端头、端尾留出线圈的 1/4 长，并套好黄蜡管。

（6）根据槽口尺寸剪裁槽绝缘，槽绝缘采用聚脂薄膜青壳纸。槽绝缘的宽度应使两边正好达到槽口下转角处，长度应伸出铁芯槽 7～8mm。注意剪裁绝缘时应使造纸时的压延方向与槽绝缘的宽度方向一致。

（7）将芯内膛清理干净，放置槽绝缘，根据绕组形式嵌线。嵌线时把电机的定子腔有出线孔的一侧放在右手边，并注意使所有线圈的引出线从出线孔一侧引出。在嵌线时注意线圈的排列，一般采用“吊把法”，先将线圈的一个有效边嵌入槽内，另一有效边吊起来，再嵌另一个线圈的一个有效边，等到端部应被压在一边下的其他线圈嵌入槽内后，再把吊起的有效边嵌入相应槽内。划线板用于划顺导线引其入槽，压线板用于压紧线圈边。

（8）封槽口。嵌线完毕，将线压实，用划线板折合槽绝缘包住导线，用压线板压实绝缘纸后，即从一端打入槽楔。槽楔进槽后松紧要适当。

（9）放端部相间绝缘。将不同相的相邻两组线圈端部用绝缘纸隔开，绝缘纸形状近乎半圆环。

（10）垫着竹板将端部打成喇叭口，以使转子可放入，且保证通风散热。将端部相绝缘修剪整齐，边缘高出关 3～5mm。

（11）用刀刮去线圈端头的绝缘漆，按引线长度需要套好黄蜡管，按不同绕组的连接规律接好极相组和绕组引接线。将三相绕组六条引出线接入接线盒中的接线端。

项目小结

（1）同步电机是指转子的转速与定子旋转磁场转速相同的电机。

（2）同步发电机根据转子的结构不同有凸极同步发电机和隐极同步发电机之分，凸极同步发电机主要用于水轮同步发电机，隐极同步发电机用于汽轮同步发电机。

（3）同步电机的运行是可逆的，既可作电动运行，又可作发电运行，还可作调相运行。

（4）三相交流分布绕组既可以切割旋转磁场产生三相电动势，也可以通入三相交流电流产生旋转磁场。

项目对应思考与练习

一、填空题

1. 同步电机同所有旋转电机一样，其运行是可逆的，它既可作（　　　　），又可作（　　　　），还可作（　　　　）。

2. 同步发电机三相电动势的相序由（　　　　）决定，当磁极对数一定时，其感应电动势的频率由（　　　　）决定。

3. 同步发电机主磁极的极对数一定时，其（　　　　）与（　　　　）之间有着严格不变的关系。

4. 一台同步发电机的电动势频率为50Hz，转速为600r/min，其极对数为（　　　　）。

5. 同步发电机定子旋转磁场具有的特点为（　　　　）。

6. 三相同步发电机的转子绕组又称（　　　　）绕组，定子绕组又称（　　　　）绕组。

7. 汽轮发电机转子一般都做成（　　　　）式的，水轮发电机转子一般都做成（　　　　）式的。

8. 同步电机是指转子的转速与定子旋转磁场转速（　　　　）的电机。

二、简答题

1. 什么叫同步电机？它的频率、极数和同步速之间有什么关系？

2. 如果将同步发电机的电枢置于转子，而磁极固定不动，在原理上是否可以，为什么？

3. 如果将励磁绕组所连接的集电环极性互换，即将原来接直电流的正极改为负极，是否会影响定子三相交流电动势的相序？

项目二 同步发电机运行性能分析

学习目标

（1）理解同步发电机运行时电磁关系。

（2）掌握用电枢反应解析同步发电机运行的方法。

（3）了解同步发电机的电枢反应电抗、同步电抗、功角特性等概念。

（4）掌握准同期并列运行的条件。

（5）了解同步发电机输出功率的调节方法。

一、电磁物理过程、参数及运行特性

（一）同步发电机空载时的气隙磁通

空载运行是指原动机带动同步发电机转子以同步转速运行，励磁绕组有适当的励磁电流通入，电枢绕组不带任何负载时的运行情况。空载运行是同步发电机最简单的运行方式，其气隙中的磁场仅有转子励磁电流 I_f 产生的励磁磁势 F_f，也称励磁磁场或主磁场，磁场的强弱仅由励磁电流决定。

主磁场的路径如图 3-26 所示，从主极铁芯→气隙→电枢齿→电枢磁轭→电枢齿→气隙→另一主极铁芯→转子磁轭。漏磁场的路径主要是气隙和非磁性材料。其电磁过程如下：

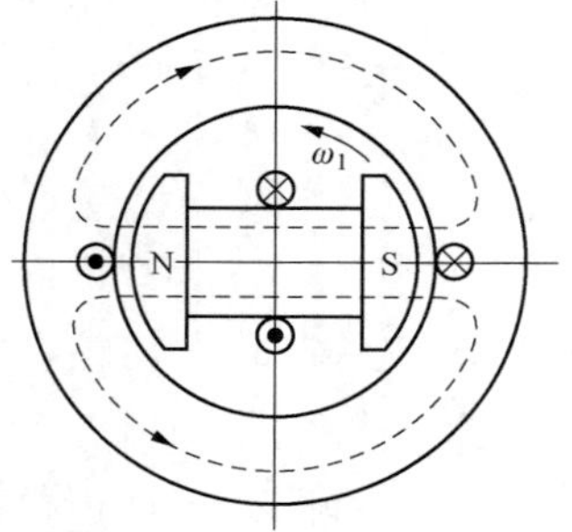

图 3-26 凸极同步电机空载内部磁通分布

$$I_f \rightarrow F_f \rightarrow \begin{cases} \Phi_0 \rightarrow E_0 = 4.44 f N k_{w1} \Phi_0 \\ \left(\text{频率为 } f = \dfrac{pn}{60}\right) \\ \Phi_{f\sigma} \rightarrow \text{只增加磁极部分的饱和程度} \end{cases}$$

主磁通 Φ_0 穿过气隙与定、转子交链，随着转子以同步转速旋转，在定子绕组中切割感应三相电动势 E_0，从而实现定、转子间的机电能量转换。漏磁通 $\Phi_{f\sigma}$ 只与转子绕组交链，不参与定、转子间能量转换。

隐极电机的励磁绕组嵌埋于转子槽内，沿转子圆周气隙可视为是均匀的。励磁磁势在空间的分布为一个阶梯形，受齿槽的影响，气隙磁密呈现出波动变化。用谐波分析法可求出其基波分量。合理地选择大齿的宽度可以使气隙磁密的分布接近正弦波。对于凸极发电机来说，由于定转子间的气隙沿整个电枢圆周分布不均匀，极面下气隙较小，而极间气隙较大，极面下的磁阻较小，而极间磁阻很大，而且在同一个极面下，在一个极的范围内气隙径向磁通密度的分布近似于平顶的帽形。极靴以外的气隙磁通密度减少很快，相邻两极中线上的磁通密度为零。气隙磁密可以用傅里叶谐波分析的方法分解出空间基波和一系列谐波。通常将极靴的极弧半径做成小于定子的内圆半径，而且两圆弧的圆心不重合（称为偏心气隙），从而形成极弧中心处的气隙最小，沿极弧中心线两侧方向气隙逐渐增大，这样可以使得气隙磁通密度的分布较接近正弦波形。以后的分析仅考虑磁通密度的基波分量。

（二）同步发电机带对称负载时的气隙磁场

空载时，同步电机中只有一个直流励磁电流产生的励磁磁场，以同步转速旋转的励磁磁势。定子绕组带上对称负载后，转子保持为同步转速，定子边三相对称电流流入三相对称绕组产生的电枢磁势 F_a，电枢磁势与励磁磁势共同形成气隙磁通。其关系为

$$\overline{F}_f + \overline{F}_a = \overline{F}_\delta \Rightarrow \Phi_\delta \tag{3-17}$$

定子三相对称绕组中流入对称三相电流产生基波电枢磁势 F_a 为一旋转磁势，转速为 $n_1 = 60f/p = n$（r/min），转向沿三相绕组通电相序 A、B、C 的方向，它与转子转向相同，且定子绕组极对数为和转子极对数 p 相同。

转子励磁绕组通入直流电流产生基波励磁磁势 F_f，转速和转子转速一样为同步转速，转向和转子转向一致。两磁势的比较见表 3-6。

表 3-6　励磁磁势与电枢磁势的比较

比较项目	基波波形	大小	位置	转速
励磁磁动势	正弦波	恒定不变，由励磁电流大小决定	由转子位置决定	由原动机的转速决定
电枢反应磁动势	正弦波	恒定不变，由电枢电流大小决定	由电枢电流的瞬时值决定	由电流的频率和磁极对数决定

从表 3-6 可见，两个旋转磁势的转速均为同步速，而且转向一致，二者在空间处于相对静止状态，称为“同步”，可以如式（3-17）用相量加法将其合成为一个合成气隙磁势 $\overline{F}_\delta$。气隙磁密可以看成是由合成磁势在电机的气隙中建立起来的磁场。可见同步发电机负

载以后，电机内部的磁势和磁场将发生显著变化，会使发电机的端电压发生变化，还将影响到发电机的机电能量转换和运行性能，这些变化主要由电枢磁势的出现所致。

（三）电枢反应

与空载状态相比，负载时电枢磁势的出现，将使气隙磁场的大小和位置发生变化，我们把这一现象称为电枢反应。电枢反应会对电机性能产生重大影响。电枢反应的性质取决于励磁磁势与电枢磁势的相对位置，而这一位置又决定于空载电动势 $\dot{E}_0$ 和电枢电流 $\dot{I}_a$ 之间的相位差，即内功率因数角 Ψ，角 Ψ 又取决于电机负载的性质。下面我们分别对同步发电机在带不同类型的负载运行时的电枢反应性质进行分析。

1. 几个概念

在进行电枢反应的性质讨论前，我们先明确下面几个概念。

（1）内功率因数角 Ψ：空载电动势 $\dot{E}_0$ 和电枢电流 $\dot{I}_a$ 之间的夹角，与电机负载性质有关；

（2）外功率因数角 ϕ：由负载性质决定；

（3）功率角（功角）δ：$\dot{E}_0$ 和 $\dot{U}$ 之间的夹角，且有 $\Psi=\phi+\delta$（电感性负载）；

（4）直轴（d 轴）：主磁极轴线（纵轴）；

（5）交轴（q 轴）：与直轴相隔 90 电角度的轴线为交轴（横轴）；

（6）相轴：每相绕组的轴线位置；

（7）时轴：时间相量在其上投影可得瞬时值。

2. $\Psi=0°$时的电枢反应

同步发电机电枢反应的性质取决于电机中励磁磁势 $\overline{F}_f$ 与电枢磁势 $\overline{F}_a$ 的相互作用情况，而在电机稳态运行时，励磁磁势 $\overline{F}_f$ 与电枢磁势 $\overline{F}_a$ 是相对静止的，也就是它们以同向、同速一起旋转，所以我们只要找出某瞬间励磁磁势 $\overline{F}_f$ 与电枢磁势 $\overline{F}_a$ 的相对位置来分析即可。因为 A 相绕组电动势达到最大时，转子磁极就刚好正对着 A 相绕组，励磁磁势 $\overline{F}_f$ 在该瞬间的位置也就可以明确（见图 3-27），因此我们就取 A 相绕组电动势达到最大值这一瞬间来进行分析。

$\Psi=0°$时电机的定子电路表现为电阻性质，电枢电流的时间相量图图 3-27（a）所示。因为 $\Psi=0°$，所以 $\dot{I}_a$与 $\dot{E}_{0A}$、$\dot{I}_B$与 $\dot{E}_{0B}$、$\dot{I}_C$与 $\dot{E}_{0C}$都分别重合，当 A 相电动势达到最大（$\dot{E}_{0A}$与时轴重合）时，$i_a=I_m$，i_B 与 i_C 相等且为负值。图 3-27（b）所示为电机磁势位置示意，转子以逆时针方向旋转，电机定子三相绕组 AX、BY、CZ，设当电流为正时从绕组首端流出，末端流入，反之亦然。在图中标出三相电流，并运用右手螺旋定则找出电枢磁

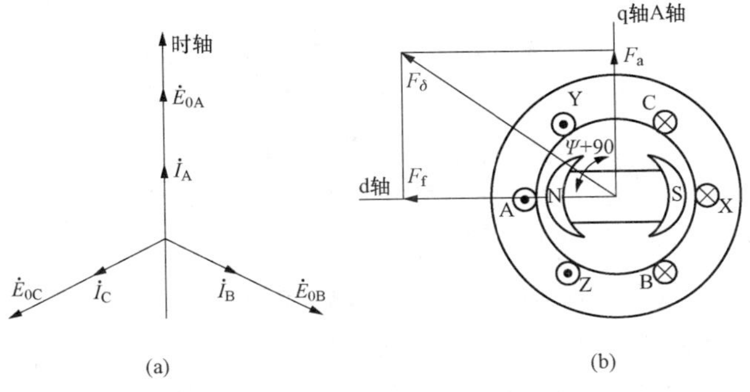

图 3-27　$\Psi=0°$时电枢反应示意

（a）时间相量图；（b）磁势位置图

势 $\overline{F}_a$ 在该时刻的位置如图 3-27 所示。

通过以上分析，可以明确：$\Psi=0°$时电枢磁势 $\overline{F}_a$ 位置处于与励磁磁势 $\overline{F}_f$ 逆着转向成 90 电角度的轴线上，即在交轴上。这种作用在交轴上的电枢反应称为交磁电枢反应。在交轴电枢反应中，电枢磁势 $\overline{F}_a$ 使得转子励磁绕组受一阻力矩（制动力矩）作用，如电机要维持转速 n 不变，就必须从原动机输入更多的有功，这时电机只输出有功功率，不输出无功功率。

3. $\Psi=90°$时的电枢反应

$\Psi=90°$时电机的定子电路表现为纯电感性质，电枢电流的时间相量图如图 3-28（a）所示。因为 $\Psi=90°$，所以 $\dot{I}_a$与 $\dot{E}_{0A}$、$\dot{I}_B$与 $\dot{E}_{0B}$、$\dot{I}_C$与 $\dot{E}_{0C}$都分别是滞后 90°的关系，当 A 相电动势达到最大（$\overline{E}_{0A}$与时轴重合）时，$i_a=0$，i_B 与 i_C 大小相等，但 i_B 为负值、i_C 为正值。图 3-28（b）所示为电机磁势位置示意，同样转子以逆时针方向旋转，在图中标出三相电流，并运用右手螺旋定则找出电枢磁势 $\overline{F}_a$ 在该时刻的位置如图 3-28 所示。

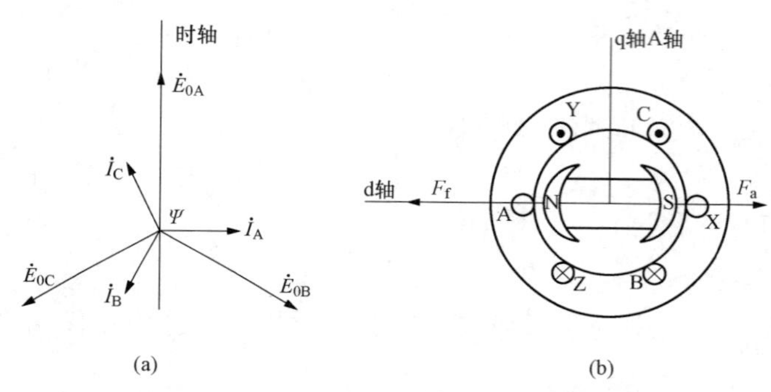

图 3-28 $\Psi=90°$时电枢反应示意

（a）时间相量图；（b）磁势位置图

通过分析，可以明确：$\Psi=90°$时电枢磁势 $\overline{F}_a$ 位置处于与励磁磁势 $\overline{F}_f$ 逆着转向成 180 电角度的轴线上，即在直轴上，方向与励磁磁势 $\overline{F}_f$ 相反。这种电枢反应称为直轴去磁电枢反应，其使合成磁势的幅值减小。

在直轴去磁电枢反应中，电枢磁势 $\overline{F}_a$ 不会在转子励磁绕组产生阻力矩（制动力矩）作用，即不影响电机转速，但会使气隙合成磁势的幅值减小，减小电机电动势，从而减小电机端电压，这时电机不输出有功功率，输出感性无功功率。

4. $\Psi=-90°$时的电枢反应

$\Psi=-90°$时电机的定子电路表现为纯电容性质，电枢电流的时间相量图如图 3-29（a）所示。因为 $\Psi=-90°$，所以 $\dot{I}_a$与 $\dot{E}_{0A}$、$\dot{I}_B$与 $\dot{E}_{0B}$、$\dot{I}_C$与 $\dot{E}_{0C}$都分别是超前 90°的关系，当 A 相电动势达到最大（$\dot{E}_{0A}$与时轴重合）时，$i_a=0$，i_B 与 i_C 大小相等，但 i_B 为正值、i_C 为负值。图 3-29（b）所示为电机磁势位置示意，同样转子以逆时针方向旋转，在图中标出三相电流，并运用右手螺旋定则找出电枢磁势 $\overline{F}_a$ 在该时刻的位置如图所示。

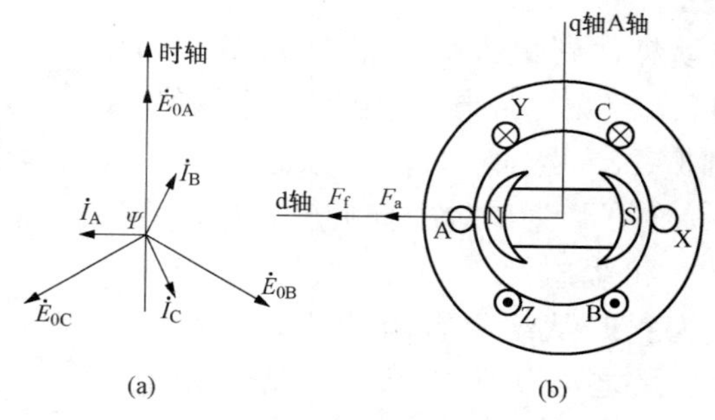

图 3-29 $\Psi=-90°$时电枢反应示意

（a）时间相量图；（b）磁势位置图

通过分析，可以明确：$\Psi=-90°$时电枢磁势 $\overline{F}_a$ 与励磁磁势 $\overline{F}_f$ 夹角为 0 电角度，一同作用在直轴上，方向与励磁磁势 $\overline{F}_f$ 相同，电枢反应为纯增磁作用。这种电枢反应称为直轴增磁电枢反应，其使合成磁势的幅值加大。

在直轴增磁电枢反应中，电枢磁势 $\overline{F}_a$ 也不会在转子励磁绕组产生阻力矩（制动力矩）作用，即不影响电机转速，但会使气隙合成磁势的幅值加大，加大电机电动势，从而使电机端电压升高，这时电机不输出有功功率，输出容性无功功率。

5. 一般情况下的电枢反应

从前面几个典型情况下的电枢反应分析中我们可以归纳得出以下结论：同步发电机稳态运行时电枢磁势 $\overline{F}_a$ 与励磁磁势 $\overline{F}_f$ 空间夹角为 $\Psi+90°$。

同步发电机通常所带负载为阻感性质，即 $0°<\psi<90°$。根据以上分析，可得同步发电机带一般负载时的电枢反应示意如图 3-30 所示。从图可知：这时电枢磁势 $\overline{F}_a$ 与励磁磁势 $\overline{F}_f$ 空间夹角为 $\Psi+90°$，是一钝角。

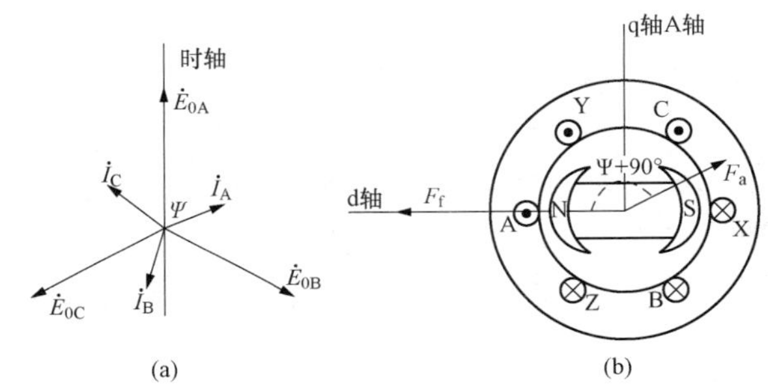

图 3-30 一般情况下的电枢反应示意
（a）时间相量图；（b）磁势位置图

可将电枢磁势 $\overline{F}_a$ 分解为直轴分量 $\overline{F}_{ad}$ 和交轴分量 $\overline{F}_{aq}$，直轴分量 $\overline{F}_{ad}$ 即直轴电枢磁势，与励磁磁势 $\overline{F}_f$ 反相，起去磁作用；交轴分量 $\overline{F}_{aq}$ 即交轴电枢磁势，与励磁磁势 $\overline{F}_f$ 正交，起交磁作用。如图 3-30 所示，此时电枢反应的性质既有交磁电枢反应，又有直轴去磁电枢反应。表 3-7 同步发电机内功率因数角 Ψ 为不同值的电枢反应性质。

表 3-7　　当 Ψ 为不同值的电枢反应性质

Ψ 值	$\overline{F}_a$ 位置	$\overline{F}_f$、$\overline{F}_a$ 夹角	$\overline{F}_a$ 记作	电枢反应性质	影响		$\delta=0$，$\Psi\approx\varphi$ 负载性质
					F_δ	电压 U	
$\Psi=0°$	q 轴	$\Psi+90°$	$\overline{F}_{aq}$	交轴	波形畸变	不变	R 负载
$\Psi=90°$	d 轴	$\Psi+90°$	$\overline{F}_{ad}$	直轴去磁	削弱	下降	L 负载
$\Psi=-90°$	d 轴	$\Psi+90°$	$\overline{F}_{ad}$	直轴助磁	增强	增大	C 负载
$0<\Psi<90°$	d、q 轴	$\Psi+90°$	$\overline{F}_{aq}+\overline{F}_{ad}$	交、直去	削弱	下降	RL 性负载
$-90°<\Psi<0°$	d、q 轴	$\Psi+90°$	$\overline{F}_{aq}+\overline{F}_{ad}$	交、直助	增强	增大	RC 性负载

6. 电枢反应对同步电机运行性能的影响

同步发电机空载运行时，定子绕组开路，没有负载电流，不存在电枢反应，因此也不存在由转子到定子的能量传送。当同步发电机带有负载时，就产生电枢反应。电枢反应磁场与转子励磁绕组电流进行相互作用。其中负载电流产生的交轴电枢反应磁场对转子电流产生电磁转矩的情况，它的方向和转子的旋转方向相反，对转子旋转起制动作用，此时交轴电枢磁场是由与空载电动势同相的电流分量即电流的有功分量产生的。输出有功功率越大，电流的有功分量越大，交磁电枢反应越强，所产生的制动转矩越大，就要求原动机输入更大的驱动转矩，才能保持发电机的转速不变。为了维持发电机的转速不变，必须随着有功负载的变化调节原动机的输入功率。

直轴电枢磁场由电枢电流的无功分量产生的，直轴电枢磁场对转子励磁绕组电流所产生的电磁力不形成电磁转矩，不影响转子旋转，只影响气隙磁场的强弱，影响发电机的端电压。为保持发电机的端电压不变，必须随着无功负载的变化相应地调节转子的励磁电流。

（四）同步发电机参数、等效电路

1. 磁路不饱和时隐极同步发电机的电磁分析

假设电机磁路不饱和，适用叠加原理，我们可以对一些电磁关系进行叠加。隐极同步发电机定子绕组带上对称负载，转子绕组流入直流励磁电流产生励磁磁场，以同步转速旋转的励磁磁势，在定子绕组中产生感应电动势。定子绕组就有三相对称电流流入并产生电枢旋转磁势，其将在电机内部产生跨过气隙的电枢反应磁通和只与定子绕组交链的定子漏磁通，它们将分别在电枢各相绕组中感应出电枢反应电动势和漏磁电动势。电磁关系如下：

I_f（励磁电流）→F_f（励磁磁势）→Φ_0（励磁磁通）→E_0（空载电动势）

$$I_a（三相对称电流）\rightarrow\begin{cases}F_a（电枢磁势）\rightarrow\begin{cases}\Phi_a（电枢反应磁通）\rightarrow E_a（电枢反应电动势）\\ \Phi_{1\sigma}（定子漏磁通）\rightarrow E_{1\sigma}（定子漏电动势）\end{cases}\\ R_a（电枢绕组电阻）\rightarrow I_aR_a（电枢绕组电阻压降）\end{cases}$$

以上的电磁关系在电枢的三相都存在，将其画成电路如图 3 - 31 所示，并规定正方向，根据基尔霍夫定律得一相回路电压方程式，即

$$\dot{E}_0+\dot{E}_a+\dot{E}_\sigma=\dot{U}+\dot{I}_aR_a \tag{3-18}$$

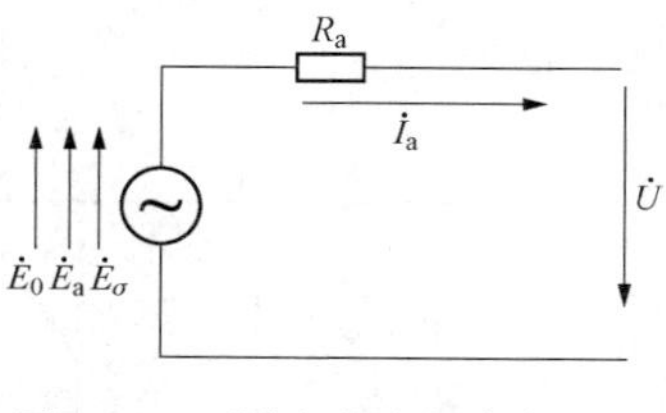

图 3 - 31　同步发电机各物理量正方向的规定

参考变压器的分析方法，引入电感抗来表征磁通、电抗压降来表征电动势，则有

$$\dot{E}_a=-\mathrm{j}\dot{I}_ax_a \tag{3-19}$$

$$\dot{E}_\sigma=-\mathrm{j}\dot{I}_ax_\sigma \tag{3-20}$$

上几式中：U 为定子绕组的端电压；I_a 为定子电流；R_a 定子绕组的电阻；x_a 为电枢反应电抗，对应电枢反应磁通；x_σ 为漏电抗，对应漏磁通。

将式（3 - 19）和式（3 - 20）代入式（3 - 18）中得

$$\dot{E}_0=\dot{U}+\dot{I}_aR_a+\mathrm{j}\dot{I}_ax_a+\mathrm{j}\dot{I}_ax_\sigma=\dot{U}+\dot{I}_aR_a+\mathrm{j}\dot{I}_ax_t \tag{3-21}$$

式中：x_t 为同步电抗，$x_t=x_a+x_\sigma$。

同步电抗的物理意义：表征对称负载下单位电枢电流三相联合产生的电枢总磁场在电枢每相绕组中感应电动势，忽略饱和时，x_t 是一个常值。式（3 - 21）为隐极同步发电机的电动势方程式，图 3 - 32 为隐极同步发电机的等效电路。根据方程式和等效电路还可画出隐极同步发电机的相量图以对隐极同步机进一步分析。

2. 凸极同步电机的电磁分析

如图 3 - 33 所示，凸极同步电动发电机转子有明显的磁极，气隙不均匀，转子磁极中心线附近气隙最小，磁阻最小，磁导最大；而在转子磁极几何中心线处气隙最大，磁阻最大，磁导最小，所以磁通所走的路径不同，所遇的磁阻不同，对应的电抗参数也就不同。

在图 3 - 33 中，当定子电流 $\dot{I}_a$产生的电枢磁势 $\overline{F}_a$ 与主磁极轴线重合，气隙最小，磁阻

最小，相应的电抗为最大；这时所对应的电枢电抗称为电枢反应直轴电抗，用 x_{ad} 表示；当定子电流 $\dot{I}_a$ 产生的电枢磁势 $\overline{F}_a$ 与主磁极轴线正交时，气隙最大，磁阻最大，相应的电抗小；这时所对应的电枢电抗称为电枢反应交轴电抗，用 x_{aq} 表示；当电枢磁势位于直轴与交轴之间时，相应的气隙、磁阻和电枢反应电抗处于上面两种情况之间，且随位置不同而变化。

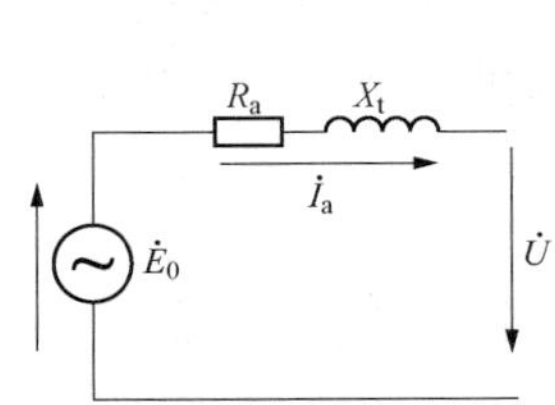

图 3-32 隐极同步发电机的等效电路

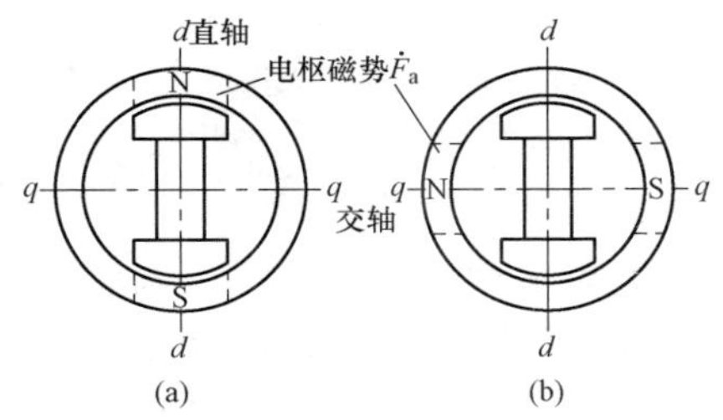

图 3-33 凸极同步电动机电枢反应磁势

（a）电枢磁势在直轴；（b）电枢磁势在交轴

我们将电枢基波磁势 $\overline{F}_a$ 分解为直轴上的直轴电枢反应磁势分量 $\overline{F}_{ad}$ 和交轴上的交轴电枢反应磁势分量 $\overline{F}_{aq}$，如图 3-34 所示。

直轴电枢反应磁势分量 $\overline{F}_{ad}$ 作用在直轴方向；交轴上的交轴电枢反应磁势分量 $\overline{F}_{aq}$ 作用在交轴方向，他们的关系为

$$\overline{F}_a = \overline{F}_{ad} + \overline{F}_{aq} \tag{3-22}$$

同理，对应产生电枢磁势 $\overline{F}_a$ 的电枢电流 $\dot{I}_a$ 也可分解成两个分量，电枢电流直轴分量 $\dot{I}_{ad}$ 和电枢电流交轴分量 $\dot{I}_{aq}$，即

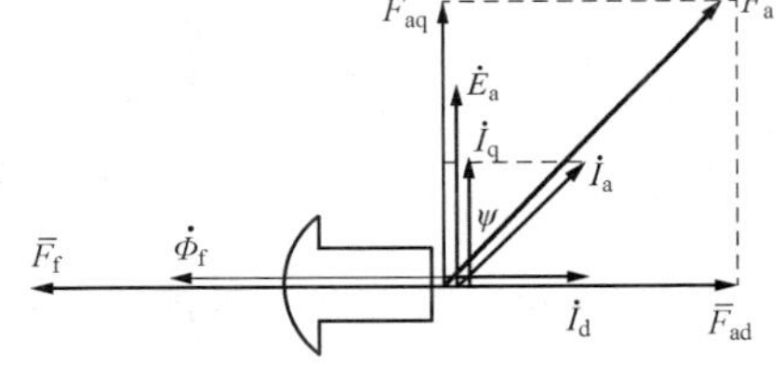

图 3-34 凸极同步电机的电枢磁势分解

$$\dot{I}_a = \dot{I}_{ad} + \dot{I}_{aq} \tag{3-23}$$

因此，凸极同步发电机的电磁分析如下：

$$I_f \to F_f \to \Phi_0 \to E_0$$

$$I_a \to \begin{cases} I_{ad} \to F_{ad} \to \Phi_{ad} \to E_{ad}, \dot{E}_{ad} = -\mathrm{j}\dot{I}_{ad}x_{ad} \\ I_{aq} \to F_{aq} \to \Phi_{aq} \to E_{aq}, \dot{E}_{aq} = -\mathrm{j}\dot{I}_{aq}x_{aq} \end{cases}$$

$$I_a \to \Phi_{1\sigma} \to E_{1\sigma}, \dot{E}_\sigma = -\mathrm{j}\dot{I}_a x_\sigma$$

$$I_a \to R_a \to I_a R_a$$

根据以上分析，同理利用基尔霍夫定律得凸极同步发电机一相回路电压方程式，有

$$\dot{E}_0 + \dot{E}_{ad} + \dot{E}_{aq} + \dot{E}_\sigma = \dot{U} + \dot{I}_a R_a$$

$$\dot{E}_0 = \dot{U} + \dot{I}_a R_a + \mathrm{j}\dot{I}_a x_\sigma + \mathrm{j}\dot{I}_{ad}x_{ad} + \mathrm{j}\dot{I}_{aq}x_{aq} \tag{3-24}$$

又因为 $\dot{I}_a = \dot{I}_{ad} + \dot{I}_{aq}$ 代入式（3-24）得

$$\dot{E}_0 = \dot{U} + \dot{I}_a R_a + \mathrm{j}\dot{I}_{ad}x_d + \mathrm{j}\dot{I}_{aq}x_q \tag{3-25}$$

式中：x_d 为直轴同步电抗，$x_d=x_\sigma+x_{ad}$，有饱和值和不饱和值之分；x_q 为交轴同步电抗，$x_q=x_\sigma+x_{aq}$，因气隙大，无饱和值和不饱和值之分。

凸极同步发电机可根据方程式画出凸极同步发电机的相量图以对凸极同步机进一步分析，但一般分析还是选用参数较简单的隐极机进行。

（五）同步发电机的运行特性

同步发电机的运行特性有空载特性、短路特性、外特性和调整特性等。其中外特性和调整特性是主要的运行特性，根据这些特性，可以判断发电机的运行状态是否正常，以便及时调整，保证高质量安全发电。空载特性、短路特性是检验发电机基本性能的特性，用于测量、计算发电机的各项基本参数。

1. 同步发电机的空载特性

同步发电机空载运行是指发电机以额定转速运转，定子绕组不带负荷时的运行，空载电动势 E_0 与励磁电流 I_f 之间的关系为空载特性。图 3-35 所示曲线 1 为空载特性曲线，因为空载电动势的大小与转子每极磁通成正比，而励磁电流的大小又和作用于同步电机磁路上的励磁磁势成正比例变化，所以空载特性与电机磁路的磁化曲线具有类似的变化规律。当励磁电流较小时，由于磁通较小，电机磁路没有饱和，空载特性为直线（将其延长后的直线 2 称为气隙线）。随着励磁电流的增大，磁路逐渐饱和，为了合理地利用材料，空载额定电压一般设计在空载特性的弯曲处。

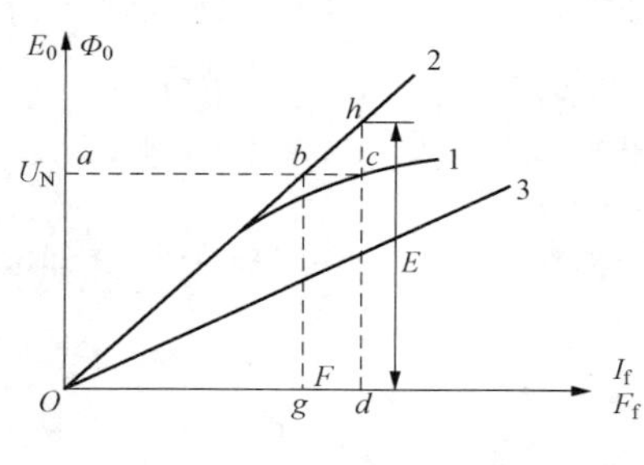

图 3-35 空载特性曲线

空载特性在同步发电机理论中有着重要作用：

（1）将设计好的电机的空载特性与标准空载曲线的数据相比较，如果两者接近，说明电机设计合理；反之，则说明该电机的磁路过于饱和或者材料没有充分利用。如太饱和，将使励磁绕组用铜过多，且电压调节困难；如饱和度太低，则负载变化时电压变化较大，且铁芯利用率较低，铁芯耗材较多。

（2）空载特性结合短路特性可以求取同步电机的参数。

（3）发电厂通过测取空载特性来判断三相绕组的对称性以及励磁系统的故障。

2. 同步发电机的短路特性

同步发电机的短路特性是指发电机在额定转速下，定子绕组短路时，定子绕组的稳态电流 I_aI 与励磁电流 I_f 的关系曲线，如图 3-36 所示。

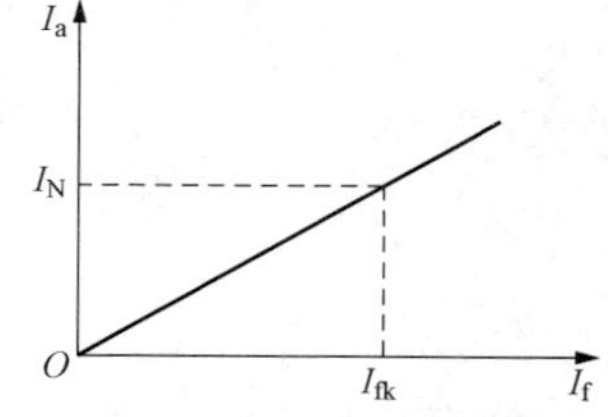

图 3-36 短路特性曲线

短路试验测得的短路特性曲线，不但可以用来求取同步发电机的重要参数（同步电抗与短路比），在发电厂中，常用它来判断励磁绕组有无匝间短路等故障。显然，励磁绕组存在匝间短路时，因安匝数的减少，短路特性曲线是会降低的。

3. 同步发电机的外特性

同步发电机的外特性，就是指励磁电流、转速、功率因数为常数的条件下，变更定子负荷电流时，端电压 U 的变化曲线，即 $U=f(I_a)$ 曲线。图 3-37 所示为同步发电机带有不同功率因数的负载时的外特性曲线。

图 3-37 中可见，在感性负载和纯电阻负载时，外特性是下降的，这是由于电枢反应的去磁作用和漏阻抗压降所引起。在容性负载且内功率因数角为超前时，由于电枢反应的增磁作用和容性电流的漏抗电压上升，外特性有可能是上升的。

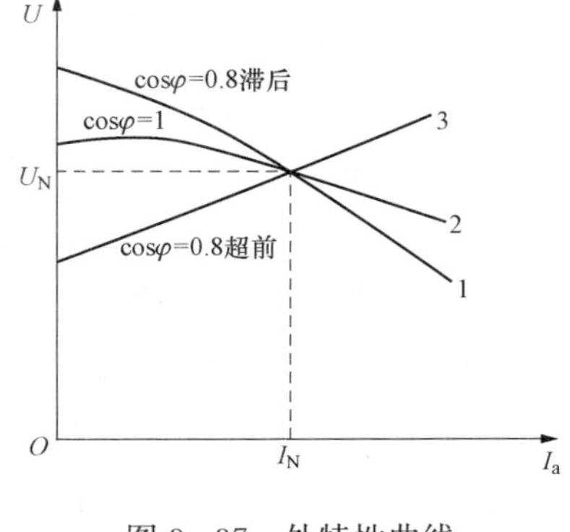

图 3-37　外特性曲线

从外特性可以求出发电机的电压调整率。调节发电机的励磁电流，使电枢电流为额定电流、功率因数为额定功率因数、端电压为额定电压，此时的励磁电流为发电机的额定励磁电流 I_{fN}。然后保持励磁电流为 I_{fN}，转速为同步转速，卸去负载（$I=0$），此时端电压升高的百分值即为同步发电机的电压调整率，用 ΔU 表示，即

$$\Delta U=\frac{E_0-U_N}{U_N}\times 100\% \tag{3-26}$$

式中：E_0 为发电机空载电动势；U_N 为发电机额定电压。

ΔU 是发电机的性能指标之一，按国家标准规定应不大于 50%，凸极同步发电机的 ΔU 通常为 18%～30%，隐极同步发电机由于电枢反应较强，ΔU 通常为 30%～48%。通过采用快速励磁调节器，可以自动改变励磁电流使发电机端电压保持不变。

4. 同步发电机的调整特性

同步发电机的调整特性是指转速、功率因数为常数的条件下，变更定子负荷电流时，为保持电压不变，励磁电流要相应调整的变化曲线。图 3-38 所示为同步发电机对应不同功率因数时的调整特性曲线。

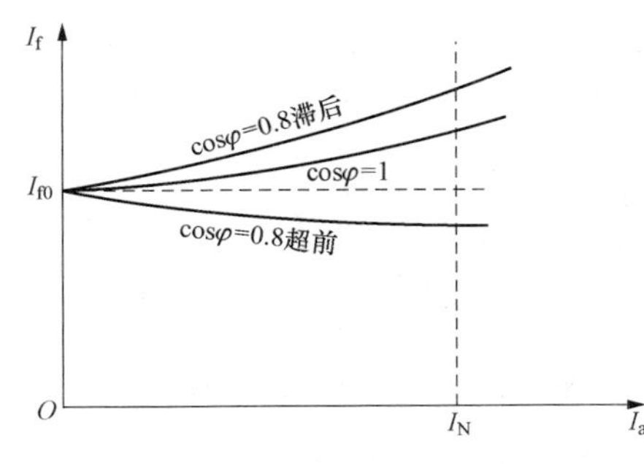

图 3-38　调整性曲线

从不同功率因数下的调整特性可以看出，在滞后的功率因数情况下，负荷增加，励磁电流也必须增加，这是因为此时去磁作用加强，要维持气隙磁通，必须增加转子磁势。在超前的功率因数下，负荷增加，励磁电流一般还要降低，这是因为电枢反应有助磁作用的缘故。调整特性可以使运行人员对电力系统无功功率平衡的调节更合理一些。

二、同步发电机并联运行

电力系统中同步发电机的运行方式主要有单机运行和并联运行。同步发电机并联运行就是指两台以上的同步发电机输出端接在共同的母线上一起向负载供电的运行方式。

单机供电的缺点是明显的，既不能保证供电质量（电压和频率的稳定性）和可靠性（发生故障就得停电），又无法实现供电的灵活性和经济性。这些缺点可以通过多台发电机进行并联运行来改善。

通过并联运行方式可将几台电机或几个发电厂并成一个电网。现代发电厂中都是把几台同步发电机并联起来接在共同的汇流排上，一个地区总是把几个发电厂并联起来组成一个容量强大的电力系统（电网），如图 3-39 所示。

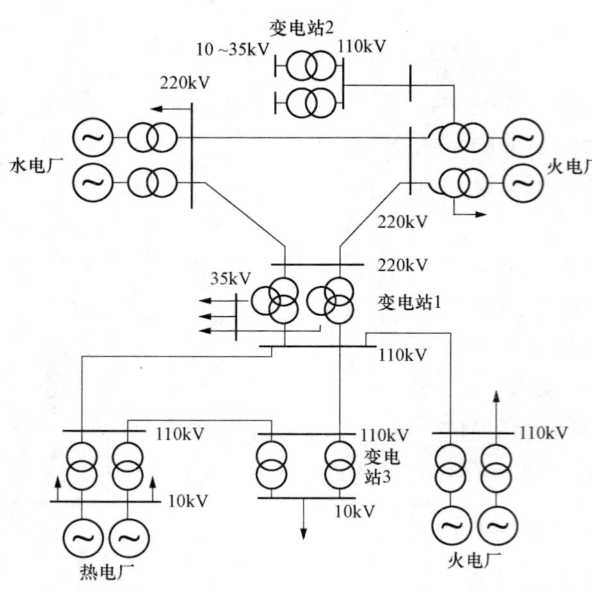

图 3-39 同步发电机并联成大电网

发电机并联运行供电的优点：①提高了供电的可靠性，一台发电机发生故障或定期检修不会引起停电事故。②提高了供电的经济性和灵活性，例如水电厂与火电厂并联时，在枯水期和丰水期，两种电厂可以调配发电，使得水资源得到合理使用。在用电高峰期和低谷期，可以灵活地决定投入电网的发电机数量，提高了发电效率和供电灵活性。③提高了供电质量，单台发电机通过并联运行构成了大电网，电网的容量巨大（相对于单台发电机或者个别负载可视为无穷大），电网对单台电机来说可视为无穷大电网或无穷大汇流排，个别电机的投入与停机以及个别负载的变化，对电网的影响甚微，这时电网的电压和频率可视为恒定不变的常数，大大提高了电能质量。

同步发电机并联到电网后，它的运行情况也要受到电网的制约，也就是说它的电压、频率必须和电网一致而不会单独变化。

（一）投入并联的条件

把同步发电机并联至电网的过程称为投入并联，或称为并列、并车、整步。在并车时必须避免产生巨大的冲击电流，以防止同步发电机受到损坏、电网遭受干扰。

所以并车前必须检查发电机和电网是否满足以下条件：

（1）发电机的端电压应与电网电压相等；

（2）发电机的频率与电网频率相等；

（3）并联合闸瞬间，发电机与电网的对应电压应同相位；

（4）发电机与电网相序相同；

（5）发电机与电网电压波形相同。

若以上条件中的任何一个不满足而进行并网则会在发电机和电网组成的回路中出现瞬态冲击电流。上述条件中，除“相序一致”是绝对条件外，其他条件都是相对的，因为通常电机可以承受一些小的冲击电流。

现在的发电厂，并车都是通过自动装置来进行。在一些小电厂老机组或特殊情况下才需要人工操作，人工操作并车的关键是检查并车条件和确定操作时刻。通常用电压表测量电网电压，并调节发电机的励磁电流使得发电机的输出电压与电网电压相等。再借助同步指示器检查并调整频率和相位以确定合闸时刻。

（二）同步发电机的并列方法

1. 准同步并列

发电机在并列合闸前已加励磁，当发电机电压的幅值、频率、相位分别与电网侧电压的幅值、频率、相位接近相等时，将发电机断路器合闸，完成并列操作。

发电机准同步并列的实际条件，待并发电机与系统电压幅值接近相等，电压差不应超过额定电压的5%～10%；待并发电机电压与系统电压的频率应接近相等，频率差不应超过额定频率的0.2%～0.5%；在断路器合闸瞬间，待并发电机电压与系统电压的相位差应接近零，误差不应大于5°。

为了寻找合闸时刻，可采用以下判断方法：

（1）暗灯法。如图3-40所示，将三只灯泡直接跨接于电网与发电机的对应相之间，各灯所受电压如图3-40（b）所示，同一瞬间各灯电压大小相同，随时间推移，各灯同时明暗变化。并列方法为：通过调节发电机励磁电流的大小相等，其中U_2为发电机电压，U_1为电网电压；电压调整好后，如果相序一致，灯光应表现为明暗交替，如果灯光不是明暗交替，则说明相序不一致，这时应调整发电机的出线相序或电网的引线相序，严格保证相序一致；通过调节发电机的转速改变电机的频率，直到灯光明暗交替十分缓慢时，说明同步发电机和电网的频率已十分接近，这时等待灯光完全变暗的瞬间到来，即可合闸并车。

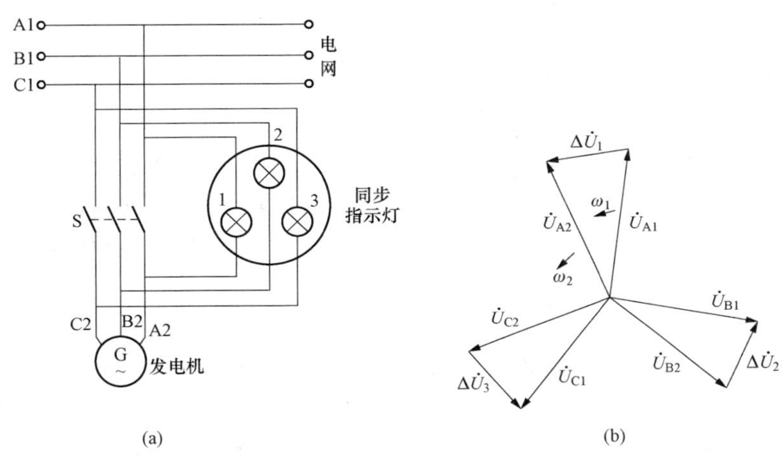

图3-40 暗灯法示意

（a）接线；（b）电压相量图

当不满足并网条件时，暗灯法所见的现象：

1）频率不等时，三个相灯将呈现同时暗、同时亮的交替变化现象，说明发电机与电网的频率不同，需调节原动机转速从而改变发电机频率。

2）电压不等时，三个相灯没有绝对熄灭的时候，而是在最亮和最暗范围闪烁，需调节励磁电流从而改变发电机的端电压。

3）相序不同时，三个相灯明暗呈旋转变化状态，说明发电机与电网的相序不同，需对调发电机或电网的任意两根接线。

4）相位不等时，三组相灯不熄灭，不能合闸并网，需微调节转速。

（2）旋转灯光法。该并车方法接线如图3-41所示，灯1跨接于A1A2，灯2跨接于B1C2，灯3跨接于C1B2，各灯所受电压如图3-41（b）所示，同一瞬间各灯电压大小不同，随时间推移，各灯轮流明暗变化呈旋转灯光效果。具体并列方法：通过调节发电机励磁电流的大小，使发电机电压U_2等于电网电压U_1；电压调整好后，如果相序一致，灯光旋转，若三相灯光同亮同熄说明相序不一致，这时应调整发电机的出线相序或电网的引线相序，严格保证相序一致；通过调节发电机的转速改变的频率，直到灯光旋转十分缓慢时，说明电机和电网频率已十分接近，这时等待灯 1 完全熄灭的瞬间，即可合闸并列。

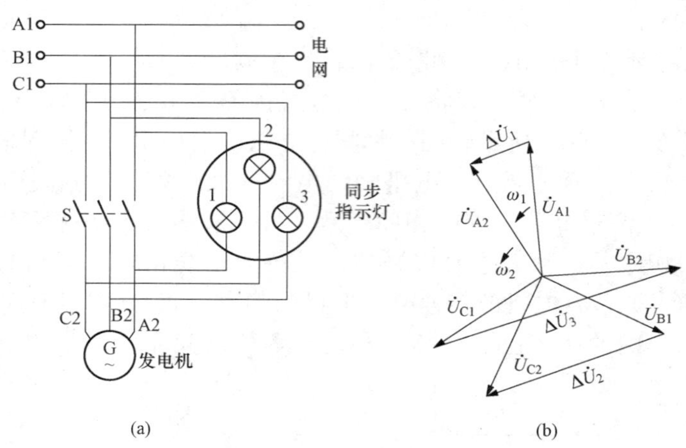

图 3-41 旋转灯光法示意

（a）接线；（b）相量图

准同步并列的优点是并列时冲击电流小，不会引起系统电压降低。不足是并列操作过程中需要对发电机电压、频率进行调整，并列时间较长且操作复杂。另外，如果合闸时刻不准确，可能造成非同步合闸。按自动化程度不同，准同步并列分为手动准同步、半自动准同步和自动准同步。

2. 自同步并列

先接电阻异步运行，再接励磁电源同步运行。如图 3-42 所示，将发电机励磁绕组通过电阻 r_m（约为励磁电阻的 10 倍）短接，并由原动机拖动到接近同步速（相差 2%～5%），在无励磁电流的情况下，将发电机接入电网。再接通励磁并调节励磁，依靠定子磁场和转子磁场之间的电磁转矩将转子拉入同步转速，并车过程结束。需要注意的是：励磁绕组必须通过一限流电阻短接，因为直接开路，将在其中感应出危险的高压；直接短路，将在定、转子绕组间产生很大的冲击电流。

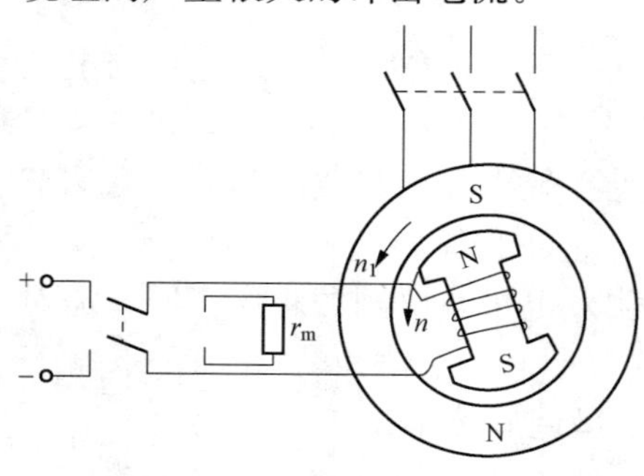

图 3-42 自同步法的接线图

自同步并列的优点是并列过程中不存在调整发电机电压、频率的问题，并列时间短且操作简单，在系统电压和频率波动的情况下，仍有可能将发电机并入系统；不足是并列发电机未经励磁，并列时会从系统中吸收无功而造成系统电压下降，同时产生很大的冲击电流。

（三）并列运行的同步发电机电磁功率与功角特性

1. 同步发电机的功率及转矩

同步发电机的功率流程如图 3-43 所示。P_1 为原动机向发电机的输入的机械功率；p_{mec} 为机械损耗，包括轴与轴承间的摩擦、转动部分与空气的摩擦及通风设备的损耗；p_{Fe} 为铁芯损耗，包括定子铁芯中的涡流和磁滞损耗；p_{ad} 为附加损耗，包括端部漏磁通在其附近铁质构件中产生的损耗、各种谐波磁通产生的损耗、齿谐波和高次谐波在转子表层产生的铁损；P_{em}为通过电磁感应作用转变为定子绕组上的电功率，称为电磁功率。如果是负载运行，定子绕组中还存在定子铜损 p_{Cu1}，P_2 就是发电机的输出功率。励磁回路所消耗的电功率一般由原动机或其他电源供给，故不包括在功率流程图中，同步发电机的功率平衡方程式为

$$P_1 = P_2 + p_{mec} + p_{ad} + p_{Fe} + p_{Cu1} \tag{3-27}$$

机械损耗 p_{mec}和铁芯损耗 p_{Fe}之和为发电机空载时的损耗，称为空载损耗 p_0。附加损耗 p_{ad}和定子铜损 p_{Cu1}很小可以忽略不计，则有 $P_2 \approx P_{em} \approx P_1 - p_0$，即

$$P_{em} = P_1 - p_0 \tag{3-28}$$

又因为功率 P 和转矩 T 的关系是：$P=T\Omega$，Ω 为转子机械角速度。所以将式（3 - 28）除以 Ω 可得转矩方程式为

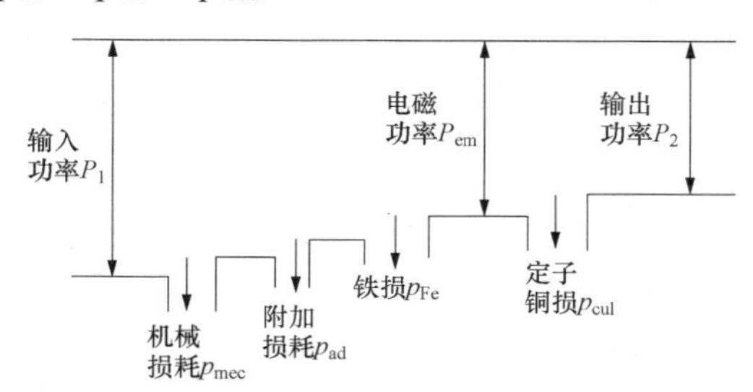

图 3 - 43　同步发电机的功率流程

$$T_{em} = T_1 - T_0 \tag{3-29}$$

式中：T_1 为原动机输入的驱动转矩；T_{em}为发电机负载时制动性质的电磁转矩；T_0 为对应空载损耗的空载制动转矩。

式（3 - 29）说明：电机稳定运行时，驱动性质的原动机转矩与制动性质的电磁转矩和空载转矩之和的平衡关系。

2. 同步发电机功角特性

并联于无穷大电网的同步发电机，当电网电压 U 和频率恒定 f、参数为常数、励磁电流 I_f 不变（即空载电动势 E_0 不变）时，电磁功率和功率角之间的关系 $P_{em}=f(\delta)$ 为称功角特性。功角 δ 在时间上表示发电机端电压和空载电动势之间的相角差，在空间上表现为合成磁场轴线与转子磁场轴线之间的空间夹角，它对于研究同步电机的功率变化和运行的稳定性有重要意义。功角特性是同步发电机的基本特性之一，通过它可以研究同步发电机接在电网上运行时，输出功率的情况，并进一步揭示机组的稳定性和发电机与电动机之间的联系与转化。

为了分析方便，假设凸极发电机并联于无穷大电网；发电机磁路不饱和；忽略电枢绕组电阻。通过凸极同步发电机相量图推出凸极同步发电机功角特性方程为

$$P_{em} = m\frac{E_0U}{x_d}\sin\delta + m\frac{U^2}{2}\left(\frac{1}{x_q} - \frac{1}{x_d}\right)\sin2\delta \tag{3-30}$$

$$P'_{em} = m\frac{E_0U}{x_d}\sin\delta,\quad P''_{em} = m\frac{U^2}{2}\left[\frac{1}{x_q} - \frac{1}{x_d}\right]\sin2\delta$$

式中：x_d 为直轴同步电抗；x_q 为交轴同步电抗；P'_{em}为基本电磁功率；P''_{em}为附加电磁功率。

由式（3 - 30）可见，凸极机的电磁功率分为由两部分组成。第一部分为基本电磁功率 P'_{em}，是由定子电流与转子磁场之间的相互作用而形成的；第二部分为附加电磁功率 P''_{em}，是由于电机 d、q 轴磁导差异而产生的，又称磁阻功率，它与励磁无关，只与电网电压有关。即使转子没有加励磁电流，只要交轴、直轴的磁阻不相同，就会产生附加电磁功率。基本电

磁功率在 $\delta=90°$时达到最大值，附加电磁功率则在 $\delta=45°$时有最大值，总的电磁功率的最大值将出现在 45°～90°之间，具体位置将视两项的幅值的相对大小而定。

根据式（3-30）做出的功角特性曲线如图 3-44 所示。由图可见，当同步电机的 E_0 越大，附加电磁功率在整个电磁功率中所占的比例就越小，在正常情况下，附加电磁功率仅占百分之几。当功角 $\delta=0$ 时，$P_{em}=0$。

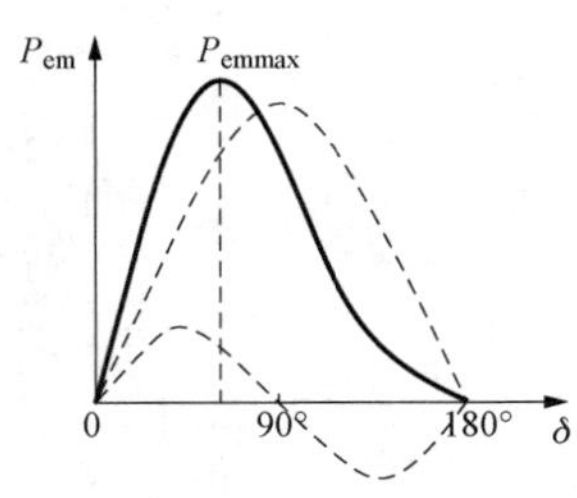

图 3-44　凸极同步发电机功角特性曲线

因为隐极同步发电机的气隙磁场是均匀的，即 $x_d=x_q=x_t$，所以我们可以利用式（3-30）得隐极同步发电机的功角特性方程，即

$$P_{em}=m\frac{E_0U}{x_t}\sin\delta \tag{3-31}$$

由式（3-31）可知，若隐极同步发电机并联于无穷大电网，电机端电压 $U=$常数，当发电机的励磁电流 $I_f=$常数，则空载电动势 $E_0=$常数，电磁功率 P_{em}与功角 δ 为正弦关系，其功角特性曲线如图 3-45 所示。当 δ 等于 90°时，电磁功率达到最大值，称为功率极限 P_{emmax}，功率极限正比于 E_0U，反比于同步电抗 x_t。综合式（3-30）与式（3-31）可见：功角是研究同步发电机运行状态的一个重要参数，它不仅决定发电机输出有功功率的大小，而且还反映发电机转子的相对空间位置，它把同步电机的电磁关系和机械运动紧密联系起来。因为隐极同步发电机的功角特性方程较为简单，所以在讨论同步发电机的功率时往往以隐极同步发电机为对象进行分析。

3. 无功功率特性与功角关系

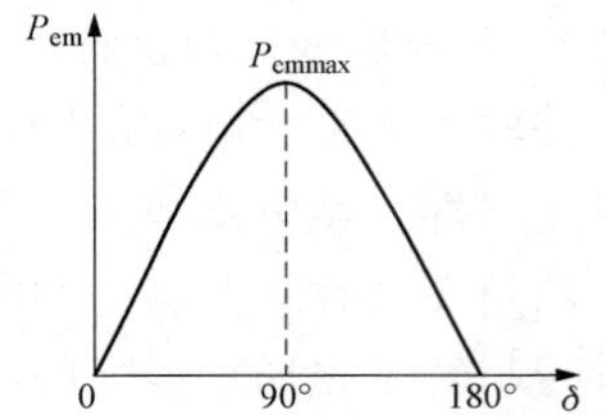

图 3-45　隐极同步发电机功角特性曲线

同步发电机并入电网，不仅可以向电网发送有功功率，而且可以向电网输送无功功率，运行方式灵活多样。并联于无穷大电网的同步发电机当电网电压和频率恒定、参数为常数、空载电动势 E_0 不变（即 I_f不变）时，$Q=f(\delta)$ 为无功功率特性。

同步发电机的无功功率特性与有功角特性的推导相似。隐极同步发电机无功功率特性为

$$Q=m\frac{E_0U}{x_t}\cos\delta-m\frac{U^2}{x_t} \tag{3-32}$$

当电网电压和频率 f 恒定、参数为常数、空载电动势 E_0 不变时，无功功率 Q 也是功角 δ 的函数。当 $Q>0$ 时，发电机向电网吸收感性无功（发出容性）；当 $Q<0$ 时，发电机向电网吸收感性无功（发出容性）。

4. 并列运行时有功功率的调节与静态稳定

（1）有功功率的调节。功角特性 $P_{em}=f(\delta)$ 反映了同步发电机的电磁功率随着功角变化的情况。稳态运行时，同步发电机的转速 n 由电网的频率 f 决定，恒等于同步转速，发电机的电磁转矩 T_{em}和电磁功率 P_{em}之间成正比关系。电磁转矩 T_{em}与原动机提供的动力转矩 T_1 相平衡 $T_1=T_{em}+T_0$。其中空载转矩 T_0 是因摩擦、风阻等引起的阻力转矩。因此，结合能量守恒定理得出，要改变发电机输送给电网的有功功率，就必须改变原动机提供的动力转矩 T_1，这一改变可以通过调节水轮机的进水量或汽轮机的汽门来达到。

以隐极同步发电机为例，假设发电机与无穷大电网并联运行，即电网电压 U 及频率 f 不受外界干扰，保持不变，同步发电机并网之后，其电压和频率与电网保持一致，刚并网时，发电机的 $P_2=P_{em}=0$，$T_{em}=0$，$P_1=p_0$，$T_1=T_0$，电机处于初始平衡状态 $\delta=0$，此时发电机不输出有功功率。增加原动机机械功率输入，假设保持励磁电流 I_f 不变，$P_1>p_0$，$T_1>T_0$，发电机处于加速过渡过程，转子加速，转子磁场位置将超前合成磁场，$\delta>0$。随着 δ 增加，P_{em}增加，当达到 $P_1-p_0=P_{em}$时，电机加速过程结束，进入稳定运行，机械功率转化成电磁功率，使发电机输出有功功率 $P_2\approx P_{em}$，发电机内部自动改变位移角 δ，相应改变电磁功率和输出功率，达到新的功率平衡。

可见，并联于无穷大电网的同步发电机要增加有功功率输出，只有增加原动机的输入功率，使转子加速，功角 δ 增加，电磁功率和输出功率便会相应的增加，在功率极限范围内，输入转矩越大，有功功率输出就越大。如果保持原动机的拖动转矩不变（即不调节原动机的汽门、油门或水门），原动机的输入功率不变，那么发电机输出的有功功率亦将保持不变。

（2）静态稳定。并联在电网上稳定运行的同步发电机，当受电网或原动机方面某些微小扰动时，如果不考虑调压器和调速器的作用，发电机能在这种干扰消失后，继续保持原来稳定运行状态，就称发电机是“静态稳定”的，否则就是静态不稳定。而同步发电机遇到突然加负载、切除负载等正常操作时，或者发生短路、电压突变、发电机失去励磁电流等非常运行时，发电机能否继续保持同步运行的问题，则属于动态稳定问题。

为了判断同步发电机是否静态稳定并衡量其稳定程度，引入比整步功率 P_{syn}，具体见式（3 - 33）。当 $P_{syn}>0$ 时，静稳定运行；当 $P_{syn}<0$ 时，不能静稳定运行。

$$P_{syn}=\frac{dP_{em}}{d\delta}=m\frac{E_0U}{x_t}\cos\varphi \tag{3 - 33}$$

综上所述，并联于无穷大电网的发电机所承担的有功功率可以通过调节原动机输入的机械功率来改变的，而且电机承担的有功功率的极限是 P_{emmax}。当 $0<P_{syn}$时发电机可以稳定运行；$P_{syn}<0$ 发电机不能稳定运行。为使发电机能够稳定运行，应使最大电磁功率比额定电磁功率大得多。发电机的最大电磁功率与额定电磁功率之比，称为过载能力，用 k_m 表示，过载能力是表达静态稳定的能力，不是发电机可以过载的倍数，过载能力设计，只从提高稳定观点来考虑。过载能力越大，电机的稳定性就越好。对于汽轮发电机，额定情况下功角为 30°～40°，过载能力为 1.6～2.0。

另外，发电机的功率极限和比整步功率都正比于励磁电动势，反比于同步电抗，所以要提高稳定性，可以增大励磁电流、减小同步电抗。

5. 并列运行时无功功率的调节与 V 形曲线

接在电网上运行的负载类型很多，如有大量的异步电机、变压器、电抗器等，多数负载它们除了消耗有功功率外，还需要感性无功功率。所以，发电机向电网除了供应有功功率外，还要供应无功功率。电网所供给的绝大部分无功功率由并网的同步发电机共同分担，同步发电机在向系统输出有功功率的同时也向系统输出感性无功功率，此时发电机的电枢反应在直轴方向是直轴去磁性质，为了维持发电机端电压不变，必须增加励磁电流，因此无功功率的调节必须依靠励磁电流的调节。

以不饱和隐极同步发电机为例，假设不考虑电枢电阻，且认为与无穷大电网并联运行。刚并网的发电机未带有功负载和无功负载，发电机端电压 U 等于空载电动势 E_0，电枢电流

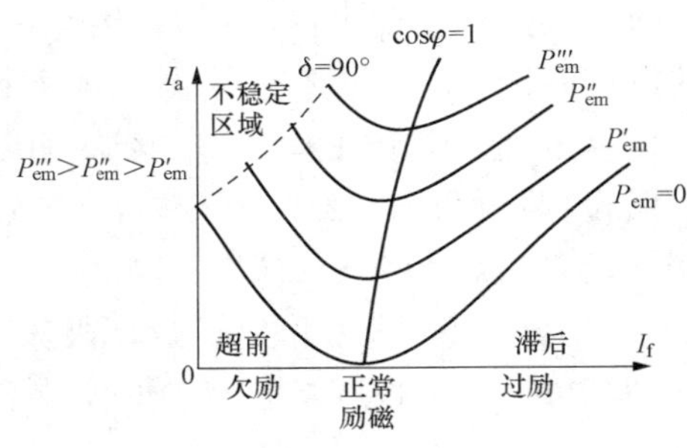

图 3-46 同步发电机 V 形曲线

I_a 为零，此时发电机处“正常励磁”状态，对应的励磁电流为正常励磁电流，如图 3-46 所示。若这时增加励磁电流，则励磁磁势增大，空载电动势 E_0 增大，但发电机端电压仍为电网电压 U，根据发电机的电压方程式，发电机会产生一滞后端电压 90°的电枢电流，这一电枢电流产生去磁性质的电枢磁势，此时发电机处于“过励状态”，输出感性无功功率。且励磁电流越增大，电枢电流就越大，输出的感性无功也越大。

同理，若在“正常励磁”状态下减小励磁电流，随励磁磁势减小，空载电动势 E_0 减小，但发电机端电压仍为电网电压 U，根据发电机的电压方程式，发电机会产生一超前端电压 90°的电枢电流，这一电枢电流产生助磁性质的电枢磁势，此时发电机处“欠励状态”，输出容性无功功率。且励磁电流减小越多，电枢电流就越大，发输出的容性无功也越大。

当同步发电机供给一恒定的有功功率 P'_{em}时，不改变原动机的输入，有功功率将保持不变，只调节无功功率，先调节发电机输出无功功率为零，这时发电机输出的全部是有功功率，发电机处“正常励磁”状态。如果增加励磁电流，则电枢电流就随之增加，输出的感性无功功率，电机进入“过励状态”；反之，减小励磁电流，输出的容性无功功率，电机进入“欠励状态”。

综上所述，通过调节励磁电流可以达到调节同步发电机无功功率的目的。电枢电流随励磁电流变化的关系称为一个 V 形曲线，如图 3-46 所示。V 形曲线是一簇曲线，每一条 V 形曲线对应一定的有功功率，随着输出有功功率增大，曲线往上抬。每条 V 形曲线上都有一个最低点，对应 $\cos\varphi=1$ 的情况。将所有的最低点连接起来，将得到与 $\cos\varphi=1$ 对应的曲线，该线左边为欠励状态，功率因数超前，右边为过励状态，功率因数滞后。随励磁电流 I_f 减小，功角 δ 增加，当 I_f 减小到一定值时，$\delta=90°$，电机将失去稳定。V 形曲线可以利用电机电动势相量图及发电机参数大小来计算求得，也可直接通过负载试验求得。

*三、同步发电机的异常运行

（一）同步发电机的不对称运行

1. 同步发电机的不对称运行

同步发电机是根据长期对称运行的原则设计制造的，因而在使用时尽量让同步发电机在对称情况下运行。然而有时会遇到各种原因导致同步发电机处不对称运行。当同步发电机接有容量较大的单相负载（如单相电炉，民用电中的照明与家用电器，工业中的电气铁轨采用单相电源为牵引电机供电）、发生不对称故障（如单相或两相短路）时，发电机即处于不对称运行状态。同步发电机的不对称运行属于异常运行状态，即介于正常和具有破坏性的事故运行之间的一种运行状态。

在不对称负载运行下，同步发电机的电枢电压和电枢电流都会出现三相不对称，使同电网的变压器和电动机运行情况变坏，效率降低。

2. 分析方法

同步发电机的不对称运行采用对称分量法分析。不计饱和，三相不对称运行时可采用对称分量法将不对称电压和不对称电流分解为分解成正序、负序和零序三个对称系统，其中正序电流通过三相绕组后，产生了和转子同方向旋转的磁场，亦即在空间和转子相对静止，不会在转子绕组中产生感应电动势；负序电流所产生的旋转磁场与转子转向相反，负序磁场以两倍同步速切割转子上的所有绕组（包括励磁绕组、阻尼绕组等），在这些绕组中感应出两倍频率的电动势；由于三相零序电流在时间上也是同相位、振幅相等，因此当零序电流流过三相绕组时，各相所建立的磁势在时间上也是同相位、振幅相等，又因为三相绕组在空间相隔 120 电角度，因此，零序电流通过三相绕组时在空气隙中三相合成基波磁势为零，故零序电流不能在气隙中建立基波磁势及磁场，只产生漏磁通。分析时先求出电机对应不同相序的参数，然后在不同相序中取其中一相的等效电路按对称系统的分析方法进行分析，分别研究它们的效果，然后叠加起来而得到最后结果。

3. 不对称运行对发电机的危害

（1）使转子表面局部过热而发生转子烧损事故。

当三相绕组通入对称电流时，产生与转子相对静止的旋转磁场，旋转磁场的磁力线与转子不形成切割。当绕组通入三相不对称电流时，在发电机中会有正序、负序、零序三组对称分量电流产生。正序电流分量产生正序旋转磁场，它与转子相对静止。而负序电流在定、转子气隙中建立一个以同步转速旋转、方向与转子转向相反的负序旋转磁场，它以 2 倍的同步转速切割转子，在转子表面各部件（如大齿、小齿、槽楔、护环等）上感应 2 倍工频电流，因为转子结构不对称，2 倍工频电流在转子上分布不均匀，一般大齿的导磁性能较好，故大齿上感应的电流较大，小齿和槽楔上的电流相对要小些，而且在集肤效应和大齿上横向槽作用下，造成在转子表面和大齿横向槽两侧的电流密度较大，容易出现局部温度升高、过热。另外，转子上感应的 2 倍工频电流，不仅沿转子轴向分布，还有径向分布，形成环流，电流流经护环及其嵌装表面，槽楔与齿的搭接处等部位时，因各部位的接触电阻较大，也容易出现高温和过热，这些高温和过热点的存在很可能发生转子局部烧损。烧损的情况一般有以下几个特点：大齿表面过热变色，横向槽两侧过热痕迹较重，局部变色发蓝；护环及本体嵌装面有过热烧伤，局部发黑、发蓝，烧熔化和放电痕迹；转子槽楔及搭接处，邻近小齿有过热松动现象。

（2）使转子产生振动，进而发生轴瓦磨损。

负序电流使转子产生振动的原因有两个。一是负序磁场以 2 倍同步转速切割转子，转子本身磁路不对称，故负序旋转磁场的轴线与转子纵轴重合时，磁阻小、磁通大，在转子上的作用力矩大；二是负序旋转磁场的轴线与转子横轴重合时，磁阻大，磁通小，在转子上的作用力矩小，这样在定、转子之间产生大小交变的电磁转矩，导致转子所受力矩也是交变的，转子因此产生振动。另外，转子上的 2 倍工频电流流经转子上各部件，因材料不同，各自的热容量也不同，如护环的热容量较小，在护环与转子本体之间就会形成温差，使护环紧力消失，失去紧力后，因径向位移量很小，不会在轴上自由回转，但在不平衡力作用下，护环可能一侧紧贴转子轴表面，而另一侧稍离转子轴表面，使转子中心偏移，转子产生振动。另外，负序电流在转子表面局部产生高温过热，转子受热不均，发生不对称热变形也可能使转子产生振动。负序电流使转子产生振动的特点，一般都与发电机不对称运行时间的长短及产生负序电流的大小有关，而且随三相不平衡电流的增大而增大，并包含随时间增长而加大的成分，同时也可能随励磁电流的增大而加大，可用改变励磁电流大小来测量振动的变化，找出振动的原因。

所以我国规定：在额定负载连续运行时，汽轮发电机三相电流之差，不得超过额定值的10%，水轮发电机和同步补偿机的三相电流之差，不得超过额定值的20%，同时任一相的电流不得大于额定值。

4. 防止措施

防止发电机长时间出现负序电流，是确保发电机安全运行的又一重要措施，我们必须给予足够的重视。要防止发电机在运行中长时间出现负序电流，则必须防止其长时间处在不对称工况下运行。所以，要注意以下几个方面：

(1) 首先要做好的是电站所承载的负荷如何均匀分配的问题，即必须认真做好自供区的负荷三相平衡分配，尽量避免不平衡度超出允许值的现象发生。

(2) 架设输电线路时，三相导线必须采用同材质、同截面积的导线（对380/220 V供电系统，最好4根导线都采用同材质、同截面积的导线）。线路中导线的接头，应设法均匀分布在三相导线之中，不应全部集中在某一相上。认真做好线路器材（如绝缘子等）的选购、检测及安装工作，提高线路的架设质量，确保线路具有必须具备的绝缘水平。

(3) 加强对线路的运行管理，杜绝、防止、减少线路在运行中发生单相接地、两相短路事故。一旦发生以上不对称短路事故，能够尽早发现及时排除。

另外，在现实生产中，通过以下几条原则以实现使保证发电机的运行工况对称平衡：①发电机的任何一点温度不得超过允许值；②机械振动不得超过允许值；③任何一相定子电流均不得超过其额定值。

(二) 同步发电机的突然短路

1. 突然短路

同步发电机对称稳态运行时，电枢磁势的大小稳定，在空间以同步速度旋转，与转子相对静止，因此不会在转子绕组中产生感应电动势、电流。之前讨论所介绍的同步发电机同步电抗就是对应发电机对称稳态运行时的参数，准确说是“稳态同步电抗”。

同步发电机的突然短路是指发电机在原来正常稳定运行的情况下，发电机出线端发生三相突然短路。发电机从原来的稳态运行状态过渡到稳态短路状态。该过渡过程包括了“次暂态”(有阻尼绕组)、“暂态”和稳态短路三个阶段。突然短路时，定子电流在数值上发生急剧变化，电枢反应磁通也随着变化，并在转子的励磁绕组和阻尼绕组中感应电动势和感应电流，这种电流将建立各自的磁场，又反过来影响电枢磁场和定子电流的变化。这种定子和转子绕组之间的互相影响，致使在短路过程中，定子绕组的电抗远小于稳态同步电抗，从而导致在短路过渡过程中定子短路冲击电流很大，可达10～20I_N，该过渡过程的时间虽然不长，多不过1～2s，是一个随时间衰减的电流，但其冲击电流对发电机本身及电力系统都是一个严重的破坏因素，这就是突然短路暂态过程的特点。

2. 同步发电机突然短路对发电机的影响

(1) 冲击电流的电磁力作用。冲击电流产生巨大的电磁力，可能破坏绕组（特别是端部）。发电机突然短路会使定子绕组的端部受到很大的电磁力的作用，这些力包括定子绕组端部互相间的作用力、定子绕组端部和转子绕组端部互相间的作用力以及定子绕组端部和铁芯之间的互相作用力。

(2) 突然短路时的电磁转矩。在突然短路时，气隙磁场变化不大，而定子电流却增长很多，因此，要产生巨大的电磁转矩．电磁转矩有两类：第一类是短路后为了供给定子绕组和转子绕组中由于电阻而引起的损耗所产生的冲击单向转矩，它对原动机是个反抗转矩。第二类是由定、转子具有相对运动的磁场所产生的冲击交变转矩。后一类转矩比前一类转矩有更大的数值，它的方向是正负交替的，一方面作用在原动机端的轴颈上；另一方面作用在定子机座的底脚螺钉上。

最大的突然短路交变转矩值可达到额定转矩的 12 倍以上，虽然它很快就衰减下来，但在设计电机转轴、机座和底脚螺钉等时，必须要考虑到这个巨大的转矩的作用。

（3）发热现象。突然短路使各绕组都出现较大的电流，而铜损增加得就更多，不过，因为电流衰减的速度还是较快的，因此，各绕组的温升增长得并不多。经验证明，在突然短路中，很少发现电机受到热破坏的现象。

3. 同步发电机突然短路对电力系统的影响

（1）影响电力系统运行的稳定性。在线路上发生突然短路时，由于过大的短路冲击电流使电网电压降低，发电机的功率送不出去，但原动机的拖动转矩暂时未降低，因而，作用到转子上的转矩失去平衡，使发电机转子的转速上升而失去同步，破坏了系统的稳定性。

（2）产生过电压现象。发生不对称的突然短路时，在没有短路的相绕组中会出现过电压的现象，其数值一般达到额定值的 2～3 倍，具体视电机参数的大小而定．这种现象也是造成电力系统内过电压的一个因素。

（3）产生高频干扰现象。在不对称突然短路中，定子绕组电流出现一系列的高次谐波分量，这些高频电流在输电线上所产生的磁场，对附近的通信电路造成干扰。

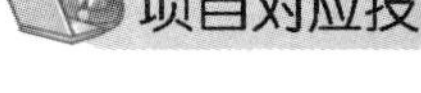

项目对应技能训练（三相同步发电机的运行特性）

一、实验目的

用实验方法测量同步发电机在对称负载下的运行特性。

二、预习要点

（1）同步发电机在对称负载下有哪些基本特性？

（2）这些基本特性各在什么情况下测得？

三、实验项目

（1）测定电枢绕组实际冷态直流电阻。

（2）空载试验：在 $n=n_N$、$I=0$ 的条件下，测取空载特性曲线 $U_0=f(I_f)$。

（3）三相短路实验：在 $n=n_N$、$U=0$ 的条件下，测取三相短路特性曲线 $I_K=f(I_f)$。

（4）外特性：在 $n=n_N$、$I_f=$常数、$\cos\varphi=1$ 的条件下，测取外特性曲线 $U=f(I)$。

（5）调节特性：在 $n=n_N$、$U=U_N$、$\cos\varphi=1$ 的条件下，测取调节特性曲线 $I_f=f(I)$。

四、实验设备及仪器

（1）电机系统教学实验台主控制屏（MEL 系列）。

（2）功率、功率因数表。

（3）同步电机励磁电源。

（4）三相可调电阻器（900Ω）。

（5）三相可调电阻器（90Ω）。

（6）自耦调压器、电抗器。

(7) 三相同步电机。

(8) 直流并励电动机。

五、实验方法及步骤

1. 测定电枢绕组实际冷态直流电阻

被试电机采用三相凸极式同步电机。记录室温，测量数据记录于表 3-8 中。

表 3-8 室温________℃

	绕组Ⅰ	绕组Ⅱ	绕组Ⅲ
I (mA)			
U (V)			
R (Ω)			

2. 空载试验

按图 3-47 接线，直流电动机 M 按他励方式连接，拖动三相同步发电机 G 旋转，发电机的定子绕组为 Y 形接法（U_N=220V）。

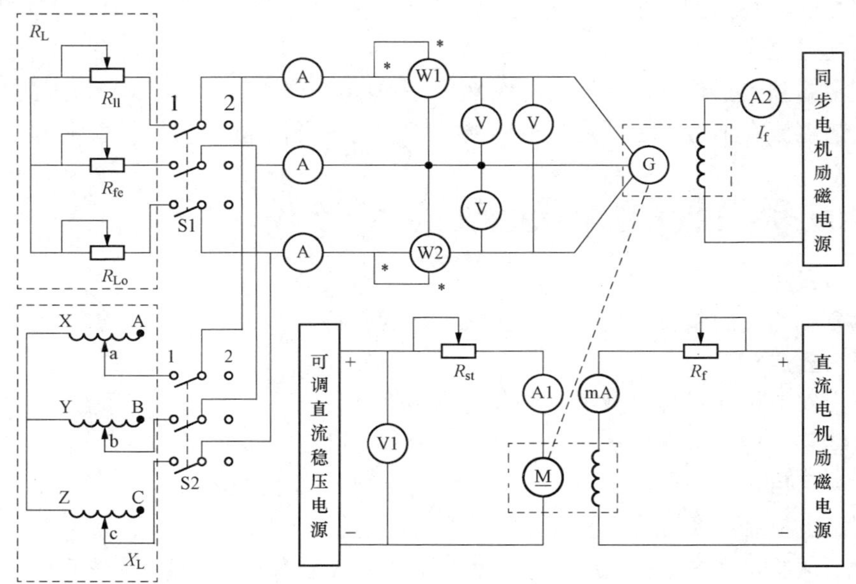

图 3-47 三相同步发电机实验接线图

R_f用 3000Ω 磁场调节电阻，R_L采用三相可调电阻，X_L采用三相可变电抗，S1、S2 采用三刀双掷开关，R_{st}采用 90Ω 与 90Ω 电阻相串联，共 180Ω 电阻。

同步电机励磁电源为 0～2.5A 可调的恒流源。应注意切不可将恒流源输出短路。

V1、mA、A1 为直流电压、毫安、安培表；V、A、W1、W1 为交流电压表、交流电流表、功率表。

实验步骤：

(1) 未上电源前，同步电机励磁电源调节旋钮逆时针到底，直流电机磁场调节电阻 R_f调至最小，电枢调节电阻 R_{st}调至最大，S1、S2 扳向“2”位置（断开位置）。

(2) 按下绿色“闭合”按钮，合上直流电机励磁电源和电枢电源船形开关，启动直流电机。

调节 R_{st} 至最小，并调节可调直流稳压电源（电枢电压）和磁场调节电阻 R_f，使电机转速达到同步发电机的额定转速 1500s/min 并保持恒定。

(3) 合上同步电机励磁电源船形开关，调节发电机励磁电流 I_f（注意必须单方向调节），使 I_f 单方向递增至发电机输出电压 $U_0 \approx 1.3U_N$ 为止。在这范围内，读取同步发电机励磁电流 I_f 和相应的空载电压 U_0，测取 7、8 组数据填入表 3-9 中。

表 3-9 **$n=n_N=1500r/min$，$I=0$**

序号	1	2	3	4	5	6	7	8
U_0（V）								
I_f（A）								

(4) 减小发电机励磁电流，使 I_f 单方向减至零值为止。读取励磁电流 I_f 和相应的空载电压 U_0 填入表 3-10 中。

表 3-10 **$n=n_N=1500r/min$，$I=0$**

序号	1	2	3	4	5	6	7	8
U_0（V）								
I_f（A）								

实验注意事项：

(1) 转速保持 $n=n_N=1500r/min$ 恒定。

(2) 在额定电压附近读数相应多些。

3. 三相短路试验

(1) 同步电机励磁电流源调节旋钮逆时针到底，按空载试验方法调节电机转速为额定转速 1500r/min，且保持恒定。

(2) 用短接线把发电机输出三端点短接，合上同步电机励磁电源船形开关，调节发电机的励磁电流 I_f，使其定子电流 $I_K=1.2I_K$，读取发电机的励磁电流 I_f 和相应的定子电流值 I_K。

(3) 减小发电机的励磁电流 I_f 使定子电流减小，直至励磁电流为零，读取励磁电流 I_f 和相应的定子电流 I_{K2}，共取数据 7、8 组并记录于表 3-11 中。

表 3-11 **$U=0V$，$n=n_N=1500r/min$**

序号	1	2	3	4	5	6	7	8
I_K（A）								
I_f（A）								

4. 测同步发电机在纯电阻负载时的外特性

(1) 把三相可变电阻器 R_L 调至最大，按空载试验的方法起动直流电动机，并调节其转速达同步发电机额定转速 1500r/min，且转速保持恒定。

（2）S2 合向“2”端（断开感性负载），S1 合向“1”端，发电机带三相纯电阻负载运行。

（3）合上同步电机励磁电源船形开关，调节发电机励磁电流 I_f 和负载电阻 R_L 使同步发电机的端电压达额定值 220V，且负载电流亦达额定值。

（4）保持这时的同步发电机励磁电流 I_f 恒定不变，调节负载电阻 R_L，测同步发电机端电压和相应的平衡负载电流，直至负载电流减小到零，测出整条外特性。记录 5、6 组数据于表 3 - 12 中。

表 3 - 12 $n=n_N=1500r/min$，$I_f=$ A，$\cos\varphi=1$

序号	1	2	3	4	5	6	7	8
U（V）								
I（A）								

5. 测同步发电机在纯电阻负载时的调整特性

（1）发电机接入三相负载电阻 R_L（S1 合向“1”），断开感性负载 X_L（S2 合向“2”），并调节 R_L 至最大，按前述方法起动电动机，并调节电机转速 1500r/min，且保持恒定。

（2）合上同步电机励磁电源开关，调节同步电机励磁电流 I_f，使发电机端电压达额定值 $U_N=220V$，且保持恒定。

（3）调节负载电阻 R_L 以改变负载电流，同时保持电机端电压不变。读取相应的励磁电流 I_f 和负载电流 I，测出整条调整特性。测出 6、7 组数据记录于表 3 - 13 中。

表 3 - 13 $U=U_N=220V$，$n=n_N=1500r/min$

序号	1	2	3	4	5	6	7	8
I（A）								
I_f（A）								

项目小结

（1）同步发电机的电枢反应性质具体取决于其内功率因数角（即负载性质）。

（2）凸极同步发电机直轴同步电抗 x_d 和交轴同步电抗 x_q 不相等，隐极同步发电机 $x_d=x_q$。

（3）同步发电机的主要运行方式是并联运行。

（4）通过改变原动机的输入功率，来改变同步发电机的输出有功功率，具体变化的参数是功角。

（5）通过改变励磁电流，来改变同步发电机的输出无功功率。

项目对应思考与练习

一、填空题

1. 在同步电机中，只有存在（　　　　）电枢反应才能实现机电能量转换。

2. 同步发电机并网的条件是：①（　　　　）；②（　　　　）；③（　　　　）。

3. 同步发电机在过励时从电网吸收（　　　　），产生（　　　　）电枢反应；

同步电动机在过励时向电网输出（　　　　　），产生（　　　　　）电枢反应。

4. 凸极同步电机转子励磁匝数增加使（　　　　）和（　　　　）将（　　　　）。

5. 凸极同步电机气隙增加使（　　　　　）和（　　　　　）将（　　　　　）。

二、判断

1. 负载运行的凸极同步发电机，励磁绕组突然断线，则电磁功率为零 。（　　）

2. 同步发电机的功率因数总是滞后的 。（　　）

3. 一并联在无穷大电网上的同步电机，要想增加发电机的输出功率，必须增加原动机的输入功率，因此原动机输入功率越大越好 。（　　）

4. 改变同步发电机的励磁电流，只能调节无功功率。（　　）

5. 同步发电机电枢反应的性质取决于负载的性质。（　　）

6. 同步发电机的短路特性曲线与其空载特性曲线相似。（　　）

7. 同步发电机的稳态短路电流很大。（　　）

8. 凸极同步电机中直轴电枢反应电抗大于交轴电枢反应电抗。（　　）

三、问答题

1. 同步发电机是怎样发出三相对称正弦交流电的?

2. 什么叫同步电机? 其感应电动势频率和转速有何关系? 怎样由其极数决定它的转速?

3. 说明汽轮发电机的基本结构，为什么汽轮发电机的转子采用隐极式，而水轮发电机的转子采用凸极式?

4. 同步发电机的电枢反应性质主要取决于什么? 在下列情况下，电枢反应各起什么作用?

①三相对称电阻负载；②电容负载；③发电机同步电抗；④电感负载。

5. 保持转子励磁电流不变，定子电流 I＝IN，发电机转速一定，试根据电枢反应概念，比较：

①空载；②带电阻负载；③带电感负载；④带电容负载时发电机端电压的大小? 为保持端电压为额定值，应如何调节?

6. 同步电抗对应什么磁通? 它的物理意义是什么?

7. 同步发电机带上 $\varphi>0°$ 的对称负载后，端电压为什么会下降? 试用磁路和电路两方面加以分析。

8. 负载大小的性质对发电机外特性和调整特性有何影响? 为什么? 电压变化率与哪些因素有关?

9. 试述三相同步发电机准同期并列的条件? 为什么要满足这些条件? 怎样检验是否满足?

10. 同步发电机并列时，为什么通常使发电机的频率略高于电网的频率? 频率相差很大时是否可以? 为什么?

项目三 同步发电机运行及维护

(1) 了解同步发电机在运行操作、巡查内容。

(2) 认识同步发电机检修周期、检修项目。

（3）了解同步可发电机检修工序。

一、发电机运行操作、巡检

以某发电厂容量为 300MW 的汽轮同步发电机为对象进行发电机运行操作、巡检的介绍。

（一）发电机的正常起动和停止

1. 机组起动前的准备

（1）发电机起动前应完成下列准备工作：

1）收回终结机组的检修（或试验）工作票，拆除全部临时安全措施，恢复固定常设遮栏及标示牌。

2）按各辅机实际停用情况，测量重要辅机的绝缘电阻合格，并做好记录。

3）测量发电机各部件绝缘合格。

4）对本机组有关的电气一、二次设备及回路根据有关规定进行全面详细检查，现场清洁无遗留杂物。

5）按规定检查本机组全部附属设备。如氢气冷却系统、冷却水系统以及监测装置、信号装置、保护装置等处于完好状态，并配合投氢通水。

6）完成启动前的试验项目，检修、试验记录齐全。

（2）发电机在起动前，必须测量各部件绝缘，其绝缘值与上次测量值比较在相近试验条件下相差不低于（1/5～1/3），且不低于以下规定值：

定子绕组（不连接主变压器、高压厂用变压器时）：20MΩ/2500V（或 1000V）。

转子绕组（不连接励磁系统、抽出碳刷测量）：5MΩ/500V。

主励磁机定子绕组：1MΩ/500V；主励磁机转子绕组：1MQ/500V。

（3）发电机大修后启动前应完成下列试验项目：

1）配合检修试验发变组保护回路、信号回路正常。

2）试验发 - 变组及励磁系统各开关跳、合闸正常。

3）试验备励感应调压器“增”“减”各一次，方向正确调节平滑。

4）试验灭磁联锁，机、炉、电大连锁各一次，并正常。

5）试验跳闸联合备励开关正常。投入封母微正压装置运行。

（4）发电机起动前，应确认有关开关、刀闸位置。

2. 发电机的起动工作

（1）发电机一经恢复备用，则发电机、变压器组及其所属设备均视作带电状态。在定子回路及励磁回路上除《电业安全工作规程》允许的工作外，其余工作一律不得进行。

（2）在低转速下检查发电机、励磁机的机械部分确认无摩擦碰撞后，方可继续增加转速。

（3）当转速停留在 2040r/min 左右暖机时，应检查轴承振动情况，滑环碳刷是否跳动或接触不良。如有上述情况，应设法消除。

（4）转速到达额定值时，应检查冷却系统水压、氢压油压正常，无漏油漏氢、轴承油流和温度正常。

（5）机组进入起动阶段必须完成下列操作：①发电机励磁系统恢复热备用。②发电机 -

变压器组恢复热备用。

3. 发电机的升压、并列及带负荷

（1）发电机升压操作时，应注意下列事项：

1）升压操作应在汽轮机转速已达额定值，且接到值长命令后进行。

2）合灭磁开关前，应检查调节器及备励感应调压器的输出控制元件均在最低位置。

3）升压操作应缓慢进行，观察发电机三相定子电流应无指示；转子电流电压表指示正常。

4）发电机升压至额定值时，应检查空载电流和电压的关系正常；如不符，应暂停操作，查明原因。

5）升压过程中出现异常情况，应立即降压，切除励磁；待查明原因处理后再重新升压。

6）发电机定子绕组在不通水和水质不合格及未充氢情况下，不得励磁升压与并网。

（2）征得值长同意后可以采用备励调节进行升压并网。

（3）发电机升压正常，应通知机、炉及网控，方可进行并网操作。并网方式可采用“自动准同期”。当“自动准同期”不能投运时，经总工批准可用“手动准同期”。

（4）发电机用主励升压操作。

（5）发电机用备励感应调节器升压操作。

（6）发电机“自动准同期”并列操作。

（7）发电机接带负荷。

（8）发电机并网后，应将高压厂用变压器高压侧分支开关恢复热备用；在机组运行情况正常，有功负荷达到25％额定值时，将厂用电源倒至工作电源供电。

4. 发电机解列与停机

（1）发电机正常解列停机操作，采用“手动”方式，降低有功负荷时必须与汽轮机配合调整。同时，降低无功负荷。

（2）发电机降低负荷过程中，当负荷降至20％P_N时，将高压厂用变压器带的厂用负荷倒至启动/备用变压器供。

（3）接到值长将发电机解列停机命令进行操作。

（4）发电机正常解列后，根据值长要求，可将发电机组转入“冷备用”状态。

（5）发电机停机后，若要排氢，可在盘车状态下进行，但应先停用氢冷却器。

（6）发电机停机检修，应待发电机停止转动或在盘车状态下，按工作票要求隔绝电源，布置好安全措施后方可进行。

（7）发电机退出“冷备用”状态进行检修。

（8）若预计停机时间较长，必须设法用加热的压缩空气分别将定子绕组水路，外部内冷水系统内的水排出吹干。

（二）发电机的额定运行方式

（1）发电机按制造厂额定铭牌参数运行的方式，称为额定运行方式。在这种方式下允许发电机长期连续运行。

（2）发电机输出功率除受汽轮机出力控制外，还受到发电机各部位温升限制。发电机各部位温度不得超过规定的最高允许温度。

（3）发电机内氢气纯度必须保持在96％以上，含氧量不得超过1％。

（4）发电机三相定子电流应平衡，不平衡时连续运行条件是：不平衡电流（最大相电流减最小相电流）不得超过额定电流的10%。

（5）发电机在额定转速下运行，轴承在两个（或三个）相互垂直方向上的振动值不超过0.127mm时，允许发电机及励磁机组长期运行。

（三）发电机运行监视和维护

（1）发电机在运行中，值班人员应经常监视各种表计在额定范围内运行。如超过允许值，应及时调整。监视的表计每小时抄录一次。

（2）定期检查发电机氢冷系统漏水报警器内沉积的油、水和气体干燥剂的情况，定期进行油、水的排放及干燥剂的再生操作。

（3）运行中的发电机内氢额定纯度为96%以上，最低不得低于95%。当机内氢纯度降低时，应及时汇报值长，由汽轮机运行人员检查补氢；当氢气纯度继续下降时，应查明原因，一边继续补氢，一边汇报总工，经同意后降负荷直至解列停机。

（4）发电机内氢气湿度偏高，对绕组绝缘及转子护环将产生有害影响，因此必须保持机内氢湿度低于4g/m^3，在任何运行方式下都必须保证这一数值。

（5）发电机内氢气绝对湿度高于4g/m^{3}以上时，必须查清原因，并采取措施清除故障隐患，必要时应采取频繁充干燥氢气的方法来降低氢气湿度。

（6）氢气冷却器、空气冷却器、水冷却器内的二次水压低于0.17MPa以下时，信号装置报警，并联动备用氢冷升压泵。如水压仍未恢复正常，则检查各冷却器有关温度值是否正常，温度升高应适当降低发电机有功负荷相励磁机负荷。汇报值长，联系汽轮机值班员尽快处理。

（7）当定子绕组进水温度，机内冷氢温度及励磁机内冷风温度低于允许范围，应通知汽轮机值班员采取措施使其恢复至允许范围。

（8）发电机运行中，当内冷水导电率超过额定值达到5μs/cm时信号装置报警，应立即告值长及汽轮机值班员更换内冷水降低导电率在额定值以下，如果不能奏效，则当导电率达10μs/cm时，应迅速降低发电机负荷并解列。

（9）运行中应监视发电机内冷水、油及封闭母线外壳中含氢量不超过规定值。

（10）发电机运行中巡检内容。

1）发电机音响正常，无异常振动。发电机电气变送器盘内变送器完好，电源正常。

2）励磁滑环碳刷无冒火、发热变色接触不良、电刷过短、压紧弹簧脱落（包括碳刷辫脱断）等现象。发电机大轴接地电刷无火花、接触不良、过短现象。

3）发电机封闭母线微正压装置运行正常。发电机中性点消弧线圈（电抗器）运行正常。

4）发电机保护盘上各保护继电器完好，保护装置运行无异常，无掉牌信号。

（11）在下列情况，应对发电机增加检查次数：

1）发电机大修并网后8小时内。

2）系统内发生短路冲击后。

3）强励动作后。

（四）发电机异常运行及事故处理

1. 发电机事故处理原则

（1）发电机发生事故时，值班人员应迅速查明保护动作情况，并详细记录各报警信号、掉牌信号，判断故障的性质后再作处理。不得干涉所有自动装置及记录仪打印机的正常工作。

(2) 发电机事故跳闸时，应注意厂用电源的自动切换情况，切换不成功，根据情况允许强送一次。

(3) 若本机组故障跳闸且厂用电中断时，应立即到现场检查监视柴油发电机自起动情况，如未自起动或启动不成功，立即手动起动，以保证故障机组的保安电源供电。

(4) 若因系统造成发电机跳闸或异常运行应按中调命令进行事故处理，并作好随时并列的准备。

2. 定子电流励磁电流超过允许值时的处理方法

当发电机定子电流、励磁电流超过允许值时，应首先检查发电机的功率因数和电压，并注意电流超过允许值所经过的时间，然后用减少励磁电流的方法，将定子电流降低到最大允许值，但注意功率因数和电压应在允许范围之内。必要时，联系调度降低发电机有功功率。

3. 凡发生下列事故时，应立即紧急停机

(1) 发电机、励磁机内冒烟、着火或机内氢气爆炸。

(2) 主变压器及高压厂用变压器着火。

(3) 主变压器及高压厂用变压器严重漏油，轻瓦斯频繁发信，油位指示；在“0”及以下位置。

(4) 发电机内部氢压无法维持 0.25MPa 以上。

(5) 发电机轴瓦密封油中断。

(6) 危及人身生命安全。

(7) 机组突然发生强烈振动。

(8) 机、炉主燃料跳闸保护动作时。

4. 发电机定子电压超过额定值的处理

(1) 若电压高于额定电压 10%，应减励磁电流降低无功负荷，但注意功率因数不超过 0.9（滞后）。

(2) 若电压低于额定电压 10%，应加励磁电流增加无功负荷；但注意转子电流不超过额定值。当系统频率正常，而无功已加至最大仍不能使电压升高至额定值±10%以内，则向中调联系，可适当减少有功负荷。

5. 发电机定子过负荷的处理

(1) 正常过负荷。当发电机出水温度低于额定值 85℃，进出水温差小于 35℃，而发电机各部分的温度未超过额定值时，可以不降低发电机出力。其过负荷以不超过 10%为限。

(2) 事故过负荷。当发电机定子电流超过允许值时，“定子对称过负荷”字牌亮，应首先检查发电机功率因素和电压，并注意电流超过允许值时间，应减少励磁电流，降低定子电流到最大允许值，不得使功率因数过高或过低。如果减少励磁电流不能使定子电流降低到许可值时，则必须降低发电机的有功负荷。在发电机过负荷期间，应加强监视发电机各部件温度不超过规定值。

6. 发电机温度过高，超过允许值的处理

(1) 现象：

1) 发电机定子线圈、定子铁芯温度部分或全部测点超过允许值。

2）内冷水出口温度升高。

3）与正常情况比较，发电机冷却水出口和进口温差有适当升高。

4）与正常相比较，转子电压升高，转子电流反而减少时，说明发电机转子过热。

（2）处理：

1）检查发电机负荷电流、不平衡电流是否超过允许值。

2）通知汽轮机检查冷却系统有无故障。

3）测量铁芯、线圈温度，判断是否个别线圈水路堵塞，局部过热。

4）降低无功、有功负荷，使温度降低到允许值以下。

二、发电机一般故障及检修项目

（一）同步发电机运行中的常见故障

发电机在运行中会不断受到振动、发热、电晕等各种机械和电磁方面的作用，同时由于设计、制造、运行管理以及系统故障等原因，会引起发电机温度升高、转子绕组接地、定子绕组绝缘损坏、励磁机碳刷打火、发电机过负载等故障。下面对同步发电机运行中常见的一些故障及采取措施进行简单介绍。

1. 发电机非同期并列

发电机用准同期法并列操作时，应满足电压、频率、相位分别相同这三个条件，如果由于操作不当或其他原因，并列时没有满足这三个条件，发电机就进行非同期并列，它可能使发电机损坏，并对系统造成强烈的冲击，因此应注意防止此类故障的发生。当待并发电机与系统的电压不相同，其间存有电压差，在并列时就会产生一定的冲击电流。一般当电压相差在±10%以内时，冲击电流不太大，对发电机也没有什么危险。如果并列时电压相差较大，特别是大容量电机并列时，如果其电压远低于系统电压，那么在并列时除了产生很大的冲击电流外，同时会使系统电压下降，会导致事故扩大。一般在并列时，应使待并发电机的电压稍高于系统电压。如果待并发电机电压与系统电压的相位不同，并列时引起的冲击电流将产生自整步力矩，把待并发电机牵入同步。但当相位差很大时，冲击电流和自整步力矩将很大，冲击电流可能达到三相短路电流的2倍，它将使定子线棒和转轴受到一个很大的冲击应力，可能会造成定子端部绕组严重变形，联轴器螺栓被剪断等严重后果。为防止非同期并列，尽量采用自动装置进行并列操作。并在手动准同期装置中加装了电压差检查装置和相角闭锁装置，以保证在手动操作并列时电压差、相角差不超过允许值。

2. 发电机定子绕组损坏

发电机由于定子线棒绝缘击穿，接头开焊等情况将会引起接地或相间短路故障。当发电机发生相间短路事故或在中性点接地系统运行的发电机发生接地时，由于在故障点通过大量电流，将引起系统突然波动，同时在发电机旁往往可以听到强烈的响声，视察窗外可以看见电弧的火光，这时发电机的继电保护装置将立即动作，使主开关、灭磁开关和危急遮断器跳闸，发电机停止运行。

如果发电机内部起火，对于空冷机组则应在确知开关均已跳闸后，开启消防水管，用水进行灭火，同时保持发电机在200r/min左右的低速盘车。火势熄灭后，仍应保持一段时间的低速运转，待其完全冷却以后再将发电机停转，以免转子由于局部受热而造成大轴弯曲。氢冷和水冷发电机一般不会引起端部起火。对于在中性点不接地的系统中运行的发电机，发生定子绕组接地故障时，只有发电机的接地保护装置动作报警。运行人员应立即查明接地点，如接地点在发电机内部，则应立即采取措施，迅速将其切断。如接地点在发电机外部，则应迅速查明原因，并将其消除。对于容量 15MW 及以下的汽轮机，当接地电容电流小于 5A 时，在未消除前允许发电机在电网一点接地情况下短时间运行，但至多不超过 2h，对容量或接地电容电流大于上述规定的发电机，当定子回路单相接地时，应立即将发电机从电网中解列，并断开励磁。发电机在运行中，有时运行人员没有发现系统的突然波动，但发电机因差动保护动作使主断路器跳闸，这时值班人员应检查灭磁开关是否也已跳闸，若由于操作机构失灵没有跳闸时，应立即手动将其跳闸，并把磁场变阻器调回到阻值最大位置，将自动励磁调节装置停用，然后对差动保护范围内的设备进行检查，当发现设备有烧损、闪烙等故障时应立即进行检修。发现任何不正常情况时，应用 2500V 绝缘电阻表测量一次回路的绝缘电阻，如测得的绝缘电阻值换算到标准温度下的阻值与以往测量的数值比较时，已下降 1/5 以下，就必须查明原因，并设法消除。如测得的绝缘电阻值正常，则发电机可经零起升压后并网运行。

3. 发电机转子绕组接地

发电机转子因绝缘损坏，绕组变形，端部严重积灰时，将会引起发电机转子接地故障。转子绕组接地分为一点接地和两点接地。转子一点接地时，线匝与地之间尚未形成电气回路，因此在故障点没有电流通过，各种表计指示正常，励磁回路仍能保持正常状态，只是继电保护信号装置发出“转子一点接地”信号，其发电机可以继续进行。但转子绕组一点接地后，如果转子绕组或励磁系统中任一处再发生接地，就会造成两点接地。

转子绕组发生两点接地故障后，部分转子绕组被短路，因为绕组直流电阻减小，所以励磁电流将会增大。如果绕组被短路的匝数较多，就会使主磁通大量减少，发电机向电网输送的无功出力显著降低，发电机功率因数增高，甚至变为欠励运行，定子电流也可能增大，同时由于部分转子绕组被短路，发电机磁路的对称性被破坏，它将引起发电机产生剧烈的振动，这时凸极式发电机更为显著。转子线圈短路时，因励磁电流大大超过额定值，如不及时停机，切断励磁回路，转子绕组将会烧损。为了防止发电机转子绕组接地，运行中要求每个班值班人员均应通过绝缘监视表计测量一次励磁回路绝缘电阻，若绝缘电阻低于 0.5MΩ 时，值班人员必须采取措施。对运行中励磁回路可能清扫到的部分进行吹扫，使绝缘电阻恢复到 0.5MΩ 以上，当转子绝缘电阻下降到 0.01MΩ 时，就应视作已经发生了一点接地故障。当转子发生一点接地故障后，就应立即设法消除，以防发展成两点接地。如果是稳定的金属性接地故障，而一时没有条件安排检修时，就应投入转子两点接地保护装置，以防止发生两点接地故障后，烧损转子，使事故扩大。转子绕组发生匝间短路事故时，情况与转子两点接地相同，但一般这时短路的匝数不多，影响没有两点接地严重。如果转子两点接地保护装置投入时，则它的继电器也将动作，此时应立即切断发电机主断路器，使发电机与系统解列并停机，同时切断灭磁开关，把磁场变阻器放在电阻最大位置，待停机后对转子和励磁系统进行检查。

4. 发电机失磁

发电机失磁是指发电机的励磁电流突然消失或部分消失的现象。发电机失磁后，转子会加速，电机进入异步运行状态，由定子电流所产生的旋转磁场将在转子表面感应出交流感应电动势，它在转子表面产生感应电流，使转子表面发热。发电机所带的有功负荷越大，则感应电动势越大，电流也越大，转子表面的损耗也越大。在发电机失磁瞬间，转子绕组两端将有过电压产生，转子绕组与灭磁电阻并联时，过电压数值与灭磁电阻值有关，灭磁电阻值大，转子绕组的过电压值也大。试验表明，如果灭磁电阻值选择为转子热态电阻值的5倍时，则转子的过电压值为转子额定电压值的2～4倍。

失磁后允许运行时间及所带负荷。发电机失磁后，是否可以继续运行，与失磁运行的发电机容量和系统容量的大小有关。大容量的发电机失磁后，应立即从电网中切除，停机处理。如电网容量较大，发电机容量相对较小，一般允许发电机在短时间内，低负荷下失磁运行，以待处理失磁故障。对于允许励磁运行的发电机，发生失磁故障后，应立即减小发电机负荷，使定子电流的平均值降低到规定的允许值以下，然后检查灭磁开关是否跳闸。如已跳闸就应立即合上，如灭磁开关未跳闸或合上后失磁现象仍未消失，则应将自动调节励磁装置停用，并转动磁场变阻器手轮，试行增加励磁电流。此时若仍未能恢复励磁，可以再试行换用备用励磁机供给励磁。经过这些操作后，如果仍不能使失磁现象消失，就可以判断为发电机转子发生故障，必须在30min以内安排停机处理。

5. 发电机过负荷运行

运行中的发电机应在规定的额定负荷或以下运行，否则发电机定、转子温度将超过其允许数值，使发电机定、转子绝缘很快老化而损坏，所以当发电机过负荷时，应进行调整，减低负荷。当系统发生事故，使电力不足或因系统运行情况突变而威胁到系统的静态稳定时，允许发电机在短时间内过负荷运行，此时值班人员应密切监视定转子绕组温度，其数值不得超过正常允许的最高监视温度。转子绕组也允许在事故情况有相应的过负荷。但是对任何发电机，都禁止在正常情况下使用这些过负荷裕量。

（二）同步发电机检修周期和检修项目

1. 同步发电机检修周期

同步发电机的检修根据机组检修规模和停用时间，通常发电企业发电机组的检修分为A、B、C、D四个等级。

（1）A级检修是指对发电机组进行全面的解体检查和修理，以保持、恢复或提高设备性能。一般是4～6年进行一次，停修时间为55天。

（2）B级检修是指针对机组某些设备存在问题，对机组部分设备进行解体检查和修理，可根据机组设备状态评估结果，有针对性地实施部分A级检修项目或定期滚动检修项目。一般是2～3年进行一次。

（3）C级检修是指根据设备的磨损、老化规律，有重点地对机组进行检查、评估、修理、清扫。C级检修可进行少量零件的更换、设备的消缺、调整、预防性试验等作业以及实施部分A级检修项目或定期滚动检修项目。一般是一年进行一次，停修时间为18天。

（4）D级检修是指当机组总体运行状况良好，而对主要设备的附属系统和设备进行消缺。D级检修除进行附属系统和设备的消缺外，还可根据设备状态的评估结果，安排部分C级检修项目。根据设备的运行情况安排D级检修。

2. 发电机A级检修项目

以A级检修为例进行介绍同步发电机的检修项目。

（1）标准项目。

1）检查和清扫定子端盖、修整端盖结合面。

2）检查和清扫定子绕组引出线和套管。

3）全面检查各紧固件、紧固螺丝、止动片等。

4）检查和清理端部线圈绝缘、绑线、隔板（垫块）和绝缘引水管等。

5）检查和清扫定子铁芯通风沟处的槽部线棒绝缘，检查槽楔、铁芯及铁芯通风沟道。

6）检查定子风区隔板。

7）检查及校验测温元件。

8）测量定、转子间的间隙，导风环与转子风扇叶片间隙。

9）检查清扫转子及转子槽楔，做转子通风孔风速试验。

10）检查导电螺钉、锁片是否良好，进行中心孔的严密性试验。

11）检查护环有无变形、位移等，检查通风孔有无堵塞、端部垫块有无松动或脱落现象，检查护环，中心环各嵌装面。

12）检查风扇座、风扇环、叶片、平衡块、平衡螺钉及其他紧固件是否松动、位移等。

13）检查中心环与轴之间楔块的状况。

14）护环、中心环、风叶去漆探伤。

15）检查清理滑环和环下绝缘，打磨滑环表面，检查滑环引出线及固定设施的状况。

16）检查、测量轴承及油管绝缘垫的绝缘状况。

17）检查及清扫发电机出线小室、中性点接地装置、中性点和出口电流互感器。

18）定子绕组通水反冲洗及严密性试验．做定子绕组流量试验。

19）检查和清理氢气冷却器，并进行严密性试验。

20）发电机整体气密性试验。

21）配合做发电机高压预防性试验。

（2）不常检修的项目。

1）定子更换少量的槽楔或重新固紧槽楔。更换少量的风区隔板。

2）定子端部局部垫块更换，端部手包绝缘重新包扎。定子更换少量端部绝缘引水管。

3）汇水管更换少量的测温元件。定子端部线圈及铁芯表面喷耐油抗弧绝缘漆。

4）车削滑环。发电机外壳防腐。

5）处理转子引出线漏氢。更换刷握及绝缘件。

（3）特殊项目。

1）更换定子线棒或修理定子绕组绝缘。更换绝缘引水管。

2）重焊、重包不合格的定子绕组接头或补焊定子引出线。

3）更换大量的槽楔或大量的端部隔板（垫块）或重新绑线。

4）修理铁芯。更换出线套管或密封垫。

5）定子绕组温升试验。移动发电机定子调整气隙。

6）转子做动平衡试验。更换转子结构部件、转子引线、滑环。

7）拉、装转子护环处理线圈匝间短路接地或更换转子线圈或清扫转子端部绕组。

8）更换或改进转子端部结构。

9）更换氢气冷却器。

3. 发电机组定期检查、维护项目

（1）发电机、励磁机各部清洁、完整，声音正常，无过热现象：定子线圈最高允许温度不大于 90℃、定子铁芯齿部、瓤部最高允许温度不大于 120℃。

（2）发电机进出水压、水温及氢气压力、温度检查；定子线圈进水压力 0.2～

0.25MPa；内冷水入口处温度40～45℃；机内氢气压力0.3～0.35MPa；冷氢气的额定温度40℃（或45℃），低于内冷水温度。

（3）检查碳刷、滑环、刷架。

（4）氢冷器泄漏情况检查。

4. 发电机组故障后的检查项目

在发电机经受严重故障工况后，除按《高压试验规程》进行试验、检查外，尚需根据故障性质对下列项目进行检查：

（1）可在不抽转子的情况下，检查发电机的端部绕组及绕组上的各个水接头的状况。

（2）在非同期合闸后，应对包括主、副励磁机在内的联轴器、联轴器上的销子及轴颈进行认真地检查，不得有损伤或变形。

（3）在发生不对称负荷故障后，必须对发电机的转子及护环进行检查。

（4）在轴承出现断油或造成抱轴事故后，必须对包括励磁机在内的转子轴颈进行着色或超声波探伤检查，同时检查转子的摆度和副励磁机有无扫膛现象，并对损伤部件进行修复。

在运行中，当发电机保护动作引起解列后，必须对相应的保护进行检查，确认发电机无异常后，才允许重新并网。

三、发电机检修工序

我们在同步发电机的检修工序介绍是以汽轮同步发电机A级检修来进行介绍。

（一）电机组A级检修程序及注意事项

（1）发电机组A级检修开始前，电气专业应组织参加A级检修人员进行安全、任务、进度、技术措施学习和交底。

（2）参加A级检修全体人员应认真进行学习、讨论，明确具体任务和安全、技术措施、质量标准以及具体检修方法；做好具体分工。

（3）A级检修开始前指挥部门应完成以下工作：

1）A级检修项目、工期和A级检修进度表。

2）A级检修的组织措施和安全措施。

3）重大、特殊项目的施工、技术、安全措施。

（4）A级检修前检修班组应完成以下工作：

1）检查备品、备件和A级检修用料是否齐全和符合要求。

2）将发电机A级检修所用的专用工具（假轴、转子支架、道轨、小车、转子挂具等）以及工器具等运到现场摆放并检查是否符合要求。

3）检查A级检修现场的安全、保卫措施和消防器材是否齐全。

4）学习、讨论检修项目、工期和进度安排、组织措施和安全措施。

5）学习检修规程和《电业安全工作规程》，明确A级检修进度、项目、检修方法、质量要求等。

6）技术专责和工作负责人要熟悉发电机运行中所存在的缺陷以及C级检修中没有解决的遗留问题，在A级检修中给以解决。

（5）只有在确认机内无残余氢气之后以及机内空气压力为零（表压）的情况下，才允许拆卸发电机氢、油、水管路、人孔盖板、外端盖、冷却器、观察孔板、测量端子板等密封部件。

（6）保护被拆开的所有氢、油、水管路的接口，防止灰尘杂物掉入其中。

(7) 在检修过程中，检修人员带入定子膛内的工具、仪器及有关材料等，必须严格执行“注册登记”制度，检修结束时应逐项进行“注销”。

(8) 检修期间被拆开的发电机组所有零部件，应满足防护要求。

(9) 定子交流耐压试验在整个A级检修过程中只进行一次。

(二) 发电机检修工序

1. 准备工作

(1) 工器具准备：抽穿发电机转子专用工器具、发电机转子检修专用承台、气密试验专用器具、吸尘器、扳手、绝缘电阻表、万用表、千分尺等。

(2) 备件材料、资料准备：胶垫、定子槽楔、风区隔板等；《检修工艺规程》《检修记录》等。

2. 安全措施

办理相关工作票，检查安全措施落实，交代安全注意事项。

3. 发电机解体

(1) 发电机解体前，必须进行气体置换工作，且气体化验合格后方可开工。在发电机拆端盖解体过程中，发电机周围严禁烟火。

(2) 发电机解体前相关数据的测试。

1) 在停机盘车状态下，测量集电环的晃度即偏心度。如果超过规定值，应查明原因处理。

2) 测量发电机转子绝缘电阻及刷架对地绝缘电阻（A级检修后复测）合格。

3) 测量汽、励端密封座对地绝缘电阻（A级检修后复测）合格。

4) 测量汽、励端内、外挡油盖对地绝缘电阻（A级检修后复测）合格。

5) 测量汽、励端轴承盖与轴瓦的绝缘电阻（A级检修后复测）合格。

6) 定子绕组预防性试验。

(3) 发电机解体顺序。

1) 拆开发电机出线小室盖板，并解开发电机出口软连接引线，检查清扫引线、套管。

2) 拆开发电机中性点小室盖板，并解开发电机中性点，检查清扫套管。

3) 定子冷却水系统反冲洗。

4) 拆除主励磁、副励磁机各引线，并做好记录；将主、副励磁机吊至定置检修场地进行检修。

5) 拆除发电机转子刷架：将刷架外罩及电缆拆除，将整个刷架用千斤项顶起适当高度；将转子刷架吊至定置检修场地进行检修。

6) 汽轮机专业将轴承盖和密封瓦拆除后，吊拆发电机两端外上端盖并检查；测量两侧导风环与风叶之间的间隙（A级检修后复测）并做好记录，拆除两端导风环。

7) 将两侧内上盖拆下，拆卸前测量两侧内端盖对定子的绝缘电阻（A级检修后复测）。

8) 逐个拆下汽励两侧风扇叶片，并在对应位置做好标记。拆下叶片进行金属探伤检查。

9) 测量定、转子气隙，并做好记录。

10) 拆开发电机机座下部1、5号人孔门，进入机内，将8个定位筋支撑螺栓旋紧，并用螺帽锁死。

11) 在励侧铺好专用道轨并安置好小车；在汽侧装好假轴。

12）在两侧端盖上部大盖螺丝孔处装好吊转子用的专用工具并将转子吊好（励侧用小车支好转子）。

13）将铁芯保护工具（滑板），依次拖入定子膛内。

（4）发电机抽转子。

1）安装滑块：将转子两个本体滑块前、后连接在一起，在前、后两端系上涤玻绳作为滑入和抽出时的牵引；将本体滑块穿入定、转子间隙，并将其后端用牵引用的涤波绳固定在励端联轴器上，使本体滑块与转子同步滑动，前端牵引留在汽端机座外。

2）用起重量为10t的手拉葫芦从励端将转子缓慢牵引，待转子重心出膛后，再用行车将转子吊至定置检修场地进行检修。

3）转子抽出后应平稳地放在转子专用支架上，用橡皮塞将风斗塞好，然后拆下假轴和小车，并用塑料布将转子盖好。

4）拆除两侧下端盖和内下盖。

5）拆除机座下部5块人孔盖板和发电机出线罩人孔盖板。

4. 发电机定子部分检修（进入定子内工作必须严格执行登记制度）

（1）定子铁芯检修。

1）仔细检查铁芯的硅钢片，对于损伤的铁芯，应修复并设法恢复片间绝缘。对于松弛的铁芯，用打进绝缘垫片法将其压紧，锈蚀处应刮去锈斑，并涂以绝缘漆。

2）检查铁芯局部有无过热、变色情况，必要时可做铁损试验。

3）检查铁芯通风槽。

4）用0.2～0.3MPa的干燥清洁压缩空气吹扫定子铁芯、线圈。

（2）定子槽楔检修。

1）检查槽楔应紧固无松动、变形、断裂，表面清洁无过热变色。

2）敲紧槽楔。

3）槽楔敲紧后，在两端关门槽楔处须用脱腊玻璃丝带扎紧，并涂环氧树脂漆。

（3）定子线圈检修。

1）检查线圈应无过热、变色、变形。线圈绝缘表面应完整、清洁、平滑光亮、无油渍、不起泡、无损伤、无裂纹、脱落、焦脆等现象。端部线圈绑线、间隔垫块应完整紧固，无损伤现象。用干净白布蘸清洗剂擦线圈上油渍。

2）检查槽口处线圈有无破损、松动情况，必要时应加垫云母板加强绝缘。检查端部线圈、并头套及过渡引线有无过热、流胶现象，检查防晕层应良好，无白色粉末等放电现象。发现通风孔内线圈有膨胀现象，要采取措施处理。线棒绝缘如果损坏严重，或由于位置关系难以修复时可更换线棒。

3）检查端部线棒连接线应无位移、松动，连接线与支架固定良好，如有位移，可垫适形材料，并用无纬玻璃丝带扎紧后用环氧树脂固化处理。

4）检查线圈端部手包绝缘绑扎应紧固无松动，否则应用新的涤玻绳或无纬玻璃丝带重新扎紧，并用环氧树脂固化处理。

5）运行中测温元件若电位较高或黄粉严重的线槽，应用槽放电法或线棒表面电位法测定线棒表面是否嵌紧。

6）检查槽口垫块无松动位移，绑扎牢固，线棒表面无黄粉等磨损现象。

7）检查端部压板、螺栓、绝缘锥环和间隔垫块。

8）检查定子引出线绝缘及引出线固定架、出线套管。

9）测量定子线棒绝缘电阻（无存水、干燥及接近工作温度时）及汇流管的绝缘电阻。

10）测量发电机定子绕组在冷态下各相的直流电阻。

（4）发电机绝缘引水管的检修

1）检查绝缘引水管应完整、无磨损、龟裂、变形、发黑，否则更换；接头处无异样，水电接头密封良好，不渗水、不漏水，引水管与线圈间要垫以适形材料，用玻璃丝带绑扎牢靠。

2）引水管安装前、后工作及质量标准。

3）检查绝缘引水管对地距离。

4）检查绝缘引水管间应无相互摩擦。

5）对汇水管及其支架进行清洁。

6）更换汇水管法兰绝缘垫处的耐油橡胶密封垫。

7）检查汇水管对地绝缘。

（5）定子风区隔板的检修

1）检查风区隔板及隔板座应完好，无裂纹及缺损，否则应更换。

2）检查风区隔板及隔板座应固定牢固。

（6）定子水路的反冲洗及试验

1）从发电机定子内冷水出口处通入合格的内冷水进行反冲洗，直到出水口无黄色杂质污水为止，然后将发电机定子内冷水系统恢复正常运行方式。

2）进行定冷水系统通流试验，通流试验结果确认有问题，应查找原因并进行处理，拆绝缘水管与汇水管接头进行冲洗。

3）在定子线圈六个引出线底部将残留水放尽并重新密封后，进行定冷水系统的气密性试验（试验前用干净空气将内冷水系统内残留水吹干净）。

4）进行发电机定子绕组端部固有频率测试。

5）进行发电机绕组端部手包绝缘电位外移试验。

6）进行发电机定子水流量试验。

（7）检查测温元件。

1）在机座接线板处测量测温元件的直流电阻，对不合格的元件应更换，若是出水接头处元件应补埋。

2）测量测温元件的绝缘电阻。

3）检查定子绕组测温元件的编号，必须和线棒编号相对应。

4）检查测温元件接线板应无积油、元件无脱落、无油污。

5. 发电机转子部分检修

（1）转子护环、中心环、滑环、中心孔检修。

1）用大功率吸尘器对转子各部分、滑环及引线、护环内端部线圈和各通风孔反复进行清扫。

2）检查转子铁芯表面和护环、中心环有无过热、变形、锈蚀、位移，转子槽楔及垫条和调整垫条、导线层间垫片有无位移，平衡块有无松动，平衡螺丝有无脱落现象，环键有无变形、断裂、位移，端部线圈的垫块有无松动和脱落现象。

3）检查中心孔，各风斗。

4）检查滑环表面应光滑、无烧伤、无油垢，环下绝缘套应完整，绑线无断线，滑环的引出线应清洁，引线螺丝应紧固不松动，止动片应锁紧，滑环、刷架绝缘件无油垢、无断裂，用深度尺检查滑环螺旋槽深度；测试转子的电气性能应合格。

5）对护环、中心环进行探伤试验，探伤后转子应重新喷涂绝缘漆。

6）中心孔气密性试验：试验时使用的压缩空气应经干燥和过滤，以防止污染导电螺钉和导电杆的绝缘。测漏时要求用卤素检漏仪或工业酒精检漏，禁止在导电螺钉部位用肥皂水检漏，如泄漏则更换导电螺钉密封件。

（2）转子两端风扇检修。

1）检查风扇叶片的装配角度应基本一致。

2）用小木榧轻轻敲击叶片，细听其音质，应清脆无哑声，以检查叶片机械性能有无受损。

3）用去漆剂清除风扇环止口和风扇座保护漆，然后用5倍放大镜检查，应无裂纹及损伤。

4）进行叶片探伤检查。

5）用扳手检查叶片固定是否牢固可靠。

6）用塞尺测量叶片根部与风扇之间装配间隙。

7）检查风扇叶环上平衡块无位移，螺栓无松动，并可靠锁紧。

（3）转子本体检修。

1）检查转子槽楔，有异常应找出原因并及时处理。

2）检查本体上的平衡块。

3）检查端部极间隔板。

4）用氮气或干燥空气对转子通风道进行清扫。

5）转子本体工作完成后，应对转子通风道进行风速试验：汽端、励端分别由护环处进风、出风区测量，直线部分正反向分别测量。

6．穿转子

（1）穿转子前的准备。

1）用大功率吸尘器仔细清理定子内部及转子表面的灰尘和杂物，将转子槽楔通风孔做风速试验用的塞堵物全部取出，并严格保证没有遗留。

2）用1000V绝缘电阻表测量转子绝缘电阻。

3）从发电机机座下部人孔门，进入机内，将定位筋支撑螺栓旋紧，并用螺帽锁死。

4）将汽端和励端下半内端盖把合到定子机座上。将励端的下半外端盖用工具悬挂在定子机座的外端面上；将汽端的下半外端盖把合到定子机座上，均不装轴承下半部分。

5）穿转子：严格按照穿转子程序执行。

（2）转子穿完后，进入机座底部人孔，旋松定位筋支撑螺栓，并用螺帽锁死。

7．发电机组装

（1）穿转子前的准备工作：对定子膛内及端部做最后检查、吹灰，防止遗留异物在定子膛内。

（2）端盖的组装：

1）组装汽端风叶。

2）吊装两端导风环。

3）由汽轮机专业人员安装调整两端轴瓦，找中心。

4）测量两端气隙合格。

5）安装两端上内端盖、上外端盖。

6）恢复全部人孔门。

7）做发电机整体气密试验。

8）发电机A级检修后做高压试验。

9）检查清扫引线、套管，连接好发电机出口软连接引线，恢复发电机出线小室盖板。

8. 发电机整体密封性试验

（1）试验设备、材料及工器具的准备。

1）试验设备：卤素检漏仪。

2）试验材料：干燥、无油、清洁的压缩空气及连接管；氟利昂R12、肥皂水。

3）试验工器具：毛刷、0.5级精密压力表、温度计。

（2）试验条件。

1）发电机各部件及管道的气密试验合格，并经过验收、签证。

2）发电机各部分及测量取样系统的检修工作全部完工，并经过验收、签证。

3）发电机处于静止或盘车状态。

4）密封油系统正常运行。

5）发电机内冷水系统和氢气冷却系统不允许充水，FL排空气阀必须打开。

（3）卤素及肥皂水检漏法。

1）在进行整体气密性试验前先隔离下列阀门：①发电机供氢旁路门；②发电机充氢调整门后手动门；③发电机氢气排大气门；④发电机氢气（空气）母管排大气门；⑤发电机充二氧化碳供气门；⑥发电机二氧化碳母管排大气门；⑦发电机二氧化碳母管排地沟门。把以上法兰松开，加上橡胶垫和铁垫堵板上紧。充氢达到额定压力后，在发电机充空气门前的法兰处同样加装橡胶垫和铁垫堵板。发电机氢气系统的测量取样管路及测量的一次元件和发电机的氢气干燥器、管路及阀门必须包含在气密试验的范围内。

2）关闭氢气排空阀及二氧化碳置换阀，发电机氢气系统的测量取样管路及测量的一次元件和发电机的氢气干燥器、管路及阀门必须包含在气密试验的范围内。

3）开启密封油系统，密封油应能稳定地比发电机内部试验气体的压力高。

4）向发电机内充入压缩空气至0.1MPa，再缓慢充入一定量氟利昂，最后充入压缩空气至额定值。

5）关闭充气阀门，静止1h后进行卤素（用氦普仪或卤素检漏仪）或肥皂水检查，检查部位应包括发电机所有充气系统。

6）对检出的漏点进行处理，再反复检漏，直至未检出漏点为止。

（4）试验方法。将检漏中发现的漏点消除后，进行气密试验，气密试验应在达到额定氢压，静止2h后计时进行试验24h，然后计算泄漏量。

9. 发电机A级检修后的总结及评价

（1）发电机A级检修工作结束后，应及时进行总结，总结的内容包括：

1）标准检修项目执行情况：

2）非标准及重大项目执行情况；

3）检修中发现的设备缺陷及处理情况；

4）备品配件更换情况：

5）电气、机械特性试验及检修记录；

6）检修后仍存在的设备缺陷和检修后设备状况分析。

（2）在A级检修投运半年时间后，应对发电机A级检修进行综合评价。

项目对应技能训练(转子交流阻抗和功率损耗试验，即同步发电机大修时必做的试验之一）

一、试验目的

检查发电机转子绕组是否短路。

二、试验方法

（1）试验接线如图3-48所示。

（2）转子静态时依次在40、60、60、80、100、80、60、60、40V电压下测量电流和损耗，阻抗和损耗应与电压成正比关系。

（3）发电机空载转子动态时，分别在转速0、300、600、900、1200、1500、1800、2040、2400、2700、3000r/min时对转子旋加交流电压100V，同步读取电流与损耗，阻抗值应随转速升高逐步下降。

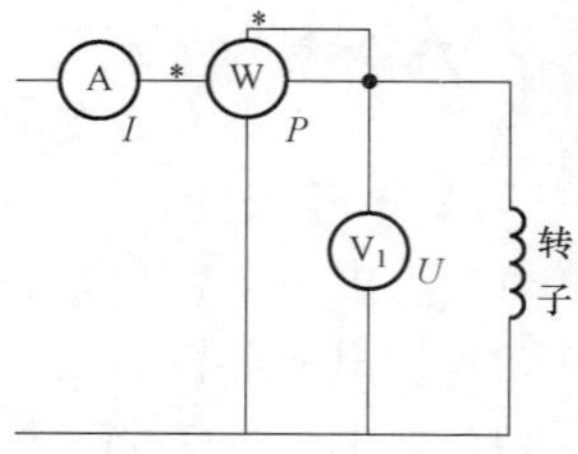

图3-48 转子交流阻抗和功率损耗试验接线图

（4）在相同试验条件下与历年数据比较，不应有显著变化。

项目小结

（1）发电机在起动前，必须测量各部件绝缘，其绝缘值与上次测量值比较在相近试验条件下相差不低于（1/5～1/3）。

（2）发电机起动前，应确认有关开关、刀闸位置。

（3）发电机正常解列停机操作，采用“手动”方式，降低有功负荷时必须与汽轮机配合调整。同时，降低无功负荷。

（4）同步发电机的检修根据机组检修规模和停用时间，通常发电企业发电机组的检修分为A、B、C、D四个等级。

项目对应思考与练习

简答题

1. 发电机起动前应完成哪些准备工作？
2. 发电机与系统并列应符合哪些条件？
3. 发生哪些事故时，应立即紧急停机？
4. 试述发电机事故处理原则。
5. 发电机运行中巡检内容有哪些？
6. 什么是A级检修？
7. A级检修项目有哪些？
8. 定子绕组的检修工序有哪些？

模块四　异　步　电　机

项目一　认识异步电动机

学习目标

(1) 了解三相异步电动机的基本结构。

(2) 熟练掌握三相异步电动机的基本工作原理、转差率的概念及异步电机的三种运行状态。

(3) 了解异步电动机类型。

(4) 掌握异步电动机型号和额定值。

(5) 了解异步电动机的选用。

一、异步电机定义

(一) 异步电机的概念

异步电机是交流电机的一种，因为是一种旋转机械，故称为旋转电机。又由其定转子之间没有电的直接联系，靠定、转子之间的电磁感应作用实现机电能量转换，故又称感应电机。从功能方面来说，电机是实现能量转换和信号转换的电磁机构，用作能量转换的电机称为动力电机，用作信号转换的电机称为控制电机。异步电机运行时，依靠电磁感应作用使转子绕组中感应电流，产生电磁转矩，从而实现机电能量转换。

电机中，将机械能转换成为电能的称为发电机，将电能转换成机械能的称为电动机。发电机主要用来生产电能，满足各家各户的用电需要。电动机用来拖动生产机械，以实现生产的电气化和自动化，是国民经济生产应用中使用最多的动力机械。从理论上讲，任何电机既可作发电机运行，也可作电动机运行，同步电机主要用作发电机，其转速与电源频率存在一种严格不变的关系。异步电机主要用作电动机使用，其转速与电源频率不存在一种严格不变的关系。异步电动机广泛用于工农业生产中，例如钢铁厂的轧钢机、电力系统、机床、起重机、水泵、轻工机械、冶金、水泵与矿山设备都用它作为原动机，其容量从几千瓦到几千千瓦。日益普及的家用电器，例如洗衣机、空调、冰箱、风扇等采用的单相异步电动机，其容量从几瓦到几千瓦。据统计，在电网的总负荷中，动力负荷占 60%，而异步电动机占总动力负荷的 85%左右。在航天科技领域中，控制电机得到广泛应用，异步电动机也可以作为发电机使用，例如小水电站、风力发电机也可采用异步电机。

异步电动机具有结构简单，成本低，制造维护方便，价格较低以及效率较高等优点，可长期可靠运行。而异步电动机的缺点主要是不能经济地实现范围较广的平滑调速，且异步电动机是感性负载，需从电网吸收无功电流建立磁场，从而使电网的功率因数降低，必须采用相应的无功补偿措施。在电网负载中，异步电动机所占的比重较大，这个滞后的无功功率对电网是一个相对重的负担，增加了线路的损耗也妨碍了有功功率的输出。当单机容量较大而电网功率因数需要提高的情况下，最好采用同步电动机来拖动。随着电子技术的发展，半导体变流调速系统的出现，异步电机的应用范围进一步扩大，一些采用直流电机的调速系统正在被异步电机所替代，调速性能配合晶闸管技术（电力电子技术）也可适合大范围平滑调速。

下面针对三相异步电动机进行分析。

（二）异步电机的工作原理

1．三相异步电动机旋转磁场的形成

电机都是利用电与磁的相互转化和相互作用制成，在不同的电机中，磁场的产生方式和形态不同，因而其工作原理和工作特性也就不同。在三相异步电动机中，利用三相电流通过三相绕组产生在空间旋转的磁场。所以，在学习三相异步电动机的工作原理之前，先了解旋转磁场的问题。

（1）旋转磁场的产生是由三相电流通过三相对称绕组或多相电流通过多相对称绕组产生的。三个匝数相同，形状尺寸一致，轴线在空间互差120°的绕组称为三相对称绕组，分别用U1、U2、V1、V2、W1、W2表示嵌放在铁芯槽内的静止三相对称绕组，U1、V1、W1表示为首端，U2、V2、W2表示为末端。

对称三相交流电流通入对称三相绕组时，便产生一个旋转磁场。下面选取各相电流出现最大值的几个瞬间进行分析。

当波形如图4-1所示的三相电流通过三相绕组时，为说明它所产生的磁场的性质，现任取几个不同时刻来分析所产生的合成磁场的情况。首先选择三相电流的参考方向是从绕组的首端流向末端。

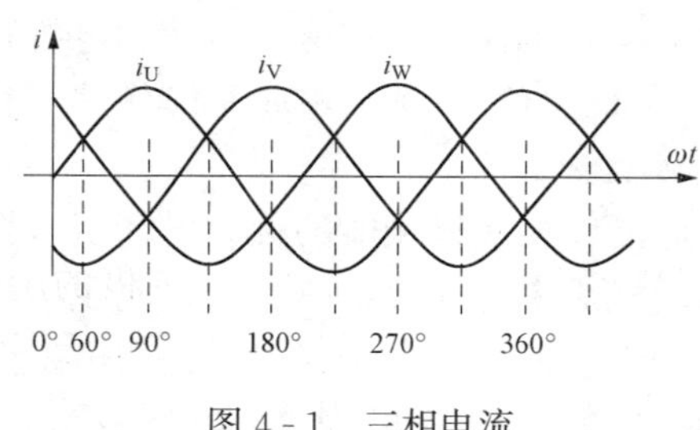

图4-1　三相电流

由图4-1可知，当$\omega t=0$时，U相电流为零，U1U2绕组中没有电流；V相电流小于零，实际方向与参考方向相反，即从末端V2流入，如图4-2所示，用⊕表示，从首端V1流出，用⊙表示；W相电流大于零，实际方向与参考方向相同，即从首端W1流入，从末端W2流出。根据右手螺旋定则，它们产生的合成磁场的方向如图4-3中虚线所示，是一个二极（即一对极）的磁场，上面的磁感线穿出铁芯，为N极；下面的磁感线进入铁芯，为S极。

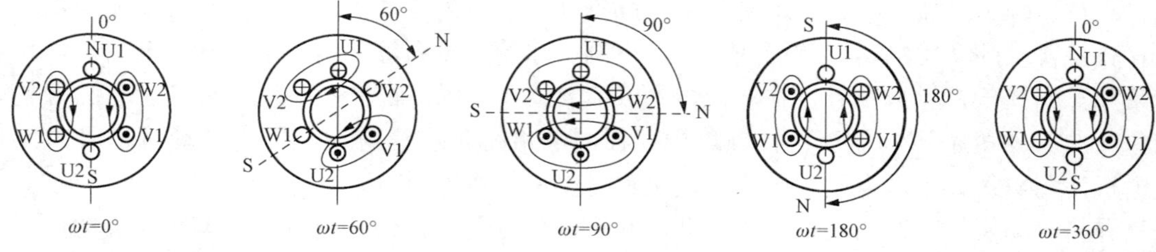

图4-2　二极旋转磁场

当$\omega t=60$时，W相电流为零，W1W2绕组中没有电流；V相电流小于零，实际方向与参考方向相反，即从末端V2流入，如图4-2所示，用⊕表示，从首端V1流出，用⊙表示；U 相电流大于零，实际方向与参考方向相同，即从首端 U1 流入，从末端 U2 流出。根据右手螺旋定则，它们产生的合成磁场的方向如图 4 - 2 中虚线所示，此时磁场方向已从角度＝0°时的位置沿顺时针方向旋转了 60°。

当 ωt＝90°时，U 相电流达到正最大值，电流从首端 U1 流入，用⊕表示，从末端 U2 流出，用⊙表示；V 相和 W 相电流均为负，因此电流均从绕组的末端流入，首端流出，故首端 V1 和 W1 应填上⊙，末端 V2 和 W2 应填上⊕，合成磁场的轴线正好位于 U 相绕组的轴线上，已经顺时针旋转 90°。

当 ωt＝180°时，U 相电流为零，U1U2 绕组中没有电流；V 相电流大于零，实际方向与参考方向相同，即从首端 V1 流入，如图 4 - 2 所示，用⊕表示，从末端 V2 流出，用⊙表示；W 相电流小于零，实际方向与参考方向相反，即从首端 W1 流出，用⊙表示；从末端 W2 流入，用⊕表示。根据右手螺旋定则，它们产生的合成磁场的方向如图 4 - 2 虚线所示，上面的磁感线进入铁芯，为 S 极；下面的磁感线穿出铁芯，为 N 极。

当 ωt＝360°时，合成磁场的轴线正好位于 U 相绕组的轴线上，磁场方向从起始位置逆时针方向旋转了 360°，即电流变化一个周期，合成磁场旋转一周。

由此可见，对称三相交流电流通入对称三相绕组所形成的磁场是一个旋转磁场。旋转的方向从 U→V→W，正好和电流出现正的最大值顺序相同，即由电流超前相转向电流滞后相。如果三相绕组通入负序电流，则电流出现正的最大值的顺序是 U→W→V。通过图解法分析可知，旋转磁场的旋转方向也为 U→W→V。同时，ωt 变化了多少电角度，合成磁场就转过多少空间电角度，旋转磁场的转速与电流的频率成正比，另外，旋转磁场的转速还与电机磁极对数有关，电机一对磁极对应 360°电角度，因此，磁极对数越多，磁场旋转的就越慢，旋转磁场的速度与电机磁极对数成反比。合成磁场的位置由下面方法判断：哪相电流达到最大值，合成磁场的轴线就转到该相绕组的轴线上。

如果将每相绕组都改成两个线圈串联组成，采用前面同样的分析方法，可以得到图 4 - 3（b）所示的四极（即两对磁极）旋转磁场。当电流变化 90°时，旋转磁场在空间旋转了 45°，比二极旋转磁场的转速慢了一半。可见，在图 4 - 2 中，电流变化了 360°，一对磁极的旋转磁场在空间也旋转了 360°；在图 4 - 3（b）中，电流变化了 360°，两对磁极的旋转磁场在空间只旋转了 180°。可见，在电机中存在着两种角度：一种是以机械观点确定的角度，例如磁场在空间转过的角度，称为机械角度；另一种是以电磁观点确定的角度，例如电流变化的角度，称为电磁角度，简称电角度。它们之间的关系为：电角度＝磁极对数×机械角度。

（2）旋转磁场的转速。旋转磁场的转速称为同步转速，用 n_1 表示，若通过静止的三相绕组中的电流频率为 f_1，则一对磁极的旋转磁场的同步转速为 $60f_1$，两对磁极的旋转磁场的同步转速应为$\frac{60f_1}{2}$，以此类推，如果旋转磁场具有 p 对磁极，则同步转速应为 $n_1=\frac{60f_1}{p}$。

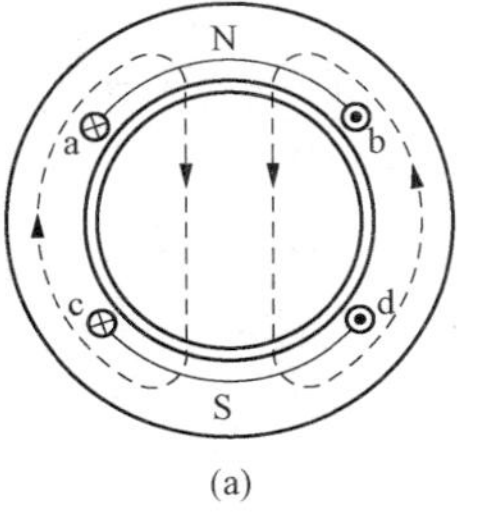

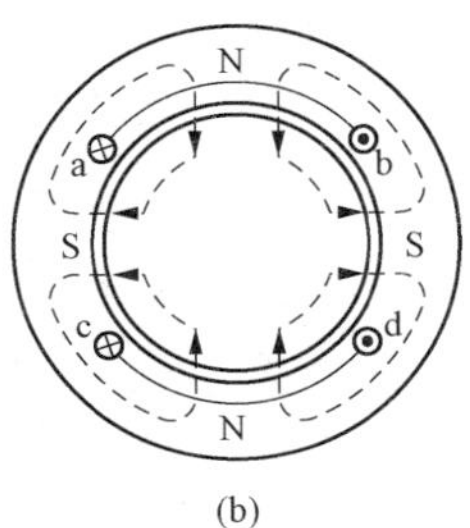

图 4 - 3　旋转磁场

（a）二极磁场；（b）四极磁场

当电流的频率为工频 50Hz 时，不同磁极对数的同步转速见表 4 - 1。

表 4 - 1　　同系转速

p	1	2	3	4	5	6
n_1 (r/min)	3000	1500	1000	750	600	500

2. 三相异步电动机基本工作原理

三相异步电动机定子绕组通入三相对称电流，电机内部产生圆形旋转磁动势，如图 4 - 4 所示，图中 U、V、W 相以顺时针方向排列，当定子绕组中通入 U、V、W 相序的三相电流时，定子旋转磁场为顺时针转向。若电机转子不转，旋转磁场切割转子上的导条，转子笼型导条与旋转磁场有相对运动，转子导体因切割定子磁场而产生感应电动势，导条中有感应电动势 e，因转子绕组自身闭合，转子绕组内便有电流流过，转子有功电流与转子感应电动势同相位，其方向可由“右手定则”确定。由于转子导条彼此在端部短路，于是导条中有电流 i，载有有功分量电流的转子绕组在定子绕组磁场作用下，将产生电磁力 F，其方向由“左手定则”确定。电磁力对转轴形成一个电磁转矩，力×半径＝电磁转矩，其作用方向与旋转磁场方向一致，拖着转子顺着旋转磁场的旋转方向旋转，将输入的电能变成旋转的机械能。

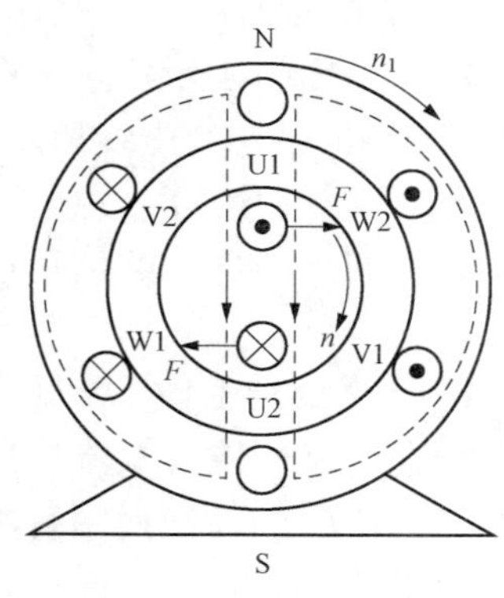

图 4 - 4　电动机工作原理

转子旋转后，转速为 n，转速的大小由电动机极数和电源频率而定，只要 $n<n_1$，转子导条与磁场仍有相对运动，产生与转子不转时相同方向的电动势、电流及电磁转矩，转动方向与转子旋转磁场方向一致，电磁转矩 T 仍然为顺时针方向。如果电动机轴上带有机械负载，电动机就拖动负载旋转，输出机械功率，也就是说电动机把电能转换成机械能。转子继续旋转，稳定运行在 $T=T_L$（负载转矩）情况下。

下面介绍三相异步电动机转动的基本工作原理。

（1）电生磁。三相对称绕组通往三相对称电流产生圆形旋转磁场。其转速为异步转速且

$$n_1=\frac{60f_1}{p} \tag{4 - 1}$$

式中：f 为电源频率，单位为 Hz；p 为电机极对数。

（2）磁生电。转子导体切割旋转磁场产生感应电动势和电流。

（3）电磁力。转子载流（有功分量电流）体在磁场作用下受电磁力作用，形成电磁转矩，驱动电动机旋转，将电能转化为机械能。

异步电动机的转速恒小于旋转磁场转速 n_1，因为只有这样，转子绕组才能产生电磁转矩，使电动机旋转。异步电动机的转速不可能达到定子旋转磁场的转速，即同步转速，因为如果 $n=n_1$，则转子绕组与旋转磁场之间便没有相对运动，随之在转子导体中不能感应出电动势和电流，也就不能产生推动转子旋转的电磁转矩。因此异步电动机的转速总是低于同步转速，$n<n_1$ 是异步电动机工作的必要条件，即转子转速与旋转磁场转速之间总是存在差异，异步电机指的是交流电机转子旋转速度 n 小于定子电流所产生的旋转磁场的转速 n_1 从而称为异步电动机。又因为异步电动机转子电流是通过电磁感应作用产生的，所以又称为感

应电动机。

3. 电磁转矩的大小

电磁转矩是由转子电流的有功分量与旋转磁场相互作用产生的，因此它的大小与旋转磁场的磁通最大值 Φ_m 以及转子每相电流的有功分量 $I_2\cos_{\varphi2}$ 成正比，用公式表示为

$$T = C_T\Phi_M I_2\cos_{\varphi2} \tag{4-2}$$

此式为转矩的物理公式，式中 C_T 是由电机结构决定的常数。

4. 电磁转矩的方向

异步电动机电磁转矩的方向始终与旋转磁场的旋转方向一致，而旋转磁场的方向又取决于异步电动机的三相电流相序，因此，三相异步电动机的转向与定子三相绕组中的三相电流的相序一致。而电磁转矩的方向决定了转子的转向。因此，要想改变转子的改变转向，即要使电机反转，只要改变电流的相序即可，即将三相绕组接到电源的三根导线中的任意两根对调一下位置，例如将 V1 和 W1 对调，这时旋转磁场的转向便由 U1－V1－W1 变为 U1－W1－V1。便可使电动机反转。

5. 转差率

转差率 s 是异步电动机的一个基本物理量，它反映异步电动机的各种运行情况。对异步电动机而言，在起动的瞬间，转子尚未转动，$n=0$，此时转差率 $s=1$；当电动机空载运行时，转子转速飞快，接近于同步转速，$n\approx n_1$，此时转差率 $s\approx 0$；当电动机负载越大，转速变慢，转差率就越大；负载越小，转速越快，转差率就越小。

作为异步电动机而言，转速 n 在 $0\sim n_1$ 范围内变化，所以转差率 s 在 $0\sim 1$ 之间变化。由此可见，其大小直接反映出转子转速的快慢或电动机负载的大小。可以得出以下结论：

（1）转子转速 n 与同步转速 n_1 之差，与同步转速 n_1 的比值称为转差率，用 s 表示，即

$$s = \frac{n_1 - n}{n_1} \tag{4-3}$$

（2）n_1-n 反映定子旋转磁场与转子的相对速度，即转子切割磁场的速度。当 n 与 n_1 方向相反时

$$s = \frac{n_1 - (-n)}{n_1} = \frac{n_1 + n}{n_1} > 1 \tag{4-4}$$

（3）转子转速 $n=(1-s)\times n_1$。

在额定运行范围内，异步电动机的转速很接近同步转速，转差率很小，一般为 0.01～0.06。

【例 4-1】 一台两极 10kW 异步电动机，电源频率为 50Hz，转子额定转速为 2930r/min，求额定转差率，并求转差率 s 为 0.3 时的转速。

解： 两极异步电动机的同步转速为 $n_1=\frac{60f}{p}=\frac{60\times 50}{1}=3000$（r/min）

额定转差率为 $s_N=\frac{n_1-n_N}{n_1}=\frac{3000-2930}{3000}=0.0233$

转差率为 0.3 时的转差率为 $n=(1-s)\times n_1=(1-0.3)\times 3000=2100$（r/min）

6. 异步电机的三种不同运行状态

转差率反映了转子与旋转磁场相对运动速度的大小，而这相对运动速度的存在是电机能够工作的必要条件之一，所以转差率是分析异步电机的主要参数，根据转差率的大小和正负不同，异步电机工作在不同的状态。

（1）电动机运行状态。异步电机定子绕组接电源，转子在电磁转矩的驱动下旋转，电磁转矩为驱动转矩，其转向与旋转磁场方向相同，如图 4-5（b）所示。此时电机从电网取得电功率，并将电功率转变成机械功率，由转轴传输给负载，转子中的电流产生的电磁转矩 T_M 为拖动性质的，称为电动机状态。电机转速范围为 $0<n<n_1$，转差率范围为 $0<s<1$。

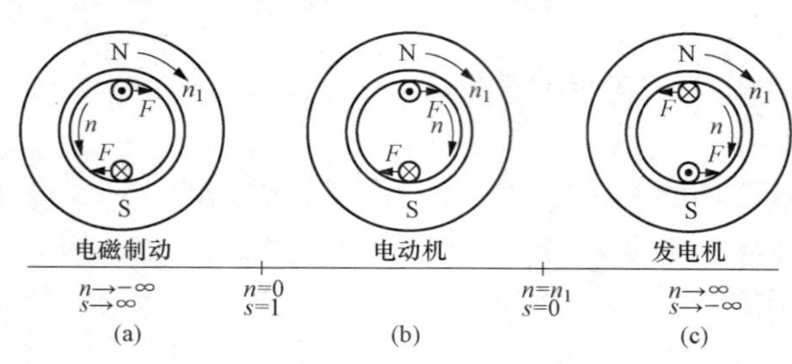

图 4-5 异步电机三种运行状态
（a）电磁制动；（b）电动机；（c）发动机

（2）发电机运行状态。异步电机定子绕组接电源，该电机的转轴不再接机械负载，而是利用一台原动机带动异步电动机的转子，以大于同步转速的速度顺着旋转磁场方向旋转，如图 4-5（c）所示。此时电磁转矩方向与转子转向相反，起到制动作用，为制动转矩。为克服电磁转矩的制动作用使转子继续旋转，并维持 $n>n_1$，原动机必须克服这一反转矩，电机必须不断地从原动机吸收机械功率，把机械功率转变为输出电功率，从而形成了发电机运行状态。电机转速范围为 $n>n_1$，转差率范围为 $0>s$。

（3）电磁制动运行状态。异步电机定子接电源，如果用外力拖着电机逆着旋转磁场方向转动，使 n 与 n_1 方向相反，这时产生的 T_M 与 n_1 同方向与 n 反方向，此时电磁转矩与电机旋转磁场方向相反，起制动作用，称制动转矩。如图 4-5（a）所示。电机定子仍从电网吸收电功率，同时转子从外力吸收机械功率，这两部分功率都在电机内部以损耗的方式转化成热能消耗掉。这种运行状态不允许长期运行，只能短时运行，此状态为电磁制动运行状态。电机转速范围为 $n<0$，转差率范围为 $1<s$。

（4）电机堵转状态。如果电机刚与电源接通而尚未转动，这种状态称为堵转状态。该状态是电动机刚要起动的瞬间状态。堵转时，$n=0$，$s=1$。

（5）电机理想空载状态。如果电机的转速等于同步转速，这种状态称为理想空载状态。实际运行时一般不会出现。理想空载时，$n=n_1$，$s=0$。

总之，异步电机可以在电动机、发电机和电磁制动三种状态运行：

1）电动机运行是其主要运行方式。

2）电磁制动往往是异步电动机在完成某一生产过程中而出现的短时运行状态。

3）发电机状态则有时用于农村小型水电站和风力发电站中。

根据转差率的大小和正负，异步电机有三种运行状态，见表 4-2。

表 4-2　异步电机三种运行状态

状态	电动机	发电机	电磁制动
实现	定子绕组接对称电源	外力使电机快速旋转	外力使电机沿磁场反方向旋转
转速	$0<n<n_1$	$n>n_1$	$n<0$
转差率	$0<s<1$	$s<0$	$s>1$
电磁转矩	驱动转矩	制动转矩	制动转矩
能量关系	电能转变为机械能	机械能转变为电能	电能和机械能变为热力学能

（三）运行方式

异步电动机的运行方式又称为工作制或工作定额。按负载持续时间的不同，分为连续运行方式、短时运行方式和断续周期运行方式。

1. 连续运行方式

异步电动机运行时间较长，温升可以达到稳定值，也称为长期运行方式，如水泵、风机、造纸机以及纺织机等连续工作的生产机械都使用连续运行方式的异步电动机。

2. 短时运行方式

异步电动运行时间较短，停歇时间较长。工作时温升达不到一个稳定值，而停歇后温升降为零，即电动机温度等于环境温度。例如，短时工作的水闸闸门启闭机的电动机应使用短时运行方式的电动机。我国规定的短时运行方式连续工作时间有 15、30、60min 和 90min 四种。

3. 断续周期运行方式（重复短时方式）

断续周期运行方式是指异步电动机运行与停歇交替进行，时间都比较短，运行时温升达不到一个稳定值，停歇时温升又降不到零。国家标准规定每个运行与停歇的周期小于 10min。每个周期内工作时间占的百分比率称为负载持续率（或暂载率），我国规定的标准负载持续率有 15%、25%、40%、60%四种。用于断续周期运行方式的电动机会频繁起动、制动，要求其过载能力强、转动惯量小以及机械强度高。例如，起重机械、电梯等机械应使用断续周期运行方式的异步电动机。

由于运行方式的定义可以看出，当有两台额定功率相同而运行方式不同的异步电动机，连续运行方式的一台可作为断续周期运行方式使用，断续周期运行方式的可作为短时运行方式使用。反过来则不行，否则电动机会超过允许温升，缩短其使用寿命。

二、异步电动机结构与铭牌数据

（一）异步电动机结构

三相异步电机的结构主要由固定不动的定子和旋转的转子两大部分组成。转子装在定子内，定子与转子之间有一缝隙，称为气隙。在定子两端有端盖支撑转子。图 4-6 所示为异步电动机结构。

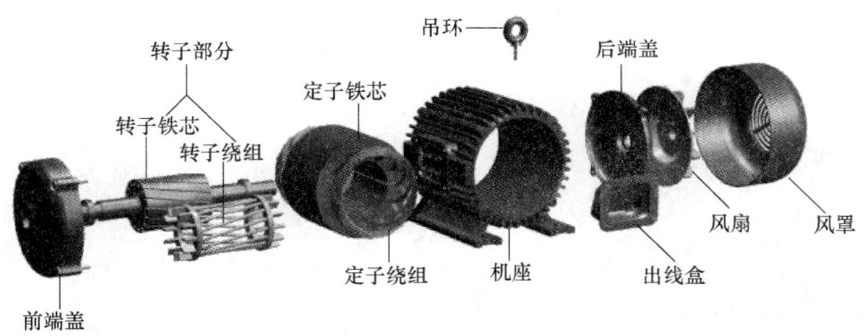

图 4-6 异步电动机结构

1. 定子

定子部分主要由定子铁芯、定子三相对称绕组、机座三个部分组成。

定子铁芯是电机磁路的一部分，其作用是提供磁路。为了减少铁芯损耗，一般由 0.5mm 厚的导磁性能良好的硅钢片叠压而成，置于机座内。定子铁芯叠片冲有嵌放绕组的槽，故又称为冲片。中、小型电机的定子铁芯采用整圆冲片，如图 4－7 所示，大中型电机常采用扇形冲片拼成一个圆，如图 4－8 所示。

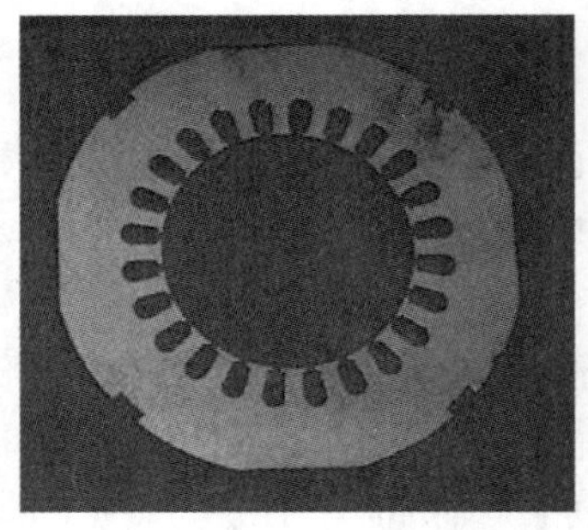

图 4－7 小型电机定子铁芯

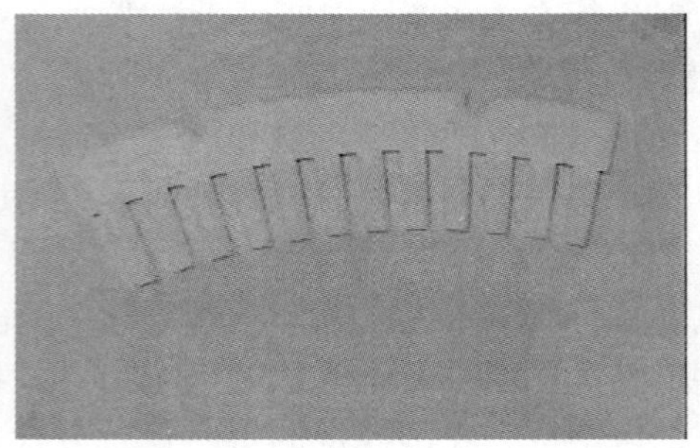

图 4－8 大中型电机定子铁芯

为了冷却铁芯，在大容量电机中，定子铁芯分成很多段，每两段之间留有径向通风槽，作为冷却空气的通道。定子绕组在槽内部分与铁芯间必须可靠绝缘，槽绝缘的材料、厚度由电机耐热等级和工作电压所决定。

定子三相对称绕组是电机的电路部分，它嵌放在定子铁芯的内圆槽内，定子绕组分单层和双层两种。高压大、中型容量异步电机定子绕组常采用双层绕组 Y 连接，只有三根引出线。对中、小容量低压异步电动机，通常采用单层绕组，把定子三相绕组的六根出线头都引出来，根据需要可接成 Y 或△。定子绕组用包绝缘的铜或铝导线绕制而成，嵌在定子槽内。绕组与槽壁间用绝缘体隔开。

图 4－9 三相对称交流绕组

图 4－9 所示为三相对称交流绕组。

机座由铸铁或铸钢制成，定子铁芯装在机座内。其作用主要是固定和支撑定子铁芯，因此要求有足够的机械强度。固定在机座两端是端盖，用以支撑转子和防止外物侵入。对于中、小型异步电动机，通常用铸铁机座。对于大型电机，一般采用钢板焊接的机座，整个机座和座式轴承都固定在同一个底板上。图 4－10 所示为机座，图 4－11 所示为端盖。

图 4－10 机座

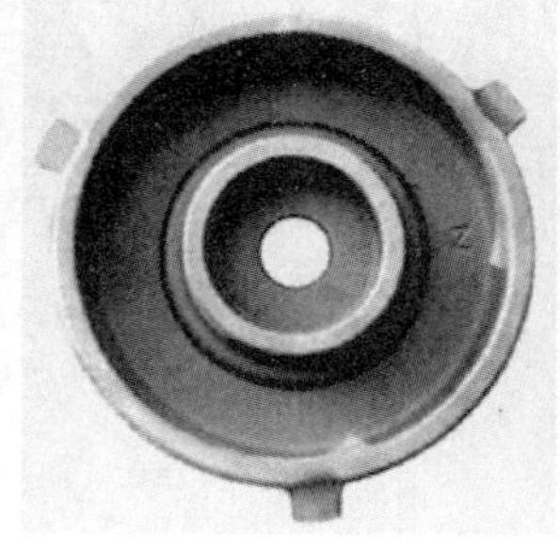

图 4－11 端盖

2. 转子

转子主要由转子铁芯、转子绕组和转轴三部分组成。转子由端盖和轴承支撑。主要作用是产生感应电流，形成电磁转矩，以实现机电能量转换。

转子铁芯是电机磁路的一部分，一般也用 0.5mm 厚高导磁性能的硅钢片叠制而成，转子铁芯叠片冲有嵌放转子绕组的槽，转子铁芯固定在转轴或转子支架上。

转子绕组作为电路，感应电动势、通过电流、产生电磁转矩，嵌放在定子铁芯的内圆槽内。转子绕组的结构有笼型和绕线型两种，因而三相异步电动机也分为笼型异步电动机和绕线型异步电动机两种。

（1）笼型转子。在转子铁芯的每一个槽内嵌放铜条，在铁芯两端分别用两个短路环把铜条连接成一个自身闭合的多相对称短路绕组，整个绕组犹如一个“松鼠笼子”其绕组由两端短路的若干导条组成运转起来无法与外部连接，有大型电机铜条和用于中、小型电机铸铝转子如图 4－12 所示。

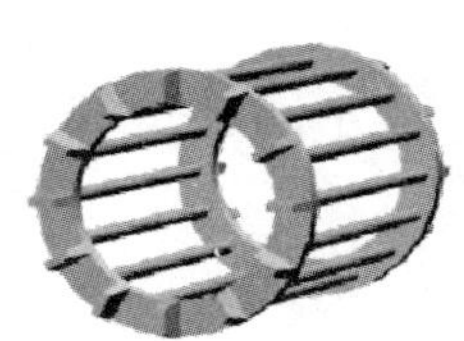

图 4－12 鼠笼式异步电机

（2）绕线转子。转子绕组为三相对称绕组，嵌放在转子铁芯槽内。一般接成星形，将三个出线端分别接在转轴上的三个滑环上，在通过电刷引出电流，与外部连接，虽结构复杂，但可通过滑环电刷在转子回路中接入附加电阻，改善电动机的起动性能，便于控制调速，如图 4－13 所示。

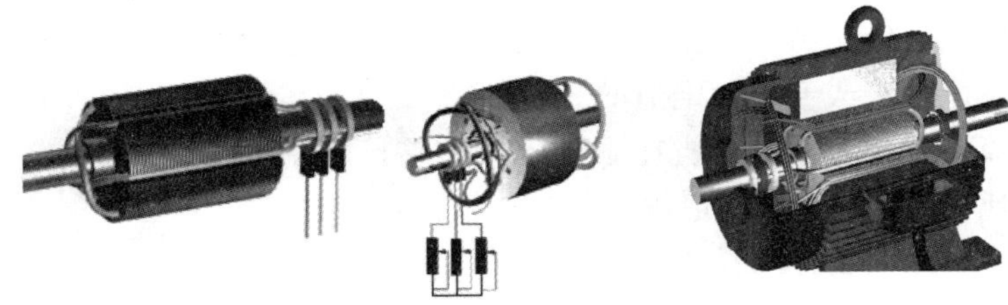

图 4－13 绕线型异步电机

转轴由钢材料制成，转子铁芯固定在转轴上，通过转轴拖动生产机械。

3. 气隙

异步电动机的气隙是均匀的。气隙大小对异步电机的性能影响很大。为了降低电机的空载电流和提高电机的功率，气隙尽可能小，但气隙太小又可能造成定、转子在运行中发生摩擦，因此气隙长度应为机械条件所能允许达到的最小值，对应中小型电机，一般为 0.1～1.5mm。

4. 风扇

一般安装在转轴上，起冷却作用。

(二) 铭牌数据

1. 铭牌

电动机的外壳上都附有电动机铭牌,铭牌标注了电机的型号、额定值和额定运行时的有关技术数据。

型号包括:产品代号 、设计序号、规格代号和特殊环境代号等。

产品代号表示电机类型,用大写汉语拼音字母表示;设计序号指产品设计顺序;规格代号和特殊环境代号用中心高、铁芯外径、机座号、机座长度代号、功率、转速或极数表示。

(1) 型号 Y2-632-2。

Y2——产品代号;

63——机座中心高 63mm;

2——铁芯长度代号(1 表示短铁芯,2 表示长铁芯);

2——磁极极数(极对数 $p=1$)。

(2) 型号 Y200L-4。

Y——产品代号;

200——机座中心高 200mm;

L 表示长机座(S 表示短机座,M 表示中机座);

4——磁极极数(极对数 $p=2$)。

(3) 型号 Y630-10/1180。

Y——产品代号;

630——功率 630kW;

10——10 极;

1180——定子铁芯外径 1180mm。

2. 额定值

(1) 额定电压 U_N(kV 或 V)指额定运行状态时加在定子绕组上的线电压,一般规定电动机的运行电压不能高于或低于额定值的 5%。

(2) 额定电流 I_N(A)指电动机在额定运行状态下流入定子绕组的线电流。

(3) 额定转速 n_N(r/min)额定运行时电动机的转速。

(4) 额定频率 f_N 指电动机在额定状态下运行时,定子三相绕组所加交流电压的频率。

(5) 额定功率 P_N(kW)指额定状态下运行时,转子轴上输出的机械功率(只含有功,不含无功)$P_N=\sqrt{3}U_N I_N \cos\varphi_N \eta_N$。

(6) 额定效率 η_N。当 YX 系列电动机在额定状态运行时,其效率为 82%~95%。

(7) 额定功率因数 $\cos\varphi_N$ 指电动机在额定运行情况下定子电路的额定功率因数。

实际功率因数是随电动机所带负载的大小而变动的。额定负载时一般为 0.7~0.9,轻载或空载时更低,空载时功率因数很低约为 0.2~0.3,额定负载时,功率因数最大。

3. 接线

三相异步电动机的定子部分在结构上和同步电动机的定子部分完全相同。对中、小容量的低压异步电动机,通常定子三相绕组的六个出线头都引出,这样可根据需要灵活地接成 Y 或△,如图 4-14 所示。

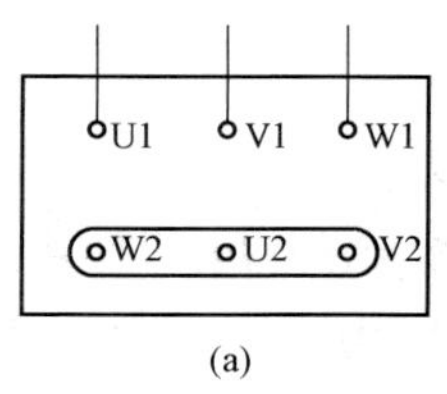

(a)

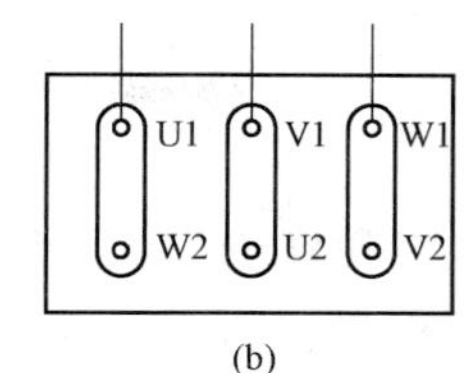

(b)

图 4-14 定子连接方式

(a) Y 连接；(b) △连接

（1）当电动机铭牌上标明“电压 380/220V，接法 Y/△”时，这种情况下，究竟是接成 Y 或△，要看电源电压的大小。如果电源电压为 380V，则接成 Y；电源电压为 220V 时，则接成△。切记不可乱接。

（2）当电动机铭牌上标明电压 380V，接法△时，则只有△接法。但是，在电动机起动过程中，可以接成 Y，接在 380V 电源上，起动完毕，恢复△接法。

对有些高压电动机，往往定子绕组有三根引出线，只要电源电压符合电动机铭牌电压值，便可使用。

4. 温升

指电动机在长期运行时所允许的最高温度与周围环境的温度之差，我国环境温度规定 40℃。

5. 绝缘等级

表 4-3 为电动机定子绕组所用的绝缘材料的等级。

表 4-3　　绝缘材料的等级

绝缘等级	A	E	B	F	H
绝缘材料最高允许温度（℃）	105	120	130	155	180
电机的允许温升（℃）	60	75	80	100	125

6. 防护等级

IP——国际防护。

IP 后面第一位数字代表第一种防护形式（防尘）的等级，共分 0～6 七个等级。

IP 后面第二位数字代表第二种防护形式（防水）的等级，共分 0～8 九个等级。

数字越大，防护能力就越强。

例如：IP44 标志电动机能防护 1mm 固体物入内，同时能防止溅水入内。

IP54 标志电动机外壳防护的方式为封闭式。

IP23 标志电动机外壳防护的方式为防护式。

【例 4-2】 一台型号为 Y2-80M1-4 型三相异步电动机的技术数据如下：$P_N=0.55\text{kW}$，$f_N=50\text{Hz}$，$U_N=380\text{V}$，$\eta_N=0.79$，$\cos\varphi_N=0.89$，$n_N=1390\text{r/min}$。

试求：（1）同步转速 n_1；（2）额定电流 I_N；（3）额定负载时的转差率 s_N。

解 （1）同步转速 n_1

$$n_1=\frac{60f_1}{p}=\frac{60\times 50}{2}=1500(\text{r/min})$$

（2）额定电流 I_N

$$I_N=\frac{P_N\times 10^3}{\sqrt{3}U_N\eta_N\cos\varphi_N}=\frac{0.55\times 10^3}{\sqrt{3}\times 380\times 0.79\times 0.89}=1.2(\text{A})$$

（3）额定负载时的转差率 s_N

$$s_N = \frac{n_1 - n_N}{n_1} = \frac{1500 - 1390}{1500} = 0.073$$

三、异步电动机分类与选用

交流旋转电机按工作原理的不同可分为同步电机和异步电机两大类。异步电动机按供电电源相数的不同，又有单相和三相之分，单相异步电动机容量较小，主要用于工农业生产，在实验室和家用电器中应用较多，而三相异步电动机是应用于各种民用电器和电动工具最广泛的电动机。

（一）异步电动机的分类

异步电动机的种类很多，应用广泛，性能各异，从不同的角度看有不同的分类。

（1）根据电动机工作电源的不同，可分为直流异步机和交流异步机。其中交流异步电动机还分为单相电动机和三相电动机。

（2）电动机按结构及工作原理可分为异步电动机和同步电动机。

这里介绍异步电动机为主。异步电动机可分为感应电动机和交流换向器电动机。感应电动机又分为三相异步电动机、单相异步电动机和罩极异步电动机。交流换向器电动机又分为单相串励电动机、交直流两用电动机和推斥电动机。

（3）电动机按转子的结构可分为笼型感应电动机和绕线转子感应电动机。

（4）电动机按外壳的防护形式可分为开启式（IP11）、气候防护式（IPW24）、防护式（IP22、IP23）、封闭式（IP44、IP54）异步电动机。

（5）电动机按结构尺寸大小不同可分为大型（轴中心高大于630mm）、中型（轴中心高在355～630mm范围内）和小型（轴中心高在80～315mm范围内）异步电动机。

（6）电动机按运转速度可分为高速电动机、低速电动机、恒速电动机、调速电动机。

（7）电动机按冷却方式可分为自冷式、自扇冷式、他扇冷式、管道冷式和外装冷却器式异步电动机。

（8）电动机按工作方式不同可分为连续工作方式、短时工作方式和断续周期工作方式异步电动机。

（9）电动机按起动与运行方式可分为电容起动式电动机、电容运转式电动机、电容起动运转式电动机和分相式电动机。

（10）电动机按用途可分为驱动用电动机和控制用电动机。驱动用电动机又分为电动工具用电动机、家电用电动机及其他通用小型机械设备用电动机。控制用电动机又分为步进电动机和伺服电动机等。

主要系列如下：

Y系列：一般用途小型笼型三相异步电动机；Y2、Y3系列：在Y系列基础上改进而成；YR系列：三相绕线转子异步电动机；YD系列：变极多速三相异步电动机；YQ系列：高起动转矩异步电动机；YX系列：高效率三相异步电动机；YB系列：防爆式笼型异步电动机；YCT系列：电磁调速异步电动机；YTD系列：电梯用三相异步电动机；JR系列：防护式三相绕线式异步电动机；JS系列：中型防护式三相笼型异步电动机；JD2和JDO2系列：防护式和封闭式多速异步电动机；JQ2和JQO2系列：防护式和封闭式高起动转矩异步电动机；JZ2和JZR2系列：笼型和绕线型起重和冶金用的三相异步电动机；JPZ系列：旁磁式制动异步电动机；JZZ系列：锥形转子制动异步电动机。不同系列适用于不同场合。

(二) 异步电动机的选用

1. 功率的选择

功率选得过大不经济，功率选得过小电动机容易过载而损坏。

(1) 对于连续运行的电动机，所选功率应等于或略大于生产机械的功率。

(2) 对于短时工作的电动机，允许在运行中有短暂的过载，因此所选功率可等于或略小于生产机械的功率。

2. 种类和形式的选择

(1) 种类的选择。异步电动机有笼型和绕线型两种类型，一般功率小于 100kW，而且不要求调速的生产机械场合应尽可能选用笼型电动机。只有在需要大启动转矩或要求有一定调速范围的情况下、不能采用笼型电动机的场合才选用绕线型电动机。

(2) 结构形式的选择。根据工作环境的条件选择不同的结构形式，如开启式、防护式、封闭式和防爆式电动机。

3. 电压和转速的选择

功率相同的电动机转速越高，极对数越少，体积越小，价格越便宜，但高速电动机的转矩小，启动电流大。选择时应使电动机的转速尽可能与生产机械的转速相一致或接近，以简化传动装置。根据计算需要的转速和电动机的功率、类型以及使用地点的电源电压来决定电动机型号。Y 系列笼型电动机的额定电压只有 380V 一个等级。大功率电动机才采用 3000V 和 6000V。Y 系列电动机为全封闭自扇冷式笼型三相异步电动机，是按照国际电工委员会（IEC）标准设计，具有国际互换性的特点。用于空气中不含易燃、易爆或腐蚀性气体的场所。适用于电源电压为 380V 无特殊要求的机械上，如机床、泵、风机、运输机、搅拌机、工业农业机械等，也适用于某些需要高起动转矩的机器上，如压缩机。

4. 外形结构的选择

选择电动机的外形结构，主要是根据安装方式，包括选立式或卧式等。

项目小结

(1) 三相异步电动机的主要结构部件是定子和转子。定子作用是通入三相交流电之后产生旋转磁场；转子的作用是产生感应电流及形成电磁转矩，实现机电能量的转换。

(2) 三相异步电动机根据转子结构不同分为笼型和绕线型两大类。笼型异步电动机结构简单、价格便宜，但其起动性能和调速性能不及绕线型异步电动机。

(3) 三相异步电动机三相对称定子绕组中通入三相对称交流电产生旋转磁场，转子导体切割定子旋转磁场而产生感应电动势及感应电流，转子载流导体在定子旋转磁场中受电磁力作用，形成电磁转矩，拖动转子沿旋转磁场方向转动起来，从而实现了电能与机械能的转换。改变定子电流相序可以改变异步电动机转向。从原理分析可知，异步电动机转子电流是感应而产生的，因此异步电动机又称为感应电动机。

(4) 转差率及三种运行状态下 s 的取值范围。$n<n_1$ 是异步电动机工作的必要条件。转差率 $s=\frac{n_1-n}{n_1}$，是异步电动机的一个重要参数。根据其大小和正负可判断异步电动机的运行状态。

（1）电动机运行状态（$0<n<n_1$，$0<s<1$）

（2）发电机运行状态（$n_1<n<\infty$，$-\infty<s<0$）

（3）电磁制动运行状态（$-\infty<n<0$，$1<s<\infty$）

（4）了解铭牌上的有关数据，对正确选择、使用和维护异步电动机具有重要意义。异步电动机额定功率 P_N 为额定运行状态下，转子转轴上输出的机械功率，即 $P_N=\sqrt{3}U_N I_N \eta_N \cos\varphi_N$。

项目对应思考与练习

1. 简述三相笼型异步电动机主要结构部件及各部件的作用。

2. 三相异步电动机为什么会旋转，异步电动机的转向主要取决于什么？如何改变其转向？

3. 异步电动机为什么又称感应电动机？

4. 异步电动机中的空气隙为什么做得很小？

5. 三相绕线型异步电动机与笼型异步电动机从结构上主要有什么区别？

6. 为什么异步电动机的转速总是小于同步速？

7. 什么是异步电动机转差率？如何根据转差率的数值来判断异步电机的三种运行状态？

8. 一台六极异步电动机由频率为 50Hz 的电源供电，其额定转差率为 $s_N=0.05$，求该电动机的额定转速。

9. 额定电压为 380/660V，△/Y 连接的三相异步电动机，当电源电压分别为 380V 和 660V 时，应采用什么连接方式？它们的额定相电流是否相同，额定线电流是否相同？

10. 一台三相异步电动机由频率为 50Hz 的电源供电，其额定转速为 $n_N=2950$r/min，求该电动机的磁极对数、同步转速及额定负载时的转差率。

11. 一台三相异步电动机 $P_N=4$kW，$f_N=50$Hz，$U_N=380$V，$\eta_N=0.87$，$\cos\varphi_N=0.88$，求异步电动机的额定电流。

项目二 异步电动机运行性能分析

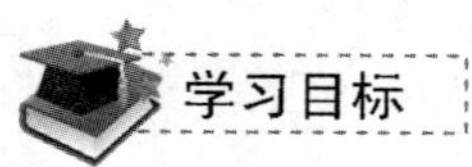

学习目标

（1）能熟练应用基本方程、等效电路来分析异步电动机的运行情况，掌握频率折算的物理本质及附加电阻的物理意义。

（2）能根据等效电路导出异步电动机的功率平衡关系，画出功率流程图，掌握转矩平衡关系。

（3）熟练掌握三相异步电动机电磁转矩的物理表达式和参数表达式、掌握实用表达式及其计算。

（4）了解三相笼型异步电动机直接起动的特点，熟练掌握星—三角形降压起动和自耦变压器降压起动的方法。

（5）掌握三相绕线转子异步电动机的转子串电阻起动方法。

(6) 掌握三相异步电动机的三种调速方法，掌握变极调速的原理、容许输出和机械特性，掌握变频调速时电压随频率调节的规律、机械特性，了解变频装置，熟练掌握绕线转子异步电动机的转子串接电阻调速方法，掌握调压调速方法，了解电磁调速异步电动机结构、工作原理和应用。

(7) 掌握能耗制动的方法及转子电阻大小对制动的影响，了解能耗制动机械特性曲线的特点。

(8) 掌握电源两相反接制动和倒拉反转反接制动的方法制动时的能量关系。熟知反接制动过程中工作点变化情况。

(9) 掌握回馈制动的条件、了解生产实践中出现回馈制动的例子。

(10) 三相异步电动机在不对称电压下运行的情况。

一、电磁物理过程、等效电路及参数

异步电动机定子与转子之间只有磁的耦合，没有电的直接联系，异步电动机定子绕组从电源吸取的能量借助于电磁感应作用传递给转子。异步电动机的定子绕组相当于变压器的主绕组，转子绕组相当于副绕组。从电磁感应原理和能量传递来看，异步电动机与变压器有相同之处，主要的区别在于，异步电动机正常运行时通常是旋转的。随转速的变化，转子中感应电动势及电流频率也随之变化，与定子电动势及电流频率不相等，转子回路各个物理量也相应变化，因此异步电动机分析与计算更为复杂。在此我们先分析空载运行，再分析负载运行状态。

(一) 空载运行

三相异步电动机空载运行时，定子三相绕组接到三相交流电源上，转子转轴上不带任何机械负载，即转子在空转，称为空载运行状态。

1. 电磁关系

三相异步电动机空载运行时，这时定子绕组的电流称为空载电流。用 $\dot{I}_0$表示。由于空载运行，不带任何负载的情况下，空载转速非常高，接近于同步转速，即 $n\approx n_1$，转差率很小，$s\approx0$，因此，转子与定子旋转磁场几乎没有相对运动，于是转子感应电动势 $\dot{E}_2\approx0$，转子电流 $\dot{I}_2\approx0$，转子磁动势 $F_2\approx0$。此时气隙磁场只由定子空载磁动势产生。空载时的定子磁动势，即励磁磁动势，空载时的定子电流 $\dot{I}_0$为励磁电流。

根据磁通路径不同，可分为主磁通和漏磁通。

(1) 主磁通 $\dot{\Phi}_m$。定子磁动势产生的磁通绝大部分通过定子铁芯、转子铁芯及气隙形成闭合回路，同时与定、转子绕组相交链，这部分磁通称为主磁通，用 $\dot{\Phi}_m$ 表示。路径走向为：定子铁芯→气隙→转子铁芯→气隙→定子铁芯，形成闭合磁路，如图 4-15 所示。主磁通同时交链定、转子绕组，在定、转子绕组中产生感应电动势。在闭合的转子绕组中产生感应电流，转子载流导体与定子磁场互相作用形成电磁转矩，从而将定子绕组输入的电能转化成输出的机械能。因此，主磁通是转换能量的媒介，实现机电能量转换。

(2) 漏磁通 $\dot{\Phi}_\sigma$。定子磁动势除产生主磁通以外，还产生仅与定子绕组相交链的磁通，称为定子漏磁通。

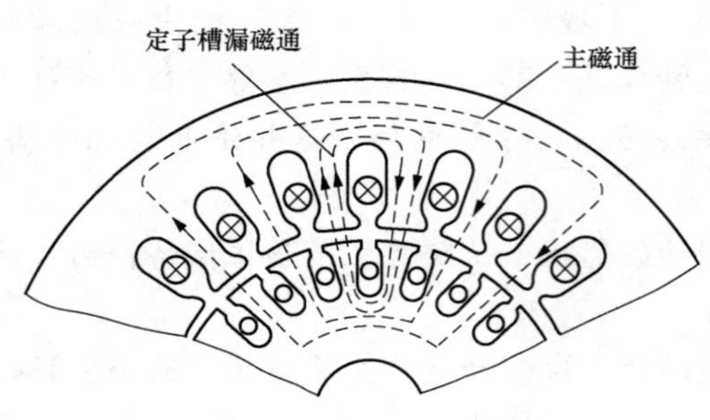

图 4 - 15 主磁通和漏磁通

定子漏磁通按路径不同，可分为三部分。一是定子绕组的槽漏磁通，它从槽的一壁穿过槽至另一槽壁，而不进入转子，如图 4 - 15 所示；二是端部漏磁通，其仅链绕在绕组端部；三是高次谐波磁通，又称差漏磁通。三相合成磁动势除基波外，还有一系列谐波。谐波磁动势在气隙中产生高次谐波磁场，它们的极数、转速都与基波的不同，其磁通路径虽然和主磁通一样，穿过气隙，同时交链定、转子绕组，但是由于高次谐波磁通在转子上感应电动势的频率不同于主磁通感应的转子电动势频率。谐波磁场与转子电流间不产生有效转矩，它在定子绕组中感应电动势很小，其频率和定子的槽漏磁通及端部漏磁通在定子绕组中感应电动势频率又相同，具有漏磁通的性质，所以归类到漏磁通来讨论。

由于漏磁通沿磁阻很大的空气形成闭合回路，因此漏磁通比主磁通要小很多，同时，漏磁通基本上不受磁路饱和的影响，仅在定子绕组上产生漏电动势，因此不能起能量转换的媒介作用，只能起电抗压降的作用。

(3) 空载电流和空载磁动势。

1) 空载电流。与变压器一样，异步电动机的空载电流 $\dot{I}_0$也是由两个部分组成。一是用来产生主磁通 $\dot{\Phi}_m$的无功分量 $\dot{I}_{0r}$，二是用来供给铁芯损耗的有功分量 $\dot{I}_{0a}$。于是有

$$\dot{I}_0 = \dot{I}_{0r} + \dot{I}_{0a} \tag{4-5}$$

由于 $\dot{I}_{0r} \gg \dot{I}_{0a}$，因此空载电流基本上为无功性质的电流，即 $\dot{I}_0 \approx \dot{I}_{0r}$。由于异步电动机中主磁通的磁路要两次经过气隙，磁阻大，所以异步电动机的空载电流比变压器的大得多，可达到额定电流的 20%～50%。小容量电动机的空载电流比大容量电动机的还要高。

2) 空载磁动势。异步电动机空载运行时，由于轴上不带负载，转子转速接近同步转速，即 $n \approx n_1$，$s \approx 0$。此时转子与定子旋转磁场之间几乎没有相对运动，于是转子感应电动势 $\dot{E}_2 \approx 0$，转子电流 $\dot{I}_2 \approx 0$，转子绕组电流产生的磁动势 $F_2 \approx 0$。因此，异步电动机空载运行时的气隙磁动势主要由定子三相空载电流产生，用 $\dot{F}_0$ 表示，其基波幅值为

$$F_0 = \frac{m_1}{2} \times 0.9 \times \frac{N_1 k_{w1}}{p} I_0 \tag{4-6}$$

(4) 电磁关系。电磁关系如图 4 - 16 所示。

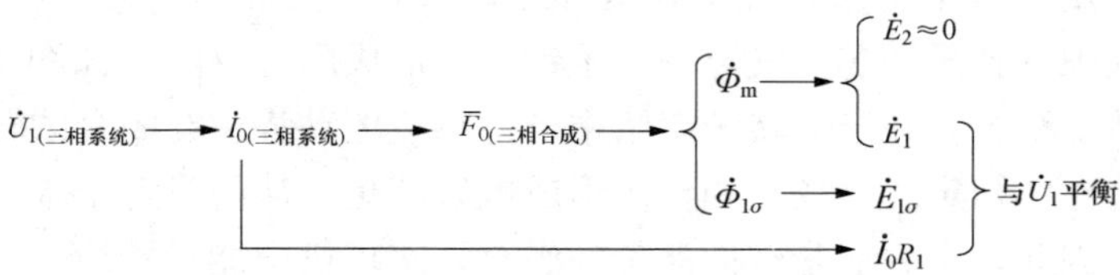

图 4 - 16 空载运行时的电磁关系

2. 空载运行时的电压平衡方程式

（1）主、漏磁通感应的电动势。三相空载电流通过定子三相绕组产生旋转磁场，旋转磁场与静止不动的三相定子绕组存在着相对运动，在定子三相绕组中产生感应电动势。与三相变压器一次绕组中的感应电动势一样，都是由电磁感应现象产生的，计算公式也基本相同。但是由于它们的结构不同，变压器的绕组是集中绕在铁芯上的，相当于整距集中绕组，主磁通在各匝线圈中产生的电动势大小相同、相位相同，绕组的电动势等于各匝线圈电动势的算术和。而异步电动机常用短距分布绕组，由于各个铁芯槽内的线圈边在空间的位置不同，旋转磁场经过它们的时刻不同，因而各线圈边中的感应电动势的相位不同，绕组的电动势等于各串联线圈边电动势的相量和，数值比算术和小，即在匝数 N 和磁通最大值 Φ_m 相同的情况下，短距分布绕组中的电动势将小于整距集中绕组的电动势，两者之比称为绕组系数，用 k_w 表示，此值小于 1，说明采用短距分布绕组后，相当于将整距集中绕组中的匝数减少到 k_wN，因此，绕组系数与绕组匝数的乘积称为绕组的有效匝数。因而三相异步电动机定子每相绕组中的感应电动势 E_1 在数值上应为

$$E_1 = 4.44k_{w1}N_1f_1 \tag{4-7}$$

式中：Φ_m 为旋转磁通的最大值；$k_{w1}N_1$ 为定子每相绕组的有效匝数；f_1 为三相绕组中感应电动势的频率，简称定子频率。

由于 p 对磁极的旋转磁场每分钟绕定子绕组转了 n_1 圈。感应电动势 E_1 每分钟变化了 pn_1 个周期，因此，每秒变化的周期数，即定子频率为

$$f_1 = \frac{pn_1}{60} \tag{4-8}$$

定子感应电动势的频率与定子电压和电流的频率，即与电源的频率相同。

（2）电压平衡方程式。定子三相电流通过定子三相绕组除了产生旋转磁场外，每相电流还会产生仅与该相绕组相交链的主要经空气隙而闭合的漏磁通，与之对应的漏电抗为 X_1。此外定子每相绕组还有在电阻 R_1 上产生电压降。所以，三相异步电动机空载运行时，每相绕组的电动势平衡方程式与变压器空载时一次侧一样，定子绕组上每相所加短电压 $\dot{U}_1$，相电流 $\dot{I}_0$，主、漏磁通在定子绕组上感应的电动势 $\dot{E}_1$、$\dot{E}_{1\sigma}$，定子每相绕组电阻上产生电压降 $\dot{I}_0\times R_1$，依照变压器一次绕组各电磁量的正方向规定，根据基尔霍夫第二定律，电动机空载时定子每相电路的电压平衡方程式为

$$\dot{U}_1 = -\dot{E}_1 - \dot{E}_{1\sigma} + \dot{I}_0R_1 = -\dot{E}_1 + \dot{I}_0R_1 + \mathrm{j}\dot{I}_0X_1 = -\dot{E}_1 + Z_1\dot{I}_0$$

$$Z_1 = R_1 + \mathrm{j}X_1 \tag{4-9}$$

式中：R_1、X_1、Z_1 为定子每相绕组的电阻、漏电抗和漏阻抗；U_1、I_0、E_1 为定子每相绕组的相电压、相电流和相电动势。

与分析变压器时相似，可写出 $\dot{E}_1 = -(R_m + \mathrm{j}X_m)\dot{I}_0$，其中 $R_m + \mathrm{j}X_m = Z_m$ 为励磁阻抗，R_m 为励磁电阻，是反映铁损耗的等值电阻；X_m 为励磁电抗，与主磁通 $\dot{\Phi}_m$ 相对应。

由于 R_1、X_1 很小，定子绕组漏阻抗压降 $\dot{I}_0Z_1$ 与外加电压相比很小，一般为额定电压的 2%～5%，如果忽略 R_1、X_1 和 I_0，则由式（4-7）和式（4-9）可知

$$U_1 \approx E_1 = 4.44k_{w1}N_1f_1\Phi_m$$

由此可得

$$\Phi_m = \frac{U_1}{4.44k_{w1}N_1f_1} \tag{4-10}$$

可见，对于一定结构的异步电动机，k_{w1}、N_1 为常数，当频率一定时，Φ_m 正比于定子绕组相电压 U_1，若外加电压不变，主磁通幅值 Φ_m 也基本不变。

3. 等效电路

根据式（4-9）可画出异步电动机空载运行时的等效电路，如图 4-17 所示。

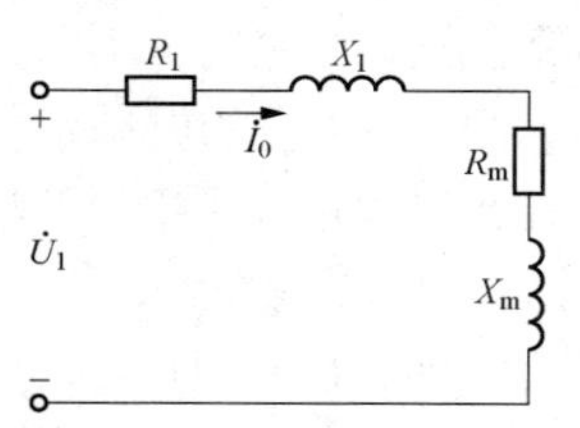

图 4-17 空载运行时等效电路

尽管异步电动机的电磁关系与变压器相似，但它们之间还是有差别的。

（1）主磁场性质不同。变压器磁动势主要作用在铁芯中，为交变磁场，脉振磁动势。而异步电动机三相合成磁动势主要降落在气隙中，气隙磁动势是旋转的。

（2）变压器空载运行时的二次电动势为 $E_2=U_2$，二次电路 $I_2=0$。而异步电动机空载运行时的转子电动势 $E_2\approx0$，转子电流 $I_2\approx0$。

（3）由于异步电动机存在气隙，绕组结构不同，异步电动机漏抗较变压器的大。

（4）存在气隙。异步电动机主磁路磁阻大，建立同样的磁通所需的励磁电流大，对应的励磁电抗小，如大容量电动机的 I_0 为额定电流的 20%～30%，小容量电动机达 50%，而变压器的 I_0 仅为额定电流的 1%～5%，大型变压器在 1%以下。

（5）异步电动机通常采用短距和分布绕组，计算时需考虑绕组系数 k_{w1}，通常 $k_{w1}\leqslant1$；而变压器则为整距集中绕组，可认为绕组系数 $k_{w1}=1$。

（二）负载运行

所谓负载运行是指异步电动机的定子外施三相对称电压，转子轴上带机械负载运行时的状态。

1. 电磁关系

异步电动机带上机械负载时，转子转速下降，电动机以低于同步转速 n_1 的速度 n 旋转，定子旋转磁场切割转子绕组的相对速度 $\Delta n=n_1-n$ 增大，转子感应电动势 $\dot{E}_2$ 和转子电流 $\dot{I}_2$增大。此时，定子三相电流 $\dot{I}_1$合成产生基波旋转磁动势 F_1，转子对称的三相电流 $\dot{I}_2$合成产生基波旋转磁动势 F_2，这两个旋转磁动势共同作用于气隙中，两者同速、同向旋转，处于相对静止状态，因此形成合成磁动势 $F_1+F_2=F_0$，合成磁动势作用产生交链于定子绕组、转子绕组的主磁通 $\dot{\Phi}_0$，分别在定子绕组、转子绕组中感应电动势 $\dot{E}_1$ 和 $\dot{E}_2$，同时定、转子磁动势 F_1 和 F_2 分别产生只交链于本侧的漏磁通 $\dot{\Phi}_{1\sigma}$和 $\dot{\Phi}_{2\sigma}$，感应出相应的漏电动势 $\dot{E}_{1\sigma}$和 $\dot{E}_{2\sigma}$，如图 4-18 所示。

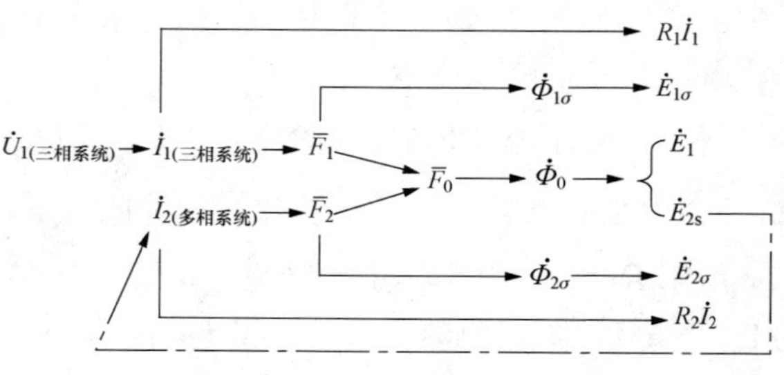

图 4-18 负载运行时的电磁关系

2. 电动势平衡方程式

在定子电路中，主电动势 $\dot{E}_1$、漏电动势 $\dot{E}_{1\sigma}$、定子绕组电阻压降 $R_1\dot{I}_1$与外加电源电压 $\dot{U}_1$ 相平衡。负载时电子电压平衡关系与空载相似，定子电流从空载电流 $\dot{I}_0$变成 $\dot{I}_1$。因此负载时定子的电动势平衡方程式为

$$\dot{U}_1 = -\dot{E}_1 + \dot{I}_1 R_1 + \mathrm{j}\dot{I}_1 X_1 = -\dot{E}_1 + \dot{I}_1 Z_1 \tag{4-11}$$

转子电路中，由于定子是静止的，而转子是旋转的，转子不转时，气隙旋转磁场以同步转速 n_1切割转子绕组，当转子以转速 n 旋转后，旋转磁场以 Δn 的相对速度切割转子绕组，因此当转速 n 变化时，转子绕组各电磁量随之变化。

（1）转子电动势的频率。P 对磁极的旋转磁场每分钟只绕转子转了 $n_1 - n$ 圈，转子绕组中感应电动势每分钟只变化了 p（$n_1 - n$）个周期，每秒变化的周期数即转子绕组感应电动势的频率，感应电动势的频率正比于导体与磁场的相对切割速度，故转子电动势的频率为

$$f_2 = \frac{p(n_1 - n)}{n_1} = \frac{n_1 - n}{n_1} \times \frac{pn_1}{60} = sf_1 \tag{4-12}$$

式中：f_1 为电网频率，为一定值，故转子绕组感应电动势的频率 f_2 与转差率 s 成正比。

如额定运行状态时，转差率 s 为 0.01～0.06，电网频率为 50Hz，则转子电动势频率在 0.5～3Hz 之间，所以正常运行时，转子电动势频率也很低。可见只有在转子静止不动时，$n=0$，$s=1$，异步电机才与变压器一样，$f_2 = f_1$。f_2 与 s 成正比，转子电路中与 f_2 有关的各物理量都与 s 有关，我们就在这些物理量下标加上“s”。如转子每相绕组的电动势 E_{2s}，转子每相绕组的漏电抗 X_{2s}，转子每相绕组的漏阻抗 Z_{2s}。

（2）转子绕组的电动势。转子每相绕组的电动势

$$E_{2s} = 4.44 k_{w2} N_2 f_2 \Phi_0 \tag{4-13}$$

式中：k_{w2}为转子绕组的绕组系数；$k_{w2} N_2$ 为转子每相绕组的有效匝数。

若用 E_2 表示转子静止不动时的每相绕组电动势，则

$$E_2 = 4.44 k_{w2} N_2 f_1 \Phi_0 \tag{4-14}$$

所以

$$E_{2s} = sE_2 \tag{4-15}$$

当电源电压 U_1 一定时，Φ_0 就一定，故 E_2 为常数，则 $E_{2s} \propto s$，即转子绕组感应电动势与转差率 s 成正比。

（3）转子绕组的漏阻抗。由于电抗与频率成正比，所以转子旋转时转子漏电抗 X_{2s}为

$$X_{2s} = 2\pi f_2 L_2 = 2\pi s f_1 L_2 = sX_2 \tag{4-16}$$

式中：$X_2 = 2\pi f_1 L_2$ 是转子不转时的漏电抗；L_2 为转子绕组的漏电感；X_2 为常数，故转子旋转时的转子绕组漏电抗也正比于转差率 s。

在起动瞬间，转子转速 $n=0$，转差率 $s=1$，转子绕组漏电抗最大。当转子转动时，它随转子转速的升高而减少。转子绕组每相漏阻抗为

$$Z_{2s} = R_2 + \mathrm{j}X_2 = R_2 + \mathrm{j}sX_2 \tag{4-17}$$

式中：R_2 为转子绕组每相电阻。

（4）转子绕组的电流。异步电动机的转子绕组正常运行时处于短接状态，其端电压 $U_2=0$，所以转子绕组电动势平衡方程式

$$\dot{E}_{2s} - Z_{2s}\dot{I}_2 = 0 \text{ 或 } \dot{E}_{2s} = (R_2 + \mathrm{j}sX_2)\dot{I}_2 \tag{4-18}$$

转子每相电流$\dot{I}_2$为

$$\dot{I}_2 = \frac{\dot{E}_{2s}}{Z_{2s}} = \frac{\dot{E}_{2s}}{R_2 + \mathrm{j}X_{2s}} = \frac{s\dot{E}_2}{R_2 + \mathrm{j}sX_2} \tag{4-19}$$

有效值为

$$I_2 = \frac{sE_2}{\sqrt{R_2^2 + (sX_2)^2}} \tag{4-20}$$

由此可见，转子绕组电流 I_2 与转差率 s 的关系。当 $s=0$ 时，$I_2=0$；当转子转速降低时，转差率 s 增大，转子电流也随之增大。

(5) 转子绕组功率因数。若 $\dot{E}_{2s}$与 $\dot{I}_2$的相位差为 φ_2，转子电路的功率因数 $\cos\varphi_2$ 为

$$\cos\varphi_2 = \frac{R_2}{\sqrt{R_2^2 + X_{2s}^2}} = \frac{R_2}{\sqrt{R_2^2 + (sX_2)^2}} \tag{4-21}$$

式（4-21）说明，转子回路功率因数也与转差率 s 有关。当 $s=0$ 时，$\cos\varphi_2=1$；当 s 增大时，$\cos\varphi_2$ 减小。

由于转子绕组是短路的，$U_2=0$，主电动势 $\dot{E}_{2s}$，漏电动势 $\dot{E}_{2\sigma}$和转子绕组电阻压降 $R_2\dot{I}_2$相平衡，故转子电路的电动势平衡方程式

$$0 = \dot{E}_{2s} - \dot{I}_2R_2 + \mathrm{j}\dot{I}_2X_2 = \dot{E}_{2s} - \dot{I}_2Z_2$$

因此可写出负载时定、转子的电动势平衡方程式，即

$$\left.\begin{aligned} \dot{U}_1 &= -\dot{E}_1 + \dot{I}_1R_1 + \mathrm{j}I_1X_1 = -\dot{E}_1 + \dot{I}_1Z_1 \\ 0 &= \dot{E}_{2s} - \dot{I}_2R_2 + \mathrm{j}I_2X_2 = \dot{E}_{2s} - \dot{I}_2Z_2 \end{aligned}\right\} \tag{4-22}$$

3. 磁动势功平衡方程式

三相异步电动机在空载运行时，可认为异步电动机只有空载电流 $\dot{I}_0$，所以电动机只有该电流产生的空载磁动势 F_0 来建立气隙磁场。

在负载运行时，气隙主磁通 Φ_m 由定子磁动势 F_1 和转子磁动势 F_2 共同产生。因为外加电压U_1 不变时，主磁通 Φ_m 基本不变，所以异步电动机在空载和负载时的气隙主磁通 Φ_m 基本一样，因此负载时 F_1 与 F_2 的合成磁动势应等于空载时的励磁磁动势 F_0，即负载运行时的磁动势平衡方程为

$$F_1 + F_2 = F_0 \tag{4-23}$$

$$F_1 = F_0 + (-F_2) = F_0 + F_{1L} \tag{4-24}$$

式中：F_{1L}为定子磁动势的负载分量，$F_{1L}=-F_2$。

由此可见，负载运行时定子磁动势包括了两个分量：一个是励磁磁动势 F_0，用来产生气隙磁通 Φ_0；另一个是负载分量磁动势 F_{1L}，用来平衡转子磁动势 F_2，即用来抵消转子磁动势对主磁通的影响。

将磁动势公式代入式（4-23）可得

$$\frac{m_1}{2}0.9\frac{N_1k_{w1}}{p}\dot{I}_1 + \frac{m_2}{2}0.9\frac{N_2k_{w2}}{p}\dot{I}_2 = \frac{m_1}{2}0.9\frac{N_1k_{w1}}{p}\dot{I}_0 \tag{4-25}$$

将式（4-25）除以$\frac{m_1}{2}0.9\frac{N_1k_{w1}}{p}$得

$$\dot{I}_1 + \frac{\dot{I}_2}{k_i} = \dot{I}_0 \tag{4-26}$$

$$\dot{I}_1 = \dot{I}_0 + \left(-\frac{\dot{I}_2}{k_i}\right) = \dot{I}_0 + \dot{I}_{1L} \tag{4-27}$$

其中，k_i 为异步电动机的电流变比，$k_i=\frac{m_1N_1k_{w1}}{m_2N_2k_{w2}}$；$\dot{I}_{1L}$为定子电流的负载分量 $\dot{I}_{1L}=-\frac{\dot{I}_2}{k_i}$。

当负载增加，I_2 与 F_2 增大时，由于 $F_{1L}=-F_2$，因此 F_2 的增加引起定子磁动势负载分量 F_{1L}相应增加，使 I_1 与 F_1 随之增加，因此通过磁动势平衡方程式实现了异步电动机内部机电能量转换。

4. 折算与等效电路

异步电动机与变压器一样，定、转子绕组之间只有磁耦合无电的直接联系，在分析运行和计算时，可采用与变压器相似的等效电路方法，将定、转子之间的电磁关系用等效电路来表示，用电路的方法来进行计算与分析。根据电动势平衡方程式画出图 4-19 所示的三相异步电动机旋转时定、转子电路图，类似于变压器，要做出异步电动机的等效电路必须先进行折算。尽管异步电动机与变压器很相似，但是异步电动机是旋转电机，在运行的过程中，起动的瞬间到正常运行，定子、转子频率并不相等，而且定、转子绕组的相数、绕组系数和匝数并不一定相同，因此需要考虑折算问题。

(1) 频率折算。频率折算就是用一个等效的转子来代替实际旋转的转子，新等效的转子电路应与定子电路有相同的频率。只有当转子静止时，转子电路才与定子电路有相同的频率。所以频率折算实际上就是把旋转的转子等效成静止的转子。在等效的过程中，为了折算后不改变物理本质，保持电机的电磁效应不变，折算必须遵循以下两个原则：一个是保持转子磁动势 F_2 不变，要达到这一点，根据转子磁动势 $F_2=\frac{m_2}{2}0.9\frac{N_2k_{w2}}{p}\dot{I}_2$ 因此只要使被等效静止的转子电流大小和相位与原转子旋转时的电流大小和相位一致便可满足；二是被等效转子回路的功率和损耗与原转子旋转时一致。

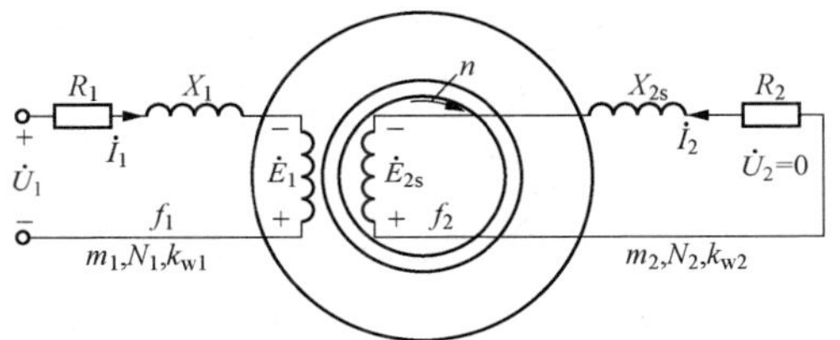

图 4-19 旋转时异步电动机的定子、转子电路

异步电动机旋转时的转子电流可表示为

$$\dot{I}_2=\frac{\dot{E}_{2s}}{Z_{2s}}=\frac{\dot{E}_{2s}}{R_2+jX_{2s}}=\frac{s\dot{E}_2}{R_2+jsX_2} \tag{4-28}$$

将式 (4-28) 分子、分母同除以 s，得到

$$\dot{I}_2=\frac{\dot{E}_2}{\frac{R_2}{s}+jX_2} \tag{4-29}$$

比较式 (4-28) 与式 (4-29) 可见，频率折算方法只要把原转子电路中的 R_2 变成$\frac{R_2}{s}$，即在原转子旋转的电路中串入一个$\frac{R_2}{s}-R_2=\frac{1-s}{s}R_2$ 的附加电阻即可，如图 4-20 所示，由此可知，变换后的转子电路中多了一个附加电阻$\frac{1-s}{s}R_2$。实际旋转的转子在转轴上有机械功率输出并且转子还会产生机械损耗。经折算后，因转子等效为静止状态，转子就不再有机械功率输出及机械损耗，但在电路中多了一个附加电阻$\frac{1-s}{s}R_2$。

根据能量守恒定律及总功率不变的原则，该电阻所消耗的功率 $m_2 I_2^2 \frac{1-s}{s} R_2$ 应等于转轴上的机械功率和转子机械损耗之和，这部分功率称为总机械功率，附加电阻 $\frac{1-s}{s} R_2$ 称为模拟总机械功率的等值电阻。

由图 4-20 可知，频率折算后的异步电动机转子电路和一个二次侧接有可变电阻 $\frac{1-s}{s} R_2$ 的变压器二次电路相似，因此可将 $\frac{1-s}{s} R_2$ 附加电阻看成为异步电动机的负载电阻，把转子电流 $\dot{I}_2$ 在该电阻上的电压降看成是转子回路的端电压，即 $\dot{U}_2 = \dot{I}_2 \frac{1-s}{s} R_2$，这样转子回路电动势平衡方程式为

$$\dot{U}_2 = \dot{E}_2 - (R_2 + jX_2) \dot{I}_2 \tag{4-30}$$

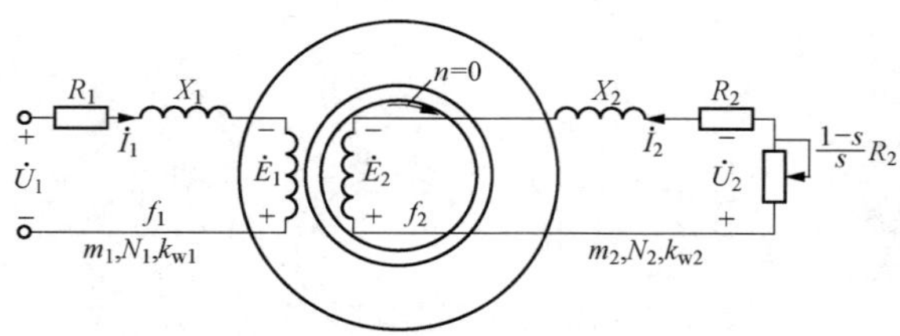

图 4-20　频率折算后异步电动机的定、转子电路

(2) 转子绕组折算。转子绕组的折算是用一个和定子绕组有相同相数 m_1，匝数 N_1 和绕组系数 k_{w1} 的等效转子绕组来取代相数为 m_2，匝数 N_2 和绕组系数 k_{w2} 的实际转子绕组。其折算原则和方法与变压器相同。

1）电流的折算。根据折算前、后转子磁动势不变的原则，可得

$$\frac{m_1}{2} 0.9 \frac{N_1 k_{w1}}{p} I'_2 = \frac{m_2}{2} 0.9 \frac{N_2 k_{w2}}{p} I_2$$

折算后的转子电流为

$$I'_2 = \frac{m_2 N_2 k_{w2}}{m_1 N_1 k_{w1}} I_2 = \frac{1}{k_i} I_2 \tag{4-31}$$

式中：k_i 为电流变比，$k_i = \frac{m_1 N_1 k_{w1}}{m_2 N_2 k_{w2}}$。

2）电动势的折算。根据折算前、后传递到转子侧的视在功率不变的原则，可得

$$m_1 E'_1 I'_1 = m_2 E_2 I_2$$

折算后转子电动势为

$$E'_2 = \frac{N_1 k_{w1}}{N_2 k_{w2}} E_2 = k_e E_2 \tag{4-32}$$

式中：k_e 为电动势的变比，$k_e = \frac{N_1 k_{w1}}{N_2 k_{w2}}$。

3）阻抗的折算。根据折算前、后转子铜损耗不变的原则，可得

$$m_1 I'^2_2 R'_2 = m_2 I_2^2 R_2$$

折算后的转子电阻为

$$R'_2 = \frac{m_2}{m_1} \left(\frac{I_2}{I'_2} \right)^2 R_2 = \frac{m_2}{m_1} \left(\frac{m_1 N_1 k_{w1}}{m_2 N_2 k_{w2}} \right)^2 R_2 = k_e k_i R_2 \tag{4-33}$$

同理，根据折算前、后转子漏抗上所吸收的无功功率不变的原则，可得

$$m_1 I'^2_2 X'_2 = m_2 I_2^2 X_2$$

折算后的转子漏抗为

$$X'_2 = \frac{m_2}{m_1}\left(\frac{I_2}{I'_2}\right)^2 X_2 = \frac{m_2}{m_1}\left(\frac{m_1 N_1 k_{w1}}{m_2 N_2 k_{w2}}\right)^2 X_2 = k_e k_i X_2 \qquad (4-34)$$

式（4-33）和式（4-34）中 $k_e k_i$ 为阻抗变比。

综上所述，可得如下结论：转子侧各物理量折算到定子侧时，转子电动势、电压乘以电动势变比 k_e；转子电流除以电流变比 k_i；转子电阻、漏抗及阻抗乘以阻抗变比 $k_e k_i$。

（3）等效电路。经过频率和绕组折算后，得出异步电动机的基本方程式为

$$\left.\begin{aligned}
\dot{U}_1 &= -\dot{E}_1 + (R_1 + jX_1)\dot{I}_1 \\
\dot{U}'_2 &= -\dot{E}'_2 + (R'_2 + jX'_2)\dot{I}'_2 \\
\dot{I}_1 &+ \dot{I}'_2 = \dot{I}_0 \\
\dot{E}_1 &= -(R_m + jX_m)\dot{I}_0 \\
\dot{E}'_2 &= \dot{E}_1 \\
\dot{U}'_2 &= \dot{I}'_2 \frac{1-s}{s} R'_2
\end{aligned}\right\} \qquad (4-35)$$

根据基本方程式，可画出异步电动机的 T 形等效电路，如图 4-21 所示

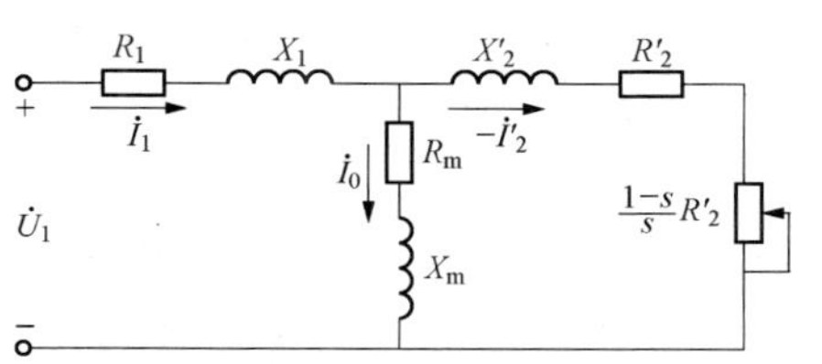

图 4-21 异步电动机的 T 形等效电路

分析四种特殊运行状态：

1）当电动机发生堵转或起动瞬间，$n=0$，$s=1$，附加电阻 $\frac{1-s}{s}R'_2=0$，等效电路处于短接状态。此时定、转子电路都很大，如果长期堵转（短路）运行，将会烧毁电动机。

2）当电动机空载运行时，$n \approx n_1$，$s \approx 0$，$\frac{1-s}{s}R'_2 \approx \infty$，等效电路近似为开路状态。此时转子电流近似为零，定子电流主要是励磁电流，电动机的功率因数很低，应避免长期空载或轻载运行。

3）异步电动机正常运行时，转差率很小，$s=0.01 \sim 0.06$，此时模拟总机械功率的等效电阻 $\frac{1-s}{s}R'_2$ 很大，表示从转轴上输出机械功率。机械负载的变化在等效电路中是由转差率 s 来体现的。负载增加时，转差率 s 增大，等效电阻 $\frac{1-s}{s}R'_2$ 减少，转子电流增大，定子电流也随之增大。此时转子电流产生的电磁转矩与负载转矩保持平衡，电动机从电网吸收电功率供给电动机损耗和转轴上的机械功率输出，实现能量转换与功率平衡。

4）异步电动机的等效电路是阻感性电路，则电动机需要从电网吸收感性无功电流来激励主磁通和漏磁通，定子电流总是滞后定子电压，所以异步电动机的功率因数总是滞后的。

（三）功率平衡方程式与转矩平衡方程式

1. 功率平衡方程式

在异步电动机 T 形等效电路图中，当异步电动机以转速 n 稳定运行时，从电源输入的

功率转化为转子轴上输出机械功率。电动机在实现机电能量转换过程中，必然会产生各种损耗。根据能量守恒定律，输出功率应等于输入功率减去总损耗。

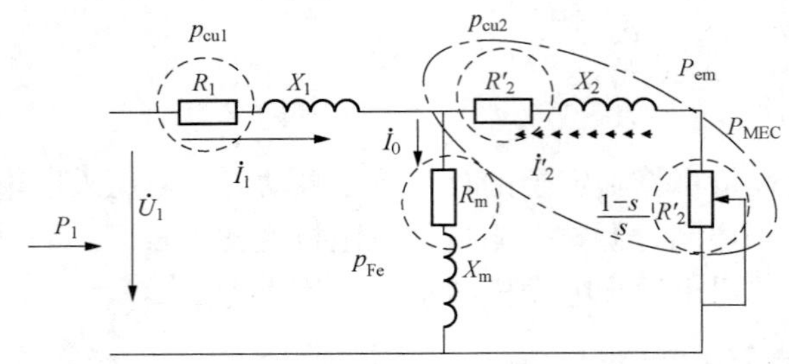

图 4-22 功率和损耗的 T 形等效电路

（1）输入功率 P_1。由电网供给电动机的功率称为输入功率，表达式为

$$P_1 = m_1 U_1 I_1 \cos\varphi_1 \tag{4-36}$$

式中：U_1、I_1 为定子绕组的相电压、相电流；$\cos\varphi_1$ 为异步电动机的功率因数。

（2）定子铜损耗 p_{Cu1}。定子电流 I_1 通过定子绕组时，在定子绕组电阻 R_1 上的功率损耗为定子铜损耗，即

$$p_{Cu1} = m_1 I_1^2 R_1 \tag{4-37}$$

（3）定子铁损耗 p_{Fe}。由于异步电动机正常运行时，额定转差率很小，转子频率很低，一般为 0.5～3Hz，转子铁损耗很小，可忽略不计，定子铁损耗实际上就是整个电动机的铁芯损耗，励磁电流 I_0 在励磁电阻 R_m 上所消耗的功率。根据图 4-22T 形等效电路可知，电动机铁损耗为

$$p_{Fe1} = m_1 I_0^2 R_m \tag{4-38}$$

（4）转子铜损耗 p_{Cu2}。转子电流流过转子绕组时，电流在转子绕组电阻上的功率损耗称为转子铜损耗，即

$$p_{cu2} = m_1 I'^2_2 R'_2 \tag{4-39}$$

（5）电磁功率 p_{em}。输入电功率扣除定子铜损耗和铁损耗后，剩余的功率由气隙旋转磁场通过电磁感应传递到转子的电磁功率为

$$P_{em} = P_1 - p_{Cu1} - p_{Fe} \tag{4-40}$$

由 T 形等效电路看能量传递关系，输入功率 P_1 减去 R_1 和 R_m 上的损耗 p_{Cu1} 和 p_{Fe}后，应等于在电阻 R'_2/s 上所消耗的功率，即

$$P_{em} = m_1 E'_2 I'_2 \cos\varphi_2 = m_1 I'^2_2 \frac{R'_2}{s} \tag{4-41}$$

（6）总机械功率 P_{MEC}。电磁功率减去转子绕组的铜损耗后，即为异步电动机转子上的总机械功率，表达式为

$$P_{MEC} = P_{em} - p_{Cu2} = m_1 I'^2_2 \frac{R'_2}{s} - m_1 I'^2_2 R'_2 = m_1 I'^2_2 \frac{1-s}{s} R'_2 \tag{4-42}$$

式（4-42）说明了 T 形等效电路中引入电阻的$\frac{1-s}{s}R'_2$物理意义。

由式（4-39）、式（4-41）、式（4-42）可得

$$p_{Cu2} = sP_{em} \tag{4-43}$$

$$P_{MEC} = (1-s)P_{em} \tag{4-44}$$

由此可见，从气隙传递到转子的电磁功率分为两部分，一小部分 sP_{em}变为转子铜损耗，绝大部分（$1-s$）P_{em}转变为总机械功率。转差率 s 越大，电磁功率消耗在转子铜损耗中的比重就越大，电动机效率就越低，因此异步电动机正常运行时，转差率较小，通常在 0.01～0.06 的范围内。

电动机运行时，会产生轴承及风阻等摩擦引起的机械损耗 p_{mec}，另外还有定、转子开槽

和谐波磁场引起的附加损耗 p_{ad}。电动机的附加损耗很小，一般在大型异步电动机中 $p_{ad}\approx 0.5\%P_N$，小型异步电动机满载时，p_{ad}可达到 1%～3%。

（7）输出功率 P_2。总机械功率减去机械损耗 p_{mec} 和附加损耗 p_{ad} 后，才是转子输出的机械功率 P_2，即

$$P_2 = P_{MEC} - (p_{mec} + p_{ad}) = p_{MEC} - p_0 \tag{4-45}$$

式中：p_0 为空载运行时的转动损耗。

将功率转换过程用功率流程图表示，如图 4-23 所示。

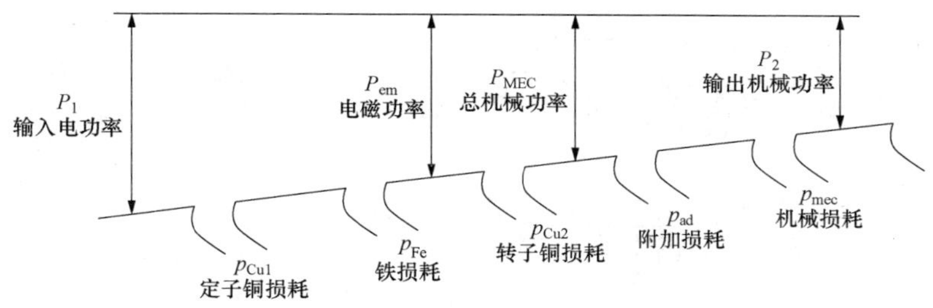

图 4-23 异步电动机的功率流程图

功率平衡方程式为

$$P_2 = P_1 - (p_{Cu1} + p_{Fe} + p_{Cu2} + p_{mec} + p_{ad}) = P_1 - \sum P \tag{4-46}$$

式中：$\sum P$ 为电动机总损耗，$\sum P = p_{Cu1} + p_{Fe} + p_{Cu2} + p_{mec} + p_{ad}$。

2. 转矩平衡方程式

旋转体的机械功率等于作用在旋转体的转矩与其机械角速度 Ω 的乘积。$\Omega=\dfrac{2\pi n}{60}$（rad/s）

将式（4-45）两边除以转子机械角速度 Ω 便得到稳态时异步电动机的转矩平衡方程式，即

$$\frac{P_2}{\Omega} = \frac{P_{MEC}}{\Omega} = \frac{p_{mec} + p_{ad}}{\Omega}$$

$$T_2 = T_{em} - T_0 \text{ 或 } T_{em} = T_2 + T_0 \tag{4-47}$$

式中：T_2 为电动机轴上输出机械负载转矩，$T_2 = \dfrac{P_2}{\Omega}$，属制动性质转矩，N·m；$T_{em}$ 为电动机电磁转矩，属驱动性质转矩，$T_{em} = \dfrac{P_{MEC}}{\Omega}$；$T_0$ 为对应于机械损耗和附加损耗的转矩，称为空载转矩，属制动性质转矩，$T_0 = \dfrac{p_{mec} + p_{ad}}{\Omega}$。

$$T_{em} = \frac{P_{MEC}}{\Omega} = \frac{(1-s)P_{em}}{\frac{2\pi n}{60}} = \frac{P_{em}}{\frac{2\pi n_1}{60}} = \frac{P_{em}}{\Omega_1} \tag{4-48}$$

式中：Ω_1 为同步机械角速度，$\Omega_1 = \dfrac{2\pi n_1}{60}$，rad/s。

由此可见，电磁转矩从转子方面看，它等于总机械功率除以转子机械角速度；从定子方面看，又等于电磁功率除以同步机械角速度。

【例 4-3】 一台三相 4 极异步电动机数据为：$P_N = 10\text{kW}$，$U_N = 380\text{V}$，$I_N = 20.1\text{A}$，定子三角形接法，$f_1 = 50\text{Hz}$，定子铜损耗 $p_{Cu1} = 557\text{W}$，转子铜损耗 $p_{Cu2} = 314\text{W}$，铁损耗

$p_{Fe}=276$W，机械损耗 $p_{mec}=77$W，附加损耗 $p_{ad}=200$W。求该电动机额定运行时的转速、负载转速、空载转矩、电磁转矩、效率。

解： 因为 $2p=4$，$n_1=\dfrac{60f_1}{p}=\dfrac{60\times50}{2}=1500$（r/min）

总机械功率 $P_{MEC}=P_2+p_{mec}+p_{ad}=10\ 000+77+200=10\ 277$（W）

电磁功率 $P_{em}=p_{mec}+p_{Cu2}=10\ 277+314=10\ 591$（W）

额定运行时 $s_N=\dfrac{p_{Cu2}}{P_{em}}=\dfrac{314}{10\ 591}=0.0297$

额定转速 $n_N=(1-s_N)n_1=(1-0.0297)\times1500=1455.5$（r/min）

负载转矩 $T_2=\dfrac{P_2}{\Omega}=\dfrac{10\times10^3}{2\pi\dfrac{1455.5}{60}}=65.66$（N·m）

空载转矩 $T_0=\dfrac{p_{mec}+p_{ad}}{\Omega}=\dfrac{77+200}{2\pi\dfrac{1455.5}{60}}=1.82$（N·m）

电磁转矩 $T_{em}=T_2+T_0=65.61+1.82=67.43$（N·m）

或 $T_{em}=\dfrac{P_{em}}{\Omega_1}=\dfrac{10\ 591}{2\pi\dfrac{1500}{60}}=67.42$（N·m）

或 $T_{em}=\dfrac{P_{MEC}}{\Omega_1}=\dfrac{10\ 277}{2\pi\dfrac{1455.5}{60}}=67.42$（N·m）

可见，三种算法结果一致。

$$P_1=P_{em}+p_{Cu1}+p_{Fe}=10\ 591+557+276=11\ 424(\text{W})$$

$$\eta=\frac{P_2}{P_1}=\frac{10\times10^3}{11\ 424}=87.54\%$$

二、异步电动机起动

（一）异步电动机起动要求

起动是指电动机在接通电源后，转子从静止状态开始加速转动起来，直到最后达到稳定运行的过程。对于任何一种电动机，在起动时都有下列两个基本要求。

1. 起动转矩要足够大

只有起动转矩 $T_{st}>$负载转矩 T_L时，电动机才能改变原来的静止状态，拖动生产机械运转。起动转矩越大于负载转矩，加速起动过程，所需的起动时间就越短。

2. 起动电流不要超过允许值

对于三相异步电动机而言，由于起动瞬间 $s=1$，旋转磁场与转子之间的相对运动速度很大，转子电路的感应电动势及电流都很大，所以起动电流要大于额定电流。在电源容量与电动机的额定功率相比不是足够大时，会引起输电线路上电压降的增加，造成供电电压的明显下降，引起电网电压波动，不仅影响了同一供电系统中其他负载的工作，如照明灯变暗，正在工作的电动机速度下降甚至拖不动负载而停车，也会延长电机本身起动的时间。而对电动机本身来说，起动过于频繁时，还会引起电动机过热，因此必须设法减少起动电流，以减少对电网的冲击。

下面分别介绍笼型和绕线型异步电动机的起动方法。

（二）笼型异步电动机直接起动

直接起动又称全压起动，起动方法简单，不需要起动设备，将定子绕组直接接入额定电压的电网上。这是最简单的起动方法，但起动性能差。

1. 起动电流 I_{st} 大

物理概念上讲：起动时，$n=0$，$s=1$，转子感应电动势大，使转子电流大，根据磁动势平衡关系，定子电流必然增大，等效电路上，起动时 $n=0$，$s=1$，$\frac{R'_2}{s}$下降或$\frac{1-s}{s}R'_2=0$，I'_2上升，I_{st}上升。

起动电流大的影响：

（1）线路压降大，造成电网电压降低；

（2）线路及电机热损耗大；

（3）在端部产生电磁力使其变形，损坏绝缘，转子鼠笼条断条。

2. 起动转矩 T_{st} 不大

起动时，$s=1$，远大于运行时的 s，转子漏抗 $X'_2=sX_2$ 很大，$\cos\varphi_2$ 很低，因此，起动时虽然 I'_2很大，其有功分量 $I'_2\cos\varphi_2$ 并不大，所以起动转矩不大。另外，由于起动电流大，定子漏阻抗压降大，是定子感应电动势减少，导致对应的气隙磁通减少，是造成起动转矩不大的另外一个原因。

由此可见，笼型异步电动机直接起动时，起动电流大，起动转矩不大，这样的起动性能并不理想。过大的起动电流对电网电压的波动及电动机本身都会引起不良的影响，因此直接起动的电机只能适用在小容量的电动机，如 7.5kW 以下的电动机可采用直接起动，对于容量较大的电动机则采用降压起动方法。

（三）笼型异步电动机降压起动

降压起动的目的是限制起动电流。起动时先降低定子绕组上的电压，起动后，再把电压恢复到额定值。减压起动虽然可以减少起动电流和电源供给的电流，但起动转矩也会减少。因此，这种起动方法一般只适用轻载或空载情况下起动。

1. 星-三角形降压起动

星-三角形降压起动适用于正常运行时定子绕组为三角形联结的电动机。如图 4-24 所示，起动时先将双向开关 Q2 合向“起动”侧，电动机在星形连接下起动，待转速上升至接近正常转速时，再讲双向开关 Q2 换向“运行”侧，电动机换成三角形连接，在额定电压下运行。

设电动机额定电压为 U_N，每相漏阻抗为 Z_s，则星形连接时，起动电流为

$$I_{stY}=\frac{U_N/\sqrt{3}}{Z_s} \tag{4-49}$$

三角形连接时，起动电流（线电流）即直接起动电流为

$$I_{st\triangle}=\sqrt{3}\frac{U_N}{Z_s} \tag{4-50}$$

所以得到起动电流减小的倍数为

$$\frac{I_{stY}}{I_{st\triangle}}=\frac{1}{3} \tag{4-51}$$

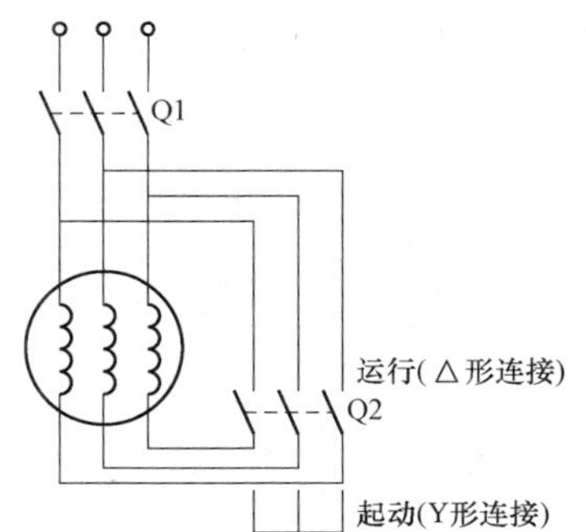

图 4-24　星-三角形降压起动

根据 T_{st} 与 U_1^2 成正比，可得起动转矩减少的倍数为

$$\frac{T_{stY}}{T_{st\triangle}}=\left(\frac{U_N/\sqrt{3}}{U_N}\right)^2=\frac{1}{3} \tag{4-52}$$

因此，星-三角形降压起动与直接起动相比，定子相电压减少到了直接起动时的 $\frac{1}{\sqrt{3}}$，因而相电流也减少至直接起动时的 $\frac{1}{\sqrt{3}}$，线电流即起动电流也就是电源电流减少至直接起动的 $\frac{1}{3}$。由于起动转矩与相电压的平方成正比，因此起动转矩也减少到直接起动的 $\frac{1}{3}$。

2. 定子串电阻或电抗降压起动

起动方法如图 4-25 所示，起动时开关 Q2 断开，Q1 闭合，电动机通过起动电阻 R_{st} 或起动电抗 X_{st} 接到电源。定子电流在 R_{st} 或 X_{st} 上产生电压降，使电动机的定子电压降低，从而减小起动电流。起动后，开关 Q2 闭合，切除 R_{st} 或 X_{st}。此方法定子串电阻起动耗能较多，主要用于低压小功率电动机。定子串电抗起动成本高，主要用于高压大功率电动机。

3. 自耦变压器降压起动

该方式是是通过自耦变压器将电动机定子电压降低，以达到减小起动电流的目的，起动后再将电压恢复到额定值，如图 4-26 所示。

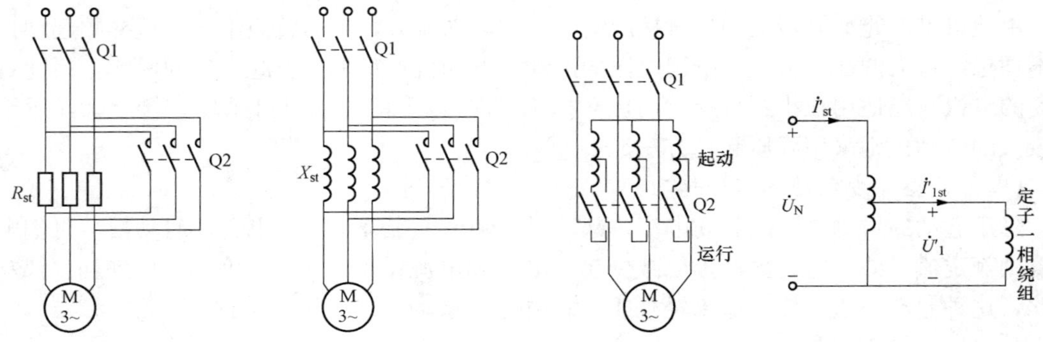

图 4-25 定子串电阻或电抗起动　　图 4-26 自耦变压器降压起动

起动时，把开关 Q2 合到“起动”侧，并合上开关 Q1，自耦变压器一次绕组加全电压，而电动机定子电压为自耦变压器二次抽头部分的电压，电动机在低压下起动。待转速上升一定数值时，再把开关 Q2 切换到“运行”侧，切除自耦变压器，电动机全压下运行。图中，U_N 是自耦变压器一次相电压，也是电动机直接起动时的额定相电压；U'_1 是自耦变压器的二次相电压，也是降压起动时的相电压。自耦变压器减压起动与直接起动相比，定子绕组的连接方式没变，设自耦变压器的变比是 k，则 $k=\frac{U_N}{U'_1}=\frac{I'_{1st}}{I'_{st}}$。

直接起动时的起动电流为

$$I_{st}=\frac{U_N}{Z_s} \tag{4-53}$$

降压后自耦变压器二次侧供给电动机的起动电流为

$$I'_{1st}=\frac{U'_1}{Z_s}=\frac{U_N/k}{Z_s} \tag{4-54}$$

自耦变压器的一次电流，即电网提供的起动电流为

$$I'_{st}=\frac{1}{k}I'_{1st}=\frac{1}{k^2}\times\frac{U_N}{Z_s} \tag{4-55}$$

由此可得电网提供的起动电流减少的倍数为

$$\frac{I'_{st}}{I_{st}}=\frac{1}{k^2} \tag{4-56}$$

起动转矩减少的倍数为

$$\frac{T'_{st}}{T_{st}}=\left(\frac{U_1}{U_N}\right)^2=\frac{1}{k^2} \tag{4-57}$$

采用自耦变压器降压起动时，起动电流和起动转矩都降低到直接起动时的$\frac{1}{k^2}$。自耦变压器降压起动适用于容量大的低压电动机，这种方法可获得较大起动转矩，且自耦变压器二次侧一般有三个抽头，分别表示二次电压为一次电压40%、60%、80%的百分比。自耦变压器降压起动的优点是不受电动机绕组连接方式的影响，且可按运行的起动电流和负载所需的起动转矩来选择合适抽头。其缺点是设备体积大，投资高。

（四）绕线式异步电动机串电阻起动

绕线式异步电动机的转子电路串联合适的电阻不但可以减少起动电流，而且还可以增大起动转矩。因而，要求起动转矩大或起动频繁的生产机械常采用绕线式异步电动机拖动。

根据电动机的容量不同，起动方式分为两种。

1. 分级起动

容量较大的三相绕线式异步电动机一般采用分级起动，以保证起动过程中有较大的起动转矩和起动电流，以两级起动为例，如图4-27（a）所示，起动电阻由两级起动电阻串联，起动瞬间转子串入最大起动电阻$R_{st}=R_{st1}=R_{st2}$，使起动转矩为某要求值T_1。随着转速n的增加，当转矩降至某希望值T_2时，切除一段起动电阻R_{st2}，使转矩等于T_1。转速继续增加，T开始减小，当T减小到T_2时，再切除剩下的一段起动电阻R_{st1}，电动机最后在固有特性上的某稳定工作点上稳定运行，整个起动过程结束。

若两级起动无法保证转矩始终在希望的转矩T_1和T_2之间变化，可加大起动级数。

2. 无级起动

容量较小的三相绕线式异步电动机常采用如图4-27（b）所示，转子电路串联起动变阻器的无级起动方法起动。起动变阻器通过手柄接成星形，起动前先把起动变阻器调到最大值，再合上电源开关Q，电动机开始起动，随着转速的升高，逐渐减小起动变阻器的电阻，直到全部切除，使转子绕组短接。

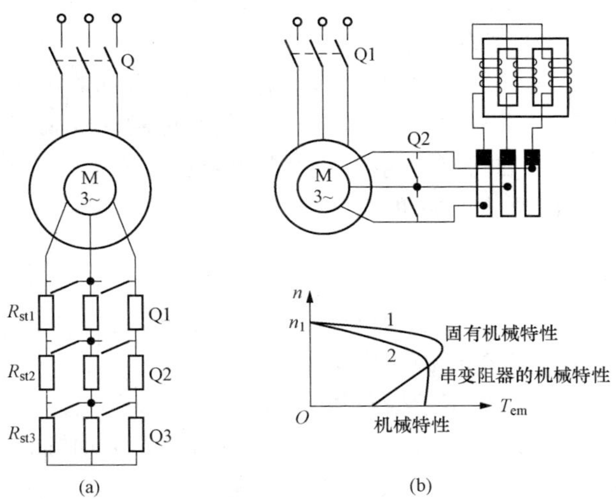

图4-27 绕线式异步电动机串电阻起动
（a）绕线式异步电动机有级起动；（b）绕线式异步电动机无级起动

三相绕线式异步电动机转子串电阻起动可以使电动机在整个起动过程中都有较大的起动转矩，适合于重载起动，在桥式起重机、龙门吊车等设备中得到广泛应用。我们利用频敏变阻器实现所串联的电阻能在起动过程中随转速 n 的升高而自动减少，达到理想状态。它是一个电阻随频率变化的变阻器，作为起动电阻，串联在转子电路内，电动机起动时，转子电流频率最高，$f_2=f_1$，频敏变阻器电阻大，随转速 n 的升高，$f_2=sf_1$ 逐渐减小，频敏变阻器电阻自然减小，所以可以在转子电路串频敏变阻器起动。不过这种起动方法起动转矩不大，只在轻载起动时优点才比较明显。

三、异步电动机调速

（一）异步电动机调速条件

调速就是在一定的负载下，根据生产的需要人为地改变电动机的转速，调速性能的好坏往往影响到生产机械的工作效率和产品质量。

衡量电动机调速性能优劣的主要指标有以下几个方面。

1. 调速范围

电动机在满载情况下所能得到的最高转矩与最低转速之比称为调速范围。

2. 调速方向

调速方向指调速后的转速比原来的额定转速高还是低，若比额定转速高，称为往上调，比额定转速低，称为往下调。

3. 调速的稳定性

调速的稳定性是用来说明电动机在新的转速下运行时，负载变化而引起转速变化的过程，这与机械特性形状有关，硬特性比软特性的稳定性高。

4. 调速时的允许负载

电动机在不同转速下满载运行时，如果允许输出的功率相同，则这种调速方法称为恒功率调速，如果允许输出转矩相同，则称为恒转矩调速。

5. 调速的平滑性

调速的平滑性由一定调速范围内能得到的转速级数来说明，级数越多，相邻两转速的差值越小，平滑性就越好。如果转速只能跳跃式调节，这种调速为有级调速。如果在一定的调速范围内的任何转速都可以得到则为无级调速。

由异步电动机的转速公式

$$n=n_1(1-s)=\frac{60f_1}{p}(1-s) \tag{4-58}$$

可知，异步电动机有下列三种基本调速方法：

（1）改变电源频率 f_1 调速。

（2）改变定子极对数 p 调速。

（3）改变转差率 s 调速：①绕线转子电动机的转子串接电阻调速；②串级调速。

（二）笼型异步电动机变频调速

改变频率以额定频率为界可分为恒转矩变频率调速和恒功率变频率调速。

1. 恒转矩变频率调速

忽略定子漏阻抗的情况下，单独降低 f_1，会使 Φ_m 增加，引起磁路饱和，铁损耗增加，功率因数下降，为保持 Φ_m 不变，电压应随频率成正比减小，对恒转矩负载 $\frac{U_1}{U_1'}=\frac{f_1}{f_1'}=$ 常数，此条件下变频调速，电机的主磁通和过载能力不变。

2. 恒功率变频率调速

对恒功率负载为常数，此条件下变频调速，电机的过载能力不变，但主磁通发生变化。

变频调速可以实现宽范围内的平滑无级调速，调速方向既可以往上调，也可以往下调，调速的稳定性也比较好，是笼型异步电动机调速方法，但需要专用的变频电源。现代的变频调速器还具有软起动功能，起动时，不必再另外加软起动器等起动设备。

（三）笼型异步电动机变压调速

改变电动机的电压时，机械特性如图 4－28 所示。

变压调速的调速方向只能往下调，调速的平滑性好，可以实现无级调速，由于降压后的机械特性向下倾斜度增加，机械特性变软，调速稳定性差。调速时的允许负载最适用于转矩随转速降低而减小的负载，如风机类负载，也可用于恒转矩负载，最不适用恒功率负载。

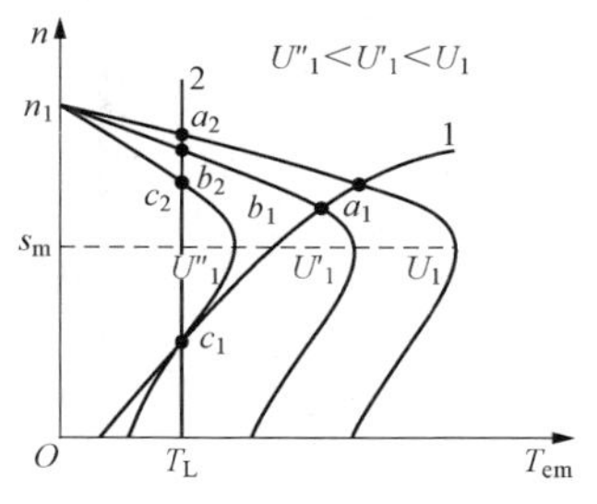

图 4－28 变压调速

（四）笼型异步电动机变极调速

1. 改变极数

在定子铁芯槽内嵌放两套不同极数的三相绕组。利用改变定子绕组接法来改变极数，称多速电机。变极调速只用于笼型电动机。图 4－29 所示为变极原理，以 4 极变 2 极为例：U 相两个线圈，顺向串联，定子绕组产生 4 极磁场；反向串联和反向并联，定子绕组产生 2 极磁场。

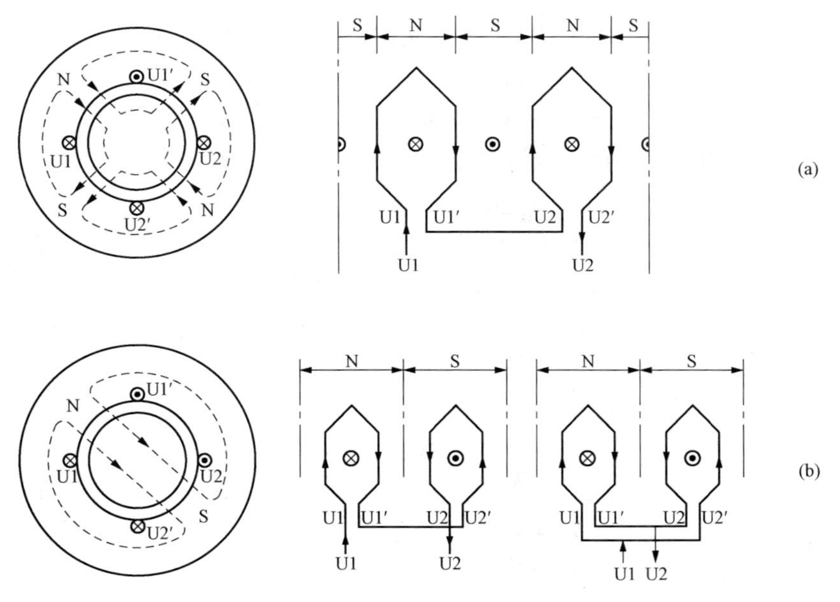

图 4－29 变极原理

(a) 串联 $p=2$；(b) 并联 $p=1$

2. 三种常用变极接线方式

图 4－30 所示为变极接线方式。注意：当改变定子绕组接线时，必须同时改变定子绕组

的相序。

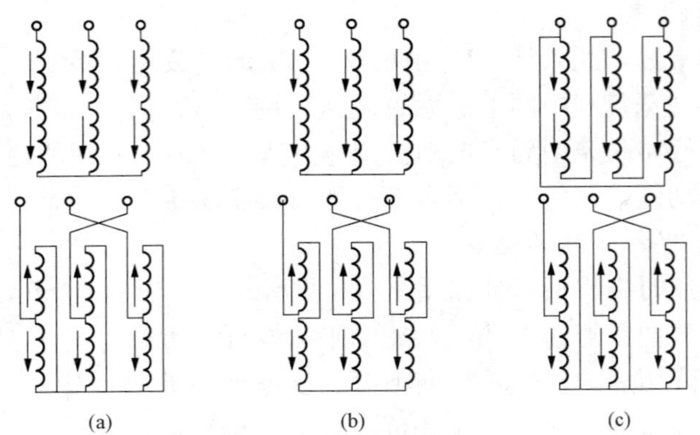

图 4-30 变极接线方式

(a) Y→反并 YY，$2p$-p；(b) Y→反串 Y，$2p$-p；(c) △Y→YY，$2p$-p

容许输出时是指保持电流为额定值条件下，调速前、后电动机轴上输出的功率和转矩。

(1) Y-YY 连接方式。

Y-YY 后，极数减少一半，转速增大一倍，即 $n_{YY}=2n_{Y}$，保持每一绕组电流为 I_N，则输出功率和转矩为

$$P_{YY}=2P_{Y},\quad T_{YY}=T_{Y}$$

结论：Y-YY 连接方式时，电动机的转速增大一倍，容许输出功率增大一倍，而容许输出转矩保持不变，所以这种变极调速属于恒转矩调速，它适用于恒转矩负载。

(2) △-YY 连接方式。△-YY 后，极数减少一半，转速增大一倍，即 $n_{YY}=2n_{\triangle}$，保持每一绕组电流为 I_N，则输出功率和转矩为 $P_{YY}=1.15P_{\triangle}$，$T_{YY}=0.58T_{\triangle}$可见，△-YY 连接方式时，电动机的转速增大一倍，容许输出功率近似不变，而容许输出转矩近似减少一半，所以这种变极调速属于恒功率调速，它适用于恒功率负载。

(3) 正串 Y-反串 Y 连接方式。同理可以分析，正串 Y-反串 Y 连接方式的变极调速属恒功率调速。变极调速时，转速几乎是成倍变化的，调速的平滑性较差，但具有较硬的机械特性，稳定性好，可用于恒功率和恒转矩负载。

(五) 绕线型异步电动机串电阻调速

绕线转子电动机的转子回路串接对称电阻时的机械特性如图 4-31 所示。

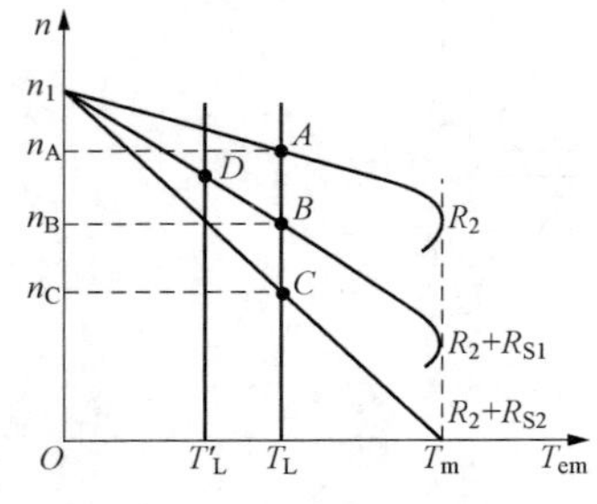

图 4-31 转子串电阻调速的机械特性

从机械特性看，转子串电阻时，同步速和最大转矩不变，但临界转差率增大。当恒转矩负载时，电机的转速随转子串联电阻的增大而减小。这种调速的方向只能往下调，调速的平滑性取决于串电阻的调节方式，由于机械特性变软，调速的稳定性差。这种调速方法多用于起重机、卷扬机等生产机械上。

(六) 绕线型异步电动机串级调速

在绕线转子电动机的转子回路串接一个与转子电动势 $\dot{E}_{2s}$ 同步频率的附加电动势 $\dot{E}_{ad}$，以取代串联电阻上的电压降，

既可节能，又能把部分电能回馈到电网中去。这种方法称为串级调速，如图 4-32 所示。

串级调速时，转子电流为

$$I_2 = \frac{sE_2 - E_{ad}}{\sqrt{R_2^2 + (sX_2)^2}} \tag{4-59}$$

串入 $\dot{E}_{ad}$后，I_2 下降，电磁转矩 T_{em}随之减少，转速 n 下降，转差率 s 增加，使 I_2 又开始增加，电磁转矩随之增加，直到电磁转矩重新等于负载转矩为止，电动机便在比原来低的转速下稳定运行。串入的 E_{ad}越大，转速 n 就越低。

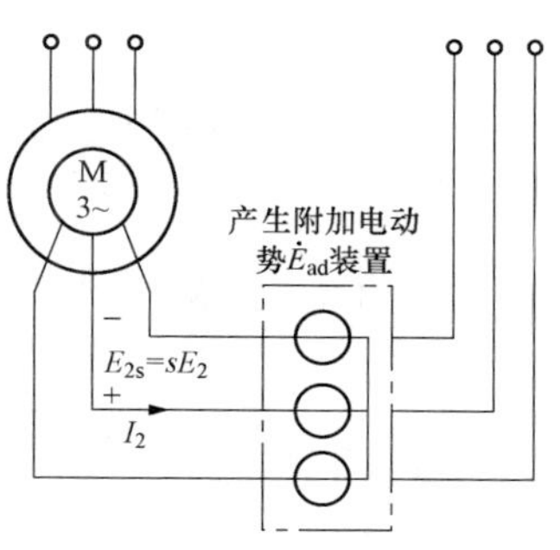

图 4-32 转子串附加电动势的串级调速

附加电动势的引入问题，可通过晶闸管电路来实现。串级调速较好的完善了转子电路串联电阻调速的不足，是绕线式异步电动机较有发展前景的调速方法。

四、异步电动机制动

制动就是让电动机产生一个与转子转向相反的电磁转矩，以使电力拖动系统迅速停机或稳定下放重物。这时电动机为制动状态，此时电磁转矩为制动转矩。电动机制动方法有三种，分别是能耗制动、反接制动和回馈制动。

（一）能耗制动

转子动能转变为电能消耗在转子回路的电阻上，故称为能耗制动。制动时，Q1 断开，电机脱离电网，同时 Q2 闭合，在定子绕组中通入直流励磁电流。直流励磁电流产生一个恒定的磁场，因惯性继续旋转的转子切割恒定磁场，导体中感应电动势和电流。感应电流与磁场作用产生的电磁转矩为制动性质，转速迅速下降，当转速为零时，感应电动势和电流为零，制动过程结束。

制动过程，设电动机原来工作在固有机械特性曲线上 A 点，在制动的瞬间，因转速不突变，工作点平移到能耗制动特性曲线 1 上的 B 点，在制动转矩的作用下，电机开始减速，工作点沿曲线 1 变化，直到原点，$n=0$，$T_{em}=0$，如果拖动的是反抗性负载，电动机停转，实现了快速制动停车；如果位能性负载：当转速过零时，若要停车必须立即用机械抱闸将电动机轴刹住，如不采取措施，电动机将在位能性负载转矩的倒拉下反转，直接进入第四象限的 C 点，系统处于稳定的能耗制动运行状态，这时重物保持匀速下降。C 点称为能耗制动运行点。改变制动电阻 R_B或直流励磁电流的大小，可以获得不同的稳定下降速度。

对于绕线转子异步电动机采用能耗制动时，按照最大制动转矩为（1.25～2.2）T_N 的要求，可用下列式子计算直流励磁电流和转子应串接电阻的大小：

$$I = (2-3)I_0, \quad R_B = (0.2-0.4)\frac{E_{2N}}{\sqrt{3}I_{2N}} - R_2$$

能耗制动广泛应用在平稳准确停车的场合，适用于起重机一类带位能性负载的机械上，用来限制重物下放速度，使重物保持匀速下降。

（二）反接制动

当异步电动机转子的旋转方向与定子磁场的旋转方向相反时，电动机处于反接制动状态。有两种情况，一是电动状态下突然将电源两相反接，使定子旋转磁场的方向由原来的顺转子转向改变为逆转子转向，这种情况称为电源两相反接的反接制动；二是保持定子磁场的

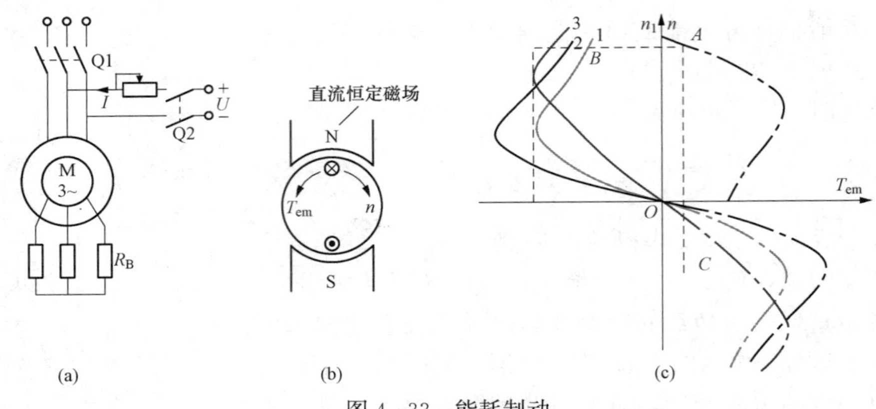

图 4-33　能耗制动

(a) 接线图；(b) 原理图；(c) 机械特性

转向不变，而转子在位能负载作用下进入倒拉反接，这种情况称为倒拉反转的反接制动。

1. 电源两相反接的反接制动

将电动机电源两相反接可实现反接制动。当把定子两相绕组出线端对调时，由于改变了定子电压的相序，所以定子旋转磁场方向改变，电磁转矩方向也随之改变，变为制动性质，其机械特性由曲线 1 变为曲线 2，工作点由 A 平移到 B，这时系统在制动的电磁转矩和负载转矩共同作用下迅速减速，工作点沿曲线 2 移动，到达 C 点时，$n=0$，制动过程结束。如要停车，应立即切断电源，否则电动机将反向起动。

绕线式电动机在定子两相反接同时，可在转子回路串联制动电阻来限制制动电流和增大制动转矩，如图 4-33 中曲线 3 所示，定子两相反接的反接制动是指从反接开始至转速为零这段制动过程，如图 4-34 中曲线 2 的 BC 段或曲线 3 的 $B'C'$所示。

2. 倒拉反转的反接制动

该制动方法适用于绕线式异步电动机带位能性负载情况。它能够使重物活动稳定地下放速度。如图 4-35 所示，设电动机工作点由 A 提升重物，当转子回路串入电阻 R_B时，机械特性变为曲线 2。转速来不及变化，工作点由 A 平移到 B，此时电动机的提升转矩 T_B小于位能负载转矩 T_L，所以提升速度减小，工作点由 B 移到 C，当工作点到达 C 时，转速降为零，对应的电磁转矩 T_C小于负载转矩 T_L，重物将倒拉电动机的转子反向旋转，并加速到 D 点。$T_D=T_L$，拖动系统将以转速 n_D稳定下放重物，在 D 点，$T_{em}=T_D>0$，$n=-n_D<0$，负载转矩成为拖动转矩，拉着电动机反转，而电磁转矩起制动作用。由于电机反向旋转，$n<0$，所以 $s>1$。

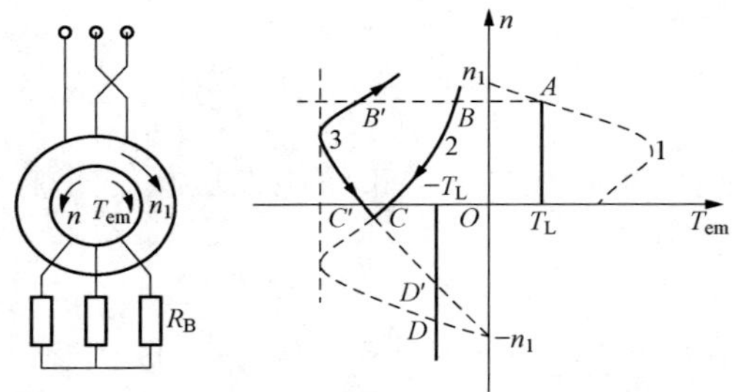

图 4-34　异步电动机定子两相反接的反接制动

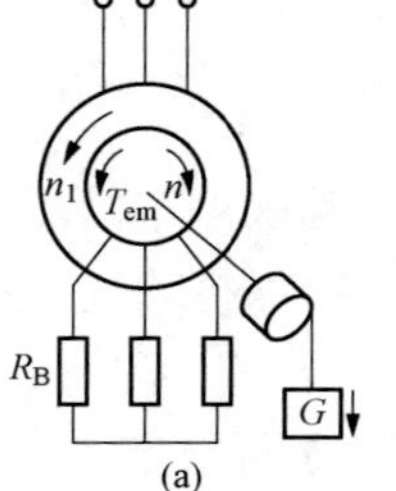

图 4-35　倒拉反转的反接制动

要实现倒拉反转反接制动，转子回路必须串接足够大的电阻，使工作点在第四象限才是制动状态，主要的目的是限制重物的下放速度。

（三）回馈制动

回馈制动又称再生制动，回馈制动状态实际上就是将轴上的机械能转变成电能并回馈到电网的异步发电机状态，如图 4-36 所示。这种制动方法不能用来迅速停机，只能用来稳定下放重物。此外，在改变同步转速调速时，例如变频调速和变极调速，在转速往下调时，都有可能在调速过程中的某一阶段电动机会处在回馈制动过程中。

1. 调速过程中的回馈制动

设电动机本在机械特性曲线 1，运行于 A 点，当电机采用变极（增加极数）或变频（降低频率）进行调速时，机械特性变为 2。同步速变为n_1'。在调速瞬间，转速不突变，工作点由 A 变到 B，在 B 点，转速 $n_B>0$，电磁转矩为负，为制动转矩，而且 $n_B>n_1'$，电机处于回馈制动状态。工作点沿曲线 2 的 B 点到n_1'点这段变化过程为回馈制动过程，电动机吸收系统释放的动能，并转换成电能回馈到电网。曲线 2 的 n_1'点到 C 点的变化过程为电动状态的减速过程，C 点为调速后的稳态工作点。

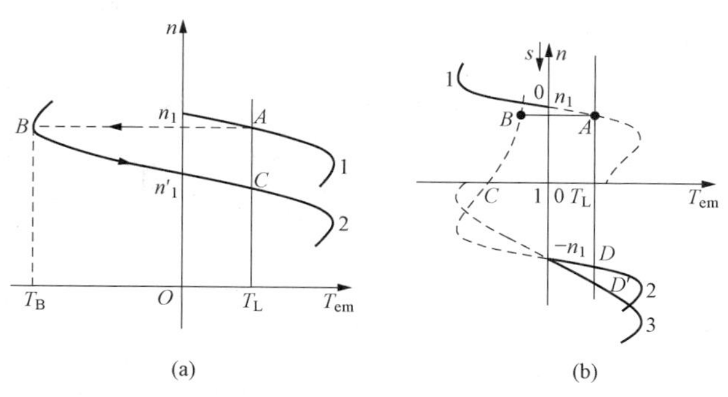

图 4-36 回馈制动

（a）调速过程的回馈制动；（b）下放重物时的回馈制动

2. 下放重物时的回馈制动

首先将定子两相反接，定子旋转磁场的同步速为$-n_1$，特性曲线变为 2。反接瞬间，转速不突变，工作点由 A 平移到 B。经过反接制动过程（由 B 到 C）、反向加速过程（C 到$-n_1$ 变化），最后在位能负载作用下反向加速并超过同步转速，直到 D 点保持稳定运行，匀速下放重物。如果在转子电路中串入制动电阻，对应的机械特性如图曲线 3，这时的回馈制动工作点为 D'，其转速增加，重物下放速度增大，为限制电机转速，回馈制动时在转子电路中串入电阻值不应太大。

五、三相异步电动机在不对称电压下运行

由于实际上的种种原因，电网中有较大的单相负载，发生一相断开等事故，都将引起电网三相电压不对称。当三相异步电动机在不对称电压下运行时，电磁转矩、过载能力、效率都会降低。单相异步电动机只需要单相交流电源供电，在家用电器中得到广泛应用。

分析不对称运行时的基本方法是对称分量法。由于不对称运行是由电压不对称所引起，因此将不对称电压分解成对称分量。若异步电动机接成 Y 但无中线引出，则无零序电流；若定子绕组接成△，由于三相电压（即线电压）之和，则零序电流也为零。因此只需分析正序和负序分量，即

$$\dot{U}_1^+ = \frac{1}{3}(\dot{U}_A + \alpha\dot{U}_B + \alpha^2\dot{U}_C)$$

$$\dot{U}_1^- = \frac{1}{3}(\dot{U}_A + \alpha\dot{U}_B + \alpha^2\dot{U}_C)$$

当正序电压分量 $\dot{U}_1^+$ 系统作用在电动机上时，其等效电路如图 4-37（a）所示，它对电网呈现正序阻抗 Z^+，定子电流 $\dot{I}^+$、转子电流 $\dot{I}^-$。它们联合在气隙中产生正序的旋转磁场 Φ^+，其同步转速为 n_1。转子转速为 n，转差率为 s，$\dot{I}_2^+$、Φ^+ 共同作用产生正向电磁转矩 T_{em}^+，其方向与转子旋转方向相同，而正序阻抗为

$$Z^+ = Z_1 + \frac{Z_{\mathrm{m}} + \left(\frac{R'_2}{s} + \mathrm{j}X'_{2\omega}\right)}{Z_{\mathrm{m}} + \frac{R'_2}{s} + \mathrm{j}X'_{2\sigma}}$$

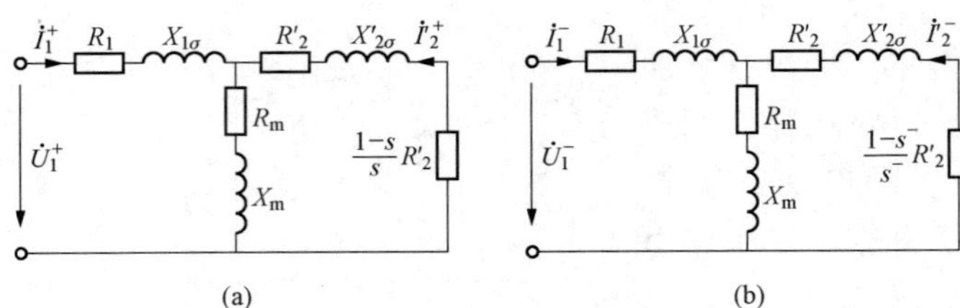

图 4-37 三相异步电动机在不对称电压下运行

（a）正序等效电路；（b）负序等效电路

当负序电压分量 U_1^- 系统作用在电机定子上时，其等效电路如图 4-37（b）所示，它对电压呈现负序阻抗 Z^-，在负序电压作用下定子电流 I_1^-、转子电流 I'^-_2，它们共同在气隙中建立负序旋转磁场 Φ^-（同步转速为 $-n_1$）。Φ^- 与 I'^-_2 作用产生反向电磁转矩 T_{em}^-。此时转子对负序磁场转差率为 $s^- = \frac{-n_1 - n}{-n_1} = 2 - \frac{n_1 - n}{n_1} = 2 - s$。负序阻抗为

$$Z^- = Z_1 + \frac{Z_{\mathrm{m}} + \left(\frac{R'_2}{2-s} + \mathrm{j}X'_{2\omega}\right)}{Z_{\mathrm{m}} + \frac{R'_2}{2-s} + \mathrm{j}X'_{2\sigma}} \tag{4-60}$$

由正、负序等效电路可得到定子正负序电流，分别为

$$I_1^+ = \frac{\dot{U}_1^+}{Z^+}, I_1^- = \frac{\dot{U}_1^-}{Z^-}$$

转子的正序电流为

$$\dot{I}'^+_2 = \dot{I}_1^+ \frac{Z^+ - Z_1}{\frac{R'_2}{s} + \mathrm{j}X'_{2\sigma}}$$

转子的负序电流为

$$\dot{I}'^-_2 = \dot{I}_1^- \frac{Z^- - Z_1}{\frac{R'_2}{2-s} + \mathrm{j}X'_{2\sigma}}$$

正负序电磁转矩分别为

$$T_{\mathrm{em}}^+ = \frac{P_{\mathrm{em}}^+}{\Omega^+} = \frac{m_1 P}{2\pi f_1} I'^{+2}_2 \frac{R'_2}{s}$$

$$T_{\mathrm{em}}^- = \frac{P_{\mathrm{em}}^-}{\Omega^-} = \frac{-m_1 P}{2\pi f_1} I'^{-2}_2 \frac{R'_2}{2-s}$$

负序电磁转矩为负值，表示它是一个制动转矩，这是由于负序磁场与转子转向相反的缘故。

将正、负序电磁转矩叠加得到合成电磁转矩，即

$$T_{em}=T_{em}^{+}+T_{em}^{-}$$

利用叠加原理，将正、负序电流叠加得到实际电流，即

$$\left.\begin{aligned}\dot{I}_A&=\dot{I}_1+\dot{I}_A^{-}\\ \dot{I}_B&=\alpha^2\dot{I}_1^{+}+\alpha\dot{I}_A^{-}\\ \dot{I}_C&=\alpha\dot{I}_1^{+}+\alpha^2\dot{I}_A^{-}\end{aligned}\right\} \tag{4-61}$$

由于正常运行时电机转差率 $s=0.005\sim0.03$，$2-s\approx2$，故负序阻抗近似等于短路阻抗。因而不大的负序电压就会产生较大的负序电流，引起电机过热。另外，由于正常运行时，故负序旋转磁场产生的制动转矩相对来说并不大，电磁转矩的减少不成为主要问题，但负序磁场使损耗增加、效率降低，因此三相异步电动机不允许在较严重的不对称电压下运行。

六、异步发电机

将一台异步电机定子三相绕组接入到电压、频率恒定的电网时，若用原动机把异步电机转子拖到超过同步转速，即 $n>n_1$，转差率为负值，则异步电机进入发电机状态。来自原动机的机械功率在扣除各种损耗之后，转换成电功率送给电网，将机械能转换成电能。

【例 4-4】 一台异步电机接入在额定电压为 380V，频率为 50Hz 的电网上，定子 Y 形连接，$p=2$，$R_1=0.488\Omega$，$X_{1\sigma}=1.2\Omega$，$R_1'=0.408\Omega$，$X_{2\sigma}'=1.333\Omega$，$R_m=3.72\Omega$，$X_m=39.5\Omega$。现用原动机将此异步电机拖动到转速 $n=1550$r/min，试求该电机向电网输出的电功率、原动机输入的机械功率。

解 作等效电路图 4-38，该电路仍是电动机状态下的等效电路，不同点仅转差率为负，即

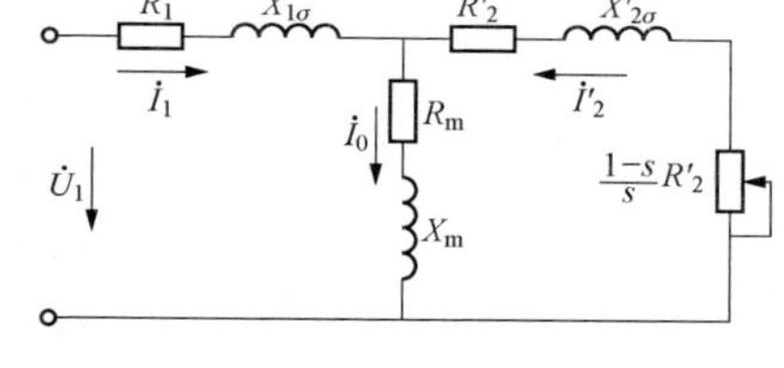

图 4-38 等效电路

$$s=\frac{n_1-n}{n_1}=\frac{1500-1550}{1500}=-0.0333<0$$

$$Z_{2k}'=\frac{R_2'}{s}+X_{2\sigma}'=\frac{0.408}{-0.0333}+\mathrm{j}1.333=12.31\angle173.78^\circ(\Omega)$$

$$Z_m=R_m+\mathrm{j}X_m=3.72+\mathrm{j}39.5=39.67\angle84.62^\circ(\Omega)$$

$$\dot{I}_1=\frac{\dot{U}_1}{Z_1+\dfrac{Z_{2k}'Z_m}{Z_{2k}'+Z_m}}=\frac{\dfrac{380}{\sqrt{3}}}{0.488+\dfrac{12.31\angle173.78^\circ\times39.67\angle84.62^\circ}{12.31\angle173.78^\circ+39.67\angle84.62^\circ}}=18.63\angle-150.32^\circ(\mathrm{A})$$

从电网吸收的有功功率为

$$P_1=3U_1I_1\cos\varphi_1=3\times220\times18.63\cos150.32^\circ=-10.68(\mathrm{kW})<0$$

P_1 为负值表示电机实际上向电网输出有功功率 10.68kW。从电网吸收的无功功率为

$$Q_1=3U_1I_1\sin\varphi_1=3\times220\times18.63\sin150.32^\circ=6.09(\mathrm{kW})$$

Q_1 为正表示电机仍要从电网吸收无功功率。

转子电流的折算值为

$$I_2'=I_1\left|\frac{Z_m}{Z_{2s}'+Z_m}\right|=17.72(\mathrm{A})$$

从定子传递给转子的电磁功率为

$$P_{em}=3I'^2_2\frac{R'_2}{s}=3\times17.72^2\times\frac{0.408}{-0.0333}=-11.53(\text{kW})<0$$

负的电磁功率表示，P_{em}从转子传递给定子。在转子上产生的总机械功率为

$$P_{mec}=(1-s)P_{em}=(1+0.0333)\times(-11.53)=-11.91(\text{kW})$$

若机械损耗、附加损耗共为0.14kW，则

$$P_2=P_{mec}-(p_{mec}+p_{ad})=-11.91-0.41=-12.05(\text{kW})$$

P_2 为负值表示从转轴上输入机械功率。

【例4-5】 如果该机不与电网并联而单机对外供电，在电机定子端子上接三相三角形电容器组，发电机提供给负载的有功功率与上述情况相同，负载功率因数为0.85（滞后），要求发电机端电压仍为380V，频率为50Hz，求每相电容值。

解 负载功率因数为 $\cos\varphi_L=0.85$，故 $\sin\varphi_L=\sqrt{1-0.85^2}=0.5268$

负载所需无功功率 $Q_L=P_1\tan\varphi_L=10.68\times\frac{0.5268}{0.85}=6.62$（kVA）

异步电机励磁无功功率 $Q_1=6.09$kVA

电容器组所应提供总的无功功率为 $Q_C=Q_P+Q_1=6.62+6.09=12.71$（kVA）

每相电容值 $C=\frac{Q_C}{3U^2\omega}=\frac{12.71\times10^3}{3\times380^2\times2\pi\times50}=93.4\times10^{-6}$（F）$=93.4$（$\mu$F）

项目小结

（1）了解三相笼型异步电动机直接起动的特点，熟练掌握星－三角形降压起动和自耦变压器降压起动的方法及其有关计算。

（2）掌握能耗制动的方法及转子电阻大小和直流励磁电流大小对制动的影响，了解能耗制动机械特性曲线的特点；掌握电源两相反接制动和倒拉反转反接制动的方法制动时的能量关系。熟知反接制动过程中工作点变化情况；掌握回馈制动的条件、回馈制动机械特性的形状，了解生产实践中出现回馈制动的例子。

（3）掌握三相异步电动机的三种调速方法，掌握变极调速的原理、容许输出和机械特性，掌握变频调速时电压随频率调节的规律、机械特性，了解变频装置，熟练掌握绕线转子异步电动机的转子串接电阻调速方法，掌握调压调速方法。

（4）当三相异步电动机在不对称电压下运行时，其电磁转矩、过载能力、效率都会降低。

（5）正常运行时，负序旋转磁场产生的制动转矩相对来说并不大，电磁转矩的减少不成为主要问题，但负序磁场使损耗增加，效率降低，因此三相异步电动机不允许在较严重的不对称电压下运行。

（6）异步电机定子绕组接入到电压、频率恒定的电网时，若用原动机把异步电机转子拖到超过同步转速，即 $n>n_1$，转差率为负值，则异步电机进入发电机状态，来自原动机的机械功率在扣除各种损耗后，转换成电功率送给电网，将机械能转换成电能，称之为异步发电机。

[课后分析与练习]

（1）三相异步电动机在额定负载下运行，如果电源电压低于其额定电压，则电动机的转

速、主磁通及定、转子电流将如何变化？

（2）三相异步电动机直接起动时，为什么起动电流很大，而起动转矩却不大？

（3）三相笼型异步电动机在什么条件下可以直接起动？不能直接起动时，应采用什么方法起动？

（4）什么是三相异步电动机的Y-△降压起动？它与直接起动相比，起动转矩和起动电流有何变化？

（5）三相绕线转子异步电动机转子串接电阻调速时，为什么低速时的机械特性变软？为什么轻载时的调速范围不大？

（6）一台三相笼型异步电动机的数据为：$U_N=380V$，△连接，$I_N=20A$，$k_I=7$，$k_{st}=1.4$，求：①如用Y-△降压起动，起动电流为多少？能否半载起动？②如用自耦变压器在半载下起动，起动电流为多少？试选择抽头比。

（7）如果电网的三相电压显著不对称，三相异步电动机能否带额定负载长期运行？为什么？

项目三 异步电动机维护

学习目标

（1）异步电动机安装原则。

（2）异步电动机安装流程。

（3）异步电动机运行中的各项检查。

（4）异步电动机发生故障的原因分析。

（5）异步电动机的维修方法。

合理地选择异步电动机及其安装和接线方式，以及对其运行进行监视、维护和定期检查维修，消除故障隐患、提高电动机寿命的重要手段。

一、初次安装

（一）电动机安装应遵循的原则

（1）有大量尘埃、爆炸性或腐蚀性气体、环境温度40℃以上以及水中作业等场所，应选择具有合适防护形式的电动机。

（2）一般场所安装电动机，要注意防止潮气。不得已的情况下要抬高基础，安装换气扇排潮。

（3）通风条件要良好，环境温度过高会降低电动机的效率，甚至使电动机过热烧毁。

（4）安装地点要便于对电动机的维护、检查。

（5）电动机的绝缘如有损坏，运行中机壳就会带电，若没有良好的接地装置会导致触电事故的发生，所以电动机的安装、使用必须要有接地保护。

（二）三相异步电动机的安装流程

1. 装离心开关

将离心开关（L25-202Y）用专用压套压入转子轴伸端。

2. 安装轴承

将两只轴承 6205 用套筒压入转子。

3. 剥引出线

将引出线穿出出线孔，按规定长度剥引出线，并在线头上压好接线头，并用锡焊牢。

4. 装接线柱

将接线柱用螺钉固定在机座上，按规定之顺序将接线头、平垫片、螺母、连接片装到接线柱的螺钉上，并将每一个螺钉都固定住。将密封圈粘到机座上，再将接线盒座装到机壳上，用螺钉固定。线固定到机壳上；用接线板按要求将电线连接好，用螺钉将接线板固定在机壳上。

5. 装出线盒

将螺套、密封圈、压紧螺母按规定装到接线盒座上，然后用螺钉将接地牌、垫圈固定在接线盒座上；用胶水将密封圈粘到机座上，再将接线盒座装到机壳上，用螺钉固定。线固定到机壳上；用接线板按要求将电线连接好，用螺钉将接线板固定在机壳上。

6. 装整机

清除铁芯内圆的余漆及定子内的杂质，将前端盖装到机壳上，并用螺钉、弹簧垫片固定之，放好波形垫圈然后装入转子，再合上后端盖，并用螺钉、弹簧垫片固定之，检查转子的灵活性。

7. 试验

按检验规程试验，不合格则返工、返修或报废。

8. 装出线盒盖

在出线盒盖背面贴上接线图，然后用螺钉、平垫圈固定在接线盒上。

（三）电动机运行前调试检查

（1）新安装的或停用三个月以上的电动机，用绝缘电阻表测量电动机各项绕组之间及每项绕组与地（机壳）之间的绝缘电阻，测试前应拆除电动机出线端子上的所有外部接线。通常对 500V 以下的电动机用 500V 绝缘电阻表测量，对 500～3000V 电动机用 1000V 绝缘电阻表测量其绝缘电阻。按要求，电动机为 1kV 工作电压，绝缘电阻不得低于 1MΩ；电压在 1kV 以下、容量为 1000kW 及以下的电动机，其绝缘电阻应不低于 0.5MΩ。如绝缘电阻较低，则应先将电动机进行烘干处理，然后再测绝缘电阻，合格后才通电使用。

（2）检查二次回路接线是否正确，二次回路接线检查可以在未接电动机情况下先模拟动作一次，确认各环节动作无误，包括信号灯显示正确与否。

（3）检查电动机引出线的连接是否正确，相序和旋转方向是否符合要求，接地或接零是否良好，导线截面积是否符合要求。

（4）检查电动机内部有无杂物，用干燥、清洁的 200～300kPa 的压缩空气吹净内部（可使用电吹风机或手风箱等来吹），但不能碰坏绕组。

（5）检查电动机铭牌所示电压，频率与所接电源电压、频率是否相符，电源电压是否稳定（通常允许电源电压波动范围为±5%），接法是否与铭牌所示相同。如果是降压起动，还要检查起动设备的接线是否正确。

（6）检查电动机紧固螺栓是否松动，轴承是否缺油，定子与转子的间隙是否合理，间隙处是否清洁和有无杂物。检查机组周围有无妨碍运行的杂物，电动机和所传动机械的基础是否牢固。

（7）检查保护电器（断路器、熔断器、交流接触器、热继电器等）整定值是否合适。动、静触头接触是否良好。

（8）检查控制装置的容量是否合适，熔体是否完好，规格、容量是否符合要求和装接是否牢固。

（9）检查电刷与换向器或滑环接触是否良好，电刷压力是否符合制造厂的规定。

（10）检查启动设备是否完好，接线是否正确，规格是否符合电动机要求。用手扳动电动机转子和所传动机械的转轴（如水泵、风机等），检查转动是否灵活，有无卡涩、摩擦和扫膛现象。确认安装良好，转动无碍。

（11）检查传动装置是否符合要求。传动带松紧是否适度，联轴器连接是否完好。

（12）检查电动机的通风系统、冷却系统和润滑系统是否正常。观察是否有泄漏印痕，转动电动机转轴，看转动是否灵活，有无摩擦声或其他异声。

（13）检查电动机外壳的接地或接零保护是否可靠和符合要求。

二、电动机运行过程中巡视检查

电动机在通电试运行时必须提醒在场人员注意，传动部分附近不应有其他人员站立，也不应站在电动机及被拖动设备的两侧，以免旋转物切向飞出造成伤害事故。

（一）空载试运行

电动机在正式运行前，最好先作空载运转检查，通过空载试运行进行下列检测：

（1）检查旋转方向是否正确，若旋转方向反了，应立即切断电源，将三相电源中任意两相对调，即可改变电动机转向。

（2）电动机的声音是否正常，有无过大的嗡嗡声和尖叫声。

（3）有无绝缘和润滑油等引起的异味。

（4）电动机有无振动，转子转动是否平稳。

（5）电动机的轴承润滑是否良好，声音是否正常。

（6）电动机的通风情况是否良好。

（二）电动机运行时巡视检查

（1）检查电源是否有电，电压是否正常，若电源电压过高或过低，都不宜启动。

（2）检查启动装置是否完好，如零部件有无损坏，使用是否灵活，触头接触是否良好，接线是否正确、牢固。

（3）熔丝规格大小是否合适，安装是否牢固，有无熔断或损伤。

（4）电动机接线盒上接触有无松动或氧化，注意金属导线有无毛刺，避免通电启动瞬间产生电弧。

（5）检查传动装置的传送带松紧是否合适，连接是否牢固，联轴器的螺钉、销子是否牢固。

（6）转动电动机转子和负载机械的转轴是否灵活转动，有无摩擦声或其他异常响声。

（7）用500V绝缘电阻表测量电动机相间及对地的绝缘电阻。所测的绝缘电阻值应不小于0.5MΩ，若小于0.5MΩ时，电机必须经过干燥处理或进行返修后方能使用。

（8）检查电动机及启动电器外壳是否接地，接地线有无断路，接地螺钉是否松动、脱落。

(9) 接通电源之前就应作好切断电源的准备，以防万一接通电源后电动机出现不正常的情况时（如电动机不能启动、启动缓慢、出现异常声音等）能立即切断电源。使用直接启动方式的电动机应空载启动。由于启动电流大，拉合闸动作应迅速果断。

(10) 搬开电动机周围的杂物并清除机座表面灰尘、油垢。检查负载机械是否妥善地做好启动准备。

(11) 详细核对电动机的铭牌上所标示的各项数据，例如功率、电压、转速等，是否和实际使用要求相符，检查定子绕组连接方式是否正确。核对启动设备的规格、容量是否和电动机使用的要求相符。

(12) 一台电动机的连续启动次数不宜超过3～5次，以防止启动设备和电动机过热。尤其是电动机功率较大时要随时注意电动机的温升情况。

(13) 电动机启动后不转或转动不正常或有异常声音时，应迅速停机检查。

(14) 检查电动机外壳有无过热现象并注意电动机的温升是否正常，轴承温度是否符合制造厂的规定（对绝缘的轴承，还应测量其轴电压）。判断电动机是否过热，可以用以下方法：

1) 凭手的感觉：如果以手接触外壳，没有烫手的感觉，说明电动机温度正常；如果手放上去烫得马上缩回来，说明电动机已经过热。

2) 在电动机外壳上滴两三滴水，如果只冒热气没有声音，则说明电动机没有过热；如果水滴急剧汽化同时伴有“嗞嗞”声，说明电动机已经过热。

3) 判别电动机是否过热的准确方法还是用温度计测量。

(15) 使用三角启动器和自耦减压器时，软启动器或变频启动时必须遵守操作程序。

三、运行中的维护

（一）电动机的监视

电动机在运行时，值班工作人员可以通过仪表对运行中的电动机主要从温度、电压、电流、声音、气味和振动等方面进行监视运行的情况，以便及早发现问题，减少或避免故障的发生。

(1) 监视电源电压的波动。电动机的电源上最好装设一只电压表和转换开关，以便对其三相电源电压进行监视。电动机的电源电压过高、过低或三相电压不平衡，特别是三相电源缺相，都会带来不良后果。如发现这种情况应立即停机，待查明原因，排除故障后使用。三相电源电压应该数值基本相等，电压波动不应超出额定电压的±5%。

(2) 监视电动机的电流。注意观察电动机的电流是否三相平衡，是否超过额定电流，若超过额定电流说明电动机已经过载。容量较大的电动机应装设电流表，随时对电流进行监视。若电流大小或三相电流不平衡超过了额定值，应立即停机检查。容量较小的电动机一般可不装电流表，应经常用钳形电流表测量。

(3) 监视电动机的温度 、检查电动机的通风是否良好。电动机正常运行时会发热，使电动机温度升高，但不应超出允许温升。如果电动机负载过大，使用环境温度过高，通风不佳或运行中发生故障，就会使其温度超出允许温升，导致绕组过热烧毁，因此电动机温度的高低是反映电动机运行的主要标志，在运行中要经常检查，检查电动机温度的办法有绕组中埋入热电偶或温度计进行测温。发现电动机过热应立即停机检查，等查明原因，排除故障后再行使用。

(4) 监视电动机有无不正常气味及振动情况。电动机正常运行时，应平稳、顺畅、无异常气味和响声。若发生剧烈振动、噪声和焦臭气味，应停机进行检查修理。

(5) 监听电动机的声音是否正常。如电动机噪声过大，可能是轴承间隙过大或窜动太大所致，应进行检修和调整，或更换磨损零件。

(6) 电动机运行时要随时注意检查皮带轮或联轴器有无松动，传动带是否有过紧、放松的现象等，如果有，应停机上紧或进行调整。

(7) 电动机运行中应注意轴承声响和发热情况，如果轴承声音不正常或过热，应检查润滑情况是否良好和有无磨损。

(8) 注意绕线型异步电动机和三相同步电动机还要注意滑环和电刷的工作情况，电刷与集电环之间出现的火花。如果所发生的火花大于某一规定限值，必须及时加以调整。

(9) 建立健全的维护保养记录和制度，保持清洁，要经常清除机壳上的灰尘，轴承要定期加油。

(10) 有计划进行定期检查和维修，定期检查保养，每年应不少于1次。

(二) 电动机发生故障的原因分析

电机故障大体分为内因与外因。

1. 电机故障外因

电源电压过高或过低，起动和控制设备出现缺陷，电动机过载。馈电导线断线，包括三相中的一相断线或全部馈电导线断线，周围环境温度过高，有粉尘、潮气及对电机有害的蒸气和其他腐蚀性气体。

2. 电机故障内因

机械部分损坏，如轴承和轴颈磨损、转轴弯曲或断裂、支架和端盖出现裂缝。所传动的机械发生故障（有摩擦或卡涩现象），引起电动机过电流发热，甚至造成电动机卡住不转，使电动机温度急剧上升，绕组烧毁旋转部分不平衡或联轴器中心线不一致，绕组损坏，如绕组对外壳和绕组之间的绝缘击穿，匝间或绕组间短路，绕组各部分之间以及换向器之间的接线发生差错、焊接不良、绕组断线等，铁芯损坏，如铁芯松散和叠片间短路；或绑线损坏，如绑线松散、滑脱、断开等，集流装置损坏，如电刷、换向器和滑环损坏，绝缘击穿；振摆和刷握损坏等。

(三) 维修

1. 电动机投入电源后不转的原因检查及修理

电动机投入电源后不转，一般有下列原因：

(1) 控制设备的接线错误；

(2) 过电流继电器调整的整定值偏小；

(3) 电源未接通，如熔丝烧断、开关有故障或触头接触不良、引线断路等；

(4) 电源至电动机之间的连接有故障；

(5) 电动机绕组有故障，如相间短路、接地、接错线、断路等；

(6) 绕线型转子异步电动机起动误操作或起动电阻过小；

(7) 电动机轴承有故障，被卡住；

(8) 定、转子铁芯相擦（扫膛），等于增加过大的负载；

(9) 电动机负载过大或机械转动部分被卡住等。

在现场就分析这类故障首先是区分出下列三方面原因：①是否电源方面或线路方面的原因；②是否负载或与电动机所匹配的设备方面的原因；③是否电动机本身的故障原因。以上三方面原因经分析确认后，就可以把故障范围缩小到某一个范围。然后继续在这个范围内查找故障。

【例 4-6】 根据不同的故障情况来说明查找的思路和问题的分析方法。

当电动机投入电源后发现不转时，要先将电源断开，然后进行检查。用工具或手（小型电机）转动转子看是否能转动。如果能转动。则说明机械负载和电动机本身无卡住现象；如果不能转动，就要查找是电动机本身卡住，还是负载机被卡住了。

原因 1：当用工具后手转动转子时不能运动起来，可以判断是匹配的机械负载存在问题。如果不能简易地判断出来，就要把电动机的联轴器拆开，使电动机与负载机械分开，单独查找，从而就可以查出故障的所在之处。

原因 2：用工具或手不能转动转子，而且确认了是电动机本身故障，则可判断是电机罩或轴承的故障。如果再确认了不是定、转子铁芯相擦的话，便要考虑轴承是否因过热熔焊在一起。造成轴承烧毁原因是长期润滑不好、轴承本身质量欠佳等，解决办法是更换新的优质轴承。

原因 3：用工具后手不能转动转子时，经详细检查定、转子铁芯没有扫膛，轴承又是正常的，那么造成转子不能转动的原因可能是电动机外风扇变形碰风罩而被卡住，制动器未放开抱闸，外界机械卡住等。

原因 4：用工具或手不能转子，而且发现是定、转子铁芯相擦。造成铁芯扫膛原因有转轴弯曲、铁芯外圆外形严重、端盖磨损或变形严重，使转子下沉、轴承间隙磨损过大等。为此，要矫正转轴；某些铁芯变形可在车床上适当切削（一般车削 0.1mm 左右即可）；更换轴承；喷涂端盖止口后进行机加工休整等。

原因 5：用工具或手能够转动转子时，说明不存在机械上卡住现象。这时可考虑分清是电源问题，还是绕组问题。首先检查绕组是否被烧毁，用绝缘电阻表测试绕组是否接通，有无断路存在，用鼻闻和眼看是否有焦味和烧焦变色的痕迹。如果绕组未被烧毁，但又不通电，则说明是接线和断路故障，或离心开关有问题，或操作程序不对。为此要检查接线是否有松动现象，线路是否有断路，可用绝缘电阻表或试灯寻查。另外要检查线路所有螺丝固定情况。

原因 6：工具或手能够转动转子，检查绕组也未能烧毁，并且能通电，则说明电机绕组没有故障，造成电动机不转的原因是电源开关有故障、操作程序不对或者由于配线短路，使自动断路动作。另外，转子电阻器、集电环与电刷接触不良也是电动机不转的原因。解决方法是将电刷从刷握中提出，看电刷与集电环表面的接触面是否大于 70%以上，否则要研磨电刷的接触面，直至达到表面大于 70%以上的接触面积为止。另外，要检查电源开关是否有故障，如有故障应及时修复。

原因 7：用工具或手能够转动转子，检查时绕组已被烧毁，需检查三相电压不正常，三相、单相均无电，这说明造成电动机故障原因是电动机单相运转，这是因熔断器被烧毁或者接触不实、接线有误等造成的。这时可更换熔丝后再测试电机，如果电动机运转正常，则说明故障找准了。

原因 8：用工具或手能够转动转子，检查时绕组已被烧毁、电源不正常，三相当中只单相有电，这说明造成电机故障原因是电动机单相运转，这是因熔断器被烧毁或接触不实、接线有误等造成的。这时可更换熔丝后再试电机，如果运转正常，则说明故障找准了。

原因9：能够转动转子，绕组已被烧毁，检查电源不正常，但三相能通电，这种情况所造成的原因是电源电压过大或过小或者三相电压不平衡所致。这时、要求检查电源造成的原因是电源造成电压波动的原因，可根据实际情况，调整供电变压器的分接头，使供电电压正常。三相电压不平衡，可检查所带负载是否均衡，过大的单相负载要控制，使三相所带负载均匀。

原因10：用工具或手能够转动转子，检查三相电源正常、绕组局部被烧毁。用绝缘电阻表检测绕组不接地。造成电动机不转动的原因是：①单相电动机的主绕组被烧毁；②离心开关接触不良；③三相电动机的某一相被烧毁，成单相运转。检查离心开关，对接触点和弹簧进行修复和调整，必要时更换为新离心开关。对烧毁的绕组应进行重绕。

原因11：用工具或手能够转动转子，检查三相电源也正常，绕组局部被烧毁，用绝缘电阻表测试绕组对地情况，发现有对地连接。造成电动机这种故障原因是绕组有接地故障。解决办法是查明故障点，将绕组加热，用绝缘板将绕组接地点与绕组离开，然后涂环氧树脂胶、待固化后，用绝缘电阻表重复测绕组，如不再接地，则表明已处理好，否则要再检查接地点，重复加垫绝缘板。如果绕组接地点在槽中，一般要将线圈起来处理，或者将故障线圈拆掉，重绕更换新线圈。

原因12：用工具或手能够转动转子，检查三相电压正常，但三相绕组全部被烧毁。造成电动机绕组故障原因是电动机过载、冷却装置失效或外界环境温度过高等。解决办法是检查过载原因，如皮带轮过紧、转轴弯曲、定转子相擦、轴承有故障（如磨损、缺油、滚动体损坏）、负荷过大等，然后逐一解决上述缺陷。同时检查电机冷却装置，如风机、冷水管、散热器等是否有缺陷，环境温度是否过高。如果散热条件不能改善，那么要相应降低电机的负荷。

2. 电动机过热原因及修理

（1）发现正常运行的电动机过热，一般有下列原因：

1）电源电压突然变高，并与电动机铭牌额定电压不相符，或者三相电源电压严重不平衡；

2）电动机所拖动的负载变动较大，电机暂时处于过载状态；

3）由于轴承产生故障或间隙磨损超限、转轴发生弯曲、铁芯局部过热变形、转子轴向窜动等原因，使定、转子铁芯扫膛；

4）环境粉尘进入电动机内部黏附在绝缘表面上和堵塞冷却风道、冷却风管等，使电动机通风不良，冷却效果差，造成电机过热；

5）电动机冷却装置失效，调节风温装置有故障，造成电机过热；

6）三相电动机单相运行；

7）绕组有故障，如短路、断路、接地、接错等；

8）气隙不均匀。

（2）经重绕后的电动机发生过热，其原因如下：

1）接线错误；

2）线圈匝数过多或过少；

3）线圈导线过细，线圈节距过小或过大；

4）电动机装配质量不好，铁芯未对齐，定转子铁芯轴向有差距引起轴向磁拉力，气隙装配和调整不均匀。

（3）由于电动机绝缘水平不断提高，允许温升限度也提高，所以电机外壳温升较高可能属正常。但要用酒精温度计测试部门的外壳温升和轴承温升，并与电动机的绝缘等级所允许的温升相对照比较后，确认电动机是过热，那么可按以下步骤进行检查。

1）首先检查三相电源的电压是否平衡，电压波动的程度是否大于制造厂的保证值（±10%）。由于电压不平衡，产生三相不平衡电流，引起电机损耗增大和电机发热，所以要及时纠正。电源频率变动对（±5%）电机发热也有影响，但实际变化不大，所以在分析时一般可不考虑。

2）检查电机是否单相运转，三相接触器的触头是否接触好，开关的熔丝是否有一相烧断，接线有否（单相）断开。故障检查出后进行处理。

3）检查三相电流是否超过额定值。若超过额定值时，要检查其原因。如果负载不过大，可能是电机容量不够，因此要根据实际容量使用。电机发生扫膛，增加阻力，也是电机过载原因之一是摩擦阻力发热，气隙减少，从而进一步扩大电机扫膛面积。处理这类故障时，要查清造成扫膛的原因：①转轴弯曲；②轴承故障。轻微的铁芯扫膛不影响电机正常运行，扫膛严重时，可用车刀将转子表面轻轻切削一层（一般车削直径为0.2mm左右为宜）。

4）粉尘敷满绝缘影响电机散热，过滤网堵、通风道和通风管堵塞等，都会引起电机过热。这类故障原因引起的电机过热是逐渐形成的，夏天会感到问题突出。因此可采取吹风清扫措施消除粉尘，必要时电机要解体进行清洗处理。

5）如认为绕组有故障时，可进行绕组短路和接地试验检查。根据进行经验表明，电机绕组如有匝间短路，会引起运行时振动，甚至转动时间不长就会冒烟。但是匝间短路引起电机发热，并且持续长时间的机会是很少的。

重绕大修后的电机温升超限，可能是绝缘处理工艺不好，线圈数据不对，接线错误以及装配质量等问题引起。这时电机应解体对照原始记录检查，查明绕组数据的正确性。

3. 电动机振动故障及检修

（1）电动机振动的危害。电动机产生振动，会使绕组绝缘和轴承寿命缩短。振动力促使绝缘缝隙扩大、外界粉尘和水分侵入其中，造成绝缘电阻降低和泄漏电流增大，甚至形成绝缘击穿等故障。另外，电动机产生振动，又会使冷却管振裂，焊接点振开；同时会造成负载机械的损伤，降低工件精度；会造成所有遭到振动的机械部分的疲劳，会使地脚螺栓松动或断掉，最后电动机将产生很大噪声。

（2）振动原因。电动机的振动原因大致分为电磁原因、机械原因和机电混合原因。

1）电磁原因。

①电源方面：电压不平衡，三相电动机单相运转（比如熔丝烧断一根）。

②定子方面：定子铁芯变椭圆、偏心、松动、单边磁拉力，绕组故障（断线、对地短路、击穿），三相电流不平衡，三相阻抗不平衡，绕组接线有误。

③转子方面：转子铁芯变椭圆、偏心、松动、鼠笼缺陷（如缩孔、断笼）等。

2）机械原因。

电动机本身方面：①机械不平衡，转轴弯曲，滑环变形；②气隙不均；③定转子铁芯磁中心不一致；④轴承故障（如磨损超限、变形、配合精度不够）；⑤机械结构强度不够；⑥基础安装不良，强度不够，共振，地脚螺丝松动等。

与联轴器配合方面：①连接不良，定中心不准；②联轴器不平衡，负载机械不平衡，系统共振等。

3）机电混合原因。

①电机振动，往往是由于单边电磁拉力引起气隙不均造成，从气隙不均又进一步增大单边电磁拉力，这种机电混合作用表现为电机振动。

②电机轴向窜动，由于转子本身重力和安装水平以及电磁拉力共同作用，造成电机轴向窜动。

③电机噪声也是机电混合造成的。它有电磁噪声、通风噪声以及机械噪声三种。

（3）查找振动原因及检修。如上所述，引起电动机振动的原因很多，要采取逐条逐项淘汰法进行查找其原因，然后针对故障原因进行检修。其步骤如下：

1）电动机未停机前，用测振器检查各部分振动情况。对于振动较大部分要按垂直和水平方向详细测试振幅大小，并记录。如果是地脚螺丝松动或轴承盖螺丝运动，首先可直接紧固后再复测其振动大小，观察是否消除或减轻；其次要检查电源三相电压是否平衡。最后检查三相电流是否平衡，发现电源总是应及时与供电部门联系解决。

2）如果从外表处理电动机后振动未能解决，则需要断开电源，拆下联轴器，使电动机与连接的负载机械分离，单独试验电动机如果电动机本身不振动，首先说明振动根源是联轴器的安装或负载机械引起。如果电动机振动，则说明电动机本身有问题。另外还可再采取突然断电方法来区分电气原因，还是机械原因，或者是两者混合原因。当停电瞬间电动机马上振动减轻或不振动，则说明是电气原因，否则是机械原因。

3）检修。

①电气原因的检修。首先测试定子绕组三相电阻值是否平衡。如果不平衡，则说明有开焊部位。再用试灯检查绕组接地故障。然后将电动机解体，抽出转子，用开口型变压器检查鼠笼转子是否断笼或有缺陷。另外定子绕组匝间短路故障可从观察绕组绝缘表面烧焦痕迹查出，或者用开口型变压器逐槽检查。

②机械原因的检修：探测气隙是否均匀；检查轴承，可采用拆下轴承后测径向间隙，不应超过规定值；若超过了，则要更换合格的新轴承；检查铁芯变形和松动情况。松动的铁芯可采用环氧树脂黏结；松动的铁芯重新压铁；检查转轴，对弯曲的转轴要进行调直；对转子的铁芯在必要时应做平衡试验。

负载机械部分经检查后正常，电动机本身也正常，则引起电动机故障的原因是连接部分造成。这时要检查电动机基础水平面、倾斜度、发脚垫片厚度是否符合要求；定中心找正是否正常，检查联轴器本身是否平衡，连接（如下、垂直、左右等间隙）是否均匀、正确；联轴器的下张口或上张口是否正确；电动机轴向挠度是否符合要求等。

（四）电动机的定期检查和维护保养

为了保证电动机正常工作，除了按操作规程正确使用，运行过程中注意监视和维护外还应进行定期检查和维护保养。间隔时间可根据电动机的类型、使用环境决定。主要检查和保养项目如下：

（1）及时清除电动机机座外部的灰尘、油泥，如使用环境灰尘较多，最好每天清扫一次。

（2）经常检查接线板螺丝是否松动或烧伤。

（3）定期测量电动机的绝缘电阻，若使用环境比较潮湿更应经常测量。

（4）定期用煤油清洗轴承并更换新油（一般半年更换一次），换油时不应上满，一般占油腔的$\frac{1}{3}\sim\frac{1}{2}$，否则，容易发热或甩出，油要从一面加入，可以把没有清洗干净的杂质，从另一面挤出来。

（5）定期检查启动设备，看触头和接线有无烧伤、氧化，接触是否良好等。

（6）绝缘情况的检查。绝缘材料的绝缘能力因干燥程度不同而异，所以保持电动机绕组的干燥是非常重要的。电动机工作环境潮湿、工作间有腐蚀性气体等因素的存在，都会破坏电动机的绝缘。最常见的是绕组接地故障即绝缘损坏，使带电部分与机壳等不应带电的金属部分相碰，发生这种故障，不仅影响电动机正常工作，还会危及人身安全。所以电动机在使用中，应经常检查绝缘电阻，还要注意查看电动机机壳接地是否可靠。

（7）除了按上述几项内容对电动机定期维护外，运行一年后要大修一次。大修的目的在于，对电动机进行一次彻底、全面的检查、维护，增补电动机缺少、磨损的元件，彻底清除电动机内外的灰尘、污物，检查绝缘情况，清洗轴承并检查其磨损情况。

（五）异步电动机启动中的注意事项常见故障及处理方法。

（1）电动机在通电试运行时必须提醒在场人员注意，不应站在电动机及被拖动设备的两侧，以免旋转物品切向飞出造成人身伤害事故。

（2）接通电源后，若电动机出现启动缓慢、异常声音、不能启动等不正常情况，应立即切断电源，绝不能迟疑等待，更不能带电检查电动机故障，否则将会烧毁电动机和发生危险。

（3）启动时应注意观察电动机、传动装置、负载机械的工作情况，以及线路上的电流表和电压表的指示，若有异常现象，应立即断电处理，检查故障情况，排故后再启动。

（4）同一线路上的电动机不应同时启动，一般应由大到小逐台启动，以免多台电动机同时启动引起线路上电流太大，电压降低过多，造成电动机启动困难或使开关设备跳闸。

（5）使用双投闸刀启动，星一三角形启动器或自耦降压启动器时，特别要注意操作顺序，一定要先将手柄推到启动位置，待电动机转速稳定后再拉到运转位置，防止误操作造成设备和人身事故。

（6）一台电动机连续多次启动时，应保持适当的间隔时间，以防电动机过热，连续启动一般不适宜超过5次。

异步电动机常见故障及处理方法见表4-4。

表4-4 异步电动机常见故障及处理方法

故障现象	导致原因	处理方法
起动迟缓	1. 副绕组断路 2. 电容器开路 3. 离心开关触头合不上	1. 副绕组断路 2. 电容器开路 3. 离心开关触头合不上

续表

故障现象	导致原因	处理方法
不能起动	1. 电源电压不正常 2. 电源线破损折断 3. 电动机定子绕组断路或机内连接线脱焊 4. 电容器损坏 5. 转子卡住 6. 离心开头触头闭合不上 7. 过载	1. 检测电源电压是否过低 2. 换电源线 3. 用万用表检查定子绕组是否完好，接线是否良好，出现脱焊重新焊好 4. 用万用表检查电容器好坏 5. 检查轴承质量、润滑油是否正常、定子与转子有否相碰 6. 修理或更换离心开关 7. 检查电动机所带负载是否正常
转速低于正常转速	1. 电源电压偏低 2. 轴承损坏或缺油 3. 绕组匝间短路 4. 离心开关触头无法断开，副绕组未切除 5. 电容器损坏（击穿或容量减少） 6. 电动机负载过重	1. 查找原因，提高电源电压 2. 换轴承或加油 3. 修理或整理绕组 4. 修理或整理离心开关 5. 更换电容器 6. 检查轴承质量及负载情况
时转时不转	1. 开关接触不良 2. 电容器焊接不良	1. 修复或更换开关 2. 重新焊好
电动机过热	1. 定子、转子空隙中有杂物卡住 2. 润滑油干涸 3. 绕组短路或接地 4. 电容电动机离心开关触头无法断开，副绕组长期运行	1. 清除杂物 2. 加润滑油 3. 找出故障点，修理或更换 4. 修理或更换离心开关
调速不灵	1. 调速电抗器绕组短路或损坏 2. 调速开关接触不良	1. 换电抗器绕组 2. 更换或修理
运行时噪声大或振动大	1. 定子、转子空隙中有杂物卡住 2. 轴承磨损或缺少润滑油 3. 绕组短路或接地 4. 电风扇风叶变形，不平衡 5. 调速电抗器贴片松动	1. 清除杂物 2. 更换轴承或加润滑油 3. 找出故障点，修理或更换 4. 修理或更换 5. 重新夹紧
运行中或起动中冒火花	1. 绕组受潮，绝缘性能降低 2. 绕组碰壳 3. 主、副绕组间绝缘损坏	更换或修理

项目小结

（1）三相异步电动机初次安装的流程，应遵循相关原则。

（2）三相异步电动机使用前的检查、运行中的监视、维护及定期检查是消除故障隐患、确保电动机正常运行的重要手段。了解异步电动机常见故障，找出故障所在，并采取相应措施予以排除。

（3）单相异步电动机常见故障及处理方法。

项目对应思考与练习

一、填空题

1. 当 s 在（　　　　）范围内，三相异步电动机运行于电动机状态，此时电磁转矩性质为（　　　）转矩，电动势的性质为（　　　　）；在（　　　　　）范围内运行于发电机状态，此时电磁转矩性质为（　　　　　）转矩，电动势的性质为（　　　　　）。

2. 三相异步电动机根据转子结构不同可分为（　　　　）异步电动机和（　　　　）异步电动机两类。

3. 一台三相异步电动机的额定电压为 380/220V，接法为 Y/△，其绕组额定电压为（　　　　）。当三相对称电源线电压为 220V 时，必须将电动机接成（　　　　）。

4. 三相异步电动机等效电路中的附加电阻为（　　　　　）是模拟总机械功率的等值电阻。

5. 三相异步电动机在额定负载运行时，其转差率 s 一般在（　　　　　）范围内。

6. 三相异步电动机的电气制动方法有（　　　　　）、（　　　　　）及能耗制动。

7. 一台六极三相异步电动机接于 50Hz 的三相对称电源，其 $s=0.05$，则此时转子转速为 950r/min，定子旋转磁动势相对于转子的转速为 50r/min，定子旋转磁动势相对于转子旋转磁动势的转速为（　　　　）r/min。

8. 三相异步电动机作电动机运行时，其转差率的范围为（　　　　　）。

9. 三相异步电动机的变极调速只能用在（　　　　　）转子电动机上。

10. Y—△降压起动时，起动电流和起动转矩各降为直接起动时的（　　　）倍。

二、判断题

1. 不管异步电动机转子是旋转还是静止，定子旋转磁动势和转子旋转磁动势之间都是相对静止的。（　　）

2. 三相异步电动机转子不动时，经由空气隙传递到转子侧的电磁功率全部转化为转子铜损耗。（　　）

3. 改变电流相序，可以改变三相旋转磁动势的转向。（　　）

4. 通常，三相笼型异步电动机定子绕组和转子绕组的相数不相等，而三相绕线转子异步电动机的定、转子相数则相等。（　　）

5. 三相异步电动机转子不动时，转子绕组电流的频率与定子电流的频率相同。（　　）

6. 三相绕线转子异步电动机转子回路串入电阻可以增大起动转矩，串入电阻值越大，起动转矩也越大。（　　）

7. 三相绕线转子异步电动机提升位能性恒转矩负载，当转子回路串接适当的电阻值时，重物将停在空中。（　　）

8. 三相异步电动机的变极调速只能用在笼型转子电动机上。（　　）

9. 当三相异步电动机在不对称电压下运行时，其效率会上升。（　　）

10. 一台电动机连续多次启动时，应保持适当的间隔时间，以防电动机过热，连续启动一般不适宜超过 5 次。（　　）

三、选择题

1. 额定频率 $f=60$Hz、4 个磁极的三相异步电动机，其同步转速为（　　）。

① 900r/min； ② 1500r/min； ③ 1800r/min； ④ 2000r/min

2. 旋转磁场的旋转方向与三相电流的相序（　　）。

① 一致； ② 相反； ③ 无关

3. 额定电压 $U_N=380V$，△形联结的三相异步电动机若要连接成 Y 形运行，电源线电压应为（　　）

① 220V； ② 380V； ③ 660V

4. 三相异步电动机拖动恒转矩负载，当进行变极调速时，应采用的联结组别为（　　）。

① Y—YY； ② D—YY； ③ 正串 Y—反串 Y

5. 三相异步电动机的空载电流比同容量变压器大的原因是（　　）。

① 异步电动机是旋转的； ② 异步电动机的损耗大；

③ 异步电动机有气隙； ④ 异步电动机有漏抗

6. 三相异步电动机空载时气隙磁通的大小主要取决于（　　）。

① 电源电压； ② 气隙大小；

③ 定、转子铁芯材质； ④ 定子绕组的漏阻抗

7. 三相异步电动机能画出像变压器那样的等效电路是由于（　　）。

① 它们的定子或一次侧电流都滞后于电源电压；

② 它们都有主磁通和漏磁通；

③ 气隙磁场在定、转子或主磁通在一次、二次侧都感应电动势；

④ 它们都是由电网取得励磁电流

8. 三相笼型异步电动机采用 Y-△降压起动，减少的电压是（　　）。

① 减少定子线电压，也减少了相电压；

② 减少定子相电压，也减少了线电压；

③ 减少定子线电压，没有减少了相电压；

④ 减少定子相电压，没有减少了线电压

9. 三相异步电动机采用能耗制动和反接制动使拖动系统迅速停机，当转速降到 0 时，若不及时断开电源，系统（　　）。

① 前者不会自动起动，后者会反向起动；

② 两者都会自动起动；

③ 前者会反向起动，后者不会；

④ 两者都不会自动起动

10. 同一台三相异步电动机，采用反接制动和回馈制动稳定放下重物，它们的下放速度为（　　）。

① 反接制动快； ② 380V 两者速度相同； ③ 回馈制动快

四、简答题

1. 三相异步电动机空载运行时，电动机的功率因数为什么很低?

2. 什么是异步电动机的转差率？如何根据转差率来判断异步电机的运行状态?

3. 三相异步电动机在运行中发生焦臭味或冒烟，其原因主要有哪些？应如何处理?

4. 什么是三相异步电动机的 Y-△降压起动？它与直接起动相比，起动转矩和起动电流有何变化?

5. 三相异步电动机怎样实现变极调速？变极调速时为什么要改变定子电源的相序？

6. 三相绕线转子异步电动机转子回路串接适当的电阻时，为什么起动电流减小，而起动转矩增大？如果串接电抗器，会有同样的结果吗？为什么？

7. 在三相绕线转子异步电动机中，如将定子三相绕组短接，并且通过滑环向转子绕组通入三相交流电流，转子旋转磁场若为顺时针方向，问这时电动机能转吗？如能旋转，其转向如何？

8. 三相笼型异步电动机在什么条件下可以直接起动？不能直接起动时，应采用什么方法起动？

9. 三相笼型异步电动机采用自耦变压器降压起动时，起动电流和起动转矩与自耦变压器的变比有什么关系？

10. 什么是三相异步电动机的制动？电气制动有哪几种方法？

五、计算题

1. 某三相异步电动机，定子电压的频率 $f_1=50\text{Hz}$，磁极对数 $p=2$，在带某负载运行时，转差率 $s=0.03$，求该电机的同步转速 n_1 和转子转速 n。

2. 已知一台三相 50Hz 绕线型异步电动机，额定数据：$P_N=100\text{kW}$，$U_N=380\text{V}$，$n_N=950\text{r/min}$。在额定转速下运行时，机械损耗 $P_{mec}=0.7\text{kW}$，附加损耗 $p_{ad}=0.3\text{kW}$。求额定运行时的：(1) 额定转差率 s_N；(2) 电磁功率 P_{em}；(3) 转子铜损耗 p_{Cu2}；(4) 输出转矩 T_2；(5) 空载转矩 T_0；(6) 电磁转矩 T_{em}。

3. 一台 $P_N=4.5\text{kW}$、Y/△、380/220V、$\cos\varphi_N=0.8$、$\eta_N=0.8$、$n_N=1450\text{r/min}$ 的三相异步电动机，试求：(1) 接成 Y 及△时的额定电流；(2) 同步转速 n_1 及定子磁极对数 p；(3) 带额定负载时的转差率 s_N。

4. 一台三相笼型异步电动机的数据：$U_N=380\text{V}$，△连接，$I_N=20\text{A}$，$k_I=7$，$k_{st}=1.4$，求：(1) 如用 Y-△降压起动，起动电流为多少？能否半载起动？(2) 如用自耦变压器在半载下起动，起动电流为多少？试选择抽头比。

※模块五　风力发电机运行分析

项目一　风力发电机并网发电运行

学习目标

（1）明确同步发电机的并网条件及其功率调整方法。

（2）了解异步发电机的并网条件。

（3）了解双馈发电机并网运行及同步发电机交-直-交系统的并网运行并联运行的特点。

（4）认识风力发电机运行的状态。

一、风力（同步）发电机的并网运行

风力发电机组中的发电机有多种选择，可选用同步发电机、感应（异步）发电机等，这些电机的工作原理和结构已在前面的模块中作了介绍。当以同步发电机作为风力发电机时，在其与电网并联合闸前，为避免电流冲击和转轴受到突然的扭矩，需要满足同步发电机的并联运行条件，即准同期并列条件。

1. 电励磁风力发电机组的起动和并网过程

电励磁风力发电机组的起动和并网的过程如下：

（1）由风向传感器测出风向并使偏航控制器动作，使风力发电机对准风。

（2）当风速超过切入风速时，桨距控制器调节叶片桨距使风力发电机起动。

（3）当发电机被风机带到接近同步转速时，励磁调节器动作，向发电机供给励磁，并调节励磁电流使发电机的端电压接近于电网电压。

（4）在风力发电机加速几乎达到同步转速时，发电机的电动势或端电压幅值将大致与电网电压相同；它们的频率之间的差别将使发电机的端电压和电网电压之间的相位差在0°和360°的范围内缓慢地变化。

（5）检测出断路器两侧电位差，当其为零或非常小时使断路器合闸并网，合闸后由于有自整步作用，只要转子转速接近同步转速可以把发电机牵入同步，从而使发电机与电网保持频率完全相同。

以上过程可以通过微机自动检测和操作。

这种同步并网方式可使并网时的瞬态冲击电流减至最小，因而风力发电机组和电网受到的冲击也最小。但是要求风力机调速器调节转速使发电机频率与电网频率的偏差在容许值内时方可并网，所以对调速器的要求较高，如果并网时刻控制不当，则有可能产生较大的冲击电流，甚至并网失败。

另外，为了实现上述同步并网所需要的控制系统，一般不是很便宜的，对于小型风电机组将会占其整个成本的一个相当大的部分，由于这个原因，同步发电机一般用于较大型的风电机组。

2. 有功功率调节

风力发电机并入电网后，从风力机传入发电机的机械功率 P_1 除一小部分补偿发电机的机械损耗 p_{mec}、铁损 p_{Fe} 和附加损耗 p_{ad} 外，大部分转化为电磁功率 P_m，然后扣除定子铜损 p_{Cu1} 形成输出功率 P_2 即

$$P_m = P_1 - (p_{mec} + p_{Fe} + p_{ad}), \quad P_2 = P_m - p_{Cu1}$$

输出功率大小取决于风机的输入，当励磁不作调节时，电机的功率角就随输出功率而变。图 5-1 所示为同步发电机（隐极式）的功角特性，可以看出，当功角为 90°时，输出功率达到最大值（极限功率），如果风力发电机输入的机械功率继续增加，则功率角超过 90°，电机输出功率下降，无法建立新的平衡，电机转速将连续上升而失去同步，同步发电机不再能稳定运行。

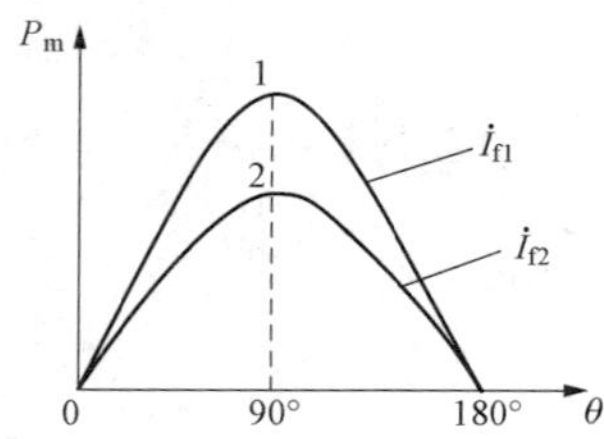

图 5-1 隐极同步发电机功角特性

如果一台风力发电机运行于额定功率状况，突然一阵剧烈的阵风，有可能导致输出功率超过发电机的极限功率而失步。为避免出现这种情况应采用如下办法：

(1) 通过风轮转子及控制系统的优化设计，使其具有快速桨距调节功能，能对风速的急剧变化迅速作出反应。

(2) 短时间增加励磁电流，增大极限功率，使静态稳定度有所提高。

(3) 选择较大过载倍数的电机，即发电机的最大功率比起它的额定功率来有一个较大的余度。

3. 无功功率调节

电网的总负载中，除了需要有功功率，还需要无功功率。当电网的无功功率供应不够，就会导致电网的电压下降，这对用户是很不利的。

因此，同步发电机与电网并联后，不仅能向电网发出有功功率，而且能向电网发出无功功率，这是它的一个很大的优点。在电磁式风力发电机输出有功功率不变时，通过调节其励磁电流，可以改变发电机输出的无功功率。

二、异步发电机的并网运行

当以异步发电机作为风力发电机时，发电机既可以直接联入电网，也可以通过晶闸管装置与电网连接。异步发电机直接与电网的并网条件如下：

(1) 转子转向应与定子旋转磁场转向一致，即异步发电机的相序应和电网相序相同；

(2) 应在发电机转速尽量接近同步速时并网。

并网的第一个条件必须满足，否则电机并网后将处于电磁制动状态，所以在发电机安装接线时就应调整好相序。第二个条件不是非常严格，但越是接近同步速并网，冲击电流衰减的时间就越短。

当风速达到起动条件时风力发电机起动，异步发电机被带到同步速附近（一般为 98%～100% 同步转速）时合闸并网。由于发电机并网时本身无电压，故并网时必将伴随一个过渡过程，流过 5～6 倍额定电流的冲击电流，一般零点几秒后即可转入稳态。异步发电机并网时的转速虽然对过渡过程的时间有一定影响，但一般来说问题不大，所以对风力发电机并网合闸时的转速要求不是非常严格，并网比较简单。

风力发电机组与大电网并联时，合闸瞬间的冲击电流对发电机及大电网系统的安全运行

不会有太大的影响。但对小容量的电网系统，并联瞬间会引起电网电压大幅度下跌，从而影响接在同一电网上的其他电气设备的正常运行，甚至会影响到小电网系统的稳定与安全。为了抑制并网时的冲击电流，可以在异步发电机与三相电网之间串接电抗器，使系统电压不致下跌过大，待并网过渡过程结束后，再将其短接。

对于较大型的风力发电机组，目前比较先进的并网方法是采用双向晶闸管控制的软投入法，如图 5-2 所示。当风力机将发电机带到同步速附近时，发电机输出端的断路器闭合，使发电机经一组双向晶闸管与电网连接，双向晶闸管触发角由 180°～0°逐渐打开，双向晶闸管的导通角由 0°～180°逐渐增大。

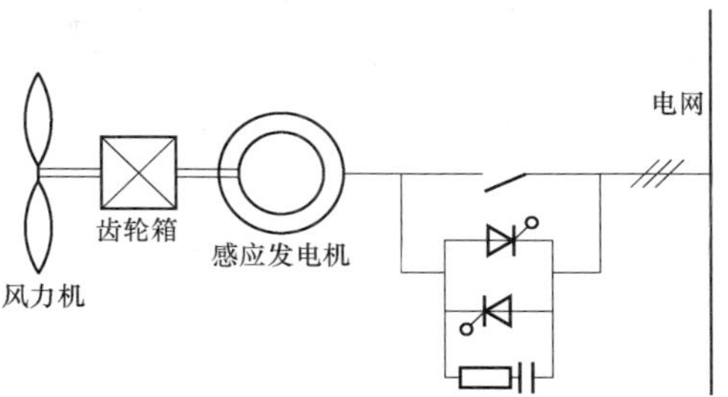

图 5-2　采用双向晶闸管控制的软投入法示意

通过电流反馈对双向晶闸管导通角的控制，将并网时的冲击电流限制在 1.5～2 倍额定电流以内，从而得到一个比较平滑的并网过程。瞬态过程结束后，微处理机发出信号，利用一组开关将双向晶闸管短接，从而结束了风力发电机并网过程。

三、双馈发电机系统的并网运行

双馈电机与普通的绕线式异步电机类似，是变速恒频风力发电机组的核心部件，也是风力发电机组国产化的关键部件之一。双馈发电机的定子绕组直接与电网相连，转子绕组通过变流器与电网连接，转子绕组通过变频器获得频率、幅值、相位和相序都可改变的三相低频励磁电流。无论风速发生怎样的变化，当电机的转速改变时，通过变频器调节转子的励磁电流频率来改变转子磁势的旋转速度，使转子磁势相对于定子的转速始终是同步的，定子感应电动势频率即可保持定值，发电系统便可做到变速恒频运行。机组可以在不同的转速下实现恒频发电，满足用电负载和并网的要求。由于采用了交流励磁，发电机和电力系统构成了“柔性连接”，即可以根据电网电压、电流和发电机的转速来调节励磁电流，精确地调节发电机输出电压，使其能满足并网运行要求。

双馈发电机定子三相绕组直接与电网相连，转子绕组经交/交循环变流器联入电网。这种系统并网运行的特点如下：

(1) 风力机起动后带动发电机至接近同步转速时，由循环变流器控制进行电压匹配、同步和相位控制，以便迅速地并入电网，并网时基本上无电流冲击。对于无初始起动转矩的风力发电机，风力发电机组在静止状态下的起动可由双馈电机运行于电动机工况来实现。

(2) 风力发电机的转速可随风速及负荷的变化及时作出相应的调整，使风力发电机以最佳叶尖速比运行，产生最大的电能输出。

(3) 双馈发电机励磁可调量有三个，即励磁电流的频率、幅值和相位：

1) 调节励磁电流的频率，保证风力发电机在变速运行的情况下发出恒定频率的电力；

2) 通过改变励磁电流的幅值和相位，可达到调节输出有功功率和无功功率的目的；

3) 当转子电流相位改变时，由转子电流产生的转子磁场在电机气隙空间的位置有一个位移，从而改变了双馈电机定子电动势与电网电压向量的相对位置，也即改变了电机的功率角，所以调节励磁不仅可以调节无功功率，也可以调节有功功率。

四、同步发电机交-直-交系统的并网运行

该方式如图5-3是利用整流器将风力发电机输出的交流电整流为直流电，再利用逆变器将其逆变成与电网同频的交流电输送给电网。

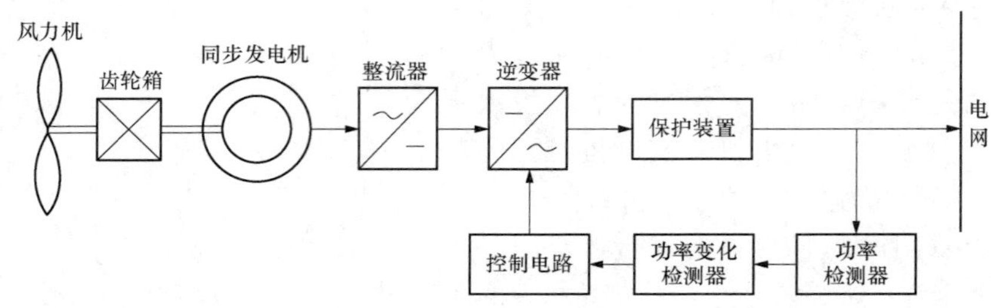

图5-3 交-直-交并网运行系统示意图

这种系统与电网并联运行的特点如下：

(1) 由于采用频率变换装置进行输出控制，所以并网时没有电流冲击，对系统几乎没有影响。

(2) 因为采用交-直-交转换方式，同步发电机的工作频率与电网频率是彼此独立的，风轮及发电机的转速可以变化，不必担心发生同步发电机直接并网运行时可能出现的失步问题。

(3) 由于频率变换装置采用静态自励式逆变器，会有高频电流流向电网。

(4) 在风电系统中采用阻抗匹配和功率跟踪反馈来调节输出负荷可使风电机组按最佳效率运行，向电网输送最多的电能。

五、风力发电机运行状态

(一) 运行式模式

风力发电机一般有三种运行模式，即正常运行模式、维修运行模式和测试菜单模式。风力发电机的前两种运行模式（正常和维修）的菜单又分出不同状态。在每一状态中，启动的风机功能是预先定义好的。因此，你可以知道风机的系统是不是正处于运行状态。测试菜单只是在起动、检查、解决故障和维修时有效。

在正常菜单和维修菜单下，风机处于下面状态之一：急停、停止、暂停、运行、并网运行。其中急停状态是最有限制性的状态，而已连接的运行状态是最有效的状态。正常和维修两种菜单中的状态完全相同，只是在维修菜单中定向功能无效。风机总是处于这五个定义的状态之一。在请求状态改变后或者出现报警时，风机从一个状态改变到另一个状态。

(二) 运行状态的改变

运行状态的改变是由于操作人员通过就地或者远程控制发出请求，或者由于出现报警迫使系统进行运行状态的改变。如果同时出现不同的报警，机器会进入所有运行状态中限制性最强的状态。各状态中允许相互之间改变的状态有（通过紧急按钮改变到急停状态）STOP（停止）、PAUSE（暂停）、RUN CONNECTED（并网运行）。

如果这一步是上升或者降低，运行状态的改变会有不同。

1. 运行状态的上升

要让风机的运行状态的上升，操作人员必须从风机就地或者远程控制器发出请求。在每

一个状态改变中必须满足的条件如下。

（1）从急停到停止的条件：①急停回路关闭；②没有强迫改变到急停状态的报警；③电机测试执行正确。

（2）从停止到暂停的条件：①前一状态是停止；②没有强迫改变到停止状态的报警；③液压单元的压力满足要求。

（3）从暂停到运行的条件：①前一状态是暂停；②没有强迫改变到暂停状态的报警；③风机已偏航对风。

（4）从运行到并网运行的条件：①前一状态是运行；②同步条件得到满足。

2. 运行状态的降低

要让系统的运行状态的降低，操作人员必须从风机就地或者远程控制器发出请求，或者由于起动了一个报警。在每一状态改变中必须满足的条件如下。

（1）从任何状态到紧急的条件：①急停回路打开；②至少起动了一个导致急停状态的报警；③从远程控制器发出请求。

（2）从任何状态到停止的条件。①至少起动了一个导致改变到停止状态的报警；②从主界面发出请求。

（3）从并网运行到运行的条件：定子并网接触器断开。

（4）从运行到暂停的条件：①至少起动了一个导致暂停状态的报警；②就地控制发出请求；③从远程控制器发出请求。

（5）从暂停到停止的条件：①至少起动了一个导致改变到停止状态的报警；②从主界面发出请求。

在上升运行状态时，必须通过所有中间状态一级一级地改变；降低运行状态时，可以从一个运行状态直接跳到任何较低的状态。

项目二　风力发电机运行、维护的应急处理

（1）明确风力发电机组巡视的具体事项。

（2）了解风力发电机维护检修的基本内容；了解风电场紧急措施。

一、风力发电机运行和维护

（一）风力发电机初次安装后的首次维护

根据不同时间间隔的工作要求，风力发电机组的维护检修周期可以分为：500h（三个月）、半年、每年、三年、五年，它们都从首次运行开始算起。其中，“500h”的维护工作是不重复的，而其他的维护工作则是在风机全部寿命期内重复直至风机退役。

500h维护检修是风力发电机组初次安装后的第一次维护检修，该维护检修主要是对风机安装的全面检查，包括的内容项目是最多、最齐全的，从螺栓紧固力矩检查到机械部件加注润滑、从风机叶片防雷检查到风机整体的密封检查处理等。500h维护检修的质量直接关系到风机的安全运行，因此，必须按照检查项目一项一项地认真完成，不可以有漏项。以下

是其中发电机相关的主要维护项目。

1. 总体检查

（1）检查全部部件的防腐和渗漏，如果有防腐破损应进行修补，对渗漏应找到原因，进行修理。

（2）检查风机的运行噪音，如果发现风机运行异常，应通知厂家紧急检修。

（3）检查防坠落装置、灭火器和警告标志。

2. 发电机系统维护检查

（1）检查发电机定子、转子、转动轴系的外观，无裂纹、损伤、防腐层脱落现象为正常。如有裂纹、损伤等破损情况应及时停机，如有防腐层损伤应进行修补。

（2）检查发电机盖板与滤盒连接牢固，运行时无振动。

（3）检查发电机绝缘：检查螺栓力矩、转子锁定检查、发电机轴承维护。

（4）检查发电机前后轴承密封性能良好，清理杂物及溢出油脂。

（5）发电机前、后轴承润滑脂均匀加注。

（6）若为自动加脂方式，按照自动润滑系统中的检查方式说明进行。

（7）发电机散热系统维护检查。

（二）风力发电机组巡检

1. 风力发电机组的巡视检查的三种类型

（1）定期巡视。定期对运行中的风电机组进行检查，及时发现设备缺陷和危及机组安全运行的隐患。定期巡视一般每个运行周期（每月）一次，也可以根据具体情况做适当调整，巡视范围为风电场内的全部风电机组。

（2）登机（塔）巡视。对风电机组设备情况进行登机检查，及时发现设备缺陷和危及机组安全运行的隐患。登机巡视范围为风电场内的全部风电机组，一般每季度一次，可以根据具体情况做适当调整，也可以与设备维护工作配合完成。

（3）特殊巡视。在气候剧烈变化、自然灾害、外力影响和其他特殊情况时，对运行中的风电机组进行检查，及时发现设备异常现象和危及机组安全运行的情况。特殊巡视根据需要及时进行。

当机组非正常运行、风电机组大修或新设备投入运行时，需要增加对该部分设备的巡视检查内容及次数。

2. 定期巡视和登机（塔）巡视中发动机检查的基本内容

（1）弹性减振器检查；

（2）发电机与底座螺栓检查；

（3）发电机绕组绝缘、直流电阻检查；

（4）发电机轴承声音、油脂检查；

（5）电缆及其紧固检查；

（6）碳刷、滑环、编码器等附件检查；

（7）通风及冷却系统检查；

（8）电机运转声音检查。

（三）风力发电机的维护检修时的注意事项

（1）风力发电机组的维护检修工作主要为机组的日常故障维修和大部件的更换维修，要做好以下维修管理的基础工作。

1）搞好技术资料的管理，应收集和整理好原始资料，建立技术资料档案库及设备台账，实行分级管理，明确各级职责。

2）加强对检修工具、机具、仪器的管理，正确使用，加强保养和定期检验，并根据现场检修实际情况进行研制或改进。

3）搞好备品备件的管理工作；严格执行各项技术监督制度。

4）每次检修维修后应做好每台风电机的维护检修记录，并存档，对维护检修中发现的设备缺陷，故障隐患应详细记录并上报。

5）大部件的更换维修必须先制订有效可行的作业方案，并报分管领导审批后，方可开展更换作业。

6）风电机组的维修技术记录、试验报告、技术系统变更等技术文件，作为技术档案保存在风电场和技术管理部门。

（2）维修人员必须熟知风力发电机组维修的安全措施，确保在安全的前提下开展维修作业，同时也使作业的过程安全可控。主要的安全措施如下：

1）维护检修必须实行监护制。

2）不得一个人在维护检修现场作业。转移工作位置时，应经过工作负责人许可。

3）登塔维护检修时，不得两个人在同一段塔筒内同时登塔。登塔应使用安全带、戴安全帽、穿安全鞋。零配件及工具应单独放在工具袋内。工具袋应背在肩上或与安全绳相连。工作结束之后，所有平台窗口应关闭。

4）检修人员如身体不适、情绪不稳定，不得登塔作业。

5）塔上作业时风电机必须停止运行。带有远程控制系统的风电机，登塔前应将远程控制系统锁定并挂警示牌。

6）维护检修前，应由工作负责人检查现场，核对安全措施。

7）打开机舱前，机舱内人员应系好安全带。安全带应挂在牢固构件上或安全带专用挂钩上。

8）吊运零件、工具、应绑扎牢固，需要时宜加导向绳。

9）风速超过 12m/s 不得打开机舱盖，风速超过 14m/s 应关闭机舱盖。

10）进行风电机维护检修工作时，风电机零部件、检修工具必须传递，不得空中抛接。零部件、工具必须摆放有序，检修结束后应清点。

11）塔上作业时，应挂警示标牌，并将控制箱上锁，检修结束后立即恢复。

12）在电感、电容性设备上或进入其围栏内工作时，应将设备充分接地放电后方可进行。

13）检修工作地点应有充足照明。

14）重要带电设备必须悬挂醒目警示牌。箱式变电站必须有门锁，门锁应至少有两把钥匙。一把值班人员使用，一把专供紧急时使用。

15）维护检修时，宜避开大风天气，雷雨天气严禁检修风电机。

16）维护检修发电机前必须停电并验明三相确无电压。

二、风机安全保护系统介绍

风力发电机组是全天候自动运行设备，其整个运行过程都处于严密控制之中。安全保护系统可以保障机组安全运行，分三层结构：计算机控制系统、独立于计算机的安全链和器件本身的保护功能。

计算机控制系统在机组发生超常振动、过速、出现极限风速等故障时保护机组，主要通过检测所有的传感器信号和风力发电机组的运行参数，包括转速、功率、温度、塔架振动、风速、桨距角和机舱位置。机组分正常停机、快速停机、紧急停机三个等级，执行停机过程。

安全链是独立于计算机系统的软硬件保护措施，其检测的主要参数和信号有过速、振动开关、扭缆开关、急停开关、控制系统故障和变桨驱动。采用反逻辑设计，将可能对风力机组造成严重损害的故障节点串联成两条回路，即安全链回路 1 和安全链回路 2。两条安全链回路中一旦有节点动作，将引起对应的回路断电，机组进入紧急停机过程，并使主控系统和变流系统处于自锁状态。其中安全链回路 1 断开（振动、过速 1、过速 2、变桨安全链任一节点断开），并不会影响到偏航使能，机组可以进行偏航，实现对机组的保护。故障节点不排除，将无法实现机组的正常运行，安全链也是整个机组的最后一道保护，它处于机组的软件保护之后。

1. 紧急降落器

当正在风力发电机上工作时，操作员手边必须有紧急下降设备，以使他们可以快速撤离到安全环境下。

在需要撤离的紧急情况下，操作员必须对设备及其使用说明非常熟悉。在任何时候，紧急下降设备的使用说明书都必须与设备放在一起，且必须在不打开设备的情况下可以查看说明书。紧急降落器包括如下组件如图 5-4 所示。

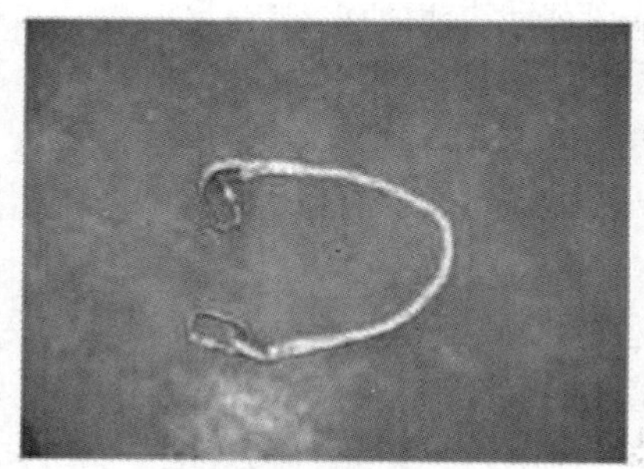

图 5-4 紧急降落器组件

组件包括运送工具用的袋子、带绳子的下降滑轮、带挂钩的系索（大约 1m）和使用说明书。使用这些设备时，必须遵循如下步骤：

（1）将降落器固定到后门上的吊环螺栓（见图 5-5），锁住安全挂钩并用滑轮绳子将袋子下放到地面，要确保绳子完全伸展且没有打结。

（2）用系索将降落器固定到支撑上的绞盘棒，如图 5-6 所示。

（3）固定系索末端的挂钩到胸部的安全装置并锁住安全挂钩。

（4）跳出机舱。降落器将保持恒定的速度。

（5）着地后，松开挂钩，第二个人可以开始降落。

（6）根据塔的高度，在顶部的人必须将绳子回收几米以使挂钩位于上半部，然后可以开始降落。

图 5-5　降落器的固定示意

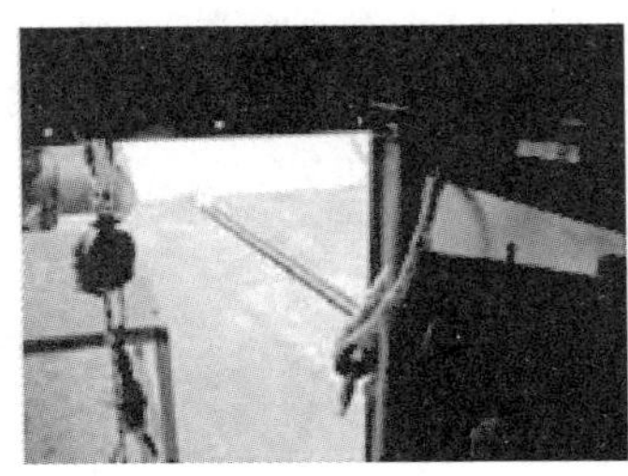

图 5-6　降落器的使用示意

设备每次在紧急情况下使用后，都必须由生产厂家进行检查。设备即使没有被用过，也应该由生产厂家每年检查一次。因此，在这两种情况下，必须将紧急降落设备送到相应的部门由生产厂家或经授权的公司进行检查。

2. 急停按钮

风电机组一般在控制柜和可以旋转的部位会设置有紧急停机按钮，急停按钮为黄底红色按钮（见图 5-7）。按一下红色按钮将激活“急停”功能。

图 5-7　急停按钮示意

通过按下急停按钮起动紧急停止。在起动紧急情况时，转子叶片被展平在啮合位置，施加制动使发电机停止转动。同时，所有的马达停转，从而所有的运动都会停止。然而仍然有电源提供给照明、地面控制器和顶部控制器。

必须记住：在液压系统中仍然有压力。如果执行与液压系统有关的工作，必须清楚由于有蓄能器的原因，可能排出热油。

三、风电场运行的应急处理及紧急措施

1. 风电场运行的应急处理

当风电场设备在运行过程中出现异常时，当班负责人应立即组织人员查找异常原因，采取相应措施，及时处理设备缺陷，保障设备正常运行。

当风电场设备在运行过程中发生故障时，运行人员应立即采取相应措施，防止故障扩大，并及时上报。若发生人身触电、设备爆炸起火时，运行人员可先切断电源进行抢救和处理。当电网频率、电压等系统原因造成风电机组解列时，应按照风电并网相关要求执行。

当风电机组发生过速、叶片损坏、结霜等可能发生高空坠物的情况时，禁止就地操作，运行人员应通过风电场数据采集与监控系统进行遥控停机，并设立安全防护区域，禁止人员进入风电机组周边区域。当机组发生起火时，运行人员应立即停机，并断开连接此台机组的线路断路器，同时报警。

当机组制动系统失效时，运行人员应根据专项处理方案做相应处理。

风电机组因异常需要立即进行停机操作的顺序：

（1）进行正常停机；

（2）正常停机无效时，采取就地紧急停机；

（3）就地紧急停机无效时，应断开风电机组主断路器或断开连接此台机组的线路断路器。

发生下列事故之一者，风电机组应立即停机处理：①叶片处于不正常位置或相互位置与正常运行状态不符时；②风电机组主要保护装置拒动或失效时；③风电机组受到雷击后；④风电机组发生叶片断裂、开裂，齿轮箱轴承损坏等严重机械故障时。

2. 发生事故时的应急措施

由于风力发电机通常安装的区域的特点，即与外界隔离、工作人员以及所用工具和材料都很少，因此，所要考虑的潜在危险如火灾等重大事故。由于工作区域与外界隔离，增加了外部紧急救护（用于撤离患者的救护车、警察、火警、群众防护）的困难性。而且，因为外部人员对现场的不熟悉，他们往往难以找到入口和安装位置。

在事故发生且情况阻止了人员通过自己的方式撤下的情况下，如果情况不是太严重，应该在紧急救护的帮助下撤离，告诉他们所发生的问题并且听从他们的安排。

如果情况危急必须立即撤离，按照设备使用说明书使用紧急降落设备进行被困人员的垂直降落，在接触发电机之前就应该熟悉这些紧急降落设备的使用说明，且说明书应该与设备放在一起。

3. 发生火灾时的应急措施

由于安装的特点，在风力发电机内部发生火灾时，操作人员的最大危险是缺氧和吸入烟雾，这将导致事故发生时仍在现场但没有发现火情的人员的窒息死亡。而且因为火灾产生的烟雾将很快充满风力发电机的内部空间，由于风力发电机安装的管状产生的烟囱效果，更加速了这一过程。在发生火灾时，在具有这样特点的一个地方使用灭火器而不戴氧气罩的话，

会使缺氧的情况恶化。

考虑到以上情况，在风力发电机内部检测到由于火灾存在烟雾时，当时在内部的人员，在比火高一点的地方，必须遵循如下步骤：

（1）保持冷静、不要惊慌，不要试图收拾工具或者任何个人物品。

（2）按照说明装好紧急降落设备，在接触发电机之前就应该熟悉这些紧急降落设备的使用说明，且说明书应该与设备放在一起。

（3）将紧急降落设备悬到机舱外部并按照说明将安全装置固定到紧急降落设备。着地后，松开挂钩，第二个人可以开始降落。

（4）断开风力发电机的主开关，或者条件允许的话，通知控制人员断开主开关。

（5）用最快的方式通知风场的人员和火警。

人员从风力发电机撤离后，研究用风场的分站内可用的灭火设备灭火的可能性，进入风力发电机的内部时应该戴氧气罩，并且应该在火警的组织下。

如果遇到风力发电机内或附近的火势无法控制的情况，风力发电机必须与电网断开。区域至少应该在半径为 250m 的范围内用警戒线隔开并将里面的人员撤离出来。

注意事项：

（1）在使用灭火器时，应该记住风力发电机内存在高电压，因此，灭火器应该适合于扑灭由电（20kV）引起的火灾。火必须用 CO_2 或者干粉灭火器。在任何情况下都不能用水。

（2）在一个小的封闭的环境里，在没有使用氧气罩时，切不可用二氧化碳灭火器。

（3）在使用辅助发电机时，附近应该有灭火器。

（4）所有的维修或检查运输工具都应该有轻便灭火器，它可用于风力发电机塔的底层平台内的小火。

参 考 文 献

[1] 李付亮．电机及应用．北京：机械工业出版社，2015.
[2] 王军．电机与变压器．北京：机械工业出版社，2012.
[3] 徐永明．电机实验．北京：机械工业出版社，2013.
[4] 牛维扬．电机学．2 版．北京：中国电力出版社，2005.
[5] 李元庆．电机技术与维修．北京：中国电力出版社，2008.
[6] 杨星跃．电机运行与维护．北京：中国水利水电出版社，2014.
[7] 马爱芳，谭振宇．电机技术与应用．北京：中国水利水电出版社，2015.